海・陸・空に描く夢
Locus of a Boat Designer
あるボートデザイナーの軌跡 2

舵 社

まえがき

　5年前、何かの集まりで舵社の土肥由夫社長（当時）から書くことをすすめられました。1987年に『あるボートデザイナーの軌跡』を上梓してから15年を経て、その間に面白い開発を幾つも手掛ける機会があり、開発物語の種は十分に揃っていると考えて、喜んでお受けしました。

　1998年1月号から舵誌の連載が始まり、4年目の2001年12月で予定した20章を無事掲載することができました。そして直ちに「あるボートデザイナーの軌跡2」の編纂に入れたことに感謝しています。

　思いおこせば、子供のころから模型飛行機を作るのが好きでした。自分の作った機体が青空に舞う姿を思い浮かべて、胸を躍らせながら模型を考え、夢中で作ったものです。そのときの気持ちのままで開発の仕事を続けられたことをありがたく思い出します。

　この本にある20の話はそれぞれ独立しています。どこからでもお読みください。各章の冒頭には概要がありますので、中身が推察頂けると思います。

　たくさんの図や写真を入れることができました。それを見ながら筋を追って頂くことで、乗り物の夢を追う喜びや悩みなど心の動きをお伝えできれば嬉しいと思います。

堀内　浩太郎

目　次

まえがき

第 1 章　波照間 ……………………………………………8
　　　　　自分の船だから、思い切ってわがまま勝手な船を作ってみた

第 2 章　快速小型ヨット
　　　　「ツインダックス」の構想 ………………………24
　　　　　高速でディンギーの群をスイスイ縫っていく
　　　　　水中翼ヨットの夢を見た

第 3 章　競漕艇の 7 つの工夫 ……………………………36
　　　　　ボートレースに道具で勝つための奥の手 7 つ

第 4 章　「マリンジェット」の開発 ……………………54
　　　　　運動性を楽しむ水上オートバイが欲しかった

第 5 章　高速人力ボート …………………………………66
　　　　　今、人力ボートは漕艇より遥かに速く、20ノットも目前

第 6 章　無人ヘリ「R－50」……………………………88
　　　　　ただ一つ、1000機の無人ヘリが活躍する国

第 7 章　水中動力遊具「ドルフィン」…………………106
　　　　　水中エンジンと水中遊具の魅力と拡がり

第 8 章　水中翼船「OR 51」……………………………120
　　　　　競艇で水中翼船が走ったら面白かったと思う

第 9 章　水中翼船
　　　　「OU 90」「OU 96」………………………………136
　　　　　水中翼のマリンジェットとマイクロバスの夢

第10章　水中翼船「OU 32」……………………………150
　　　　　永年の夢の運動性を実現した水中翼船

目 次

第11章 　高性能軽飛行機「ＯＲ15」……………………162
　　　　　90馬力で330km/h、航続距離4800km、次世代の軽飛行機

第12章 　リーンマシン「ＯＲ49」………………………174
　　　　　地球の負荷と渋滞を無くする全天候二輪車

第13章 　クレストランナー物語　………………………192
　　　　　波を突っ切って走るボートの運命

第14章 　「パスポート17」と
　　　　　「フィッシャーマン22」………………………206
　　　　　石油ショックで生まれた重量半分、馬力3分の1の
　　　　　クルーザーとプレジャー用釣り船のパイオニア

第15章 　水車発電機の夢 …………………………………218
　　　　　ネパールの奥地に電気と水を届けたかった

第16章 　高速モーターセーラーの構想 …………………236
　　　　　セーリングと30ノットの機走、それにハンドルだけで
　　　　　帆走する至福のボートの構想

第17章 　ソーラーボート「ＯＲ55」……………………252
　　　　　20年間燃料補給無しで使える音無し船

第18章 　「ツインダックス」の快走 ……………………262
　　　　　学生の手で夢の水中翼ヨットが実現した
　　　　　………35ノットも夢ではない

第19章 　快速シーカヤック「Ｋ－60」…………………288
　　　　　30％抵抗が少なく転覆しない、安全で速い船

第20章 　ＦＲＰ自動車「ＯＵ68」………………………308
　　　　　一生ものの超低公害車をＦＲＰで造る

あるボートデザイナーの軌跡 2

1章
波照間
(はてるま)

　セーリングと高速巡航、それに別荘の住み心地を併せて追求した、私のわがまま勝手な夢の船。それまでの設計にとらわれずに考えたから、レイアウトが落ち着くのに十年も掛かった。
　船型、構造、帆走システム、パルピットから燃料タンクまで、それぞれがアイディア一杯で、またそれぞれの試作でもある。しかしこの全く個人的な趣味の船がやがて生産に移行してゆく。

 1）プロローグ

　1980年初頭、私はセールボート「ヤマハ30Ｃ」を手に入れて、〈波照間〉(はてるま)と名付け、浜名湖で帆走を楽しんでいた。〈波照間〉は日本最南端の島の名前だが、南の海に雲間から日が差して、キラキラと波頭がきらめく情景を思わせるその名が、私ども夫婦はとても好きだった。
　家によく遊びに来ていた松田任弘君（ヤマハ発動機時代の後輩であり友人）から、自分が船を持った時に付ける名前と聞いていたが、彼が未だ船を手に入れていないのをよいことに、仙台まで電話を掛けて譲り受けたものだった。
　この船には一人でマストを起倒できるようにしたり、ティラーを立てるとオートパイロットで走り、水平に戻すと自動的に手動操舵に切り替わるクラッチを付けたりして、改良を面白がっていた。
　ところが遠出しようとなると大変だった。会社の若い連中は屈強な仲間を揃えて、夕方浜名湖を出て行き、翌朝には西伊豆や志摩半島につて、翌日たっぷりと楽しむ。
　しかしこちらは家内と2人のナイトセーリングが心細いし、その上低血圧の彼女は早朝が苦手、従って出発は翌朝の10時ごろになり、荒れ始めた外洋に出てからは、砂浜ばかりで単調な景色の遠州灘を丸1日走らなければならない。帰りも含めると丸2日、荒れた日には、もっと無駄な時を過ごした感じがする。
　「ヤマハ30Ｃ」の前にも自分で設計した試作だらけの船に乗っていた私は、またぞろ船造りがやりたくなってきた。遠州灘は20ノットでクリアして、目的の海で帆走を楽しむ船が欲しくなった。無理してお客様を泊めるための部屋数の多い船ではなくて、家と同様に二人でゆったり寛げる船を造って見たかった。
　それは十分広くて、断熱の良い船で、エンジン、発電機、タンクなど、機械的なものは居住区の外に追い出したい。これらの条件を満たそうとすると、船外機付きの軽い細身の滑走艇になる。それが「フィロソファー」だった。
　1986年、ヤマハ発動機（※）はホンダとのオートバイ、スクーターの激烈なシェア競争のあと、体制立て直しの中で私は役員を退いた。そして若い2～3人と堀内研究室を組んで、開発活動に専念することとなった。その時の退職金が支給された2年後、私は「フィロソファー」を自社に発注して建造する腹を決めた。
　一隻だけの建造だが、特殊なサンドイッチ構造のために、松坂の造船所で簡易雌型を作り、それを蒲郡工場に持ち込んで工事は始まった。

※ヤマハ発動機は、1955年、日本楽器製造（現ヤマハ株式会社）から独立分離した会社である。

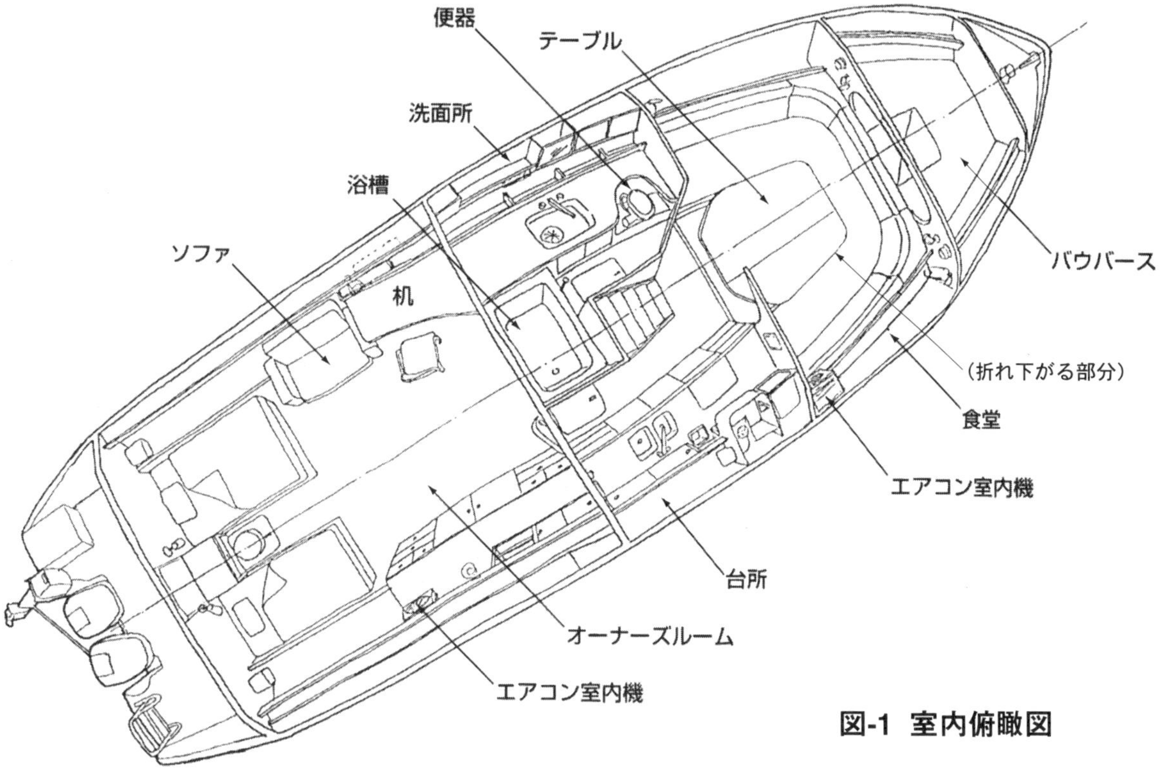

図-1 室内俯瞰図

図-2 オーナーズルーム後面

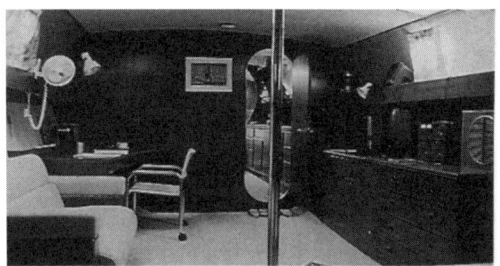

図-3 オーナーズルーム前面

図-4 食堂（奥はバウバース）

会社の暇な時に工事を進めてもらったから、進水まで結局1年半は掛かったと思う。

進水に当たって、お気に入りの前の船名〈波照間〉を引き継ぐことにしたので、ここで「フィロソファー」の名は宙に浮いてしまった。

それから10年、仕事の合間にこの船に乗り、多くの人にも楽しんで貰った。一方、思い立ったアイディアをこの船で試したり、不具合と感じた所を考え直し、解決策を模索しながら今日に至っている。

2) レイアウト

「フィロソファー」には、主機として200馬力の船外機を2基付けた。これによってディーゼルエンジンを付けた場合に較べて重量と原価を4割削減した上、エンジンルームが要らなくなる（図-1）。燃料費は掛かるが、その差額は私の使い方で試算してみると僅かであった。

エンジンルームが無くなったお蔭で、一番使いやすく、落ち着く所に、オーナーズルームができた。この部屋にはセミダブルとシングルのベッドがあり、左舷にはゆったりしたソファーと、私がここで仕事をするつもりの大きな机がある。右舷には、上が本棚、テレビ、オーディオ等の台があり、下は衣類引出しや、道具類の入る開きの付いたキャビネットを据えた。（図-2、3）

部屋の入り口の天井高さは192cmあるので、大男にと

ても喜ばれる。他に大きい椅子を二つ持ち込んでも広さにゆとりがある。

ドアをくぐって前に出ると、右舷に2.5m幅の台所があり、左の壁には冷蔵庫が埋め込んである。左舷側には、2.5m幅の洗面台があって、洗濯がしやすいよう大きな台所用のシンクを据えた。

一番奥、中心線寄りには1.2mのヤマハバスがある。電気温水器では間に合わないので、ブリッジにある瞬間湯沸かし器で給湯することにした。

食堂の座席は思い切って、コの字配置とした(図-4)。それによりバウバースに行くのが多少不便になるが、それは寝に行くだけのこと、団らんの雰囲気の方を大事にした。囲まれたバウバースは密室の趣があるせいか、子供に喜ばれる他、昼寝に最適で、大人の3人寝られる広さがある。

食堂のテーブルは右舷側が落ちるドロップリーフ型で、面積が1.2m²あり、8～9人で会食もできる広さだ。テーブルのちょうど真上にアクリル板の入った大きなハッチがあるので、テーブルの上はとても明るい。

両舷の椅子の背もたれを外すと、幅60cmの寝台が2つできるから、全部で7人泊まれることになる。食堂のチーク張りの壁は、深いブルーの布地を使ったクッション類と調和して、良い雰囲気が出た。

デッキに上がると全通甲板が広い。夏のボートで一番気持ちの良い所はオーニング（日よけ）の下だから、その面積をたっぷり取った(図-5)。ブリッジの上には常設のオーニングがある。ちょうどクルーザーのフライングブリッジの開放感である。その後ろのテーブルとカギ形のシートの所まで、取り付け式のオーニングが拡げられる。オーニングの面積はこれを入れると15m²にも達する。テーブルの両側の手摺にはバーベキューコンロと簡単な調理台が取り付けてある。したがって折り畳み椅子を出してくると、このあたりはバーベキューゾーンとなって、6～7人でテーブルを囲むことができる。

ブリッジの前はウインドサーフィンなどの遊具を置くほか、フラットで広い作業甲板として使える。アンカーウインドラス（錨の巻き上げ

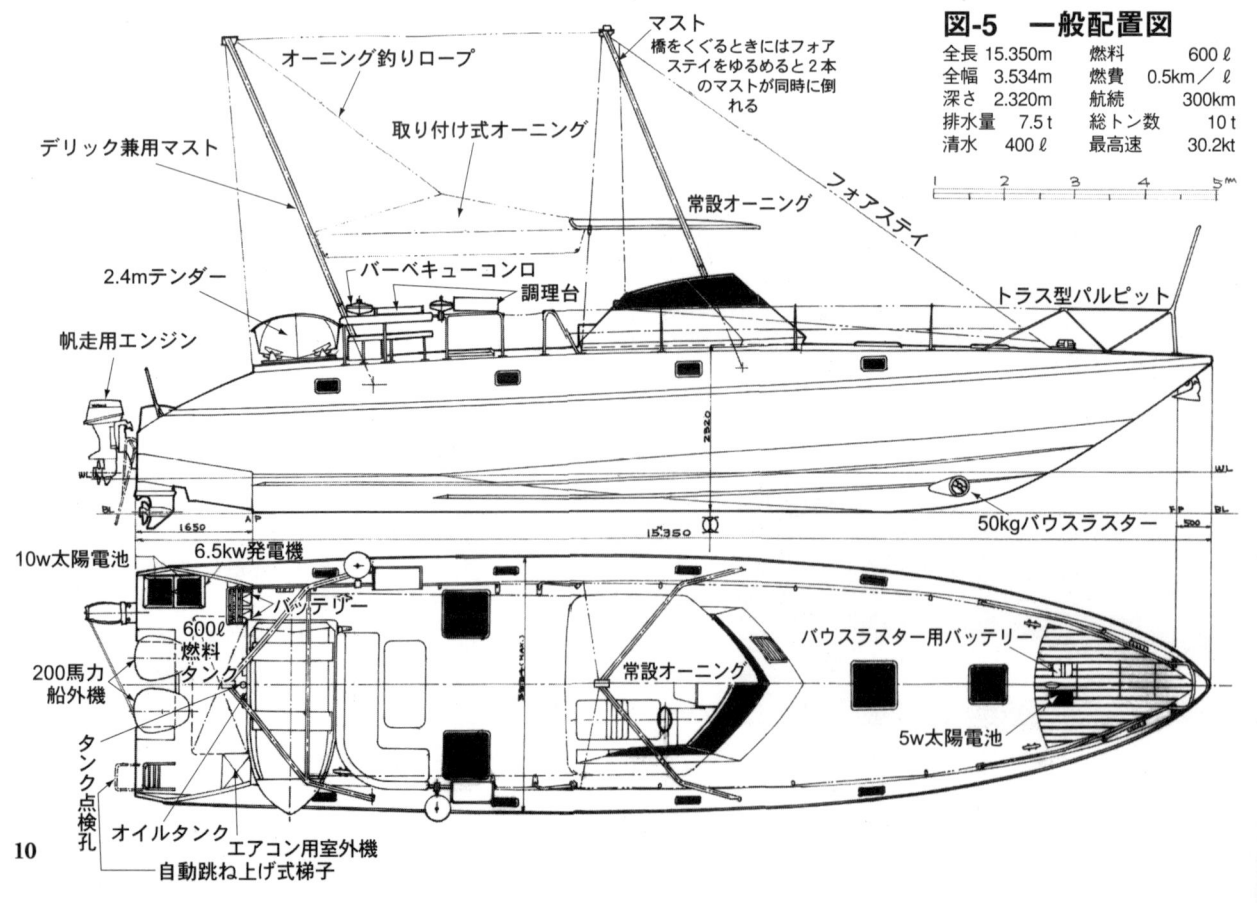

図-5　一般配置図

機）は甲板の下に収納した。したがって船首の門型のパルピット（船首手摺）から船に入ってくると、マストのフォアステイ（前側張線）がある他はほとんど邪魔物のない平らなデッキだ。

バーベキューゾーンの後ろにはテンダー（搭載艇）を置き、後部マストをクレーンに使って海に降ろせるようにした。

テンダーの脇を通って、梯子を降りると長さ1.65mの機関場になる。主機の200馬力船外機2基、10馬力の帆走用エンジン、発電機、バッテリー、太陽電池、オイルタンク、そして床下には600リットルの燃料タンクが埋まっている。こことオーナーズルームとの間は二重壁で仕切って、におい、油、騒音を前の居住区と遮断した。したがって居住区には普通の家にある機器類以外は置いてない。このデッキは狭いけれども、水遊びをする時の通路と基地の役目もする。右舷後端には、跳ね上げ式の梯子があって、それを降ろすと水面下60cmまで下がり、水への出入りがとても楽だ。梯子を上げ忘れて走り出すと、梯子は自動的に跳ね上がるよう、ショックコードが引いてある。これはむしろ水上スキーの必需品だと思うのだが、この船でも便利なので、テストをしているのである。

3) 船型

建造当時、私は仕事の上で、二相船型という新しい船型と、その作図法の開発に熱中していた。

滑走の性能が理想的で、また乗り心地が良い船型だが、それまでの作図法ではうまく描けない。

船の長さ、幅、船底の傾斜角など、15〜16のパラメター（特定の数値、媒介変数）を決めて、ある法則にしたがって作図をするとその船型が描ける。そのパラメターの選び方で必要な性能を与えることができるし、その手続きをコンピューターに入れれば自動的に船型が作図できる。さらには、この作図法で既存の船型とそっくりの船型を描いてみると、その際選ばれているパラメターから逆にそれらの船型の性格の全体像を把握できる。これは画期的な方法になると思われた。

私はその方法を自分の船で試して、実用の糸口としたかった。だから考えた手順のままに船型を描いた。この船型の場合、図-6のように船

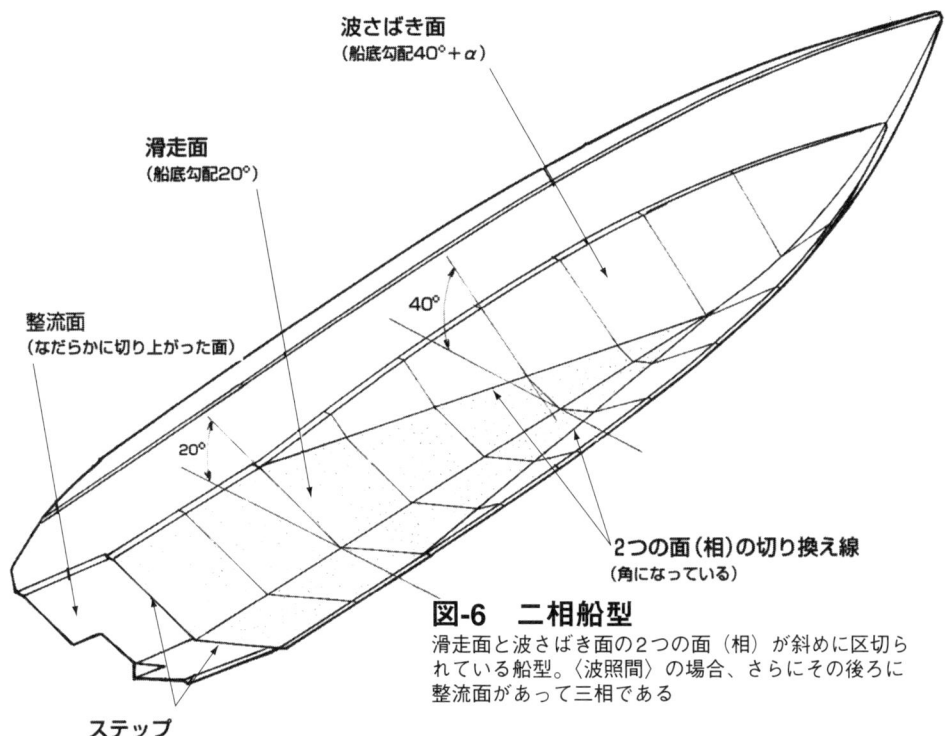

図-6 二相船型
滑走面と波さばき面の2つの面（相）が斜めに区切られている船型。〈波照間〉の場合、さらにその後ろに整流面があって三相である

底の後半部は船底勾配が20度の「滑走面」になっている。この面に水の流れが当たって揚力が働くのだが、船底勾配の一定な滑走面は滑走性能が理想的だ。

一方、船底面の前半部は、船底勾配が40度と大きい波さばき面で、波を叩く衝撃が非常に柔らかい。その2つの面の切り換え線が斜めに走っていて、滑走状態で水面下は滑走面に、水面上は波さばき面になるよう工夫してある。普通の作図法では、この斜めの切り換え線に相当するものがないので、滑走性能と波さばき面を両立させることは難しい。この船型のために「フィロソファー」は20ノットで走っても衝撃はヨット並で、実に楽なクルージングができるのである。

15mの大きな船の主機に船外機を使う例は余りない。エンジンの重さが排水量の5％程しかないため、重心がどうも前寄りになってしまって、これは30ノットを狙う滑走艇にとって具合が悪い。といってレイアウトを歪める気はない。その局面を打開するのに私は滑走面の後端から1.65mの所に高さ25mmのステップ（段差）を設け、それから後をなだらかに切り上げた（図-6）。

そうすると、滑走中はちょうど離水直前の飛行艇のように、ステップから後の水の流れは船体から離れる。したがって滑走面の後端から重心までの距離が1.65m短くなり、それだけ重心を後退させたのと同じ効果が得られるのである。

他の面でもこの後の斜めに上がる面は具合が良かった。低速時に、船の後の水の流れが整流されて、渦を巻かなくなったのだ。

普通このサイズのボートを5ノットで動かすと350kgほどの抵抗があるのに、この船はこの面のお陰で僅か50kgしかなかった。これがセーリング性能に大いに貢献してくれたのである。したがってこの面は"整流面"と名付けた。

もう一つ、ステップからプロペラまでの距離が1.5mほども離れているので、滑走中はステップで船体を離れた水の流れが段々せり上がってくる。エンジンの取り付け高さを大部高くしても、プロペラが水流の上に出て空転する心配はない（図-7）。

お陰で係船時に船外機を跳ね上げると、プロペラもギヤケースも、水面上にすっかり上がってしまって汚れる心配がない。これは小さいようで永年の使用には本当に有り難い。結局ステップを付けたことが3点セットの大きな利点をもたらしてくれたのである。

さらに帆走時の安全のために横安定を計算した結果、復元性範囲が110度もある。真横になっても余裕をもって起き上がる復元性は、小さなセールのこの船には十分と考えられた。こう

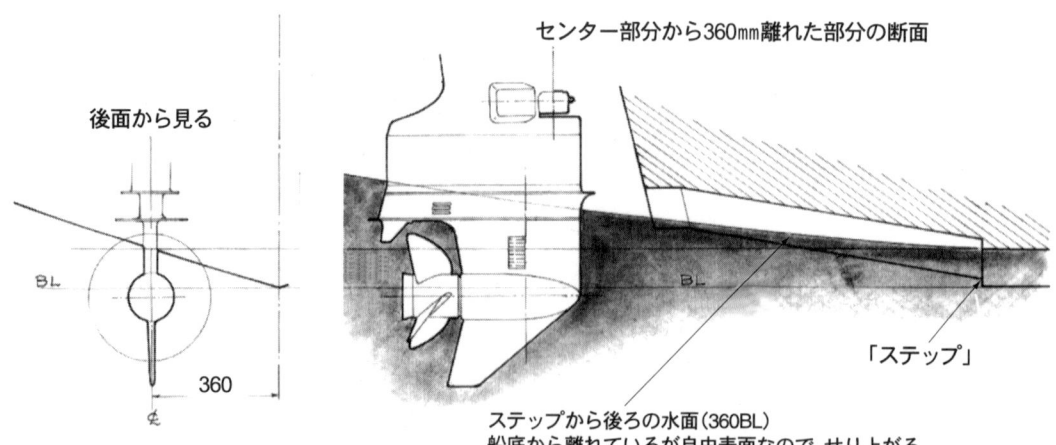

図-7　ステップの効果
〈波照間〉が滑走しているとき、ステップから後ろの水の流れは船底を離れている。
また、船底の圧力から解放された水面はだんだんせり上がってきてプロペラより高くなる

図-8 約20ノットの速力で巡航する〈波照間〉

してまとまってきた船型は、帆走、機走ともにほぼ狙い通りの走りを見せてくれた（図-8）。

4）構造と居住性

"中を広くする"、"断熱を良くする"、"波の音を通さない"、という3つの見地から厚いサンドイッチ構造にすることを決めていた（図-9）。

分厚い外板とズンドウの形、それに4ヶ所の隔壁の組み合わせで、船体は正に竹の構造を彷彿させた。そして頑丈さと同時に有り余る不沈性まで手にいれたのである。

外板は、25mmのディビニセル（発泡塩ビ板）2層の内側に2.5mmのFRP、外側3mmのFRPを貼った厚さ約60mmのサンドイッチ板である（図-10）。これだけの厚みがあると、曲げの強度、剛性とも恐ろしく強い。したがってフレームも縦通材（船の長さ方向に通る補強材、主に船底やハルの内部に使用される）も要らない。内張は外板内面に直接壁紙を貼れば良い。キールは局部荷重に備えて一部補強したが、船底も甲板も何の補強も要らない。

そのことが中を広くしたから、スリムな外観を見て船内に入ると、誰もがその広さに仰天する。十分な天井高さと、さらに10畳間があるとは、そして住宅並の風呂桶が入っているとは思いもよらないらしい。

進水後、居住性の確認のために、ある実験をした。乾燥材のメーカーの協力を得て、船外と船内2ヶ所に自記式の温湿度計を置き、1年間測定を続けたのである。

前に乗っていた「ヤマハ30Ｃ」では、内壁に結露したり、かびが生えて黒くなったりするのが嫌だった。

だから今度は乾燥材によるか、もしくは昔の宝物倉庫に使われた校倉作りにならって、空気が乾燥した時に換気し、湿度の高い時には自動的に締め切る換気装置を開発して、室内を気持ちの良い状態に保とうと考えたのであった。

ところがサンドイッチ構造の効果は素晴らしかった。外気が35℃を記録した夏の日に、船内は遂に35℃を超えることがなかったし、湿度も動かない。こうなると校倉作りも必要なかった。

そして今まで13年間船内に臭いも付かず綺麗な

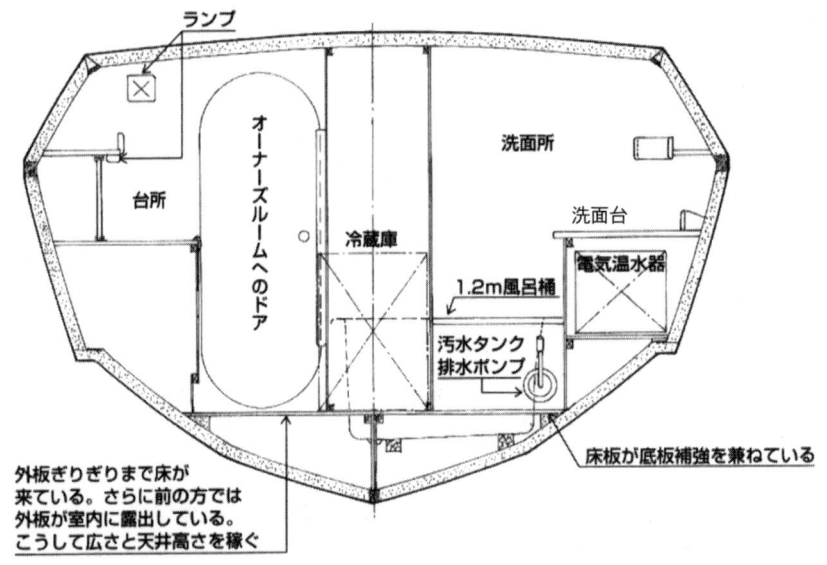

図-9 断面図（主隔壁前面）

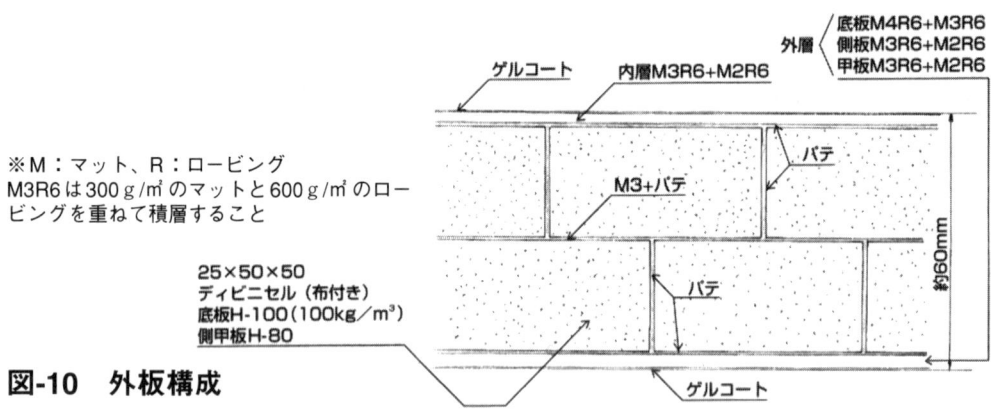

図-10 外板構成

ものだ。ただ階段の前のデッキ上の部分が0.4m²ほどサンドイッチになっていないため、ここに黒くかびの生えるのが気になって仕方がない。

それに波の当たる音が外板を通して伝わって、狙いどおりに消えてくれなかった。ディビニセルを50mm角のブロックで並べる積層の方法なので（図-10）、ブロックの間に入った固いパテの壁が音を伝えるのであろう。全面発泡材で絶縁しないと音は消せないようだ。

 5）帆走

1979年の「フィロソファー」の最初の計画（図-11）では、セーリングと機走の性能に対するウエイト配分を50：50とした。

キールも舵もまともに付けて、かつ20〜30ノットの機走を目論んだからである。この計画図は額に入れて何時も見て考えていた。

滑走中にはキールを上げねばならない、さもないと旋回したときに、ばったりと外に倒れてしまう。しかし、そのための油圧式キール引上げ装置が長い間にどうなるか。それに大きな舵の上下装置も厄介で、絵にも描き入れられない。それを見る度に気が滅入ってしまう。

散々悩んだ揚げ句、とうとう辿りついたのは、セーリング性能がぐんと後退したウインドサーファー方式だ（図-12）。

ウインドサーファーはセールを前傾、後傾さ

図-11 「フィロソファー1」配置図

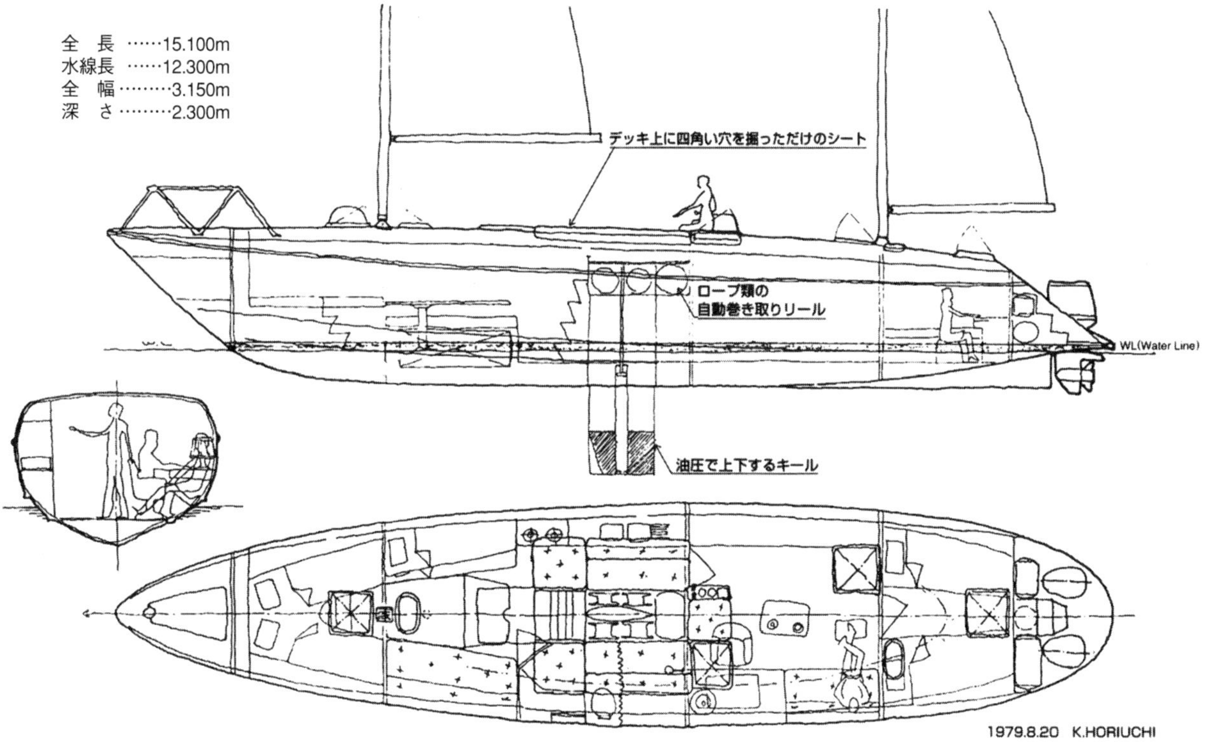

第1章 波照間

全　　長 ……15.100m
水線長 ……12.300m
全　　幅 ……3.150m
深　　さ ……2.300m

デッキ上に四角い穴を掘っただけのシート
ロープ類の自動巻き取りリール
油圧で上下するキール
WL(Water Line)

1979.8.20 K.HORIUCHI

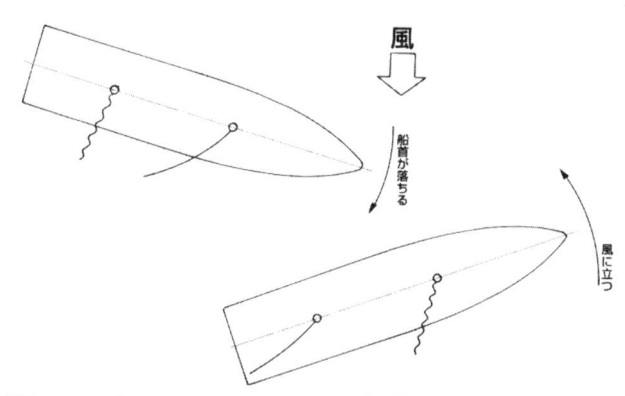

図-12　ウインドサーファー方式

せて、その圧力中心の移動で舵を取るが、この船は前後にセールを置いているから、その張りようの差で舵を取ろうとしたのである。リーウエイ（横流れ）は船底勾配の大きい船型により、許せる程度に抑えられるかと思い、横流れ止めのキールを無くして〈波照間〉を建造した。

船が走り出してその帆走をやってみると、これはひどい。アビーム（真横の風）から風下側30度くらいまではなんとか動くが、主機で加速してからでないと方向も定まらず、リーウエイ

が止まらない。艇速も遅くて、とても帆走の醍醐味を味わうどころではない。

大体働き手一人の船で2枚のセールを張り、シートを取り回し、それを調整するのは面倒で、さらには後ろのセールが甲板上のテーブル辺りで暴れるし、オーニングも張れない。それでたちまち嫌になって、しばらくは機走ばかりやっていた。

半年ぐらい悩んだろうか、10馬力のヨット用4サイクル船外機を使うことを思い立った。これでステアリングの能力を確保する。また前進速度を付けることで、リーウエイを止められることは今までの帆走で分かっていたから、その問題も片付く。後ろのセールの使用を止めるとオーニングが張れるようになった（図-5）。

10馬力船外機はスプリングの入ったブラケットをアメリカから仕入れて、船外機の上げ下げを楽にすると共に、主機と連動してステアリン

グが効くようにした。これは成功だった。

その船外機で4ノット近く出る。半速にすると4サイクルだから音はほとんど聞こえなくなり、スピードも3.5ノットは出る。前のセールを張るとグンとスラスト（推力）が増した感じがして、8m/sの風が吹けば5.7ノット出る。余り速くもないが、セーリングの感覚は十分味わえる。

ヒールはたかだか5度ぐらい、110度の復元性範囲を生かす機会はなさそうだ。

船外機で舵を切る方法だと条件に関わらず舵効きは良い。タックもジャイブ（タックは風上回り、ジャイブは風下回りで風を受ける舷を変えること）も当然ながら意のままだ。そしてリーウエイもピタリと止まった。

無風に近い微風でも4ノットを超えるが、この時は船外機が頼もしい。

一方強風になると、小さいながらセールがっちりと効いてこれも頼もしい。

お陰で、オーニングの下ではビールとバーベキューで団らんを楽しみつつ、セーリングも具合良くできるようになった。

ヤマハ発動機の社長以下、幹部にこの船でのクルージングを楽しんでもらって好評を得た。江口秀人社長（当時）はセーリングが好きだが操船を覚えるのは面倒で"簡単なセーリング"、"静かな船"が口癖だった。

この船は主機で走っても船外機が遠く、トランサムの陰にあるので静かな点では合格だった。その後簡単なセーリング（オートセーリング）についても試走をした。

 6) 横歩き

ヨットは重くて側面積の大きなキールと舵を持っているから、多少風があっても惰性で思うところへ行くことができる。したがって桟橋に船を着けるのはそう難しくない。しかし、軽くて風圧面積の大きいモーターボートは、風上の桟橋に横着けするのがどうも苦手だ。

〈波照間〉はその上図体が大きいから、風上側の桟橋に1人で船を着けるのが特に難しい。

家内が前デッキに出て、ロープの輪を桟橋の

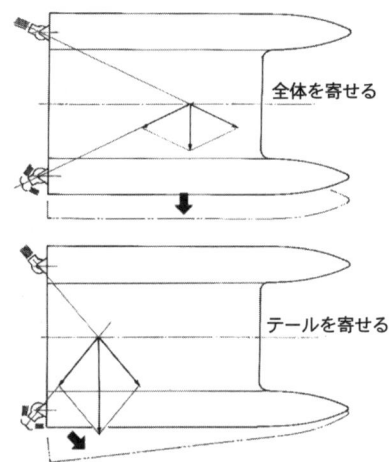

図-13　オーストラリアのカタマラン

クリートに引っ掛けて根元を止め、船外機をバックで使って船尾を着けるのだが、ロープを掛けるのがなかなかうまくならない。それにもし慌てて落水でもされたら、泳げない彼女を救えるかどうか、2人だけの船だけに不安でしょうがなかった。

もともと1人で船を出せないのは不自由なことだ。それで何としてもシングルハンドで着岸できる工夫をすることにした。

オーストラリヤのカタマラン観光船は面白いことをやっている（図-13）。2基のジェットの噴孔を左右に開いて片や前進、片や後進に入れると、二つの推力の方向が前の方で交差する。その交点の位置に推力の合力として、横向きの力が発生する。

噴孔の角度を変えて、合力の位置を前後に移動することで、船の向きを調整しながらカタマランを真横に動かし、着岸することができるのである。これを知った時にはうなってしまった。

最初、私はこの方式を取り入れようとした。左右の船外機をつなぐ操舵用の連結棒を短くして、二つのプロペラの推力の方向を内向きにすれば同じことができるはずだ（図-14）。カタマラン観光船は左右のジェットの間隔が広いから、船体中央の推力線を交差させ、そこに横力を発生させて横歩きするのだが、この時ジェットの噴出口は30度も内側を向く。したがってジェットの推力の半分ほどは横力に貢献する。

ところが〈波照間〉の場合、左右の船外機の

間隔は720mmと極力小さくしてあるから、横力を船体中央に発生させようとすると、船外機の方向は数度しか切れない。したがって横力は小さ過ぎた。

船外機の内向きの角度をもっと大きくして、横力を船尾寄りに発生させるなら条件はずっと良くなる。苦しまぎれに着岸に移る前に、船首をずっと桟橋に寄せておくことにした。また桟橋と平行に着岸できなくとも、船尾が桟橋に当たれば力まかせに寄せられるのではないかと期待した。そして実際にこれをやって見た。

〈波照間〉は油圧ステアリングのシリンダーが、右のエンジンを操舵している。左のエンジンは連結棒で右エンジンと連結して同じように動く。その連結棒を縮めて固定できるようにすれば目的は達せられるはずだ。当初は面倒でもねじで固定する。将来は遠隔操作の油圧式にすればよい。

船を動かしてみると実際に横力は発生して、船首を中心としたその場旋回ぐらいはできるが、着岸に十分な力とは思えなかった。それに港まで来て着岸前に連結棒を短くする作業、これが何とも面倒だ。運転席をほったらかしにして、船外機の所で作業をするのも不安で仕方がない。面白い方法だが実用上、難があり過ぎるとして、このやり方はとうとう諦めた。

次に考えたのは、船首の横力は市販のバウスラスター（船首の横力発生装置）に頼り、船尾の横力だけを船外機によって行う方法である。これならずっと条件が楽になる。

さらに着岸前の作業をなくするために、連結棒の右端を右エンジンから外して船体に固定することを思い付いた（図-15）。そうすると操舵できるのは右エンジンだけになる。

右エンジンを一杯に切って前進に入れ、左エンジンをバックに入れて前後方向の力を打ち消すと、横力だけが残る。これとバウスラスターを組み合わせると、横歩きや前後の推力を逆に向けてのその場旋回など、船を着ける時の自由自在な動きが楽しみだ。普段走っているときの舵効きは少し鈍くなるが、浜名湖で遊ぶのに急な舵の要ることはない。荒れた外洋を走る時が心配なら、その時は連結棒をもとに戻せばよい。

早速この方法を実行に移すことにした。輸入

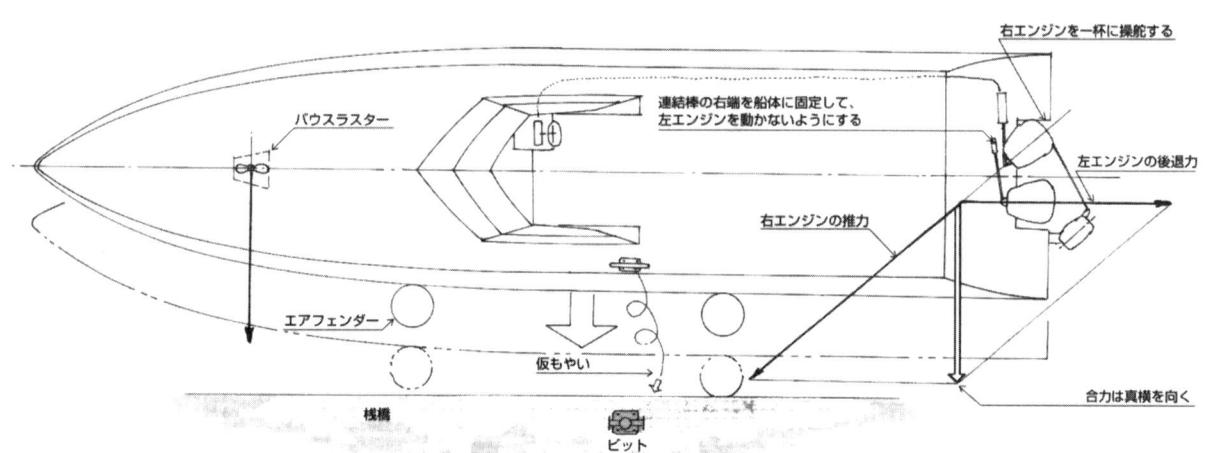

図-14　〈波照間〉の接岸（第1案）

図-15　〈波照間〉の接岸（最終案）

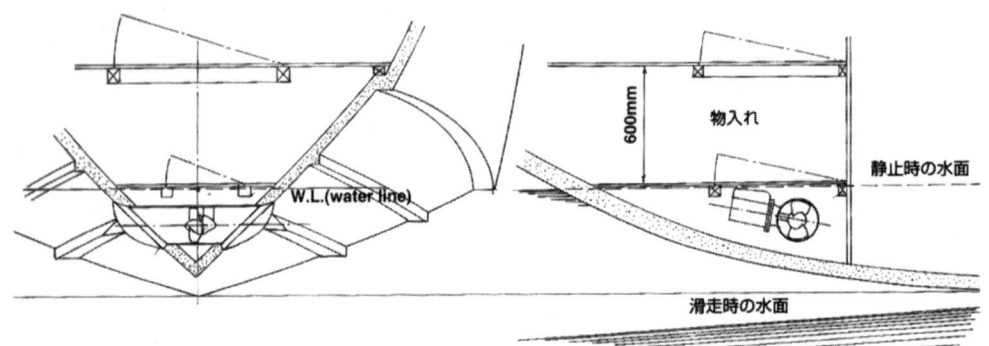

図-16　バウスラスター

物入れの床の下に収まる。静止時は水面下、滑走時は遙か水面上で抵抗にならない

されているバウスラスターは高くて決心が付きかねたが、ウエストマリン（アメリカの通信販売会社）のカタログを見ると、推力50kgのものが2,500ドルほど、これなら買えると注文した。当初、取り付け用のＦＲＰパイプが来なくてオランダからアメリカ経由で取り直し、2～3ヶ月もかかったが、30万円ちょっとでものは揃った。

これはとてもコンパクトなものだった。バウバースの下の物入れの底板の、そのまた下に入ってしまう（図-16）。ここまではよかったが、さて電源を考えてみると頭が痛かった。バウスラスターは200アンペアも使うから、十分な容量の電線を定石どおり船尾のバッテリーから引いてくると、電線の重さは私の体重程にもなる。それにそんな太い電線を今から引き回すのは大変なことだ。

腹を決めたのは船首の甲板上に専用のバッテリーを置くこと。その充電には隣に置いた5ワットの太陽電池を使う案だった。バウスラスターを回す時間は普通10秒程、せいぜい回しても20秒だから、80AHのバッテリーにとって、それは1～2％の使用量でしかなく、太陽電池が2～3時間で取り戻すから次の着岸には心配ない。これを思いついた時はとてもスマートな解決に思えて嬉しかった（図-5）。

さて実際に使ってみるとこれは良い。ぐんぐんと横へ走れる。だから着岸する時は船を桟橋と平行な位置で一度止め、前後の横力を調整しながら真横に走る。接岸の直前に推力を切り、惰性でエアフェンダー（空気入りの防舷材）をつぶしている間に桟橋に降り立って、船の中央付近をもやうと、これが実に簡単に着岸できる。

バウスラスターは十分強力で、7～8m／sまでの桟橋側からの風なら何とかなる。出港する時は真横に離岸して、今度は前後の横力を逆向きにすると、その場で船はくるりと向きを変えて走り出せる。社内で試乗会を行ったら"フェリーみたい"と喜んだ人がいた。以来一人で乗れてこれは本当に便利だ。

7）パルピット（手すり）

バウのパルピットは中央が門型になっている（図-17）。これはクルージングの経験から出たものだ。

高い岸壁から船首付けの船に乗る時、掴まるものがないのは心細い。門のてっぺんを握って乗り移ると、これはとても安心で楽だ。

逆に低い岸壁の場合にも、重い食料や水、燃料を運んで来てパルピットをまたぐのはやり切れない。門ならくぐるだけで掴まるにも良い。

門に続くパルピットがトラス状になっている。これも凄く合理的な構造だ。

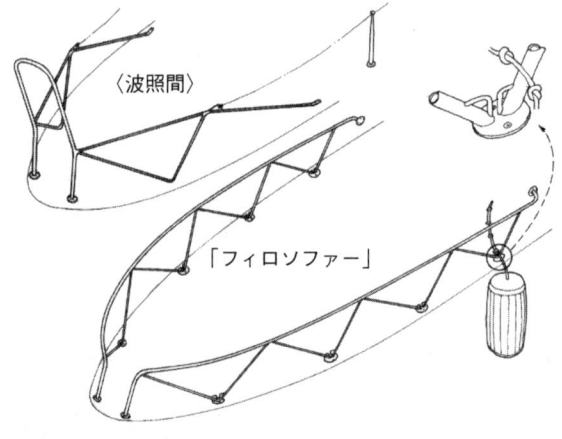

図-17　パルピット

普通のパルピットは、前の方がつながっているからしっかりしているが、後ろへ行くほど内外にぐらつきやすく、取り付け部にも無理が掛かる。

　ところが柱をジグザクにして橋げたのようなトラス状にすると、舷側の平面型にカーブがある限り、パルピット全体がお互いに支え合う形で立体トラスとなり、取り付け部にも無理が掛からない。

　レースカーや軽飛行機の胴体によく使われる、鋼管溶接構造などの最も軽くて強い構造様式に近い強度と剛性を示すのだ。

　おかげでパルピット全体ががんがんに硬くなるのである。さらには前端で左右の縁を切ったり、また門型にして人が通りやすくしても全体がしっかりしている。どうしてこんな良いことを皆やらないのだろう。

　さらに生産艇の「フィロソファー」には、設計担当の里内和彦君と田面光晴君が面白いことを考えてくれた。

　デッキの取り付け部付近のパイプに、鍵形に曲げた丸棒を二つ付けて、その間にフェンダーロープの瘤を引っ掛けるようにしたのである。

　この方法は瘤を幾つか作っておくとフェンダーの高さを簡単に変えられて便利だ。私はアメリカの船具屋から、フェンダーアジャスターを10種類も買って試してみたが、納得のいく製品にはなかなか出合わない。

　この方法はトラス型のパルピット専用だし、長期間の使用にはロープが痛みそうだが、今まで見たうちでは一番確実で便利な方法だと思う。

8）燃料タンク

　この船の燃料タンクは600リットルの容量のFRP製、それが室外、主機の前にある。船体に現場発泡ウレタンで埋め込んだので、周りが断熱されている代わりに、底面に近付くことができず、下にドレン抜きを設けられない。そこでいろいろの工夫をしておいたのがうまくいったので説明しよう（図-18）。

　まず最深部に、完全にドレンが抜けるよう点検用のパイプが立ててある。そしてそこへ目盛り棒を差し込むと、燃料の残量を数リットルの精度で計ることができる。もちろん電気的な燃料ゲージも持っているが、これは100リットルレベルの精度でしか読まない。燃費を計ったり、少ない残量でもう一息走るかどうかは、やはり精度がないときめられないからである。

　よく取説には燃料タンクは何時も満タンにして置くのが良いと書いてある。しかし600リッ

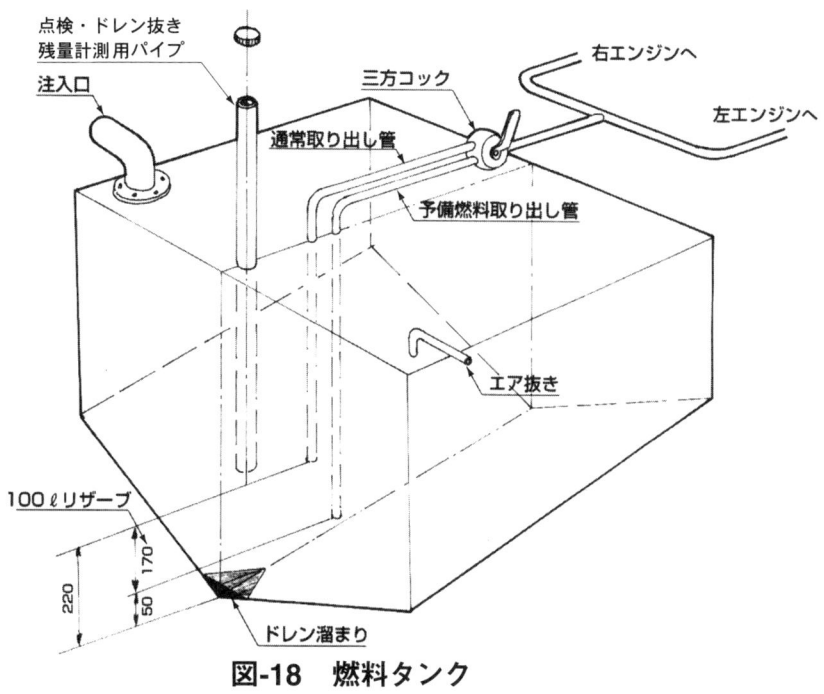

図-18　燃料タンク

トルもの燃料を普段運ぶのは嫌だ。できるだけ軽く、軽快に走りたい。

望ましくないことをやっているのだから、時折ドレンを抜いて見るのだが、一向に水の溜まる気配がない。何度か首をひねった揚げ句やっと気が付いた。タンクに空隙が多いと、タンク内の温度変化で空気が大量に出入りするし、低温時にタンクの内側に結露して、水の溜まる原因となる。

ところが断熱されたタンクはその両方が無くなって水が溜まらない。こうしてタンクの断熱の意味を後から知ったのである。

もう一つは、燃料の取り出しパイプを2本にしたことだ。1本はタンクの最低部より20cmも高い所で終わっている。もう1本は5cmほどの所で終わっている。普段前者から燃料を取り出していると、底の汚物を吸い上げる心配は全くない。そして燃料切れを起こしてからコックを切り替えると、まだ100リットル使えるようになる。よくある予備燃料コックである。それらの工夫が良かったのだろう。13年間、エンジンは快調そのものである。

 9）新艇発表会

1989年の秋、ヤマハマリーナ浜名湖で新艇発表会が開かれた。その折に〈波照間〉も試乗できるよう準備をした。

大勢が試乗した中で、若いセールスマンの中には不思議な船と感じた人が多かったようだが、有力ディーラーの社長連がこの船を買いたいと言い出したのである。もともと私の好き勝手に設計して作って、売ることなど念頭になかったのに、ゆったりした部屋や食堂、風呂などを見て、売る船と言うより自分の使う船にしたいと考えたようだった。同じように考える人が大勢いて私は嬉しかった。

その後、反響を見て〈波照間〉の商品化が進められた。商品化は若い人達の仕事だったが、私は〈波照間〉で遊んだ経験をできるだけ伝えるよう努力をした。

オーニングを張る手間を無くすのに、ブリッジとバーベキューゾーンを一つにまとめて、冬や雨の日には透明カーテンで全周を囲める配置とした。またハードトップをシンプルなトラスで支え、その上にマストが立てられるようにして後部マストを廃止した（図-19）。しかしその他を含めて、安く安くと作った私の船に較べて少しずつ仕様が豪華に、また贅沢になっていった（図-20、21、22）。

一方、その時期急激にバブルが弾けて、みるみる船は売れなくなって来た。

〈波照間〉を買いたいといっていた社長達も、

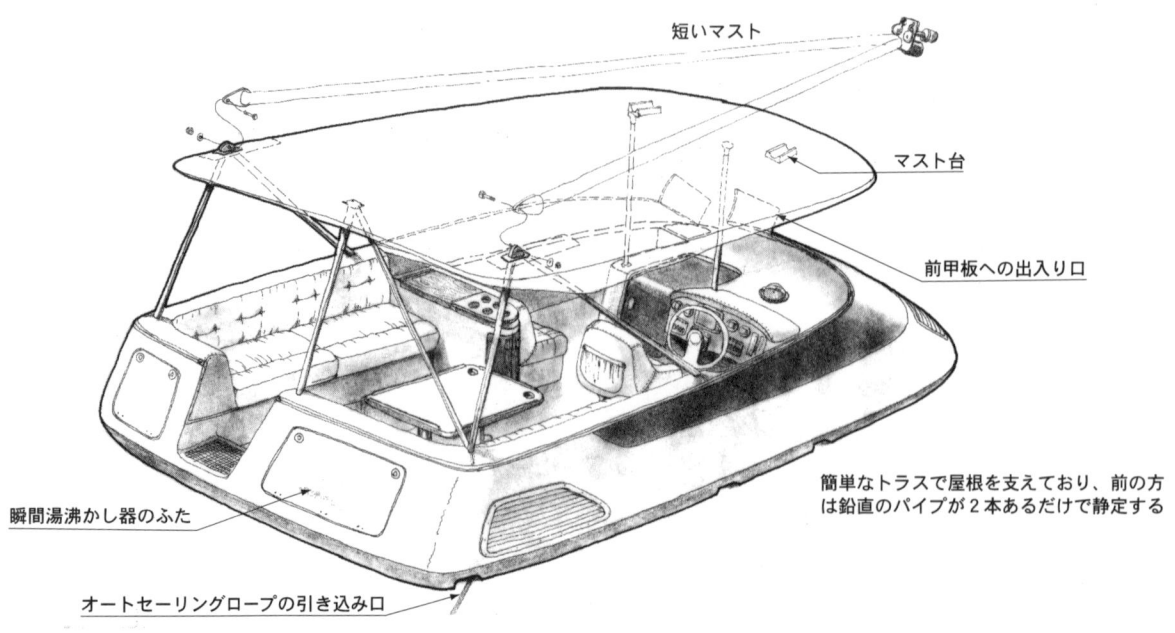

図-19 「フィロソファー」のブリッジ

図-20 「フィロソファー」のセーリング

図-21 「フィロソファー」のオーナーズルーム

図-22 「フィロソファー」のダイニングルーム

経営の維持に精一杯で、船を買うどころではなくなってしまった。その中で船は発売された。名前は「フィロソファー」、私の〈波照間〉は「フィロソファー」クラスのプロトタイプという位置付けになった。

 10) オートセーリングシステム

前述のように、江口社長はセーリングの簡易化、オート化をしばしば希望された。発売された「フィロソファー」をボートショーに展示するに当たって、オートセーリング装置を動かして見せたいと私は強く思った。

堀内研究室の柳原　序（ついで）君と電装技術の内山敦司君に頼んでこの装置はかなり良い所まで開発し、ボートショーでは実際に動かした。また浜名湖でテストした結果、良い条件のもとでは動くのだが、残念ながら商品化のレベルには達しなかった。

結局ロープの巻き取り装置の引く力と速度が予想外に幅広く必要で、その開発にはかなり時間を要することも分かり、限定的なセーリングと展示でこのプロジェクトは幕を引いたのであった。

それはともかく、オートセーリングの手順を説明してみると次のようなものである。スキッパーは、まずセーリングモーター（10馬力船外機）を半速にして船を走らせ、風上から45度以上落とした方向に向ける。そしてセーリングボタンを押すと、ファーリングジブ（巻き取り式の前帆）のように巻き取られていたセールがするすると伸びて来て、シート（セールのコントロールロープ）は最適の長さで固定される。舵を引いて方向を変えると、シートは自動的に調整され、風が強くなれば自動的にリーフ（縮帆）する。風向、風速計を読んでコンピューターが指令を出しているのである（図-23）。

タックの舵を引くと、セールはブリッジの屋根に引っ掛からないよう、一時巻き取られ、逆舷の風を45度に受けるころ、再びセールは全部展開される。船外機で舵を取るのでタックを失敗する気遣いはない。したがってスキッパーはセーリングボタンを押すほかは舵さえ引いていればよい。さらには舵をオートパイロットに任すこともできる。そうなればスキッパーはセーリングで行けない方向を避けるだけで後は船がやってくれる。

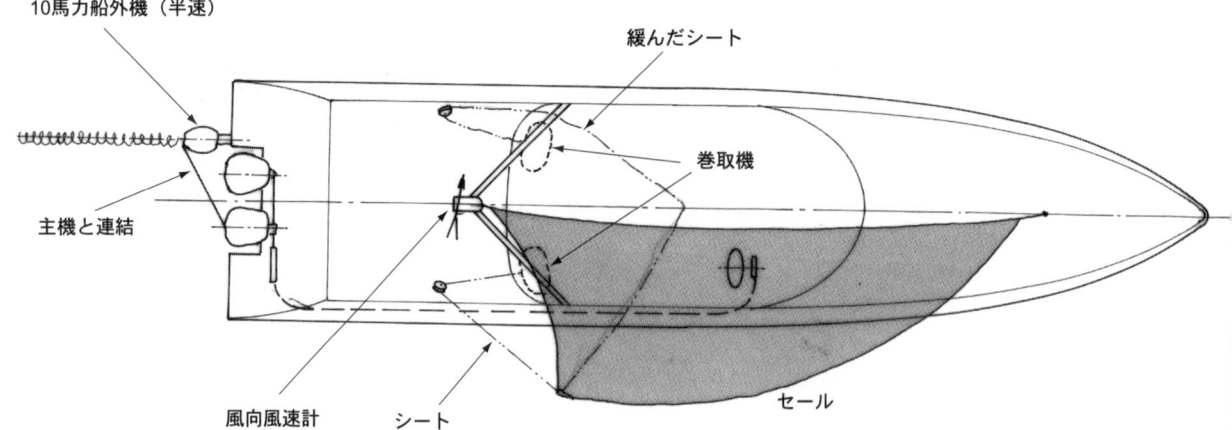

図-23　オートセーリング

難しいのはシートの巻き取り装置を作ることで、微風下で舵を風下に切った時には、わずかな引きに対してスルスルとシートを出してやらねばならない。一方、強風の切り上がりでは最後のひと引きギリギリとシートを締め上げてやりたい。その幅が広くて、しかもロープの巻き取り長さが長いときている。一段の変速装置では対応しきれないし、別に巻き取りリールが欲しくなったりする。結局スルスルもギリギリも一寸足らなくて後を追い切れなくなってしまったのである。

カタログを調べると、100フィート級のヨット用にはかなり立派な巻き取り装置がすでにできて売られている。これが私たちの狙ったレベルの性能を持つのかどうかは分らないが、機構そのものはなかなかだ。したがって、この辺を知り尽くして地道な努力をすれば、得心のゆく小型ヨット用の巻き取り装置ができることだろう。

もう一つ、動力源の問題が厄介だが、その2つが解決できればコンピューターの駆使できる今日、オートセーリングは決して遠い目標ではない。

ヨットが好きでセーリングはしたいけれども、セールの扱いを覚える気はないという人から、セールの扱いが面倒な人まで、オートセーリングは多くの人に喜ばれると思う。あるいは世界中でモーターボートより一桁少ないと言われるヨットが、これから普及する突破口になるかも知れない。

走っている間はビールも飲めないし、まして落ち着いて食事などできないモーターボートに較べて、帆走するヨットの上の団らんは至福の時である。ところが雰囲気は良いけれども面倒なのがセーリングで、大勢のお客を乗せて一人でセールを用意する忙しさ、お客の役に立たなさは腹立たしい。そして改めてファーリングジブを取りつけたときの喜び、メンスル（主帆）をマストから外すのをやめて、セールカバーを掛けて済ますようになった時の驚く程の楽さを今も鮮明に思い出す。年を取った夫婦だからかも知れないが、もっともっとセーリングは楽になって欲しいと思うのである。

11）エピローグ

「フィロソファー」の販売は数隻にとどまった。しかし、そのお客さんは私の設計の考え方に共鳴された方で、私の話を聞きたいという方、〈波照間〉に乗ってみたいという方などを船に迎え、ボートの楽しみ方について語り合って本当に楽しかった。

ただ15.3mという船の長さはバブル以後にはこたえたようだ。

私自身、1996年にヤマハ発動機を退職して鎌倉に移り住んだのだが、湘南の保管料の高さにまいって、〈波照間〉は浜名湖に置いたままである。

船を作った頃は、「15mを超えると30％の物品税が零になる」という魅力があったのだが、今はそれも消えた。

この船の良さを生かした手頃な大きさの船を、また造ってみたいと思う。自分用だと8mぐらいだろうか、もう少しそれらしくしようとすると10mは必要になるかも知れない。

長さ一杯をキャビンにして、全通甲板の上を使うレイアウトは、重心が上がり過ぎて無理かも知れないが、高速とセーリングの両立した住みごこちの良い夫婦専用艇を、そうやってじっくり考えるのがこれからの楽しみである。

この仕事に入って以来50年、仲良くして来た設計仲間の内田四郎さん（横浜ヨット在籍の後、ヤマハ発動機に勤務。太平洋1,000kmモーターボートマラソンにも出場経験を持つ）には、〈波照間〉の設計でもお力添えを頂いた。内田さんに感謝の気持ちを込めてこの文を終ろうと思う。

2章 快速小型ヨット「ツインダックス」の構想

> 毎年、20ノット近い速度で疾走する人力ボートレースを見ていると、この効率の良い水中翼をヨットに使わない手はないと思うようになる。
> 1980年代、グレッグ・ケッターマンに協力して開発した高速水中翼ヨット、「アボセット」は大きく、また40ノットのスピードも速すぎた。20±5ノットで気楽に乗れるヨットを作りたいと考えてみたが、これが意外に難しい。3年も考えたろうか、それがある朝氷解して夢は一気に広がった。

1)「アボセット」

1985年、ヤマハ発動機は本社にR&Dセンター（リサーチ＆デベロップメントセンター）を作り、またアメリカで販売する新商品の探査と研究開発のために、R&DカルフォルニアとR&Dミネソタをロサンゼルスとミネアポリスに開設した。

私はR&Dセンターを担当することになり、1ヶ月おきにロスとミネアポリスのR&Dを訪れて、研究者達の相談に乗っていた。R&Dは自由な雰囲気で、アメリカでの遊びや交友の中からそれぞれにテーマの種を見つけては、その実現に打ち込んでいた。

1989年になって、グレッグ・ケッターマンという若い米人が熱心に水中翼ヨットの研究をしていて、すでに24ノットもの高速を得ていたのをR&Dカリフォルニアの山田利治君が偶然に見つけた。

山田君は、グレッグを説得して同僚のニック・ラーソンとともに商品化のための共同研究を開始した。ニックはこのプロジェクトを「アボセット」と名付けて情熱を傾けていた。「アボセット」を辞書で引くと、"せいたかそりはししぎ"、浜千鳥の一種である。水中翼船の細い脚で水に立ち上がった姿から「アボセット」を連想したのだろう。

グレッグと開発を進めていたヨットは、3胴の水中翼船で2枚のウインドサーフィンのセールを並列に取り付けていることを特徴としていた（図-1）。

中央胴体の前からは左右に太いアルミ管のビームが張り出していて、その先にはサーフボードが左右一枚ずつ付いている。そのサーフボードの前端からはアームが延びて、その先に滑走板が付いており、これが水面の位置を測るセンサーの働きをしている。またサーフボードの側面には湾曲した水中翼が取り付けてある。

船が止まっている時には滑走板、サーフボード共にベタッと水面に浮いていて、静的に安定を保っている（図-2 a）。この状態では水中翼が10数度の迎角（前上がり角）を持っているので、艇速がつけば揚力が大きくなってサーフボードが水面から離れる。

しかし、滑走板は水面をなぞっているから、サーフボードが持ち上がると前下がりになって、取り付けられた水中翼の迎角が減り、揚力が減る。こうしてサーフボードは水中翼の負担重量が揚力とちょうど同じになる浮上の高さを保って翼走を続けることができる（図-2 b）。

スキッパーは中央胴体の後ろのコックピット

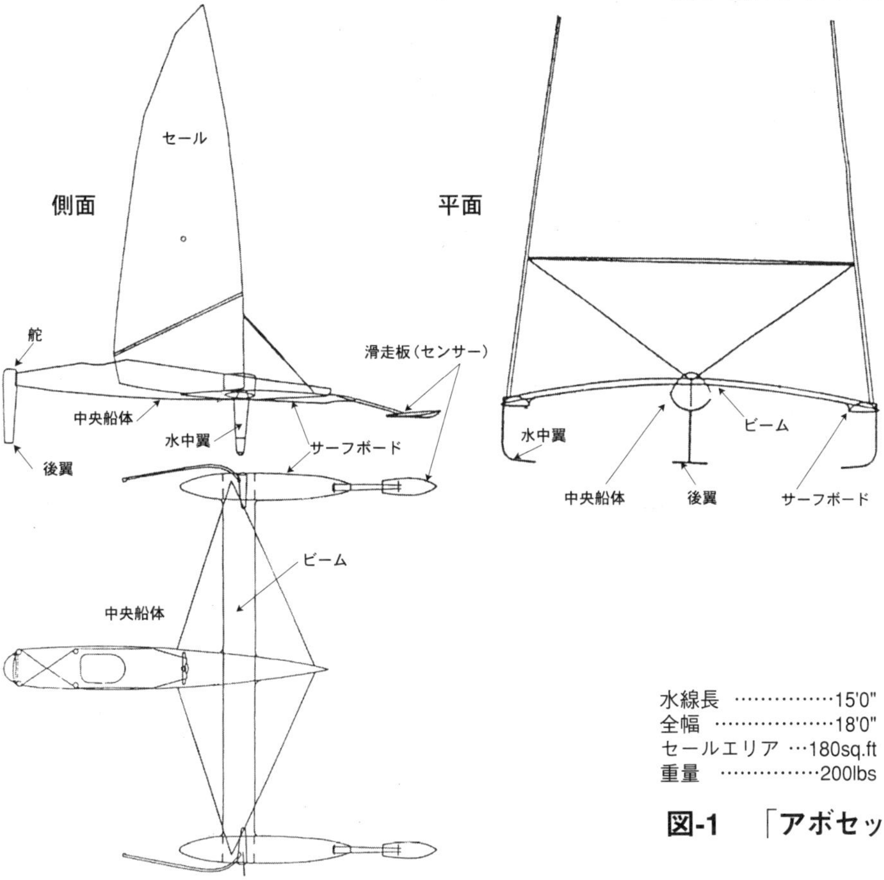

第2章 快速小型ヨット「ツインダックス」の構想

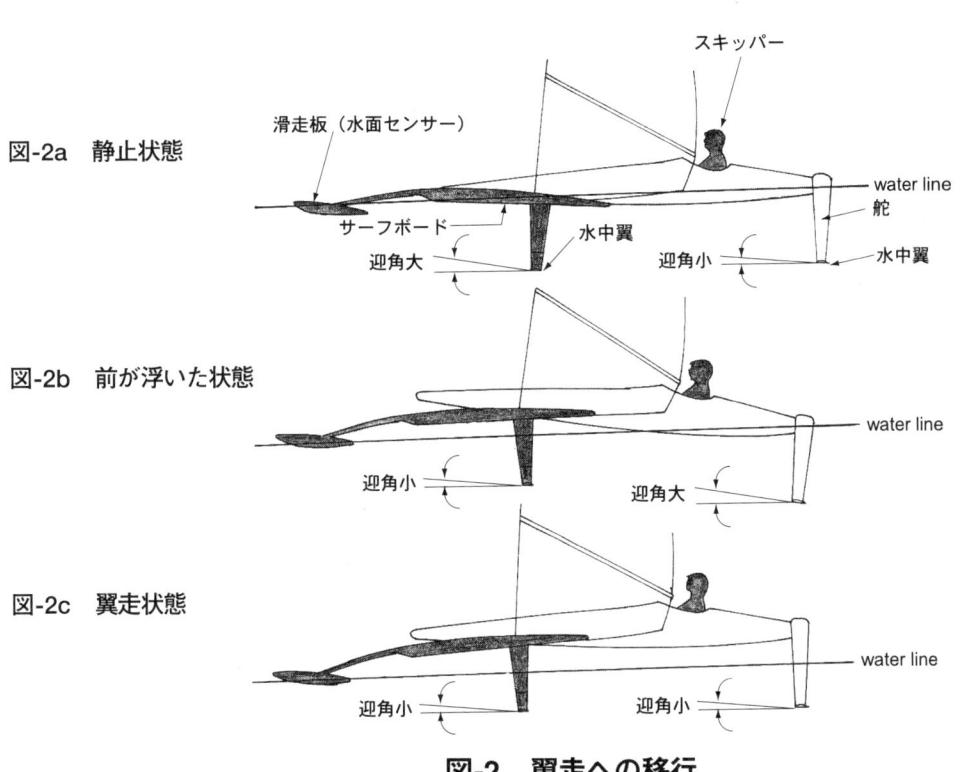

図-1 「アボセット」

水線長 …………15'0"
全幅 ……………18'0"
セールエリア …180sq.ft
重量 ……………200lbs

図-2 翼走への移行

25

に座り、その後ろの舵の下端に水中翼が付いている。サーフボードが翼走すると、中央胴体の前が持ち上がって後翼の迎角が大きくなるから揚力が増して後も持ち上がる。この場合も船尾が持ち上がると後翼の迎角が減って、船尾は負担重量と揚力の釣り合う高さに安定して走ることになる（図-2ｃ）。

　ヨットは横に傾く力（ヒールモーメント）を支えねばならない。「アボセット」はヒールモーメントによって風下側のサーフボードが押し下げられると、その下に付いた水中翼の迎角が大きくなって揚力が増し、一方、風上側の揚力は逆に減る。それによって自動的にモーメントが支えられるのである。突風や強風の場合、風上の水中翼の揚力がマイナスになることさえ起こる。

　グレッグはセーリングスピードの世界記録を夢見ていた。一方、私達は高速セールボートの商品化を意図していたから、シンプル、ローコストでほどほどの高速を達成したかった。山田君とニックは商品化に耐える「アボセット」を実現しようとしてグレッグの説得に努力したが、彼と私たちの目指す方向が違っていてなかなか一致しない。

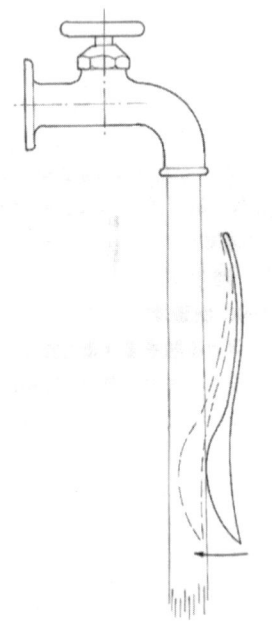

図-3　水流に吸い付けられるスプーン

　グレッグは前記のレイアウトを動かす気はなく、そうかといってサイズだけ小さくしても複雑さの解決にはならない。彼も離水の難しい「アボセット」を小さくすることも、ましてやレイアウトを変えることなど考えたく無かったのだろう。

　開発の過程で私は3～4回試乗する機会を得た。しかし、私が重すぎるのか「アボセット」はよほどの強風が吹かないと翼走してくれない。一方、離水するとその後の加速は物凄く、暴力的に疾走する。そしてタック（風上回りで風を受ける舷を変えること）こそ難しかったが、翼走したままで難なくジャイブ（風下回りで風を受ける舷を変えること）ができるのだった。

　私の乗っている時のスピードはせいぜい25ノット止まりだったと思うが、この試乗で私は幾つかの強い印象を受けた。

a）30ノットを超えて、この船が何かトラブルを起こしたり、転んだりしたら怖い。船がくしゃくしゃになるのではないか。身体はどうなるのだろう。ともかく、これ以上速くなくてよかった。
b）もう少し弱い風で離水したい。何しろ離水前後の様相が違い過ぎる。それは離水時の抵抗が大きすぎる感じでもあった。離水できる風速を5～6m/s程度まで減ずることができたらどんなにか楽しく乗れるだろう。また風が落ちて、ちょっと船体が水につくと、途端に離水前の状態に戻ってしまうのもつまらない。
c）大きくて重く、セットアップが大変で、これに乗るのは楽しみの範囲を超えている。世界記録のためなら致し方ないが、もっと小さく、軽くシンプルなものにしないと楽しめないし、当然商品化は困難だ。

　結局「アボセット」の商品化は諦めて、その後数年はグレッグの自由な研究をサポートした。その間に彼は同型の記録艇「ロングショット」で43.55ノットの世界記録を達成した。

　その時の写真のすさまじいスプラッシュを見て、私はますます40ノットに対する恐怖感を強めた。

2) 日本での「アボセット」

グレッグとの契約を終えて、日本へ引き取った一隻の「アボセット」を、ヤマハ発動機のセールボート開発チームの諸君が何度か試乗していた。やはり強風下でないとなかなか翼走に入れないらしい。様子を聞いて私は船尾にステップを付けることを提案した。

「アボセット」の中央胴体の底面は後ろの方で丸く反り上がっているので、その面に沿って水が吸い上げられ、その反力で船体が水の流れに吸い付けられる。たぶんそれが離水抵抗を大きくしているに違いない。ちょうど水道の蛇口から出る水に、スプーンの丸い面が吸い付けられるのと同じだ（図-3）。

船尾にステップを取り付けることによって水の流れをお尻から切り放せば、問題は解決するとにらんだのである（図-4）。

アメリカズカップに挑戦したニッポンチャレンジの元クルーで、セールボートの設計担当の磯部君は、「アボセット」を曳航して、離水時の抵抗を実際に測ってくれた。その結果、原型では135kgもあった抵抗がステップを付けることで30kgまで減少した。当然離水が容易になって、推定ではあるが、離水できる風速が8 m/sから5 m/sまで激減した。

この船は、その後1992年11月、浜名湖松見ヶ浦で行われた第1回セーリングスピードトライアルにおいて、12ノット（6 m/s）の風の中、21.1ノットを出して優勝した（図-5）。

しかし、その後は一度も水に浮かべられていない。恐らくセッティングと進水の大変さが二

図-5 優勝した「アボセット」 photo by Masaaki Ozawa

図-4 「アボセット」のステップ photo by Masaaki Ozawa

の足を踏ませるのだろう。私自身"浮かべて見たら"と言い出すのも気が引けたくらいだ。

その頃から私は毎年行われる人力ボートレースをサポートしてきた。そこではいつも水中翼の人力ボートがいとも簡単に翼走する。特に1996年からは、きついカーブの7つもある1000mコースを翼走で競争するようになった（図-6）。しかも排水量型のボートに較べて2〜3倍も速い。それを見ていると、人力に較べて遥かに強力な風の推進力を利用しているヨットに、水中翼を使わないことがむしろ不自然に思われてきた。

むずかしい理由はいろいろと挙げられよう。風向きが定まらない。息をつく。風の止まることさえある。突風が吹く。セールが高いので上の方に風の力が働き、ヒールモーメント（横傾斜モーメント）が大きいし、ピッチポール（前方への転覆）もしやすい。サイドフォース（横に押す力）にも耐えなければならない等々。やはり人力ボートに較べて格段に難しい条件はある。

しかし、最近のセーリングスピードの世界記録は水中翼によって達成されており、この世界では水中翼が主役である。したがって一般向けのヨットにも各課題をうまくクリアできる設計が見つかれば、一気に面白いものができるに違いない。

3）私の欲しいセールボート

私は世界記録に挑戦する気はない。そんな危険を冒すよりも、江ノ島から相模湾に出て、その辺にいるディンギー達の間を20±5ノットぐらいでスイスイと縫って行くヨットに乗りたい。

タックはできればよいが、もし駄目でもジャイブができれば十分。そして肝心なことは1人かせいぜい2人で船を出し入れできるものでありたい。

8〜10m／sも吹けば30ノットは出るだろうが、それは若い人にやってもらう。カートップでマリーナへ行き、マリーナで組み立てたボートをカートで海に浮かべるまで1人でできればよいのだが………。

そんな期待と、水中翼の人力ボートを散々見てきた印象とが重なって、"小さい水中翼ヨットのできないはずがない"という気持が高まってくる。だが、ヨット特有の数々の条件を一気にクリアする設計法が見当たらないまま日は過ぎていった。

1997年のボート誌の取材で三野正洋さんと対談した時も、今後の夢としては30ノットのセールボートと言いながら、内容を聞かれて（必ず

図-6 〈スーパーフェニックス〉 1997.8.23 100mを9.99秒で走り、19.45ノットの記録を樹立

図-7 「アクアキャット」
　　絵　T. Tadami

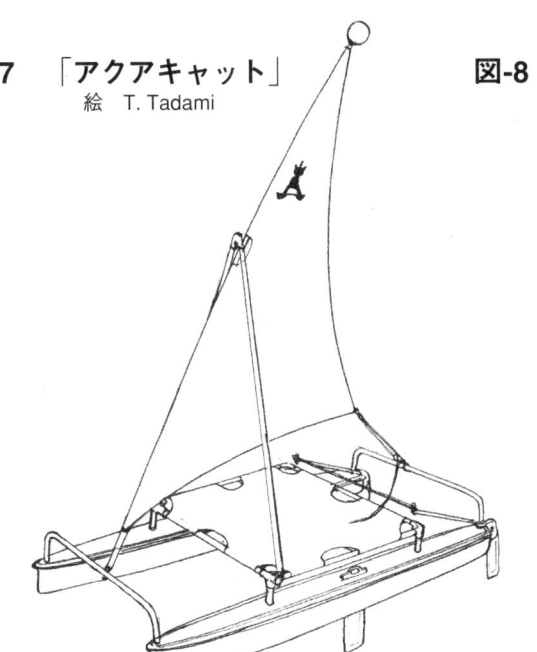

図-8 「ヤマハSC-14」

全　　長……4.370m
水線長……3.920m
全　　幅……2.260m
船体中心間 1.960m
セールエリア11.2m²
重　　量………125kg

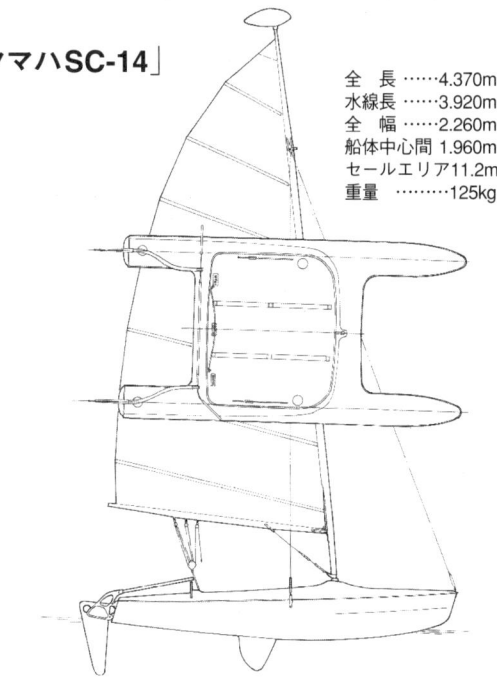

できると思うのだが）「今の所アイディアだけで私もどう設計してよいか分からないんです」と言って笑いを招いた。

 4) 着想

　三野さんとの対談の記事がかえって自分を刺激したのかもしれない。7月初旬の朝の寝床の中で考えているときに、突然面白い解決案に行きついた。

　下地はあった。私は1960年代、アメリカの小さいシンプルなカタマラン、「アクアキャット」のレイアウト、特にセールリグ（帆装）に興味を持った（図-7）。

　この船はかなり普及し、セールナンバーが確か5桁に近い4桁までいったと思う。

　またその後ヤマハ発動機は「SC-14」というカタマランヨットを開発した（図-8）。どちらの船も乗っていて悩ませられたのは、左右の船体を繋ぐ2本のビームがねじれやすいことであった。

　カタマランのセールに推力が掛かると、細いバウはすぐに突っ込みぎみになる。風上側のデッキの一番後ろに体重を掛けてバウを浮かせようとするのだが、ねじれ剛性が弱いので風上側の船体のバウばかり上がって、突っ込んでいる肝心の風下側のバウはなかなか上がってこない。そのため強いブローを受けるとピッチポールしそうになるのである。

　今回の構想でも船体はカタマランにしようと考えていたから、朝の床の中で、またねじれ剛性に悩まされるかと思いながら力の掛かり方を考えていた。そのうちに"いっそねじれを自由にしたらどうなる"と、試しに構成を工夫したら面白い結論に達したのである。

　左右の船体にそれぞれ人力ボートの水中翼のレイアウトを取り入れて、それぞれ独立に縦安定と浮き上がり高さを保つ。そしてその動きを邪魔しないように、二つの船体の間をねじれの自由な連結パイプで繋ぐことで、横安定も確保するという案であった（図-9）。これは見方によっては、「アボセット」の前の部分だけを走らせるレイアウトともいえる。

　人力ボート（図-6または図-10）は、水面センサー付きの前翼で、船首の浮き上がり高さを一定に保っている。そのかわりに大きな滑走板を使ったのが、「アボセット」だと考えると、滑走板とサーフボードと、それに付いた水中翼の組み合わせが、人力ボートのレイアウトに相当する。

　したがって「アボセット」の中央胴体は、姿勢を保つのにどうしても必要なものではなく、むしろ無駄なリヤカーを引っ張っているようにさえ思えてくるのだった。

　さらにもう一つ、「アボセット」はヒールモーメントを左右の水中翼の揚力差で支えてい

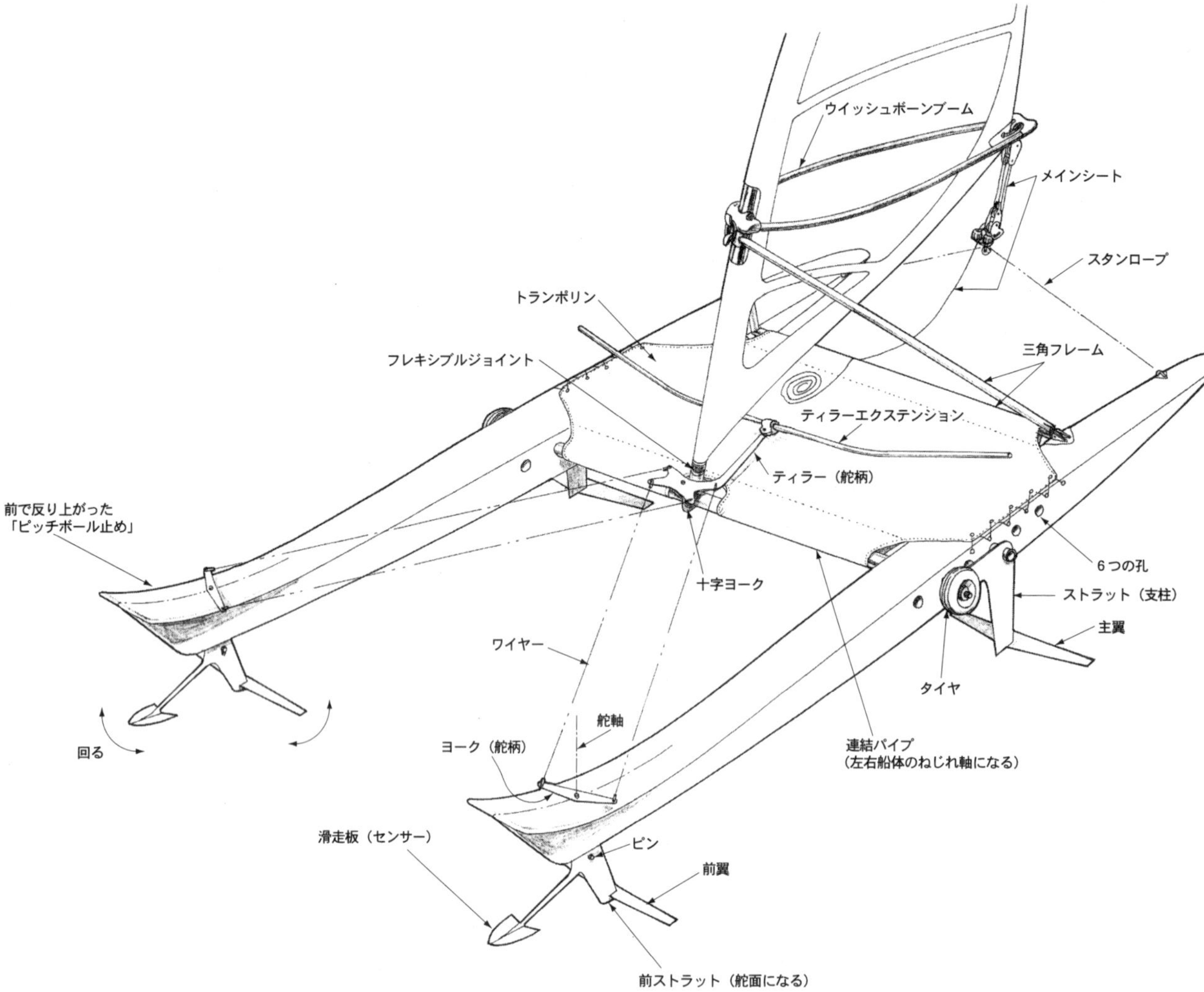

図-9 「ツインダックス」の構想

るから、風上側の揚力を十分使わないが、こちらはスキッパーの体重のバランスで左右の水中翼の負担荷重を同じにして、翼面を均等に利用することができる。

　それは翼の効率を上げる一方、離水に必要な翼面積を小さくして、そのことが高速での抵抗を減じ速度を上げる、もしくは同じ面積で、楽に離水できる効果がある。そしてブローなどで横安定が崩れかけた時には、艇がねじれて左右の翼の迎角が変わり、左右の揚力差で自動的にヒールモーメントを支えてくれるのが心強い。

　心配なのは、低速時にブローでバウを突っ込む時、ギリギリまで船尾に乗っても前翼の揚力が船首の沈みを支え切れないことで、そうなると着水もしくはピッチポールを起こす可能性がある。それを避けるために前翼を大きめにしておく必要があろう。

5) 各部の構造

船体

　船体の長さはカートップの便を考えて4.5mとし、最大の断面は深さ28cm、幅24cmくらいの寸法を予定している。船型的には普通のカタマランヨットと似たものになる。

　カタマランヨットの船体は、片足走航を考慮して十分な予備浮力を持たせているが、この船の場合も、水中翼の効かない低速時に突如ブローを食らうことをも想定して、横安定のために同程度の予備浮力を用意せねばなるまい。

　船首にはオーストラリヤのサーフスキーのような反り上がった平板部を付けて「ピッチポール止め」とした（図-9）。

　この形がつがいのアヒルのくちばしに似てい

たので、このプロジェクトを「ツインダックス」と名付けた。

船体は対称船型だから、雌型は一つあればよい。構造は取扱いのためにもテストの実績を上げるにも軽い方が良い。量産に移すには少し贅沢だが、漕艇のエイトなどと同じサンドイッチ構造を取る。

この構造は4〜6mmのハニカムまたは構造用の発泡プラスチックの両面に、0.1〜0.5mmのCFRP（炭素繊維強化プラスチックス）の表材を貼った軽量構造材で、1m^2の重さが0.7〜2kgしかない。船体1本の表面積は3m^2だから、1.2kg／m^2で上がるとして4kgくらいの重さになろうか。

船体の前端には縦に舵軸が通り、その下端に前翼や滑走板がピンで取り付けられている。船体中央付近には横向きに内径70mmの孔が6つ並んでいて、そこに左右の船体の連結パイプを通す。また水中翼の支柱を保持するのにも1つか2つ後ろの孔を使う。6つあるのはテスト時、連結パイプや水中翼の取り付け位置の前後調節を自由にするためである。

水中翼

水中翼の配置は人力ボート〈コギト〉（図-10）の配置を踏襲する。違う所は、強い横向きの力がストラット（水中翼の支柱）に働くこと。

もう一つはブローで急に前翼の負担が大きくなることである。ブローで前が沈むと主翼も迎角が減って沈んでしまう。それがひどくなればピッチポールだ。だから前翼が面積不足に陥ったり、ストール（失速）したりしないよう、大きめの面積を持たせるのが安全である。その面積の余裕を使って軽風で翼走に入る時は、乗り手が思い切った前乗りをして、前翼に面積相応の負担を掛けると、主翼の負担がそれだけ軽くなって、その分翼走を早めることができるかも知れない。

しかし前翼の面積が大きくなった分、最高速を考えると不利になる。

〈コギト〉の前翼は0.03m^2、主翼は0.1m^2で180kgを支えている。それに対して今度の計画は0.04m^2の前翼、0.08m^2の主翼の2組で120kgを支える。離水速度は〈コギト〉の半分近くに減って5〜6ノットとなる計算である。

離水に当たって、船体のテールの浮力が強過ぎると、バウがなかなか持ち上がらなくて翼走が遅れる。またバウだけが翼走したときに、主翼に十分な迎角を取れるよう配置を決める必要がある。

図-10　〈コギト〉 200mスピードレースで6年連続優勝の強豪。100mは10.57秒で走った

主翼に対する乗り手の前後位置で前翼の負担は大幅に変わる。また主翼の取り付け角の調整も微妙なので、その辺の良いところをトライアル＆エラーで見付けるために、当分水中翼は外付けとし、前述の6つの孔を利用して前後位置と取付角が調整できるようにする（**図-11**）。

　またその構造を利用して、進水時には主翼を後ろに回して引っ込め、浮かしてから正規の位置にセットできるようにする。さらには走行中、主翼やストラットに大きな浮遊物が当たったときには、ヒューズが切れて後に折り畳める構造としたい。

　この構造は主翼のストラットが長く、強い横力を受けるのでごつい構造になってしまう。将来全体のレイアウトが決まってくればストラットを船体のキール部から出すことができる。そうなればストラットは短く軽くなり、抵抗も減って好都合だ。

　前翼のレイアウトはなるべく〈コギト〉そのままで、横力に対する強度を必要なレベルまで上げる以外は、余計なエネルギーは使いたくない。

図-11　「ツインダックス」の図

全　長…………4.370m
全　長…………4.500m
船体中心間距離…1.600m
全　幅…………2.000m
計画排水量………120kg
重量………………40kg

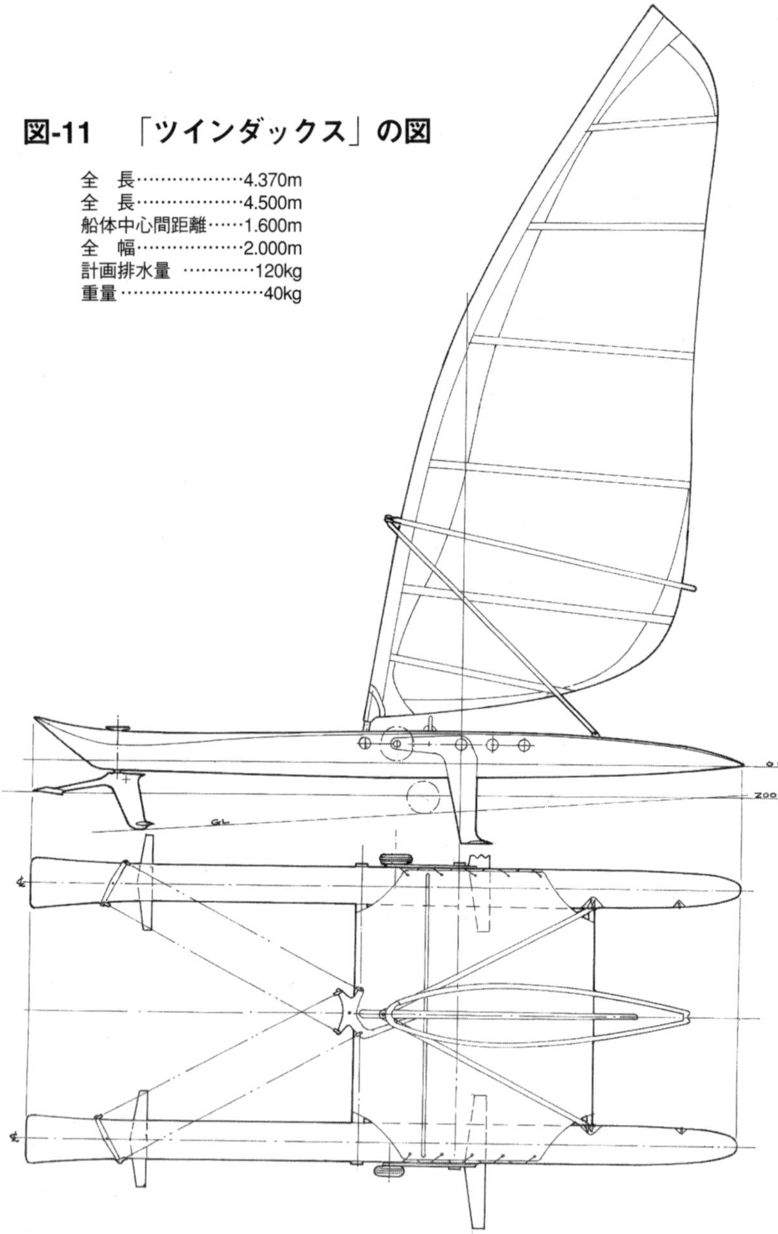

舵

　前翼のストラットはそのまま舵を兼ねている。横力の大部分は主翼のストラットが支えるが、前のストラットにも少なからず衝撃的な横力を受けることが予想される。その力に耐えるとともに、衝突の時には舵軸が曲がっても、交換によって再起ができるようにしておきたい。左右の船体が連結パイプの周りに自由に回転するから、左右の舵柄は直接連結するわけにはいかない。

　連結パイプの中央部に取り付けた十字ヨークと、舵軸上端に付いたヨークを左右独立にヨークラインが結んでいる。十字ヨークはティラー（舵柄）と一体になっていて、ティラーエキステンションは長い両端が使えるタイプにしている。

セールとその支持

　セールはウインドサーフィン用をそのまま使うつもりである。最近数年間をとってみても、ウインドサーフィン用セールは長足の進歩があったと聞いているので、その成果を取り込みたい。

　特にウインドサーフィンのセールは、4m^{2}から9m^{2}まで面積が自由に選べるし、性格の上で

**図-12
漕艇の安定装置**

こちらの舷が低くなると、高度センサーが動いて水中翼の仰角を大きくし、揚力が働いて舷を持ち上げる

も高速用、運動性重視など、選択の幅が広い。だから取り付け関係もできるだけウインドサーフィン用がそのまま取り付けられるように工夫するつもりで考えている。

マストの下のフレキシブルジョイントもそのまま使う。そしてマストが立っているために、図-9に見るような三角フレームの頂点で、ウィッシュボーンブームの前端を止める。三角フレームの下の各2ヶ所を左右の船体に止めるとマストは立ち上がる。

左右の船体の間のねじれを拘束しないためには、三角フレームの下辺を伸び可能にしておく必要があるかも知れない。あるいは連結パイプの曲がりで吸収してしまい、その必要がないのかも知れない。この辺は両方を試して方向を決める。

メインシートは、ウィッシュボーンブームの後端とスタンロープの間を結ぶ。スタンロープが船体のテールを引き寄せるので、三角フレームの下辺は短くはならぬようにしておきたい。三角フレームはその間にセールをおくから、セールを大きく横へ出せないよう制限する結果になる。

高速のセーリングではあまり障害になるとは思えないが、三角フレームの底辺を後退させればセールの角度が減り、一方、前進させるとタック、ジャイブのおりにスキッパーのくぐるところが狭くなる。ここも走り始めてからちょうど良いところを探すつもりで、容易にその位置を動かせるよう考えておきたいと思う。

6) シミュレーション

前例のない乗り物を設計する時に、私はその操作とそれに対応した乗り物の動きを、頭の中で繰り返してみる。その中で操作上、構造上の欠陥が分かるから、これに次々に対応して設計を進歩させる。頭の中でどうにも動きの分からないところは次の機会に回す。

実際にものを作る段階になると、分らないところはせいぜい2〜3ヶ所で、あとは頭の中での操作でスムースに動いて、乗る楽しさもそれなりに予想できるようになる。それが私のシミュレーションである。

今回は動きが非常に複雑なので、シミュレーションの一環として模型を走らせるつもりである。模型のサイズは5分の1、船の全長は90cmで作ろうと思う。

水中翼の翼弦（コード／翼の幅）が2cm以下と小さく、レイノルズ数（※）が実物と違いすぎて性能の推定は難しいだろうが、動きだけを確認するには問題ない。

以前、漕艇の横安定のために水中翼の安定装置を試したことがあるから、小さなセンサー付き水中翼の製作上の見通しはついている（図-12）。

（※）レイノルズ数は、船の長さとか、水中翼のコードといった「長さ」と「速度」の積に比例する量である。この量が小さいほど、流体の粘性の影響が大きく現れる。模型は長さ、速度とも実物より小さいのが一般だ。レイノルズ数は1桁も違い、抵抗や揚力の様子が変わってしまう。したがって水中翼の働きが相似的にはならず、性能の精度はあまりよくない

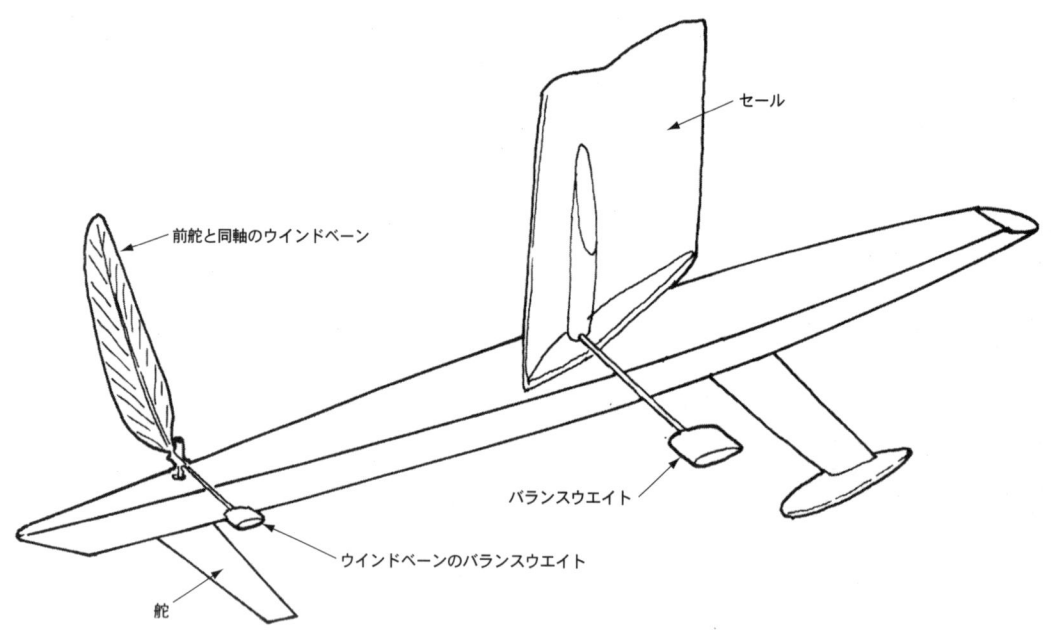

図-13 模型ヨットのウインドベーン
鳥の羽のウインドベーンを前舵の舵軸につけ、船首を進行方向に向け羽を風向に合わせると、ヨットはその方向を保って走る

　柔らかいセールを作るのは面倒だから、風を受ける舷を一方に決めて、木の骨に紙を貼った模型飛行機の翼のような非対象のセールを作る。

　船体はバルサ材を削り出して塗装する。無線かウインドベーン（風見）を使って舵を動かし、針路を一定に保つ。ウインドベーンは鳥の羽根を一方の舵軸の頭に取り付けるだけでよい。これも小さな模型ヨットで試してうまくいっているので、たぶん無線操縦は必要ない（図-13）。

　左右の船体のねじれを少なくして走らせたいので、人間の代わりに船体の風上側に重りを置く。あちこち調整しながら走らせれば、安定して翼走できるところを見つけられるだろう。

　もしかしたら、原理的な欠陥が判明して頓挫するかもしれないが、実物を作ってしまうよりはよい。船体の自由なねじれを拘束する程度を決めるのがやま場になると思うが、模型でつかんだデータをベースにして先を考えれば、よりよい結果が得られるはずだ。

　模型以外のシュミレーションには、大きな山が4つ程ある。この山をきれいに越えられたら、それは実物を作るときだろう。

　山の第一は離水である。最初はなるべく微風で翼走に入ることを考える。まずアビーム（真横）の風で加速しながら、体重を後ろに掛けてバウを浮かせる。バウが上がったらそれが沈まない範囲で体重を前に移し、主翼の負担を減じて後を浮かせて翼走に入る。その間左右の船体の間にねじれの起こらないように、船尾のもち上がった方に体重を移して、左右の主翼の負担を均等にしてやる。走っていて風が落ちた時も、同じようにして主翼の負担を軽く、一様にしてやるのが良い。

　第二の山は翼走である。スピードの乗っているときは非常に安定していて、体重によるバランスが不必要なはずだ。艇がねじれて自動的にバランスを取ってくれるからで、メインシートと舵を固定すると、スキッパーは艇の上をどこでも歩き回れるだろう。

　しかし、やはりねじれが無くなるよう体重でバランスをとって走り続けるのが望ましい。5〜6m／sの風でちょうど風上の船体に乗るぐらい、それ以上になるとハイクアウト（船の外に身体を張り出す）する。

　このように体重でバランスを取るのは、風の

強弱に影響されず翼走を続けるよう、安定と翼走のゆとりを確保するためで、前述のように左右のバランスを取るほか、風の止まった時は前乗りをして主翼の負担を下げ、次の吹き出しまで翼走を持たせる。またブローに対しては後乗りをして突っ込みを避ける。そのへんは普通のヨットと同じである。

第三の山はタックとジャイブである。船体が軽いため惰性が弱いので、タックは難しいかも知れない。しかし、ある程度スピードが出ていれば、タック直後に翼走からは落ちても、一応勢いで回り切れるだろう。その場合、もう一度アビームまで落としてから加速することになる。

この時スキッパーの移動はマストの前を回ればよいから問題は少ない。しかし、移動中メインシートと舵を固定する必要がある。メインシートの固定はカムクリート（ロープを引く方向によって、一挙動でロープを止めまたは外すことにできるクリート）でよいが、舵の固定はこれからの課題である。

ジャイブは翼走のままで可能なはずだが、スピードが落ちていると、セールの張った瞬間、バウが突っ込んでスキッパーはマストの前を移動できないかも知れない。そのときは三角フレームの下をくぐるか、後を回らねばなるまい。この場合にも当然メインシートと舵の固定が要る。

最後の山は船の上げ下ろしである。1人で乗る以上、なるべく1人でできるようにしたい。しかし主翼が水中深く沈んでいるのでこれは容易でない、やはり水際の状況ごとに考えるしかなさそうだ。主翼は後へ畳んでなるべく浅くする。前翼は畳むのが困難だし、主翼に較べてずっと浅いので、そのままで考えることにする。

マリーナなどのスロープでは、カートに乗せてバウを沖にして浮かべる。マストを立てるのに浮き桟橋に付ける必要がある。しかし水中翼が船体の横に突き出しているので、横付けするには下に当たる所のない浮き桟橋を選ぶか、あるいはヨット側にパイプ製のガードなどを取り付けておく。取り付けには連結パイプの余った孔が便利である。前翼の方は将来「ピッチポール止め」の形を工夫することでガードができそうだ。

ここまでやっても船を出し、カートを引き上げようとすると1人ではどうしても無理だ。船を上げる時のこともある。マリーナの人を頼むか、親しい頼める人を作ることになろう。

もう1つのケース。砂浜から出す場合は、船の方を一工夫してみよう。主翼を引き上げると軽いゴムタイヤが下に張り出してくるからカートは不要になる。マストも浜で立てて、水に浮かべてそのまま乗って出て行く。そこで水中翼を下げると自動的にタイヤは上がる仕掛けだ。

帰りには遠浅で波の静かな浜でないと困るなど、制限はあるがこれなら1人でやれそうだ。

しかし、近くに預ける所がないとバラして持って帰るのが大変だろう。このタイヤはマリーナに預ける場合にもカートが要らなくなって便利に使えそうだ。

7）実現計画

ここまで考えてくると、この構想はぜひ実現したい。そして新しい楽しみをマリンスポーツ界に提供できたら嬉しいと思う。

私は当初、自宅の庭でこの船を造ろうと考えていた。それはできないことではない。しかし、テストの様子をシミュレートしてみると、1人でこのプロジェクトを進めるのは相当に困難なことだ。特に水中翼のチューニングには数多くのトライアルランが必要だし、それには随伴艇も欲しい。沈した時には助けてもらいたい。

模型試験がうまく進んだら、協力してもらえる所を探すことになろう。数が売れて経営に寄与するかどうか、予想のつかないプロジェクトだけに、どんな話になるか分らない。

しかし、私にとってはこの船が軽風の中を、20ノットオーバーで音もなく快走する姿を想像するだけでこの上もなく楽しい。

ねじれるカタマランなんて、誰も考えなかったことだし、ねじれるお蔭で凄く安定して、バランスしなくとも疾走する状態が嬉しい。人力水中翼船の技術がここに生きるのも嬉しい。そして、これだけ楽しみにしているのだから、そのうちにはきっと実現できることだろうと思うのである。

3章

競漕艇の7つの工夫

　競漕艇の進歩を調べてみると、それは勝つためにあらゆる努力と情熱を注ぎ、人力最速艇の誇りを守った歴史である。たまたまアトランタ五輪を3年後に控えて時間ができた機会に、船で勝つ工夫をしてみることにした。
　優れた研究者チームの協力を得て、最先端の計算流体力学や水槽実験、風洞実験などを実施した。船型、構造、オールから空気抵抗まで、少しでも艇速に寄与しそうなことは総て試みた。その結果、多数の面白い結果を得ることができた。

1）競漕艇の変遷

　イギリスでエイトによるレースが始まったのは、1810年だといわれている。
　レースが主体になれば、抵抗の少ない細長い船が欲しくなるのは当然で、1828年にはオールの支点を船外で支えるアウトリガー付きのボートが現れた（図-1）。それまでは片方の舷にオールの支点を据え、反対舷に身体を寄せて支点から内側のオールの長さを稼いでいたから、船の幅をそう狭くする訳にはいかなかったのだ。アウトリガー（以後リガー）の採用で、船の幅は一気に半分になったから、スピードアップに大いに貢献した。
　次いで1857年には、それまで下に張り出していたキールを取り外した船がレースに出現した。1870年にはアメリカでスライディングシート（滑席艇）が現れる。しかし、当初は動きの幅も少なく効果も限られたのだろう。これが今の姿になって、固定席艇を置き換えるのに55年も掛かっている。その後も船の幅は減り、外板は滑らかに、そして重量は軽くなり続ける。
　オールの方も棒のような形から、次第に幅の広い短いブレードに変わり、最近はCFRP（※1）のシャフトと上下非対称なブレードを持つ（図-2）、ごく軽いオールに変わってきた。
　ルールの方も自然発生的で、当初はスタートの際、岸で船尾を掴んで横一線に揃え、ゴールではへさきで勝敗を判定していたから、長い船を作る風潮が出て、それを防ぐ意味でスタートもゴールもへさきで揃えるようになったという。またラストスパートでコースを見定めてからコックス（舵手）がザンブと水に飛び込んで、少しでも船を軽くしようとしたのが美談になったというから楽しい。
　そんな歴史を背負っているからだろう。ほんの十数年前まで、競漕艇の仕様に関するルールは実にシンプルなものであった。
　例えばエイトは、8人が8本のオールを漕ぐこと、コックスの体重が50kgに満たない場合には、バラストを背負って50kgに合わせることの二つしか決めがない。艇、オールの寸法、構造、材料には何の制限も無かったのである。それは、永年にわたって速いボートを追い求めてきた歴史の中で、船の形が、抵抗、縦横安定、浮力、漕ぎやすさ等のバランスの取れた、一番良いプロポーションに落ち着いたから、制限の

※1．CFRP：カーボンファイバー補強プラスチックス。いわゆるFRPのガラスの代わりにカーボンファイバーを使っているので、軽量で剛性が高く航空機、ゴルフシャフトなどに使われる材料。

図-1　競漕艇の進歩

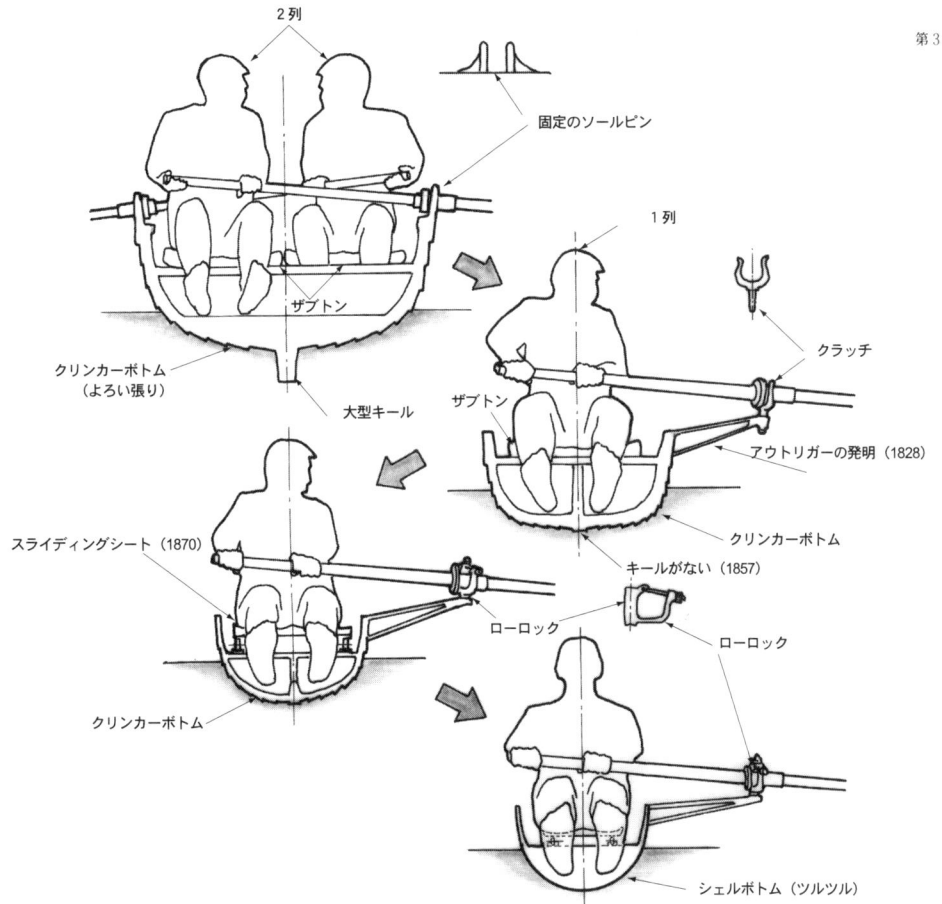

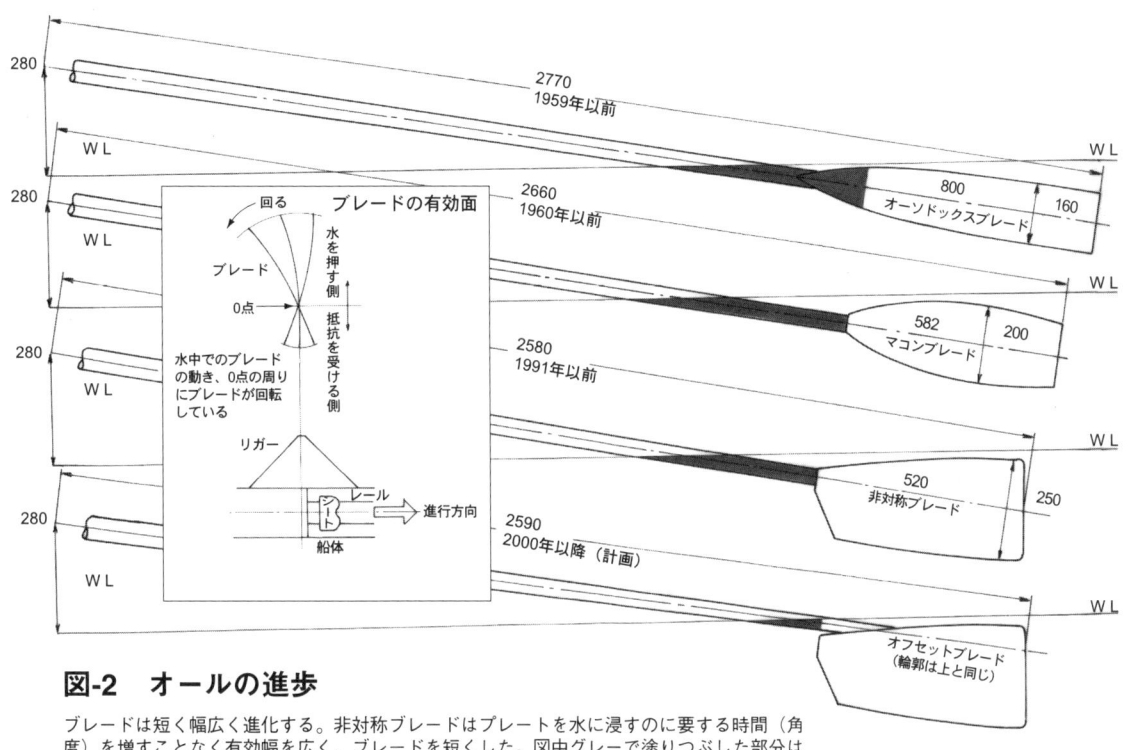

図-2　オールの進歩

ブレードは短く幅広く進化する。非対称ブレードはプレートを水に浸すのに要する時間（角度）を増すことなく有効幅を広く、ブレードを短くした。図中グレーで塗りつぶした部分は水中で前に向かって動くため抵抗になる部分で、それを減ずるのが最下段である

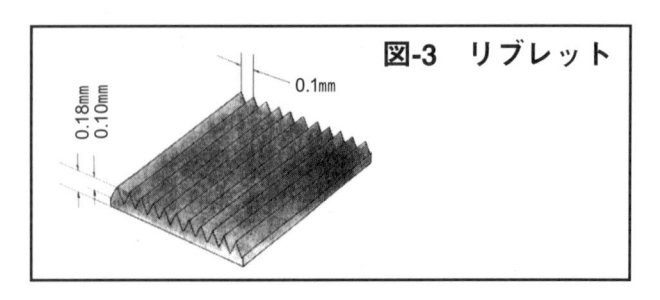

図-3 リブレット

0.1mm
0.18mm
0.10mm

図-4 スライディングリガー

普通の漕艇は靴が船に固定され、漕ぎ手の体が前後に動く。そのため艇が激しくピッチングとサージング（前後運動）をする。そのことが2〜3％の抵抗増加につながるので、スライディングリガーによって艇が揺れないようにしたのである。しかし、FISA（国際漕艇連盟）は艇のコストが上がるという理由でこれを禁止した

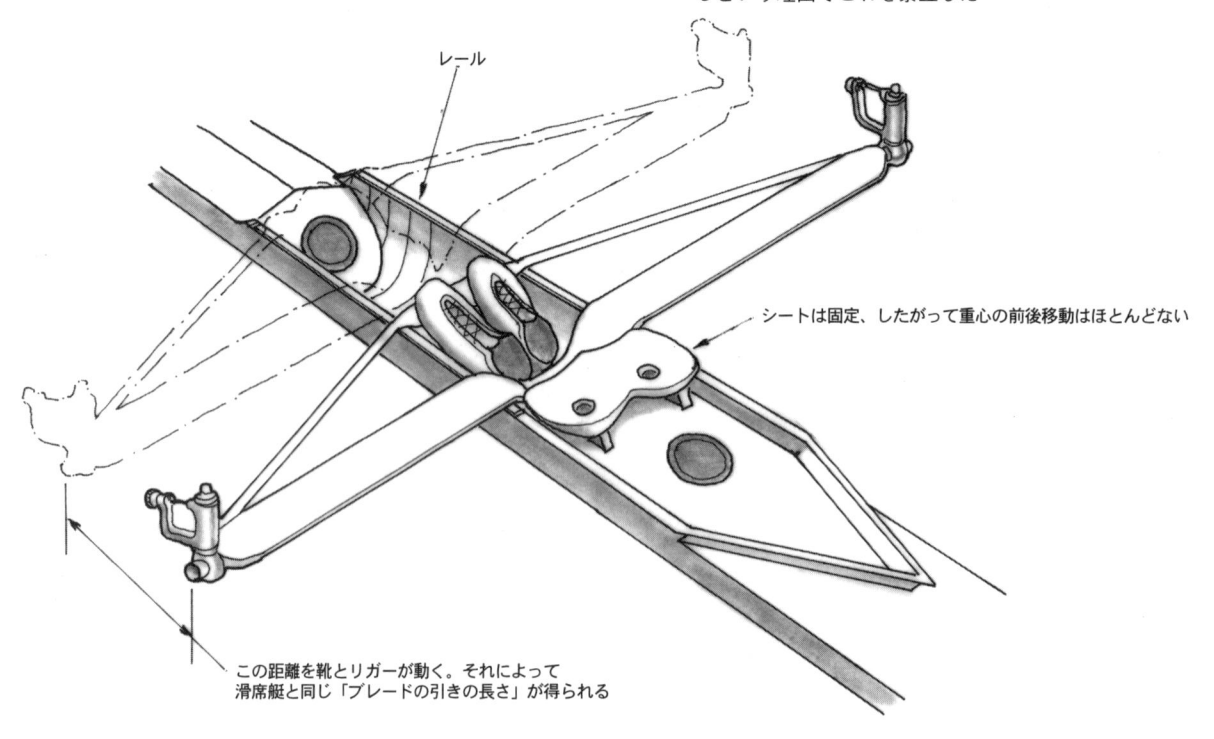

レール

シートは固定、したがって重心の前後移動はほとんどない

この距離を靴とリガーが動く。それによって滑席艇と同じ「ブレードの引きの長さ」が得られる

　必要が特になかったのであろう。そしてこれこそ人力による最も速い船らしい姿であると思っていた。

　そういったボートが私は本当に好きだった。ある時期私は水中翼船、半没船を含めたあらゆるタイプのエイトを設計してみて、より速い船の出現が当分見込みのないことを知り、競漕艇の現在の姿に対する畏敬の気持ちをますます強くした（前著・「あるボートデザイナーの軌跡」3章）。

　最近はこれが少し変わって、ルールが複雑になってきた。ヨットレースと同様に、外板にリブレット（※2）(図-3)を貼ったり、ポリマー液を外板沿いに流して摩擦抵抗を減ずることが禁じられた。またスライディングリガーと称して、靴とリガーが一体になってレールの上を滑り、シートの方が固定している型式（図-4）が禁じられている。このシステムのスカルは体重の前後移動がないのでレースでよく勝ち、大きな進歩が始まるかと期待したのに残念なことであった。

　ほかに安全上、オールのブレードの縁の厚さが船によって3〜5mm以上であること、コストの上昇を抑えるため、艇種ごとの最低重量が決められているなど、だいぶ決まりが増えてきた。最近、後ろを向いて漕がなくてはならないという文言が入っているのを知って驚いたが、これ以外に艇、オールについての制限は何もない。

2) アトランタ造艇研究会

　1993年、私はヤマハ発動機の役員を降り、常任顧問という立場になった。顧問の仕事だけで

※2.リブレット：NASAの開発した細かい縦縞のあるフィルムで、船体に張ると乱流への遷移を遅らせ、時に摩擦抵抗が数％減る。1988年のカメリカズカップ艇にアメリカがこれを張って優勝した。(図-3参照)

は余裕があるので、次のオリンピックに向けて日本クルーを強くする活動ができないものかと考えてみた。ちょうどバルセロナのオリンピックが終わったところで、その熱気は残っていたし、特にバルセロナではオールのブレードの形が対称型から非対称型に一気に変わり（**図-2**）、ボート機材のCFRP化と共に新時代の展望が開けてきた時期でもあった。

一方、私はニッポンチャレンジが組織された1986年からアメリカズカップに関わって、技術チームの発足のお手伝いなどもしてきたので、このレースの特徴でもある新兵器で勝つことも気にいった。さらにそこでは素晴らしい造船技術者や先生方と接していたから、この人達の力を頼って、もっと日本の競漕艇の技術を上げ、オリンピックの場で良い成績を上げたい気持ちが募ってきた。

1993年夏、三井造船昭島研究所の松井さん、東大生産技術研究所の木下教授と話し合って、各大学、研究所、会社の技術者、研究者15名ほどで協力するアトランタ造艇研究会を結成した。研究会の狙いは漕艇の道具の改良で、アトランタオリンピックのボート競技場に日の丸を上げることであり、その成算は下記のようなことを根拠としていた。

a) 軽量で剛性の高い、CFRPの新材料、新工法が駆使できる時代を迎えて、価格をいわなければ従来にはない高性能な船が出来るようになった。

b) アメリカズカップの技術チームの活動に一部参加して、新しい計算や実験の技術が新局面を開く予感がした。またそのメンバーの協力が得られる見通しが得られた。

c) 日本の漕艇がこのころとみに実力をつけ、アトランタで初めて導入される軽量級の2種目については、あと数秒のタイム向上でメダルに手が届くと見た。それは日本の漕艇界の永年の目標であり、達成されれば日本の漕艇の発展のきっかけになると期待した。

3) 委員会の活動と概要

我々は、軽量級の舵なしフォアおよび軽量級のダブルスカルの2種目に目標を絞って、努力を傾注することにした。

現在の競漕艇の完成度はかなり高い。したがって一発主義ではなく、正攻法の船型の改良のほか、小得点の積み上げを狙って空気抵抗の減少、艇を漕ぎやすくする改良など、アドバンテージの稼げそうな十ほどの項目にわたって研究を始めた。

船型の改良は一番大きな狙い目だったから力を入れた。船型をどう変えようと他国から文句をいわれることはない。そして良い船型ができれば、輸入艇に押されて苦しんでいる国産艇のメーカーに活路を開くことにもなる。

委員会のメンバーは船型や空力の大家がそろっている。日本の水槽実験の精度は非常に高く、大いに頼りになる。計算流体力学も進んだ水準にあると聞いている。

我々はまず、当時世界で優秀と目された舵なしフォアとダブルスカルをそれぞれ3隻ずつ国内の持ち主から借用した。それを運輸省（現国土交通省）の船舶技術研究所に搬入し、山口部長のご協力を頂いて抵抗計測を実施した結果、最新のボートの性能を掴むとともに、計画の基本資料を整えることができた。

当時木下研究室の学生だった松宮晃一君は、修士論文にこの研究を据え、活動の中心として大いに頑張ってくれた。実験結果の分析から、船型の改良の方向が見えてきたので、我々は実物大の舵なしフォアとダブルスカルの水槽実験模型を実際に作って、抵抗を測ってみた。

ところが残念ながら思うように抵抗は減ってくれなかった。

新艇を造る時期が迫ってきたが、正攻法で抵抗を大幅に減らす船型のアイディアはなかなか浮かばなかった。舵なしフォアの場合、全抵抗23kgfの内0.1kgf程度減らす案はある。しかし、その程度だと計測誤差に近く、余病併発の恐れもある上、効果の確認が難しかった。

競漕艇の設計は、水抵抗と横安定の微妙なバランスの間で成り立っている。幅を狭くすると

図-5 スタビライザー

競漕艇の横安定を保つ水中翼システム。図右側の黒い滑走板がいつも水面を滑っているので、舷が下がるとリガーに対しては持ち上がる。その動きが水中翼の迎え角を大きくして揚力を発生させ、下がった舷を持ち上げる。左側の輪ゴムで止めた計器はデジタル傾斜計でシステムをセットした後に外す。システムの重さは250g、抵抗は5.5m/sの時に約0.1kgfだった

抵抗が減るが、一方ローリングが激しくなって、落ち着いて漕げなくなり、漕手の馬力の方が落ちてしまう。その兼ね合いで現在の幅が決まっているのである。

だが幅を狭くして十分に抵抗が減るものなら、その減少の範囲内で横安定を増すような新たな装置を考えればよい。

そう思って、人力ボートレースで活躍している水中翼のシステムを、リガーの先に取り付けて横安定を良くする装置、スタビライザー（図-5）を作って、実際に私のスカルに取り付けて効果を確認し、水槽では抵抗も測って使用に備えた。

ところがこれも船体の抵抗のほうが思うようには減ってくれず、その減少の半分はスタビライザーの抵抗に喰われてしまうため、目覚ましい改善にはつながらなかった。

2年間の活動のあげくに策が尽き、時間がなくなってきた。その中で無理をして船体を造ってみても明らかな抵抗上の進歩がなく、逆に構造等の信頼性を確かめる期間が不十分では使ってもらえるはずもない。涙をのんで船を造ることを諦めた。

一方、オールの研究には楽しみな結果が得られつつあった。ブレードとシャフトの関係位置をずらすことで、抵抗になる部分を小さくし、オールの効率を改善できる（図-2下段）。

電子工業の池田常務に設計して頂いた精緻なオールの試験装置を使って、広島大学の土井先生が測って下さったところでは、従来のブレードに比べて3％ほども能率が良くなることが分かっていた。その効果は魅力的なので、フォア用とスカル用を試作して漕ぎ込んで見たのだが（図-6）、漕ぎ手がこの変わったオールになじむ

図-6 オフセットブレード

図-2のオフセットブレードを漕いでいるところ。ブレードの圧力中心が軸の下の方になるので、オールが回ってしまわないよう握りの近くで軸をS字に曲げてモーメントの釣り合いをとっている。広島大学の計測では3％の効率アップが得られており、2,000mで20m有利であるが、一方では軸のねじり剛性確保にはハイテクが必要である。（漕ぎ手はヤマハ発動機の佐原君）

にはやはりじっくりと時間をかける必要があった。基本的な問題はないのだが、もう少し何とかなってほしい。それが何か掴めないまま時間が切迫してきた。

結局、残念ながら漕ぎ手のフィーリングの問題を解決するのに時間が不足となり、これも研究を打ち切って、空気抵抗を減ずることに目標を絞り込んで残余の期間を活動した。オリンピックを10ヶ月先に控えた、1995年9月のことである。

4) 抵抗の内訳と削減計画

図-7は、今回の狙い目とした軽量舵無しフォアと軽量ダブルスカルの2種目について、抵抗の内訳を示したものである。また我々の開発した装置を用いることによって抵抗が減り、結果として何メートル有利になるかという見積りを入れてある。

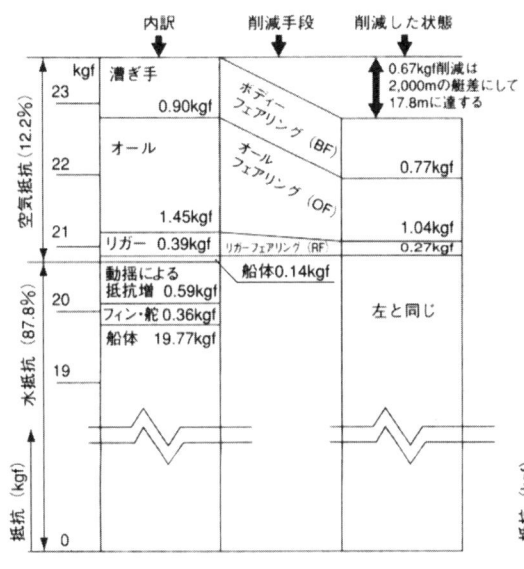

抵抗の内訳を見ると、空気抵抗の総量は全抵抗の約12％を占める。この割合は決して多いものではないが、水抵抗が研究し尽くされ、減らす余地が少ないのに対して空気抵抗の方は全く手付かずである。

例えば、3％の抵抗減少は1％のスピードアップ、即ち2000mでは20mという大きな差を生み出すから、空気抵抗を減らす効果は十分にあるはずである。

さらに私が1995年夏、アトランタのオリンピックコースを調査したところ、向かい風の多い、空気抵抗を減らした効果の出やすいコースであることが分かった。

空気抵抗では、オールが6％と一番大きく、次いで漕手の3％が大きい。リガーは2％を占める。これに対して我々は、オールフェアリング、ボディーフェアリング、ウイングリガーとリガーフェアリングなどを開発し、舵、フィンの水抵抗の減少にも努力して、それぞれの成果をオリンピックに持ち込んだのである。

次にその具体的な内容を詳述しよう。

5) オールフェアリング
（オールの流線形カバー）

オールを丸棒のシャフト部と、平板のブレード部に分けて考えて頂こう。ブレードは立てて水を押すが、押し終わったブレードを戻す時には、空気抵抗を避けるため水平にするから抵抗はごく少ない。また押している時のブレードは水中にあるから、空気抵抗のあらかたはシャフトの抵抗である。シャフトは丸棒だから小さな

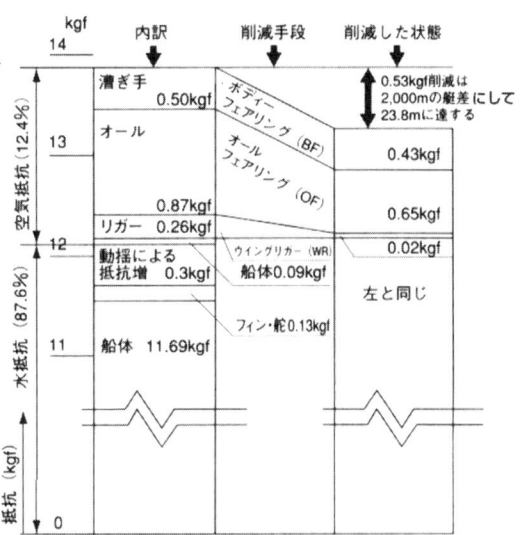

図-7 抵抗の内訳と削減計画

図-8 最初に試作したオールフェアリング
2〜3mm厚のスチロフォーム製翼型にフィルムを着せて作ったオールフェアリング。製作上、また取扱上2ピースに分けて作ってある

流線形の覆いをつければ空気抵抗が減るはずだ。

ところが径が小さくスピードの遅い場合には、わずかな整形ではとても効果がない。抵抗を数分の一に減らそうとすると、厚みの4倍の長さを持つ細長い流線形断面にする必要がある（図-8）。

スカルの場合、42mm径のシャフトには、厚さ5cm、長さ20cmの流線形断面を、シャフト沿いに1.5mもつけねばならない。それによってオールが重くなると漕手が疲れるし、スタート、スタートダッシュのハイピッチに障害となる。

私は思い余って人力飛行機ヤマハチームの鈴木正人君に相談した。彼は躊躇無く人力飛行機の翼断面に使う、スチロフォームブロック切り出し法を薦めてくれた。電熱線を使って、大きなスチロフォームブロックから厚さ2〜3mmの流線形断面の外皮を切り出すのである。切り出した外皮に1ミクロンのフィルムを貼って組み上げると、完成したオールフェアリングはしっかりした剛性をもち、重さもオール1本当たり100gの予定重量に収まった（図-8）。そしてこのほかの構造は考えようが無かった。何しろこの構造の外皮の重さは僅か1㎡当たり100gしかない。

次のネックはシャフトの回転にかかわらず、オールフェアリングを水平に保つメカを作ること。これがなければかえって空気抵抗が増えてしまう。自作したメカを自分のスカルに取り付けて、漕いでは直し、直しては漕ぎ、結局二つのシステムを失敗した後、数ヶ月かけてやっとたどり着いたのが、オールを支えるローロックと呼ばれる部品に連結することであった（図-9、12）。

オールはローロックの中で数mmの遊びがあるので、オールフェアリングとローロックの両方に長いレバーを取り付け、その先端をマジックテープで柔らかく接続することでオールフェアリングの水平度は保つようにした。この構造はシンプルで実用性が高かった。

1994年の夏、私はこの仕様のオールフェアリングを付けて毎朝スカルを漕いだ（図-10）。最初はよく壊れたが、それを修理したり、改良したりして実用に耐えるものに仕上げていった。スチロフォームの構造は見掛けより強く、壊れても特殊な接着剤で簡単に直せたから、結局一つのオールフェアリングを直しながらひと夏使い続けることができた。

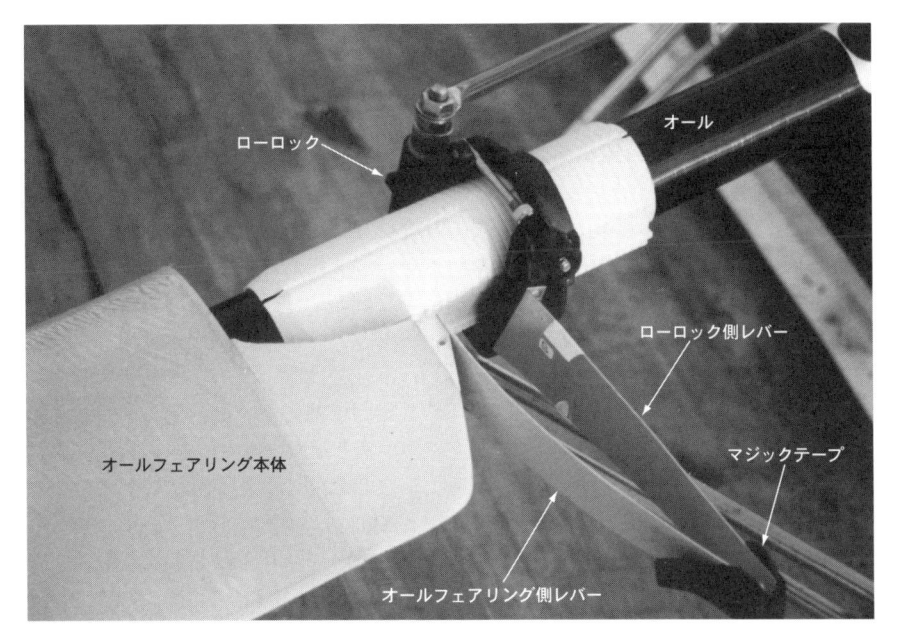

図-9 オールフェアリングを水平に保つメカ

ローロックとオールフェアリングは長いアルミのレバーの先端で柔らかく接続されている。接続にはマジックテープ（ベルクロ）を使ったので、オールを抜く時にはこれを外せばよい

図-10 オールフェアリングとボディーフェアリングをつけて試漕する著者

最初の大型のボディーフェアリングは船体に付けた3本のレールの上を滑る。大きいが重さは250kg。毎朝こうして漕いで改良した

意外な効果

1995年の春になって、風洞実験の機会があった。オールのシャフトと同じ形の平均直径42mm、長さ74cmの丸棒を風洞に立てた。円台の回転で、受ける風の方向が変わる仕組みである。時速30kmの風を当てると、空気抵抗は0.15kgfある。

一方この丸棒にすっぽりとオールフェアリングをかけてみると、抵抗は0.03kgfに激減した。そして図-11を見て頂いて分かるとおり、0.03kgfの抵抗は流線形の真正面からの風に対する抵抗であって、風向が少しずれるとみるみる減少する。そして3度を超えると断面の軸方向の抵抗はマイナスになるのである。

例えば漕いでいる時にオールを一定の高さで

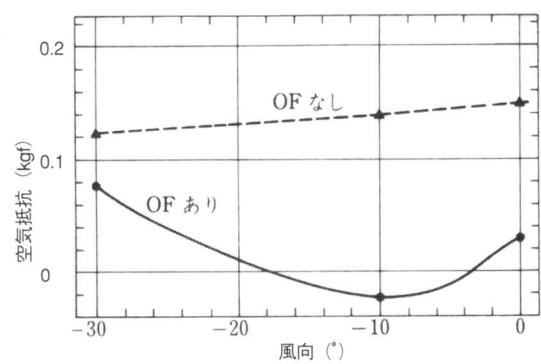

図-11 オールフェアリングの効果

スカル用オールの一部（長さ74cm）に30km/時の風を当てた場合の抵抗を示す。30km/時は、平均的な対気速度で、20km/時で走っている艇の上で、オールを10km/時で振り戻す場合に相当する。オールフェアリング無しの抵抗が0.15kgfなのに対し、これをつけると1/5の0.03kgfに減り、さらに上向きまたは下向き10°の方向に動かした場合には0.025kgfくらいの推進力が発生することになる。

動かすとすれば、オールフェアリングは水平を保っているから、時速30kmの風に対しては0.03kgfの空気抵抗を受ける。だが少しでも上下の動きが加わると、抵抗はもっと減り、風に対して3度以上角度のある動きをするとマイナスになる。そして角度が10度になるとなんと0.025kgfの推進力が発生するのである。即ちオールフェアリングを付けて漕ぐと、大幅な抵抗の減少が望める。しかもオールを戻す時に上下の動きを加えると、推力が発生して空気を漕ぐことになるというわけだ。

ただし、きゃしゃな構造だから余り水に突っ込みすぎると壊れるし、オールを水から上げるのが困難になる。したがって水に漬からぬためにどの長さに止めるのが良いのか、これを決めるのに苦しんだ。

1996年1月からはナショナルチームの試漕をたびたび頼んだが、漕ぐたびにオールフェアリングは短くなった。ラフコンディション、ハイピッチ、スタートダッシュ、それらが組み合わさるとブレードは深く潜る時があり、短くせざるをえなかった。

2月のある日、選手達に全般の意見を聞いた。その時オールフェアリングの色（空色）が気に食わないという意見が出た。スチロフォームの着色、フィルムの着色などの方法も考えたが質感で満足されそうもなかった。

改めて個別に数人の意見を聞いてみると、オールのシャフトと同じ素材のCFRPの質感が好きという人が多い。

CFRPを使うことは計画の当初に検討したが、軽く収まる見込みがなくて諦めた経緯がある。だが選手達の意見を聞いているとスチロフォームの頼りなさに対する不安が色という形で表れたとも感じられ、それに重くて結構という選手の言葉にも励まされて、CFRPを再度検討してみることにした。

この辺からは模型飛行機の神様、世界選手権大会の日本代表でもある、磐田の寺田篤生（あつお）氏に教えを請うた。

模型飛行機の翼に使われるサンドイッチ構造そのものを持ってきても、それは重すぎる。それに剛性が高くもろい。もろい構造は大きな破損を招きやすい。だが寺田氏は次から次へ解決案を提示してくれた。

オールフェアリングの場合、スパー（主桁もしくは力骨）位置にはオールのシャフトが通っていて、それが支えになるから曲げ強度は心配ない。また断面形状も揚力を発生させるつもりがないので、正確である必要がない。とするとCFRPの一枚でまとまる可能性はないのか、剛性の不足分は薄いスチロフォーム板を張り合わせることで補えないか、そこまで考えて議論したら、あとは型を作ってやってみるしかなかった。

決心したのは3月10日、オリンピックまであと130日しかなかった。急ぎ、木型屋の手配を始めたが、なぜかどこも仕事が満杯で受け手がない。考えあぐねて自分で木型を削り始めたが、慣れないことでなかなか思うように進まず、雌型が抜けたのは4月も20日を過ぎていた。

生産技術の進歩

死に物狂いで1本仕上げて、岐阜県の川辺で練習するナショナルクルーのところへ持ち込み、フォアに漕いでもらった。CFRPの色は喜ばれたが、面がうねって姿が良くなかった。オールに着せてみると捩じれが出て始末が悪かった。それでもスチロフォーム時代の積み重ねが生きたのであろう、漕いでみると少し重い以外は違和感がないとのこと。試作の1本目は予定の2倍、360gだから重く感じるのも無理はなかった（図-12）。

これがスタートで生産技術的な積み上げが始まった。私が作業をしているヤマハ発動機のボート試作工場には、服部さんという金属加工からCFRPまでこなす名人がいた。現場経験の少ない私も寺田、服部のご両人のアドバイスで作り方を急速に改良することができた。

ジグを作り、材料を変え、構造を改め、加工法を変える、トライアル＆エラーの中で工法は日進月歩だった。4月以来手伝ってくれている東大の学生小林寛君も一人前の腕をつけて、私との2人3脚になった。5月の連休には、ダブルスカル用のオールフェアリングの木型を作りながら舵なしフォアのオールフェアリングの生産が続いた。

1996年6月の6日から10日にかけて行われた全日本漕艇選手権レガッタは、アジア地区のオ

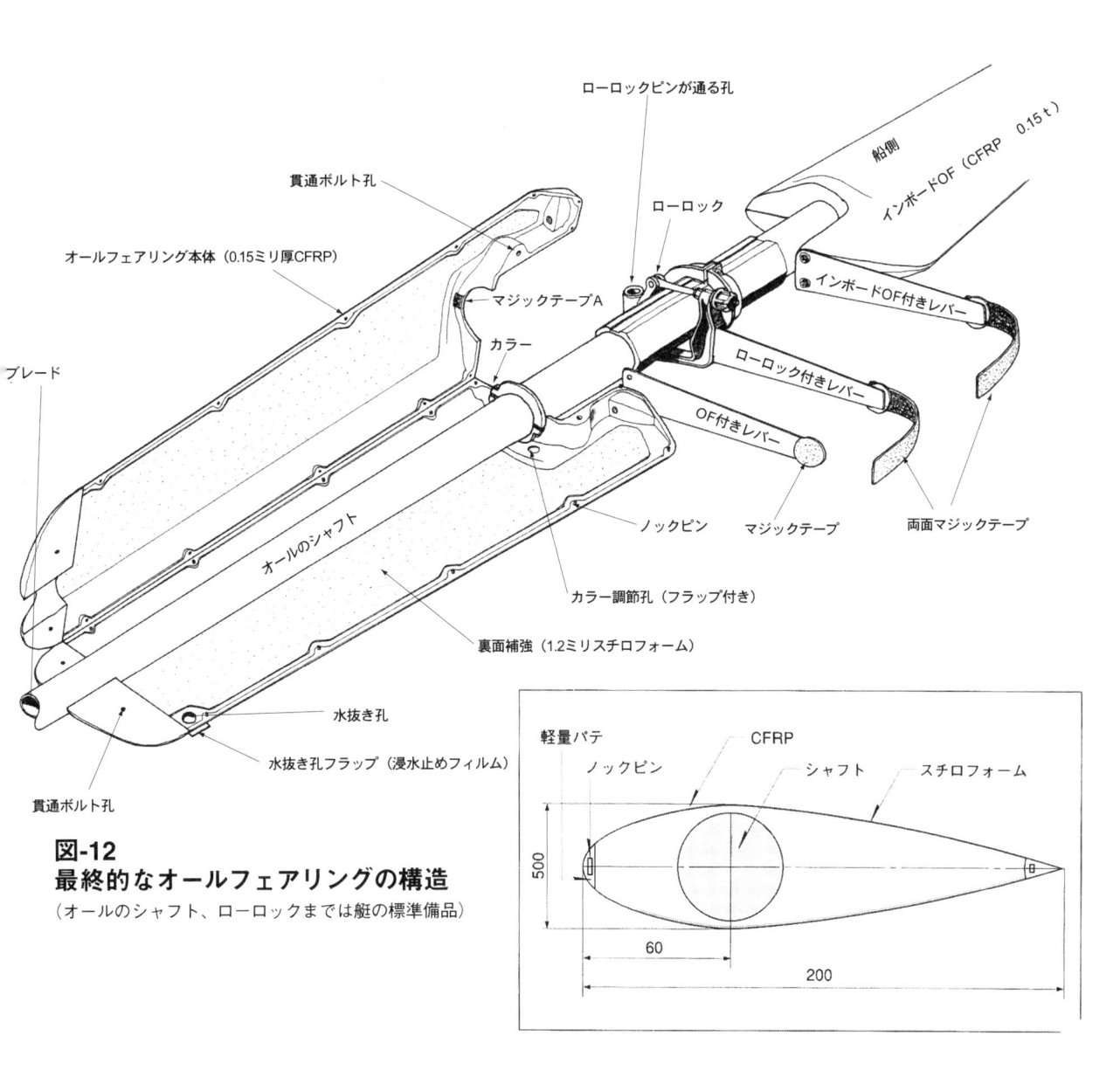

**図-12
最終的なオールフェアリングの構造**
（オールのシャフト、ローロックまでは艇の標準備品）

リンピック代表を決めるレースを兼ねていた。このレースで男子軽量級の舵なしフォアとダブルスカル、女子軽量級ダブルスカル、それに重量級の舵なしペアとシングルスカルの5種目が代表権を得た。

2種目程度を対象に考えてきた私たちには嬉しい悲鳴で、5種目分の新装置を用意するのは容易でなかったが、全力を挙げて全種目分のオールフェアリングを用意し、6月26日の選手の出発に間に合わせた。

オールフェアリング以外の部品の手当をすませてから、小林君と私は7月5日に選手を追って出発した。オリンピックコースには1週間前からしか入れない事情があり、選手達はアトランタの150kmほど東にあるエルバートンという小さな町に入って、近くの湖で練習を続けていた。私達はその練習場の艇庫の一角を工場にして、オールフェアリングをオールに取り付けたり、外して整備したりしてクルーの要望に合わせる努力を続けた。

結局、使ってもらえたのは男子舵なしフォア1隻で、現地でもまた何度かオールフェアリングの長さを切った。ついにあまり短くなったので、選手の提案でローロックの内側にもオールフェアリングを付けることになり、結局その状態でレースを戦うことになった。レース時のオールフェアリングの長さはローロックの内側を入れて約1.2m、2000m漕いだときのアドバン

図-13　最終的なオールフェアリング　最終的にはオールの支点の両面に取り付けた

テージを計算すると約2秒、艇差にして約10mほどである（図-13）。

6) ボディーフェアリング
（先頭漕手の背中に着ける流線形カバー）

直立した漕手の上体の空気抵抗はいかにも大きそうだ。特に先頭の漕手の背中に感じる風圧は相当なものだという。だが横風成分の入った風に対して空気抵抗がどうなるのか、また流線形の覆いを付けることによってその抵抗がどう変わるのかについては全く資料がなく、風洞実験で得られたデータしかなかった。

私達は上体と共に動くボディーフェアリングの重量と、メカの可能性に関する見通しを94年中につけ、95年からは風洞実験によって有効な形を見出だしていく作戦を立てた。

当初のボディーフェアリングは長さ70cm、高さ45cmの大きなもので、シェルの重さが250gもあった。これを艇に取り付けた3本のレールに載せ、スライディングシートと連結して上体と共に前後に動くように考えた。

艇の上でのテストには制約が多いので、私はまず自宅の廊下に置いてあるローイングマシンの周りにフレームを組み、レールを取り付けてボディーフェアリングを載せた。実際に漕いでみてその姿をビデオに撮り、それを観察しては改良を続けて、納得のいったところで自分のスカルに取り付けた。ローイングマシンでのテストが十分だったので、艇上での問題は特になく、ボディーフェアリングとオールフェアリングの両方を取り付けて、94年の暮れには十分漕げるようになった（図-10）。

効果の確認

年が明けて風洞実験が始まる。三井造船昭島研究所の松井さんをリーダーとし、東北大の小浜泰昭助教授と学生の小栗英美さん、それにマツダR&Dセンター横浜の皆さんの活躍で、計測はスムースに進められた。私の所で艇と漕手の1／4サイズの模型を作り、それに模型6種と実物のボディーフェアリングを用意した。風速を実艇の4倍（フォアの場合、5.5m／s × 4 ＝ 22m／s）にセットすると、抵抗の量も実艇と同じになるので理解しやすい。

この実験で初めて1人、2人、4人の漕手の身体にいろんな角度から当たる風の抵抗、ロールモーメント（横傾斜を起こす力）、ヨーモーメント（船首を横に振る力）の実態が明らかになってきた。そしてボディーフェアリングがすべてのケースに有効なことがはっきりした。面白かったのは、用意したうちの一番小さなボディ

図-14 風洞実験の模型

1／4模型。人形を外すと2人、1人のテストもできる。先頭の漕ぎ手だけがボディーフェアリングをつける。台が回転するので斜め前からの風に対する抵抗を容易に測ることができる

図-15 ボディーフェアリングと空気の流れ

ボディーフェアリングをつけると、2人目の漕ぎ手に空気の流れが当たらなくなる様子がよく分かる↓

ーフェアリングでも、当初に計画したサイズと同じ効果を示し、さらにもっと小さいボディーフェアリングの可能性が見えてきたことである。

しかし、ボディーフェアリングは艇体と繋がった一体の設計で考えていたから、良い船型が見つからず、新艇の建造が見送られた折に、せっかくのボディーフェアリングも宙に浮いてしまった。効果が目覚ましかっただけにこれはがっかりだった。お陰で半年以上このプロジェクトはお休みになった。

船体からシートへ

1996年の1月、2月。オールフェアリング、舵、ウイングリガー（後述）などの苦戦が続く中、ボディーフェアリングの効果を思い出すといかにももったいない。新艇を造らないでボディーフェアリングを生かす手はないか、と艇から浮かした形を考えてみると、これはメカ的にもかえって作りやすいようだ。問題は効果がどうなるかである。それを確認するには風洞実験をもう一度やるしかない。各方面にお願いして、4月にその機会を用意した（図-14、15）。

前回の実験で一番抵抗の少ない、しかも小さいモデルの下半分を丸めて、デッキから独立したボディーフェアリングの原形を作り、これを大としてさらに小さい中、小の模型を用意した。

小サイズ、軽量化の実現

実験をしてみると、その効果は船に取り付けたタイプとあまり変わらなかった。さらに大中小の比較では、小でも効果があまり変わらないという嬉しい結果になった（図-16）。最初のボディーフェアリングと較べると親と子ほどにも大きさが違う。こうなると早く作って見たい。早速型を作ってCFRPのボディーフェアリングを製作した。ヘルメットほどの大きさで、本体の重量は100gを切っていた。

ボディーフェアリングが小さくなったので、艇側にレールを敷くのは止めて漕手のシートに直接取り付け、漕手の背中の動きに合わせて前後にスイングできるようにした。さらに上体と動きを合わせるため、ボディーフェアリングの上部をゴム紐で身体に引き付け、背中に接する部分にローラーを取り付け、背中との間の滑りを良くした。

アトランタに出掛けてみると少し様子が変わってきた。熱心に試してくれた軽量級のフォアの選手側から、背中に接する部分をローラーではなく滑りやすい平面にすること。漕手の身体からゴム紐で引き付けるのではなく、スプリングでボディーフェアリングを背中に軽く押し付けて欲しいとの提案があった。現地でボディーフェアリングの内側に板と滑りの良いフイルムを張り、スプリングを手にいれてなんとかその

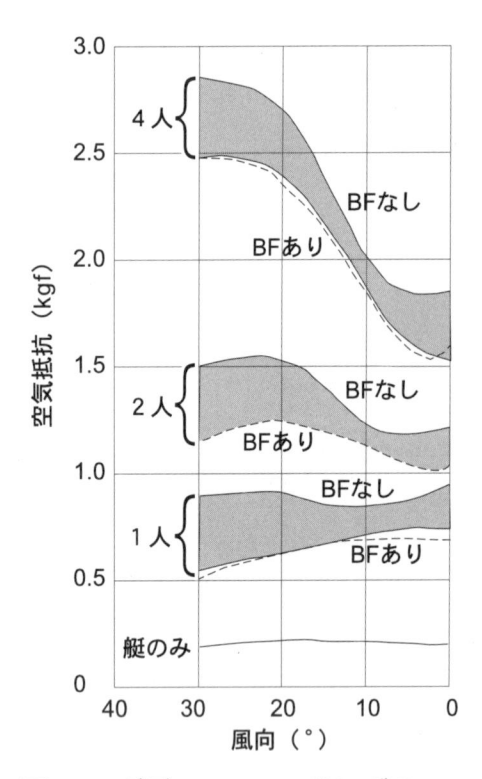

図-16 ボディーフェアリングの風洞実験結果

時速30kmの時の漕ぎ手と艇体の抵抗を示す。時速30kmの設定は、20km／時（約5.5m／s）の艇速、漕ぎ手の前に向かうスピード、それに1m／sほどの逆風が加わった場合を想定したものである。塗りつぶしたところがボディーフェアリングの効果で、すべてのケースに有効であることが分かる。点線はウェアの中にBFを入れた場合

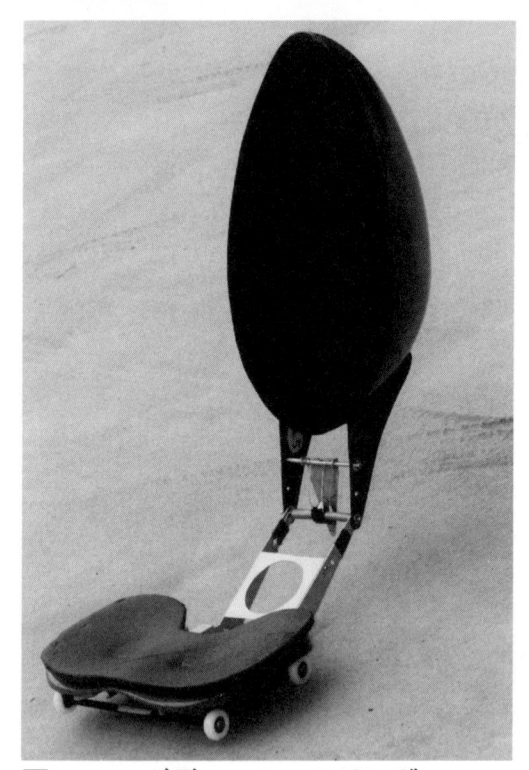

図-17a ボディーフェアリング

関節軸にかぶせた2つのスプリングがボディーフェアリングの上部を漕ぎ手の背中に軽く押しつける。万が一にもスプリングが外れないよう、押さえ板をつけた

構造を完成した。(図-17a、b)。

　その後細かい改良はあったが、この仕様でフォアはレースを迎えることになった。予選の時、会場内のテレビには、私達が作ったボディーフェアリングの動きがアップで写し出され、大きな注目を浴びることになったのである。

7）ウイングリガーとリガーフェアリング
（リガーの抵抗減少策）

　漕艇には、船の幅を狭くして、しかもオールのピボット（支点）位置を船外に出せるよう、ローロックを支持するためのリガーが両舷に張り出している（図-1）。この部分の空気抵抗約2％を減ずるために、我々はウイングリガーを製作した（図-17c）。

　これはオールフェアリングやボディーフェアリングのように新しいものではなく、外国にその例が少なくない。ただレクリエーション用の

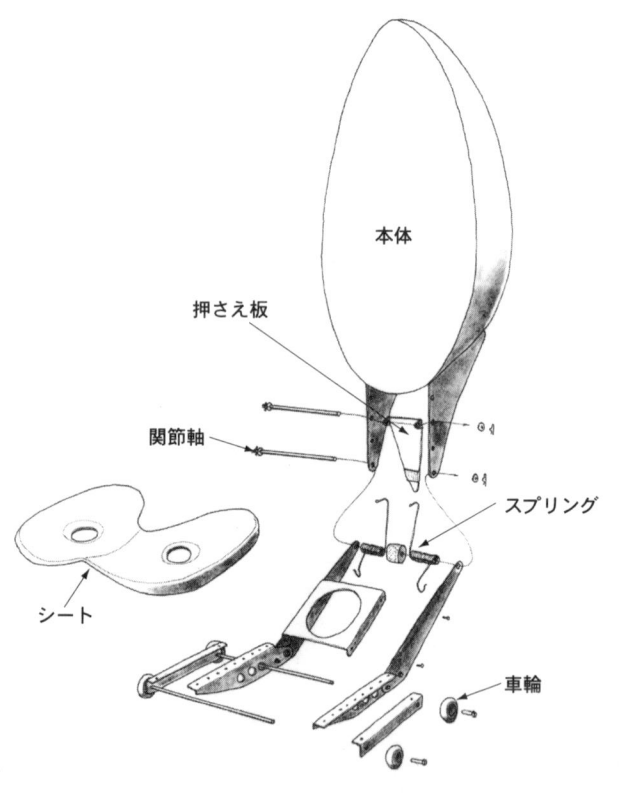

図-17b ボディーフェアリング分解図

図-17c　ウイングリガーとボディーフェアリング
女子軽量ダブルスカルはウイングリガーをオリンピックに使用した。男子は調整が間に合わず、使用を見送ったのは残念だった

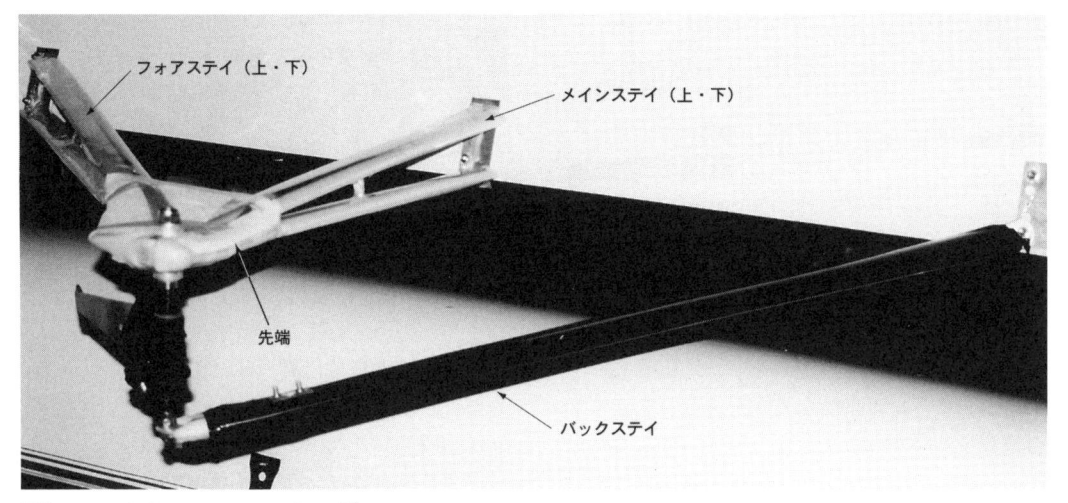

図-18　リガーフェアリング
無風の時でも空気抵抗を0.124kgf減らせるのに、オリンピックではタイミングを失って使用することができなかった

漕艇に多いので、私達のように風洞実験の結果、空気抵抗の減少に期待を込めて作っているかどうかは疑わしい。

ウイングリガーの製作は御殿場のジーエイチクラフトにお願いした。ジーエイチクラフトはレースカーボデーなどに使われるCFRPや航空機部品を作るハイテク企業で、図-2で紹介したオフセットブレードのオールもこの会社の作品である。

CAD（コンピューターを使ったデザイン）、FEM（有限要素法による構造解析）、CAM（コンピューターを使った加工）を駆使して作られた、美しいウイングリガーの仕上がりは選手をほれぼれとさせた。苦労をしたのは本来ウイングリガー用ではない船体に、アタッチメントを介して取り付ける作業だった。

私達はスカル種目のウイングリガーだけを作った。舵なしフォアのそれも作る計画はあったが時間的にそれは無理だった。そこで、これも選手達の意見を取り入れて、舵なしフォアは従来どおりのリガーのパイプの1本1本を流線形に整形して、できる限り空気抵抗を減らすことにした。それがリガーフェアリング（図-17c、図-18）である。

1995年の風洞試験の結果が図-19に示してある。ウイングリガーの抵抗の少なさは圧倒的である。実戦では女子の軽量ダブルスカルがウイングリガーを使用し、男子のダブルスカルは調整が間に合わずに使用を断念した。

リガーはオールを支える簡単なフレームに見

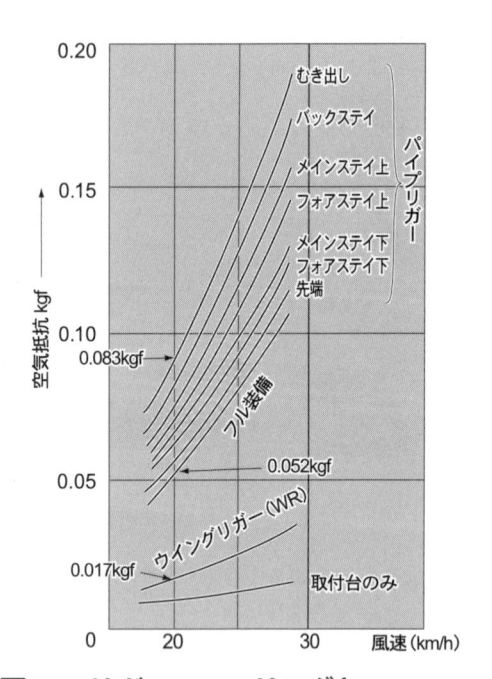

**図-19 リガーフェアリングと
　　　　ウイングリガーの風洞実験成績**

図は1組の普通のリガー（むき出し）に流線型覆いを全部付けた状態（フル装備）から計測を始め、順次覆いを外しては計測した結果である。風速20km/hの普通のリガーの抵抗0.083kgfが覆いを付けて0.052kgfに、またウイングリガーなら0.017kgfまで1/5に減る様子が分かる（但しすべて取付台の抵抗を含む）

えるが、オールの自由な動きを許し、しかもいろいろな方向からの大きな力を支えても変形せず、ブレードの水中での角度を正確に保つだけの剛性を与えるのは容易なことではない。

　ウイングリガーはその点断面が大きくて有利である。空気抵抗が圧倒的に少なく、また高い位置にセットされているために、ラフコンディションでも従来のリガーのように波が当たらず抵抗増がない。さらにウイングリガーが船体の剛性に寄与し、船体構造をシンプル、ローコストにできるので、これからのレース艇の主流になると思われる。

　一方、40％近く抵抗が減るリガーフェアリングの効果も、決して捨てたものではない。しかし、現地ではオールフェアリングやボディーフェアリングのテストが優先したことで取り付ける機会を失った。動く部分がなく、リガーに取り付けるだけのリガーフェアリングは何時でも付けられるという気持ちと、レース直前に実績のないものは採用しないというコーチの考え方の狭間で使うことなく終わったのである。

　リガーフェアリングはあくまでも既成のリガーの抵抗を減ずる対策である。リガーのたわみなど力学的な性質は全く変えず、わずかな重量増加（フォアの場合1隻分100g）で空気抵抗を40％も減ずることができる。

　ただ1本1本のパイプにこれを取り付けるのは根気のいる仕事で、またリガーを外した時の取扱いには細心の注意を要する。今回はスチロフォームの型材をパイプの前後に押し付け、その外を5ミクロンのポリエステルフィルムで巻く方法を取ったが、もう少し取り扱いの簡単な方法を考えることが望ましいと思う。

8) ラダーニュートラライザー
（舵を中立に保ち無駄舵を防ぐ装置）

　舵なしフォア、舵なしペアなどには、舵手は乗っていないが、舵は付いていて、漕手の一人が右足のつま先を左右に動かすことで操舵をする構造になっている。だが、漕手がオールを引く動作や艇のバランスを取る動きの中で、多少つま先が動いてしまっても不思議はない。

　一方、舵の抵抗は直進時に0.11kgfくらいのものだが、10度舵を切るとその抵抗はたちまち0.60kgfくらいまで跳ね上がる。これをなくするのがラダーニュートラライザーである。ただラダーニュートラライザーは当初からの狙いではなく、いわば副産物としてでき上がったものだから、ここでは当初の狙いから説明をする。

　舵なしフォアの船体に付いている付加物としては、舵の他にフィンがある。このフィンの抵抗が0.25kgfで、舵と合わせて0.36kgfの抵抗はいかにも大きく感じた。

　舵は船を曲げる働きをし、フィンは直進性を保つ働きをそれぞれ分担している。しかし、舵をニュートラルの状態で固定したら、それはフィンの働きを兼ねることができるはずである。それもフィンが船尾からかなり遠い位置にあるのに対して、舵は船尾一杯に付いている。従来の舵の面積を僅かに広げれば、フィンと同じ効き目を発生するはず、と私は考えた。

　これを実現するには舵が常にニュートラルに固定され、漕手の意思で舵を動かそうとした時にのみ舵としての働きをする必要がある。横風

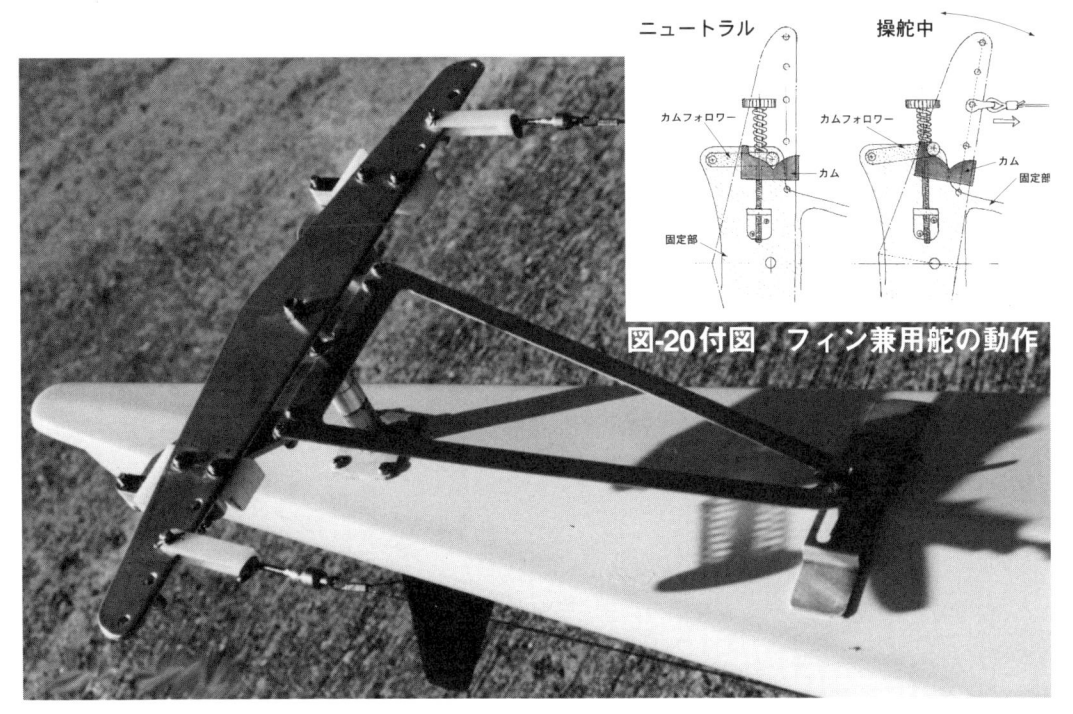

図-20 フィン兼用舵

舵は操向のため、フィンは方向安定のためにあり、それぞれ0.11kgf、0.25kgfの抵抗がある。舵無しフォアの場合、舵を少し大きめ、かつ縦長にして効きを増し、操舵しないときに中立で固定できるようにすれば、フィンの働きを兼ねて0.20kg程度の抵抗減が見込めると考えて作ったものである。実際には方向安定性が十分ではなく、この装置のために作ったラダーニュートラライザー（図21）のみが使用された

や左右の漕力の不均衡によって艇が尻を振り、舵面に圧力が掛かった時にも舵はニュートラル位置を保ち、あくまでフィンとしての働きをしなければならない。

舵の形を工夫し、舵軸の頭にニュートラルを保つメカを作り付け、身近にあった舵なしペア用の船で実用試験を始めた（図-20）。

1月、2月の寒い頃のことであった。フィンがある時は動きが緩和されるのだろうが、フィンを外すとちょっとした舵の動きでたちまち船首を横に振る。漕ぎながらついつま先を動かしてしまって、舵はニュートラルを保つことができなかった。

ひどい蛇行が押さえられなくて困った末、私達はつま先に、ニュートラルでかちっと止まり、ある程度の力を加えないとつま先を横へ振れないようなメカ（図-21）、ラダーニュートラライザーを作って取り付けた。これによってたちまち直進が可能になったのである。

ところが、これを使ってもナショナルチームがフィンを外してみるとまだ不具合が残っていた。強い横風や他艇の引き波を斜めに受けた時の方向安定が十分でない。またわずかな横風に対して舵を当てて走るとき、舵が取りにくいという。

私達はそれに対し、横風に対する当て舵の微調整装置を作り、また漕ぎながら漕手が微調整を行なえるようリモコンのメカも作った。漕手の方もフィンの面積を半分残すことで問題を解決できないか試してくれた。

結局全ての条件に満足な結果を残すことはできず、時間も迫ってきたのでフィン兼用舵の使用を思い止まった。しかし、つま先にニュートラルを保つメカは評判が良く、そのころにはなくてはならぬものになっていた。

ラダーニュートラライザーは、その後選手の要望で数を揃え、男女舵なし艇全部に取り付けて、アジア大陸のオリンピック代表決定戦に出場する事となった。以後ナショナルチームにとって必須の道具となったようである。

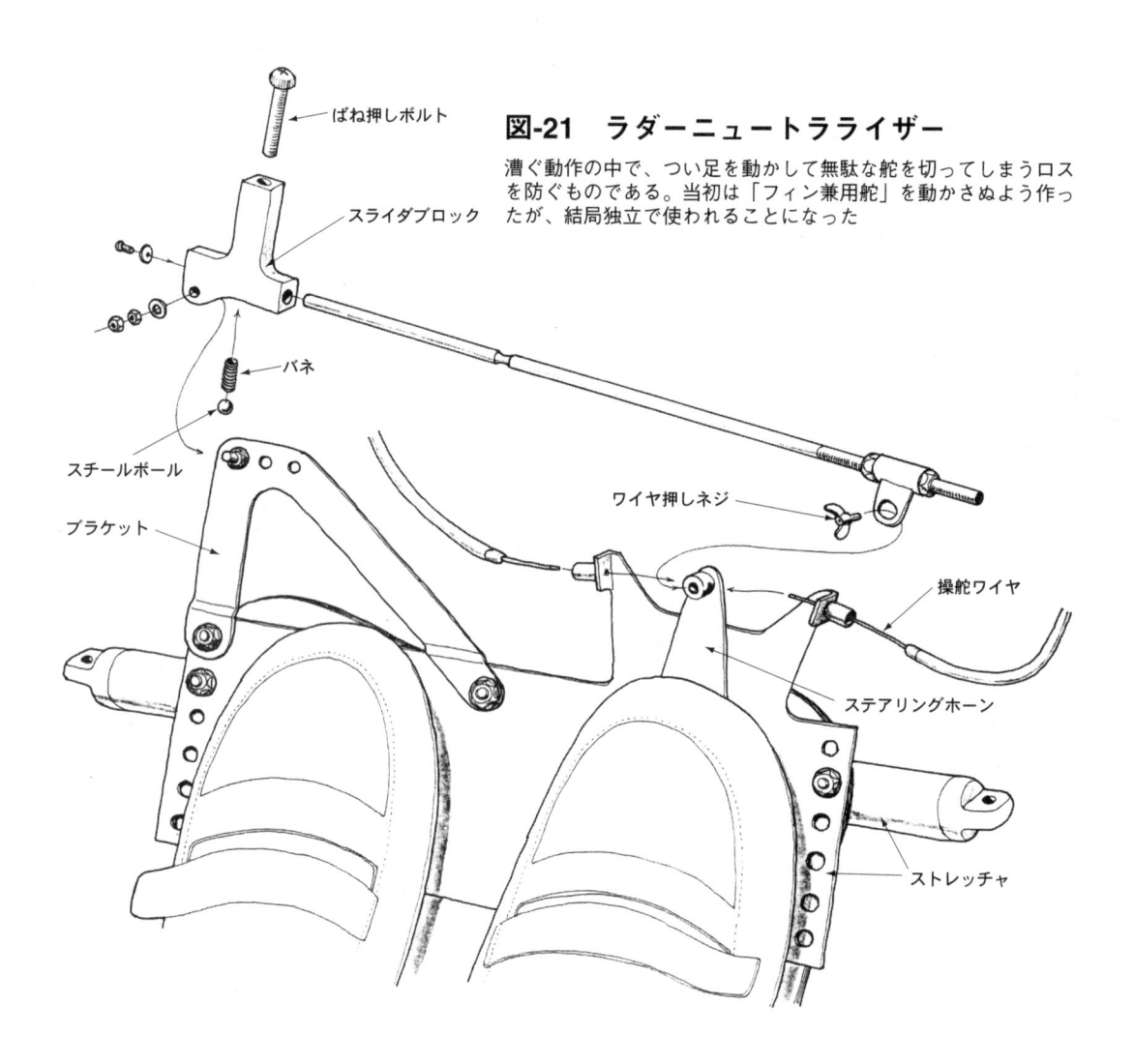

図-21 ラダーニュートラライザー

漕ぐ動作の中で、つい足を動かして無駄な舵を切ってしまうロスを防ぐものである。当初は「フィン兼用舵」を動かさぬよう作ったが、結局独立で使われることになった

- ばね押しボルト
- スライダブロック
- バネ
- スチールボール
- ブラケット
- ワイヤ押しネジ
- 操舵ワイヤ
- ステアリングホーン
- ストレッチャ

9) アトランタオリンピックの成績

　アトランタオリンピックの成績は、期待を裏切ることになった。タイムを分析してみると、我々が有望種目として狙ってきた男子軽量級の舵付きフォアとダブルスカルの場合、トップとの差が10秒位でこれは当初の計画に近く、かなりの成績を残せるはずの差である。それなのに順位が16位、15位と悪かった。その理由は軽量級の種目がわずか2種目と少なかったので、ここに世界の軽量級の強豪が全部集中してしまい、レベルが高くなり実力も非常に接近していたためと思われる。

　我々の準備した新装置は使用されはしたが、仕上がりが遅かったために、採用がごく一部に限定されて効果も少なかったし、どれほどの効果があったのかを知るすべもない。

　短期間に余り多くの項目を追い過ぎたこと、そして最後には5クルー分を揃えようとして頑張ったことが災いして、完成度を上げる作業を薄めてしまう結果になったと反省している。

　ただアトランタに備えて準備した工夫は、それぞれ狙っただけの効果のあることが一連の実験で明らかになっている。1つ1つ時間をかけて漕ぎ手となじませれば、その効果が十分に発揮される時がくることであろう。

　さらに残念だったのは、予選で使用したボディーフェアリング（**図-22**）がいきなり使用を禁止され、その後のレースで使えなかったこと

図-22　アトランタオリンピックの予選レース
男子軽量舵無しフォアはオールフェアリングとボディーフェアリングを付けて予選に出た。しかし、この直後ボディーフェアリングの使用を禁止された

である。このことについての説明を国際漕艇連盟（FISA）に求めていた。

　ところが1998年になって国際漕艇連盟は、新しい機材を世界選手権およびオリンピックに使用する場合の条件を新たにルールに設定した。その条件は、国際漕艇連盟の承認を得た上で他の国際レースに1年以上使用実績のあること。公平にどの選手も使える条件を整えること。安いことなどであった。このため大きなレースで新装置を使い、レースを有利に進めることはできなくなったのである。

　最近浜名湖で行われる人力ボートレースでは、2人漕ぎのペダルボートがエイトより遥かに速く走っている。またヨットのオリンピック種目にも49er（フォーティーナイナー）という大変難しい高速艇が採用されている。

　人間のスピードとテクニック、そのすべてを動員する高速艇に人々の興味が移る時代になってきた。普及のためとはいえ、スピードを上げる工夫に制限を受ける漕艇からは、人々が離れてゆくのではないかと寂しくなっているところである。

4章

「マリンジェット」の開発

1955年に開発した水中翼船の酔いしれるような運動性は忘れられなかった。水上オートバイでそれを再現しようと思い立って20年、途中先行されたかと思ったり、挫折したり、多くの失敗や紆余曲折で学んだ技術の蓄積と営業の市場調査が実って、ようやく跨り乗りの水上オートバイ「マリンジェット」が世に出ることになる。

1) 飛行機の魅力

1985年、アメリカ・ウイスコンシン州、オシコシで行われた航空ショーを見に行った。このショーは1,200機の自作機がお互いに見せ合う集まりなのだが、それを見物しに、なんと12,000機の自家用機が全米から自力で飛んで集まってくる。そして一週間の会期中、飛行機の翼の下にテントを張って泊まる。飛行機好きにとって待望の一大航空ページェントなのである。

観客は連日、曲技飛行や空中サーカス、戦闘機ハリヤーの垂直離着陸などを見物するほか、材料、部品、新製品や自作機の製作実演の店をうろつき、中古機の価格表を手にいれたり、自分の機体のレストアや買い替えの目星をつけようと、皆鵜の目鷹の目で見て歩く。

何しろ1930年代の飛行機が3000ドルちょっとで手に入るのだから、彼等にとって飛行機は驚くほど身近な存在なのである。

1万数千機が駐機できる飛行場の規模にも驚かされるが、このショーを見ようと、80万人の見物客が集まるというから凄い。それも100km以内にホテルもなく、何かと不便なこの大飛行場にやってくる人達は、根っからの飛行機好きなのであろう。

いったいどうしてそんなに飛行機を好きになってしまうのだろうか。1952年、私は岡村製作所に勤務していて、戦後最初の国産機、日本大学の「N52」と東京大学の複座ソアラー「LBS-1」の設計に参加したが、その折、高名な先輩たちが大の飛行機好きなのに驚いた。それも設計する以上に乗るのが好きなのだ。どうしてそんなに好きなのか、最初は不思議に思ったが思い当たる節があった。それは"G (重力) の魅力"である。

もともと重力は人間の身体に鉛直に働くものだが、人間の身体に動きがあると、加速度や遠心力のためにそれが大きくなったり、横方向に働いたりする感じを味わうことになる。その非日常的なG感覚が人間にスポーツの爽快感をもたらすのだと思う。

スキーやスケートでも、各種モータースポーツでも、この"Gの魅力"が"スピードの魅力"と結び付いて、人間を引き付けるのだろう。そしてその最たるものが飛行機であるように思われるのである。

2) 水中翼船を造る

1954年、私は横浜ヨットの設計課で働いていた。地味な業務艇を設計するかたわら、私は水中翼船を造ることを夢見た。

第2次世界大戦中、急速に進歩した水中翼船の技術は、戦後さっそく民需に利用され、高速

全　長 ………15.5m
定　員 ………35名
馬　力 ………600hp
最高速- 75〜80km/h

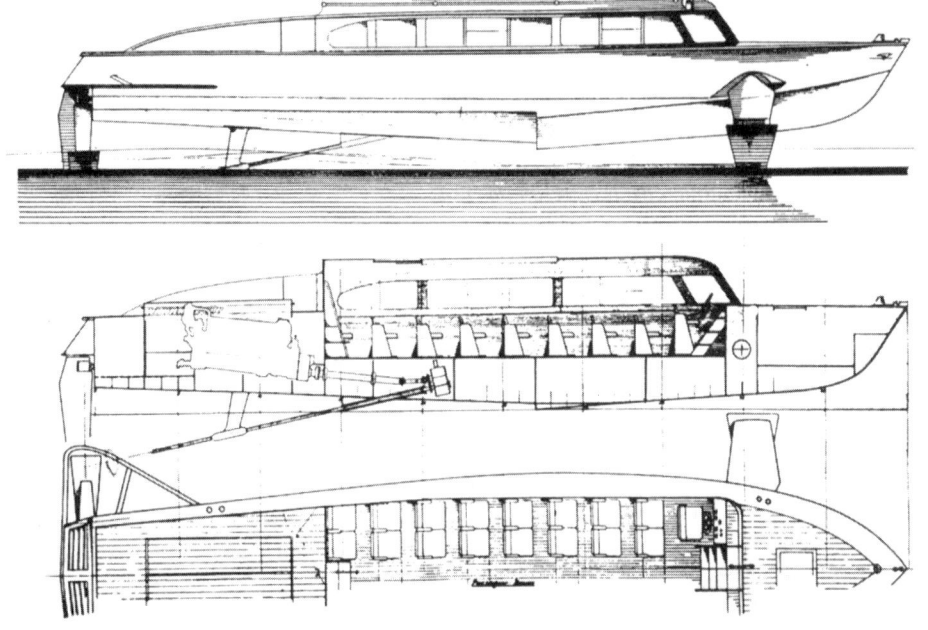

図-1　スイス・シュプラマールの水中翼船

観光船としてスイスで活躍していた（図-1）。これこそ会社の明日を支える大切な研究テーマと思えたのである。

そんなある日、私はアメリカのボート雑誌で水中翼船の図面を見つけた。当時の水中翼船の主流は半没型で、波の影響を受けやすいのが欠点だった。それに対してこの船は全没型である（図-2）。浮上高さを保つことさえできれば、波の影響をほとんど受けない形式なのである。この設計は飛行機と同じようなスティック（操縦桿）とフットバー（足踏みの舵棒）を持っていて、飛行機とほぼ同じ操縦感覚で運転できるのが魅力だった。恐らくこれは飛行機乗りの設計した船に違いない。

思い切って社長にお願いして水中翼船を造る機会をいただいた。実際にこれを造って走らせてみると、初めは飛行機とよく似た操縦で、翼走するのが面白かった。だが旋回するのが何と

半没型水中翼船

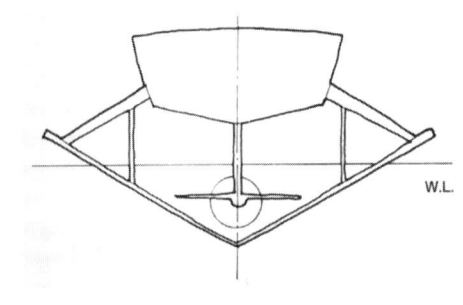

シュプラマールの形式で、高く浮き上がると翼面積が減り、適度な高さを保つようになっている。自動安定装置はいらないが、翼が傾斜している上に水面を貫通しているから翼の効率が悪く、また波の影響を受けて乗り心地も悪い

全没型水中翼船

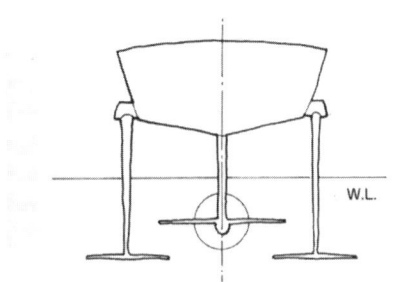

ジェットフォイルや3本脚（図-3）、1本脚（図-5）と同じ形式で水中翼を人力または自動的に操作して、ちょうどよい高さに保たなければならない。しかし、波が船体に当たらない限り波の影響をほとんど受けず、乗り心地がよい。制御技術が進歩した今日、この形式が主流である

図-2　水中翼船の種類

図-4 バンクの説明

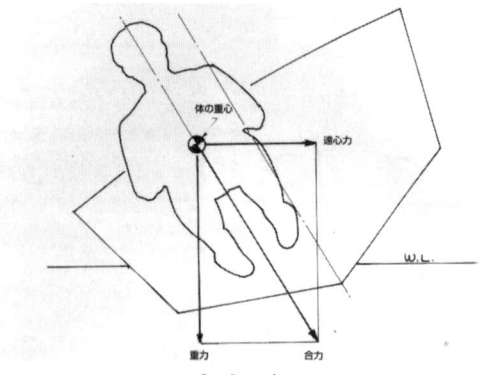

完全バンク

旋回する時に遠心力と重力の合力の方向が船の中心線の方向と一致すると、乗り手の身体はまったく横に振られない。そのように船が旋回する時に、内側に適度な傾斜（内傾）を保つことを"完全バンク"と表現した

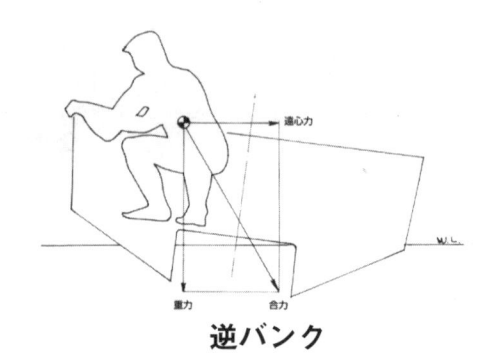

逆バンク

旋回する時に外側に傾斜することを外傾または逆バンクという。上図はカタマラン艇の例を示しており、この場合遠心力と外傾が重なって乗り手の身体は外側に飛ばされそうになる。そのため内側の舷につかまって身体をホールドする様を図は示している

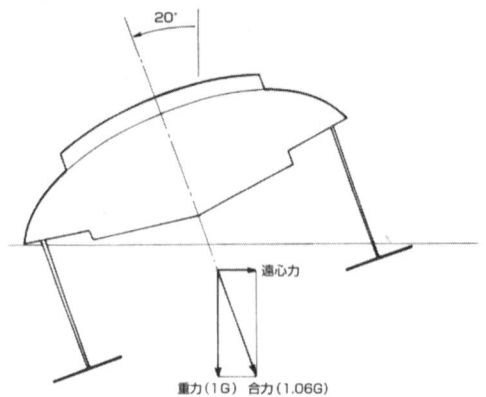

図-3　3本脚の水中翼船

20°バンクすると船体の内側が水に触れるか、外側の水中翼が水から出てしまうため、これ以上バンクできない。
20°バンクした時、体に働くGは1.06Gで1Gとの差はほとんど感じられない

もまだるっこしい（図-3）。

この船は幅が広くて、その割に脚が短いから、飛行機のような大きなバンク（内傾斜）が取れないのである。バンクし過ぎると、内側の船体が水に触れるか、外側の水中翼が水から飛び出してしまう。

一方、バンクしないで旋回すると、たちまち細い脚が横に折れる。重力と遠心力の合力の方向が、いつも船体の左右対称面内にあるよう適度な内傾を保って旋回すれば、乗り手の身体が横に振られることもなく、脚が折れる心配もないはずだ（図-4）。

しかし、十分にバンクできないのである。これが飛行機ならどんどん横滑りをしてしまうし、自転車やオートバイなら外側にひっくり返ってしまうだろう。十分な運動性のためには、十分なバンク角を持たせることが必要なのはは

っきりしていた。

当時、水槽実験室に勤務していた私は、実験のない暇な時を利用して、45°までバンクできる新しい水中翼船の図面を描いた。45°というと、重力の1.4倍のG（1.4G）を感じることになる。飛行機の60°旋回（2G）まではいかないが、スキー、バイクなどではなかなか味わえない大きなGだ（図-5）。

前回に続いて売れもしない試作艇を作るのが2度目だから、そう簡単にはお許しが出なかったが、うまく走りそうに思えたのでぜひ造りたかった。紆余曲折を経てこれを走らせた時の喜び、それは大きかった。素晴らしい運動性、ターンでぐっと身体の沈み込むG感覚、これは正に飛行機のそれだ。

いまだ終戦を引きずっていたそのころ、こういった船が売れるはずもなかったが、私は当初

図-5　1本脚の水中翼船の走航2態（乗り手は著者）

このレイアウトだと45°までバンクできる。その時身体に働くGは1.4Gとかなり大きく、かつ急旋回が可能である

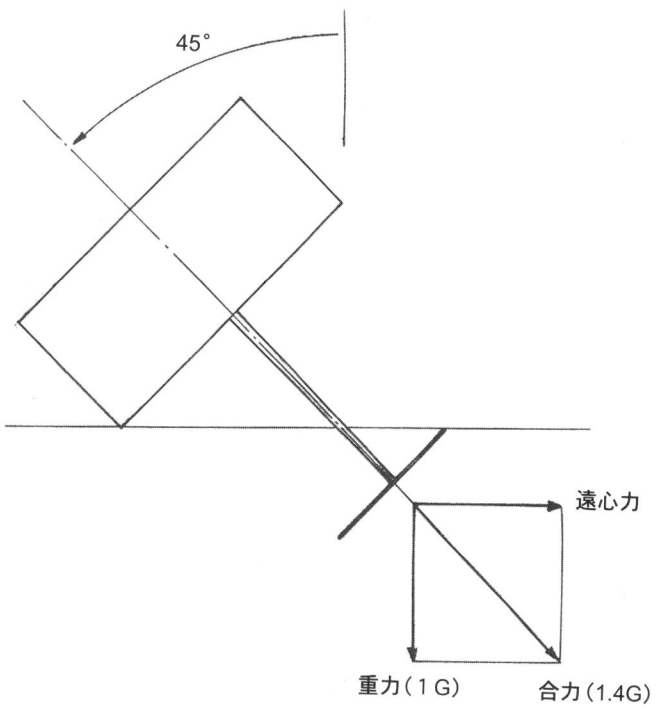

45°

遠心力
重力（1G）　合力（1.4G）

考えていた高速観光船を造る以上に、素晴らしい運動性を楽しむ乗物を造りたいという気持ちが強くなっていた。

3）完全バンク

この船が走ったのは1955年。そのころから私は乗り物は乗り手の身体が横に振られないよう、適度の内傾を持って旋回するべきだと考えるようになった。

ボートが旋回する時、操舵角やスピード、また重量配分に関わりなく理想的な内傾角度を保つのは容易ではない。飛行機やバイクでは何でもないことなのに、ボートはそれを船型で人為的に作り出さなければならないからである。その難しさゆえに、この状態を私は"完全バンク"と名付けた。

これは飛行機にはない言葉だ。横滑りは飛行機の操縦が下手で、"完全バンク"を保てない場合に起こる。これが度を超すと危険である。意識的に横滑りをする場合もあるが、それは着陸直前に横風などでコースがずれた場合に横位置を修正するための技術、あるいは空中戦で相手をはぐらかすための特殊な技術であって、"完全バンク"を保つことが飛行機の常態なのである。

その後、私の設計したプロペラ船も競艇用のボートも完全バンクを追求した。ヤマハ発動機に移ってからも、ハイフレックス船型、ストライプ船型でもほぼそれを達成した。カタマランや底の平なランナバウトはどうにもならなくて水平のまま旋回したが、これは私にとってどう見ても不自然に思えた。だからカーブを切ると外傾する自動車も私には不自然で、オートバイの方が自然な乗り物なのである。

4）「シー・ドゥー」

1967年だったと思う。カナダのボンバーディア社が「シー・ドゥー」と名付けた面白いボートを売り出した。小さい船体の上に跨って乗る、いかにも水上スクーターらしい乗り物である

図-6　1967年に発売された「シー・ドゥー」

る。そしてプロペラがなく、ジェット推進を使った安全性が特に魅力的だった（図-6）。

私は以前から夢に見ていた運動性を楽しむボートを先に出されたかとショックを受けた。だが一隻手に入れて乗ってみるとちょっと違っていた。フラットな船底ゆえに走るのは走るが、旋回性は良くない。夢とはほど遠かった。それでもアメリカでは好評を得て、売れているようだったが、ほどなくエンジンのトラブルによるクレームが相次ぎ、1500隻造ったものを回収して、当時この商品の事業を打ち切ったと聞いた（その後同社は活動を再開し、現在に至っている）。

この商品は私の夢を再び呼び覚ました。あのサイズの水上スクーターは、船型の工夫をすれば、"完全バンク"に近い素晴らしい運動性を持った水上スクーターとなるに違いない。魅力に溢れた水上スクーターの時代の幕開けは遠くない、と感じたのである。

一方、「シー・ドゥー」の重い船体を個人がどうやって水辺に運べるだろう。トラックからかついで水面に運ぶにはあまりに重い。だから軽くて旋回性の素晴らしいウォータージェット推進の水上スクーターを作りたい。それが「シー・ドゥー」に触発された願望だった。

しかし、すぐにはその機会は訪れてこなかった。それには適当なエンジンと、それに見合ったジェットが必要になる。

5）YZ－800

それから5年ほど経って、イギリス製の小さ

第4章　「マリンジェット」の開発

な「UA-Jet」を手に入れる見通しが付いた。

　エンジンは25馬力の船外機のパワーヘッドを横倒しにして、キャブと排気の処理を変えれば、これも何とか日鼻がつきそうだった。それならと船体を考え始めたのである。

　頭に描いたのは一本脚の水中翼船の運動性だった。あの"完全バンク"を水上スクーターに持ち込みたい。それには前舵に限る。後舵のボートのバンクはなかなか完全にはならない。ただし、この場合船体の復元力がバンクの邪魔をする。その影響を最小限にするためには、船型をディープ・ブイ（船底勾配のきつい船型）にして、腰を弱くするしかない。

　この船の担当は菅沢　実君であった。彼は15m艇の設計など、ヤマハ発動機の中では大きな船ばかりやっていたのが、一気に一番小さい船の開発に移ったことで強く興味を持ってくれた。

　サドルまわりの形が複雑なので、10分の1模型を作ってみた上で、ウレタンフォームの雄型を作り、跨がり具合を試しながら削ったように

記憶している。

　でき上がったプロトタイプ「XY－800」（図-7a,b）は、まるで外洋レーサーを小さくしたような精悍な面構えだった。「シー・ドゥー」よ

図-7a　「YZ-800」で試走する菅沢君

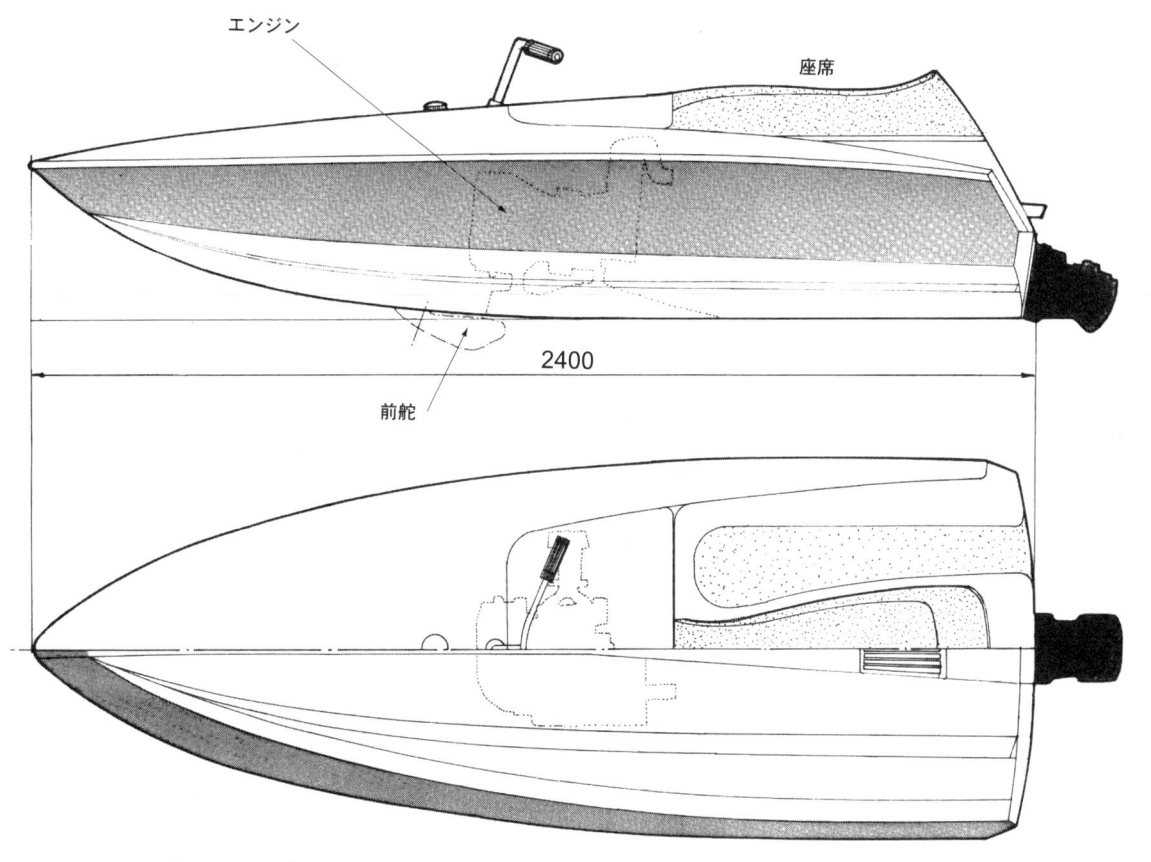

図-7b　「XY-800」

り遥かにコンパクトで、重量は60kgと軽かった。

さっそく乗って見ると、幅が狭くてVの深い船体はゴロンゴロンと不安定で、まず乗り込むのが大変だった。やっと走り出し、滑走に入ると安定は良くなるが、今度は逆に安定が良すぎて思うように内傾が取れない。"完全バンク"などほど遠いのである。

前舵を切って内傾させようとしても、船体の復元力が内側を突き上げてそれができない。考えて見れば当然のことであった。

この船を造るに当たって、私は試走の状況を頭の中でシミュレートした記憶がどうもない。以前、水中翼船を造るときに見事に成功したシミュレーションをこの時はやらなかったようなのである。忙しさに紛れて怠ったのか、舵と船体の両方の安定の組み合わせの複雑さにシミュレートを諦めたのか、それともやるにはやったが見積もりを誤ったのか、今となってはどうも思い出せない。

若い菅沢君は一生懸命出来上がったボートを良くしようと頑張ってくれたが、ともかく前舵ではどうにもならなかった。私の思い込みが強かったから苦労したと思う。

結局、試行錯誤のあげく、ジェットの噴口に「UA-Jet」の舵を取り付けて、普通のジェットボートと同じ操舵システムに落ち着いてしまった。

この実験は、現在浜名湖でマリーナを営んでいる高橋幸吉君がやってくれた。私は前舵の失敗で落ち込んでいたが、菅沢君と高橋君は着々とこの船を乗り慣らして、結構楽しい乗り物に仕立てていった。

船底勾配を大きくし過ぎて、横安定の腰の弱いのが難点と思ったが、慣れると何とかなるらしく、その分乗り心地が良かった上、コンパクトでバイクのような姿勢で振り回せるのが楽しかった。

水中翼船の完全バンクは望めなかったが、身体の動きも使って船並みのバンクターンは可能になった。船体を設計し直せば、遥かに乗りやすくできると思ったし、やがて私の"完全バンク"に対する諦めもついて、代わりにこの船を商品に育てられる自信のようなものがだんだんに形をなしてきた。

ここまでの作業は、社内で公認された正規の開発プロジェクトではない、いわゆるスカンクワーク（隠れ開発）である。商品化を進めるためには、堂々と正規の開発プロジェクトに組み込まなくてはならない。

当時の私は事業部長の立場にあったが、こんな新しい商品の分野に踏み出そうという仕事については社長の意向を確かめる必要があった。

当時のヤマハ発動機の社長、小池久雄氏に相談した結果はノーであった。悪いことにその直前、川崎重工のジェットスキーの発売があり、その試乗会で女性に怪我をさせたという記事が新聞に大きく報道された。大した怪我でもなかったようだが、折りから安全問題、ＰＬ法問題が急に表面に出てきたころのことである。

川崎重工は、これでジェットスキーの国内販売を諦めて、活動のすべてをアメリカに移されたと聞いている（平成13年11月の時点、国内では（株）川崎モータースジャパンが活動を行っている）。日本で新しい技術が育ちにくい典型的な例を見た思いがした。

小池社長（当時）は、残念ながら時期が悪すぎる、今は諦めてくれと言われる。川崎重工の判断を見てもそれはやむを得ない。涙を飲むしかなかった。菅沢君、高橋君にも頭を下げたが諦め切れないようだった。それは1973年、夏の終わろうとするころだった。

6) ウイング

「XY-800」の開発を諦めてから11年が経った。1984年、ヤマハ発動機内に堀内研究室が創設されたので、さっそく研究テーマの一つに水上スクーターをあげた。ただ研究室のメンバーが直接手を下すのではなく、以前から水上スクーターの開発に大いに熱意を燃やしていたボート事業部の実験の主任、小林　昇君を応援する形のプロジェクトとした。

本社の堀内研究室が、ジェットなどの機材および研究費をボート事業部の小林君に供給するとともに、船外機などの他部門との協力の仲介や技術面で相談に乗った。そうやってボート事

図-8 「サーフジェット」

業部内でのスカンクワークを応援したのである。

その時の我々は、カートップできるサイズおよび重量でありながら、十分運動性を楽しめる乗り物を目指していた。それは「XY-800」よりもっと軽量で安価でなければならなかった。

なぜそうなったかというと、当時すでにアメリカでは「サーフジェット」という名の動力付きサーフボードが売り出されていた（図-8）。これがなかなかの性能で、しかも50kg程度という軽量だったから、これを凌ぐ魅力を持たせてみたかったのである。

「サーフジェット」は、サーフボードなみの船体と富士重工製の縦軸15馬力のエンジンに縦軸の遠心ポンプ（※1）を組み合わせた、なかなかシンプルで軽い構造を持っていて、アメリカのミネソタ州で造られていた。ミネソタはこのほかにもウエットバイクなど画期的な水の乗り物がよく生まれる土地柄のようである。

私たちは「サーフジェット」のエンジンとポンプを使って、運動性が大幅に優れた船体を造ってみようと考えた。その上で動力は考えればよい。

この種の乗り物は速くなければ面白くない。面白いスピードを得るためには、どうしても滑走しなければならない。

ところが小さな馬力、小さな推進力で滑走に入ろうとすると、どうしても広い滑走面が必要になるのである。

同じ重量なら馬力が小さいほど滑走面の幅と長さを大きくする必要がある、というおかしな法則がここでは成り立つ。

したがって軽量、小馬力を狙う以上、滑走面の広いサーフジェットのようなボードタイプのレイアウトが避けられない。

一方高速で走る時は、滑走面の幅は適度に狭い方が浸水面積が減ってスピードが伸びる。そこを狙って滑走に入る時には幅を広く、高速に移ったら左右の滑走面を引き上げて中央の狭い滑走面だけで走れたらよいだろうと私は考えた。これがウイングの考え方である（図-9、WM、WR）。

小林君は凄く馬力がある。私の考えていたウイングのほか、エンジン、ジェット、インテークの関係位置をいろいろに変えた新しいレイアウトを次から次へと試してみた。同じく実験の平原吉樹君も情熱的にそれをサポートしてくれた。

その中で一貫していたのは、ボードタイプの船体、立ち乗り、ジェット推進のほか、上下に

※1. 遠心ポンプ：遠心力を利用した水ポンプ。最近のジェットポンプはほとんどが軸流ポンプである

「サーフジェット」

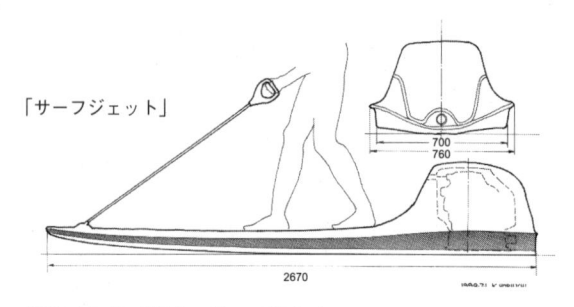

2670

「WM（ウイング付ミッドエンジン）」

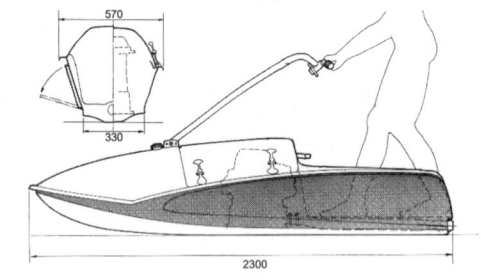

570
330
2300

「WR（ウイング付リアエンジン）」

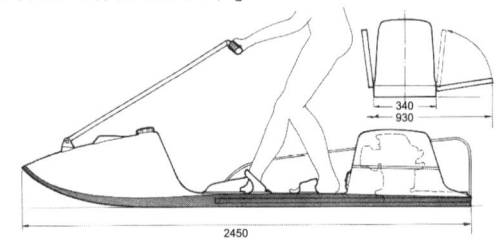

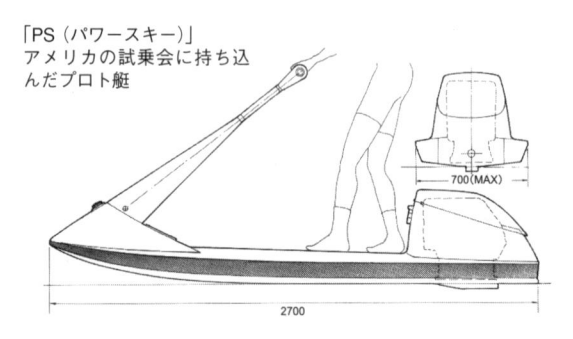

340
930
2450

「PS（パワースキー）」
アメリカの試乗会に持ち込んだプロト艇

700(MAX)
2700

図-9　配置の比較

チルトするハンドルを持っていたことである。
　「サーフジェット」は、船首から出たケーブルの先にある握りを手に持って、スロットルを操作するようになっていたが、船体はサーフボードのように主として足でコントロールする。これにハンドルを付けると、ジェットの噴出口で舵を動かして操舵できるほか、身体を支えることもでき、さらにハンドルを前後左右に倒すことによって船体をピッチング方向にもローリング方向にもコントロールできる。
　このことは「サーフジェット」と比較して、初心者のユーザーに面白みを感じてもらうのに重要だし、さらにより高い運動性を確保する上でも必要なことだと私たちは考えていた。特にGを楽しむ急旋回と巻き波の中で自由にサーフィング（波乗り）をする遊びをイメージすると、サーフボードで遊んだことのない我々にはこの方が遥かに身近であった。
　小林君はウイングをいろいろと試してくれたが、これは失敗だった。小馬力であまりスピードが伸びないところへ、過大な構造を持ち込んでも目覚ましい効果は得られない。私の「XY-800」に続く黒星だった。
　小林君は精力的に、考えられるすべてのレイアウトを実際に試してみた。それによってどうすればどういう結果になるのか、またどういうことがやってはいけないことなのか、それらがすべて理屈だけでなく身体でも理解できたのである。小林君が行き着いたのは「サーフジェット」にハンドルを付けたようなレイアウトで（図-9、PS）、その結果急旋回も巻き波の中でのサーフィング、ジャンプともサーフジェットを遥かに超えていた（図-10）。

7）アメリカでのプレゼンテーション

　この種の商品は、日本で売り出すよりもアメリカで売り出した方がうまくいくことを、「XY-800」やジェットスキーの一件は示していた。したがって、アメリカの販売拠点であるヤマハモーターコーポレーションUSA（YMUS）にはあらかじめ相談をしていた。
　YMUSは船外機の販売を手掛けていたから、この種の商品の理解が早く、興味も十分に持っていた。特に大来良三君は、我々のプロトタイプのYMUSにおけるプレゼンテーションと商品化のお膳立てに奔走してくれた。
　そのお陰で1984年の夏には3隻のプロト（図-11）をロングビーチに持ち込み、YMUSの数十人に試乗してもらう機会を持つことができた。

図-10　PSのターン

図-11　アメリカに送られたプロト艇

評価は走り出せばまずまずだったようだが、横安定不足でアメリカ人がなかなか乗り込めない。そしてやはり走りも非力である。すべては体重の違いによるものだった。なんとアメリカ人は重いことかと改めて驚いたし、その状況からはどうも合格点は得られそうになかった。

8) 一転、マリンジェットへ

YMUSはこの問題を1年ぐらいかけてじっくりスタディしてくれた。特に商品企画のデニス・ステファニは広範な市場調査を行った揚げ句、結構明快な結論を出してきた。私はその報告をアメリカ出張中、ロスに立ち寄った時に聞いた。

この種の乗り物についてのユーザーの要望をまとめると、2人が跨がって乗ることができ、それでも十分走りを楽しめるパワーのあるものが欲しい。そして重くてもよいという。

たしかにボートトレーラーの発達したアメリカではそうかもしれない。ステファニの報告を極端に言えば、「シー・ドゥー」を2人乗りにして、エンジンなどに対する信頼性を十分に高くしたもの。それがすぐにも欲しいということなのである。プロトのような軽量型はその次にということだったが、それは半ば慰めに聞こえた。

私たちはアメリカでの発売を考えていたのに、仕様は日本向けで考えていたことになる。YMUSの要求に応えるのに技術的な障壁は特に思い当たらなかった。何しろやってはいけないことが全部分かるほどの2年間の放浪は、私たちの技術的な自信を大いに高めていた。したがって要求を聞いたとき、それならすぐにもできると心の中で思ったものだった。

これを境に小林君は正規のプロジェクトとして、この仕事に取り組むことになった。彼はサービスマンの経験があって、ボートのお客によく接していたから、お客の求めている楽しみをよく知っていた。またその間に多くの苦情を受け付けて、PL（※2）についても現実的な知識と深い考え方を身に付けていた。

この開発には何よりそれが頼りになった。技術的に新しいことが多くないといっても、PL問題にどう対処できるのか、その考え方は奥が深い。

転覆したときにエンジンは止まるのがよいのか、微速でぐるりと回って帰って来るべきか、自動復元すべきか、自動復元しない場合、起こす力はどのくらいまで許されるのか、衝突に対してどう対策するか、スロットルレバーのありようは、キルスイッチは等々、ボートでは考えられなかった問題が次から次へと突き付けられる。それらを小林君は見事に処理したと思う。

結局1986年11月、YMUSの報告を聞いてわずか1年ほど後には、PL的にほぼ完璧で、YMUSの要望を満たしたマリンジェット、「MJ-500」の発売にこぎつけることができたのである（図-12）。

9) その後

「MJ-500」は圧倒的な人気商品となって売れ続けた。ボンバーディア社やアメリカのメーカーも、続々と似たような水上スクーターを発表して、跨がり乗りの水上スクーターは10年先輩のジェットスキーを数でたちまち追い越してしまった。

そしてマリンスポーツの世界に確固たる地位を占めるようになったり、世界で年間2000億円を超える大きなビジネスを形成したと聞いている。

水中翼船を造ろうと思ってから32年、途中の中断も含めてずいぶんと時間が経った。またいろいろな道のりを歩いてきたと思う。しかし、これらの1つ1つが「マリンジェット」を造り出す上での大事な支えであったことを感ずるのである。

マリンジェットを売り出して間もなく、ボンバーディア社がこの商品は我が社の開発によるものとPRしていると聞いた。確かに「シー・ドゥー」ショックをもらったことは認めるが、20年前に一度撤退したのだから、やはりこれはヤマハ発動機の開発した商品で、小林君たちの情熱の賜物だと、彼等に言ってやりたいのである。

※2. PL（Product Liability）：製造者責任、当時からアメリカでは製造者による責任が大きく問われていた

図-12 成功を収めた「マリンジェット500」

5章

高速人力ボート

　1980年代、アメリカの人力ボート熱は、水中翼船を登場させ、一気に10ノットを超える。次いで賞金＄25,000のデュポン賞が設けられて20ノットを狙う開発競争が過熱した。一方日本でも夢の船コンテストに200隻の人力ボートが参加する盛況であった。それ以来、堀内研究室の2人が10年にわたって勝ち続け、2000年に出したスピードは世界記録として認定された。
その歴史と技術を振り返る。

1) IHPVA

　アメリカにはIHPVA（International Human Powered Vehicle Association：国際人力ビークル協会）という団体がある。人力飛行機として初の8の字飛行やドーバー海峡横断を果たした「ゴッサマーシリーズ」を作り出したポール・マクレディー氏が会長を務めていた団体である。ここでは人力飛行機のほか、自転車のレースを数多く主催し、記録を公認している。

　自転車といってもただの自転車ではない。あお向けに乗って前面の面積を最小限まで減らしたり、流線形の覆いを付けて空気抵抗を極限まで減らす一方、人間の馬力をすべて引き出す工夫をした自転車である。これで短距離の記録会や長距離のレースなど、自転車の性能競走を楽しむのである（図-1）。

　1985年、このIHPVAが人力水中翼船によるスピード記録の大会"ハイドロ・チャレンジ"をやろうという方針を打ち出した。当時、私はIHPVAの会員だったので、会報によってこれを知った。

　IHPVAの設立メンバーの1人ジャック・ランビー氏はそのころ、ヤマハ発動機の開発部門に技術情報を供給してくれる立場にあり、ことにヤマハ発動機がハンググライダーやウルトラライトプレーンのビジネスを調べた時には、アメリカのその世界について私たちに詳しく教えてくれ、人を紹介してくれたりした。彼の得意分野は自転車や軽飛行機、グライダーで著書もある。

　私は当時、15ノットを狙った水中翼スカルの開発を考えていたので、酒の席か何かで彼にその夢を語ったことがある。まだ頭の中だけの案だったが、彼はそれをIHPVAニュースに載せるから絵を描けと私に迫り、仕方なく絵を作って送った（図-2）。

　彼は、それを私が昔作った一本脚の水中翼船の話とともに会報に紹介してくれたらしい。残念ながら私はその会報を見る機会はなかったが、恐らく彼はハイドロ・チャレンジをあおる1つのヒントにしたかったのだろう。

　その後、私の水中翼スカルの構想はとうとう造るところまではいかなかったが、この絵の船はメカニカルな水面センサーを持っていて、これで浮き上がりの高さと左右安定を確保するという構想があり、その考え方は秀逸だったと今でも思う。

　矢羽根のような滑走板を水面に引きずっているので、片舷が下がるとその舷の滑走板が押し上げられ、水中翼の後縁に取り付けられた補助

第5章 高速人力ボート

図-1 極限まで抵抗を減らした高速自転車　出所：SCIENTIFIC AMERICAN Dec. 1983

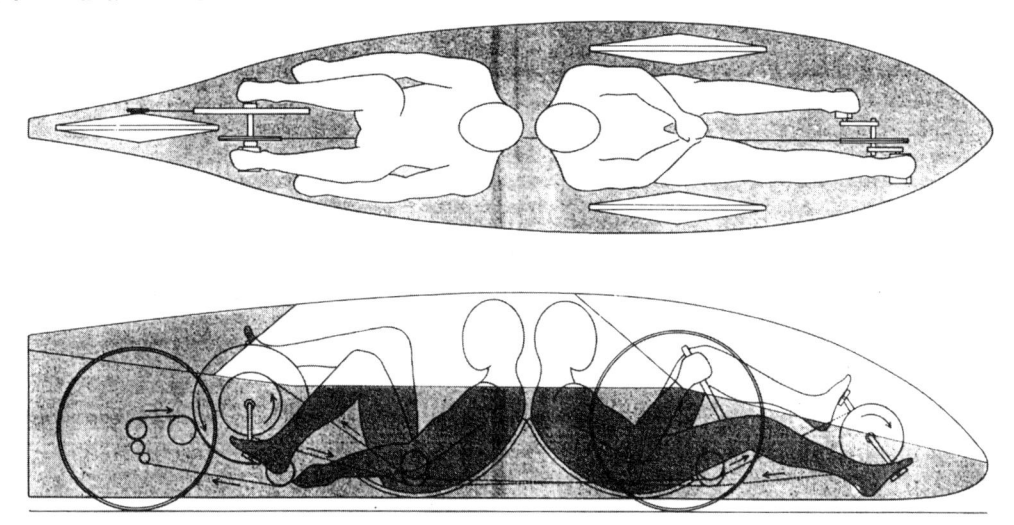

ベクター・タンデム
1980年に200mコースで62.92mph（≒101km/h）を記録し、また、後にカリフォルニアのインターステートハイウエイを40マイル（≒64km）走って、平均速度50.5mph（≒81km/h）を出した

① 舷が下がると
滑走板（水面センサー）
② 滑走板が押し上げられ
③ ロッドが押し下げられて
④ 補助翼が下がり、その舷の揚力を増す
補助翼
水中翼

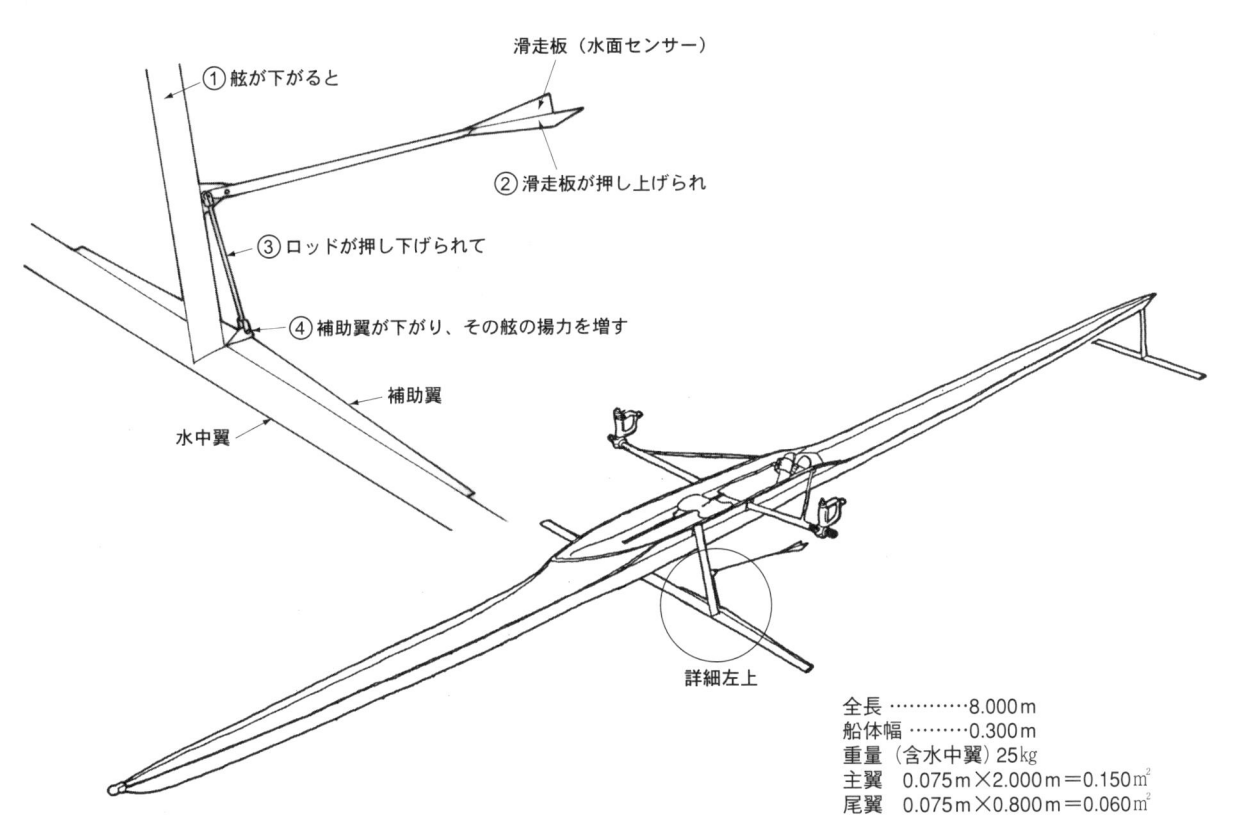

詳細左上

全長 ………… 8.000 m
船体幅 ……… 0.300 m
重量（含水中翼）25 kg
主翼　0.075 m×2.000 m＝0.150 m²
尾翼　0.075 m×0.800 m＝0.060 m²

図-2　水中翼スカルの夢

翼が下がって、その舷の水中翼の揚力が増すのである。それによって一定の浮き上がり高さを保ち、また左右の安定を保ちながら翼走を続けることができるはずだ。

一本脚の水中翼船の方は、乗り手がバーハンドルを前後に動かすことで前翼を操縦して浮き上がり高さを調節し、一定に保つシステムである（図-3）。この船は1955年頃に造ったものだが、うまくいって高度な運動性を示したので、前著・「あるボートデザイナーの軌跡」でも紹介したことがある（図-4）。

2)「フライングフィッシュ」

ハイドロ・チャレンジの初年は淋しいものだった。

当日、コースを用意して参加者を待っていたが、一向に現れず、仕方なく近くを漕いでいた漕艇のフォアを呼び寄せて、速度を測らせて貰ったという記事を会報で読んだ。

しかし、間もなく「フライングフィッシュ」という面白い船が現れた（図-5）。船体のない船で、まともに水に浮くこともできない。ただ、海の底まで行かぬよう浮力体は付けていた。

この船を走らせるには、ローラーボードの車輪を取り付けた台車に載せて、スロープに敷設したレールの上を重力で水中まで滑らせる。そうすると翼走可能なスピードで水中翼が水に進入するので、そのまま翼走を保って走り回ることができるのである。

走り終わってスピードを落とすと、主翼が沈み、前翼が跳ね上がって、後ろへズブズブと沈む（図-6）。これを水から引き上げるのは大変だったろうと思うが、この船は2000mのコースを6分38秒で走って、当時のスカルの世界記録を11秒上回ったという。

このボートはアラン・アボット、アレック・ブルックスの両氏によって1984年に開発された。アラン・アボット氏は、自転車の速度記録を持つ南カリフォルニア大学の教授で医学博士。アレック・ブルックス氏は、計算流体力学を専攻した工学博士で、ポール・マクレディー氏が社長を務めるエアロ・エンバイロメント社に勤務しており、2人とも人力ビークルに深い興味を持っていた。

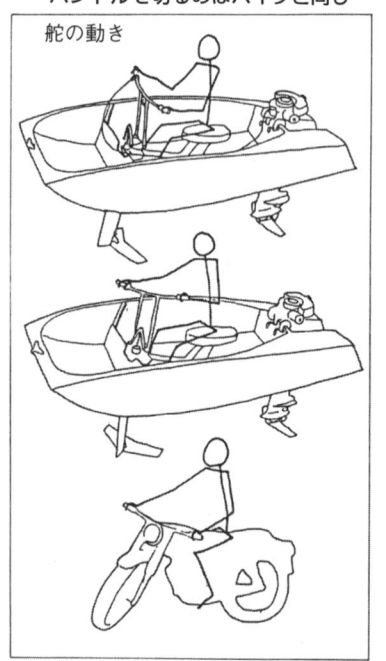

図-3 一本脚の水中翼船の操縦

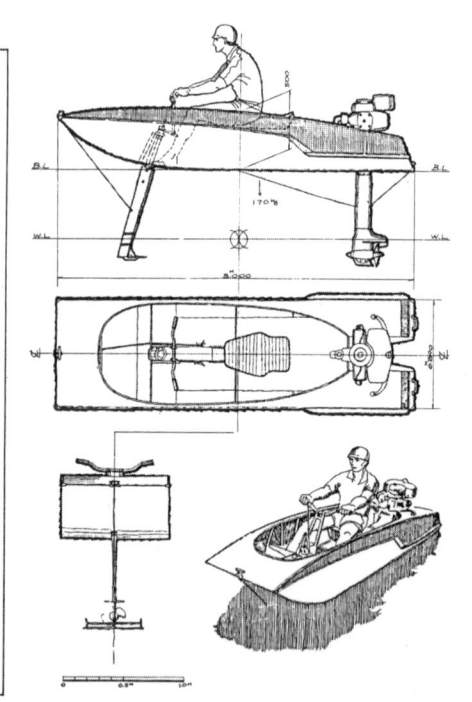

図-4 一本脚の水中翼船

図-5 フライングフィッシュの翼走 　　図-6 フライングフィッシュの失速

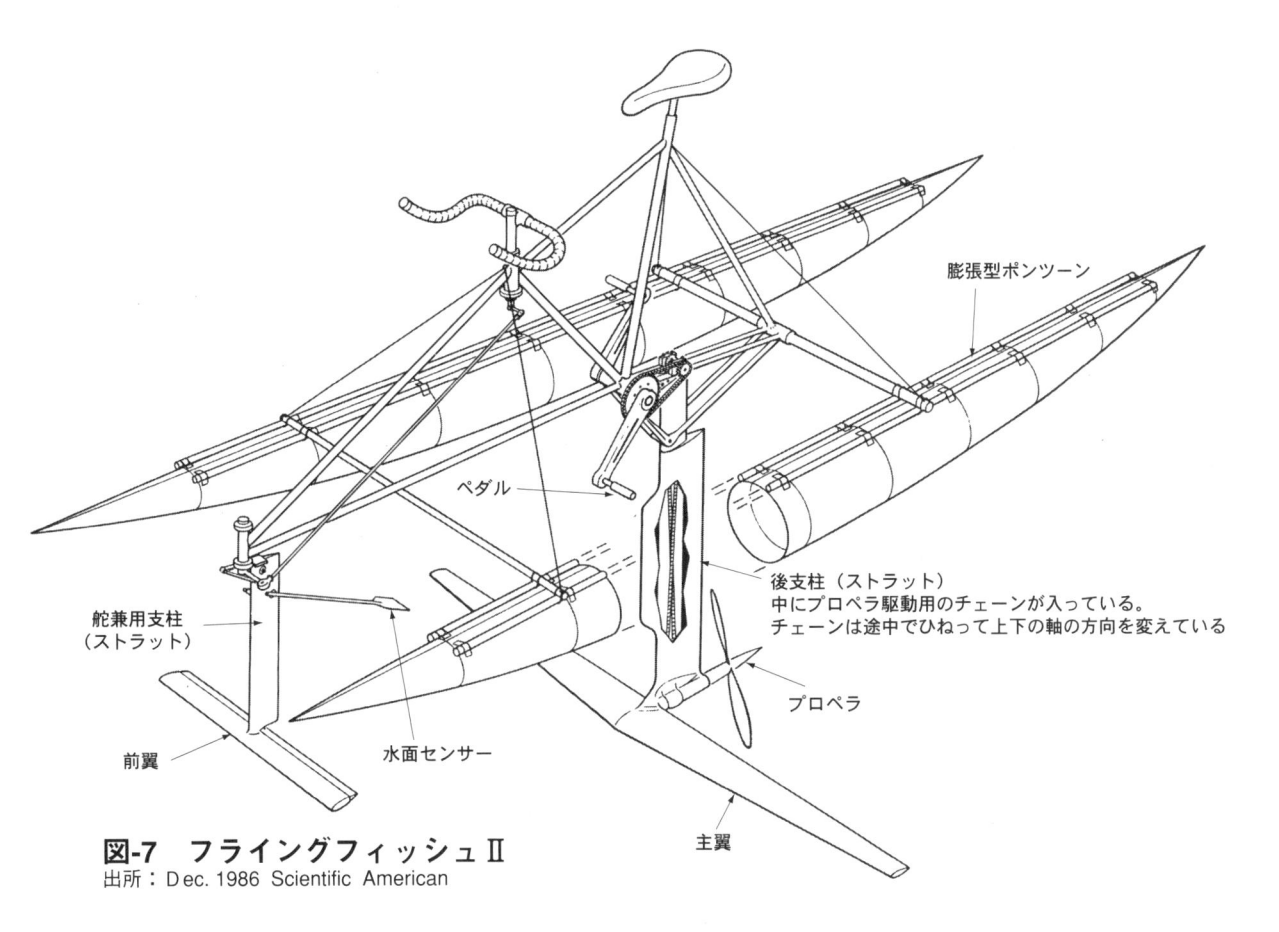

図-7　フライングフィッシュⅡ
出所：Dec. 1986 Scientific American

（ラベル：膨張型ポンツーン、ペダル、後支柱（ストラット）中にプロペラ駆動用のチェーンが入っている。チェーンは途中でひねって上下の軸の方向を変えている、プロペラ、主翼、水面センサー、前翼、舵兼用支柱（ストラット））

　彼等はその後、「フライングフィッシュ」にフロートを付けて、水上でまともに浮き、かつ自力で翼走に移れるよう改良を加えて、世界最初の人力水中翼船「フライングフィッシュⅡ」を完成した（図-7）。そして2000mを5分48秒で走るという、エイトもかなわぬスピードを達成した。

　2人はこの船の造り方を会報に発表した上、別の論文では将来20ノットを達成するであろう夢を描いて見せて、私たちを興奮させた。その頃、アボット氏かブルックス氏か、今では思い出せないが、"自転車方式で横安定を取るアイディアを使わせてくれてありがとう"というクリスマスカードを送ってくれた。

　ここで、「フライングフィッシュⅡ」の構造について少し説明をしておこう。この船の水中翼の配置は主翼が後ろにある。前翼は水中翼スカルと同様の水面センサーによって迎角を調整するよう工夫されている。水面センサーは水面をいつもなでて走るようになっており、水面からの浮き上がり量が少ない時には前翼の迎角を大きくし、一方浮き上がりが大きくなり過ぎると、迎角を小さくして浮き上がりを減らす。こ

69

図-8 排水量型「ハイドロペット」　出所：HUMAN POWER 7/4 SUMMER 1989

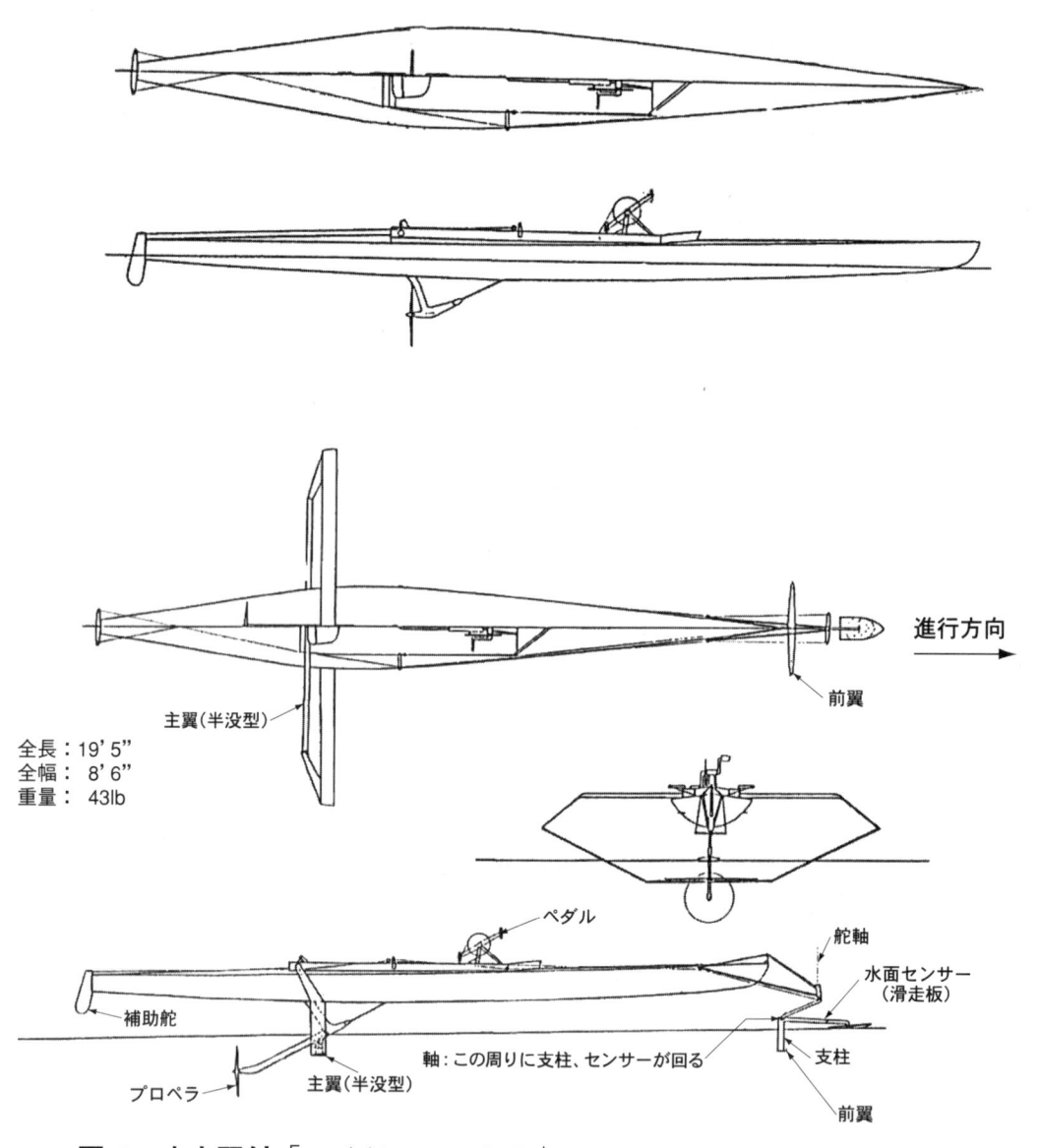

全長：19'5"
全幅：8'6"
重量：43lb

主翼(半没型)
前翼
進行方向

ペダル
舵軸
水面センサー
（滑走板）
補助舵
プロペラ
主翼(半没型)
軸：この周りに支柱、センサーが回る
支柱
前翼

図-9 水中翼付「ハイドロペットⅡ」　出所：HUMAN POWER 7/4 SUMMER 1989

の動きによって船体の前部の浮き上がりを、速度にかかわらずほぼ一定に保つことができるのである。

主翼の迎角は固定だが、船の前が持ち上がると、当然、迎角が大きくなって揚力が増し船尾を持ち上げる。その結果、迎角が減じて主翼の揚力と負担荷重が釣り合うまで船尾が持ち上がって、そこで安定して走ることができる。横安定の方は、昔私が造った水中翼船（図-4）と同じく、前翼のストラット（支柱）を左右に回すことで、自転車と同じ要領で保っている。

3）「ハイドロペット」

「フライングフィッシュ」に続いて「ハイドロペット・シリーズ」が現れた（図-8）。設計者は、ボーイング社をリタイアしたカリフォルニアの航空技術者シド・シャット氏である。この船は既成のレーシングカヤックの船体を用い、横安定のために低い姿勢で座ってペダルを踏む、いわゆる"リカンベント姿勢用"に設計されており、水中翼なしでも10ノット程度のス

ピードを実現していた。さらに1985年には、この船に水中翼を取り付けた「ハイドロペットⅡ」を造って順次性能を改良していた（図-9）。

「ハイドロペットⅡ」のレイアウトも、「フライングフィッシュ」と同じエンテ（先尾翼式、主翼が後にある）だが、主翼の方がV型で、水面貫通型とか半没型とか言われる水中翼の形式を採っている。これは1980年頃まで日本でも日立、三菱などが水中翼フェリーボートに使っていた型式なので、ご存じの方が多いと思う。

V型の水中翼は、船の姿勢が低くなると水中翼の水に浸る面積が広くなり、揚力が増して所定の高さに戻る。さらに片舷が沈むと、その舷の翼が広く水に浸かって復元力を生むということで自動的に浮上の高さと横安定を保つことのできる配置である。

一方、小さな前翼の支柱上端から前に伸びたアームに直接滑走板を取り付けて、水面センサーにしている。この型式はフライングフィッシュの初期型や私の考えたトレーリングアーム型式（滑走板を後に引きずる型式）に較べると、センサーの動きが水中翼の支柱による水面の乱れに影響されず、新しい水面を撫でているのでその分安定が増し、かつシンプルな構造である。

4）デュポン賞

1988年、アメリカの化学会社・デュポン社が人力ボートの発展を促すために"デュポン賞"を設定した。風速3.22ノット（1.67m／s）以下、水流0.2ノット（0.1037m／s）以下の環境で、IHPVAの担当委員の立ち会いのもと、100mのコースを走り、計測が行われる。

期限は1989年1月1日から1992年12月31日までの4年間で、もし20ノットを超えたボートがあれば25,000ドルの賞金を出そうというものであった。

それまでの人力ボートのレベルは水中翼なしで10ノット、水中翼付きで12～13ノットだったから、この目標はほどよく高く、私から見ても素晴らしい人類の夢に思われた。当然、アメリカの人力ボート界は色めき立って、先頭を走っている「フライング・フィッシュ」、続く「ハイドロペット」が次々記録を塗り替えていった。

ヤマハ発動機の堀内研究室に所属する横山文隆君も1991年の夢の船コンテスト『日本船舶振興会（現：日本財団）が1991～93年に開催した大規模な人力ボートレース』に"ハイドロペット・タイプ"の水中翼船〈フェニックス〉で圧倒的な優勝を飾って勢いがよかった（図-10）。

1992年夏、彼はその勢いを駆って意欲的な〈フェニックスⅡ〉を仕上げつつあり（図-11）、私はその見通しが立てば8月に行われるデュポン賞のレースに参加させようと考えて準備を整え始めた。

ロサンゼルスにはヤマハ発動機のR&D基地（リサーチ＆デベロップメント・カリフォルニア）があるので、レース場の状況を調べ、ボートの輸送の手筈なども着々整えつつあった。

ところが、肝心のボートのスピードが思うように上がらない。前年の〈フェニックス〉が見

図-10 〈フェニックス〉の優勝

図-11 〈フェニックスⅡ〉（1991年型）
船首に立てた黒い板は、電子計時装置に反応するためのものである

事に安定して走ったのに、〈フェニックスⅡ〉はあまりに野心的であり過ぎたのかもしれない。

当初は20ノットも夢ではないと考えていたが、そんなあまいものではなかった。結局達成できたスピードは12ノット止まりで、アメリカまで出かけるレベルではないと判断して遠征の手配を中止し、国内のレース1本に集中した。

5）「デキャビテーター」の勝利

こんな状況の中に1991年「デキャビテーター」という新顔が登場した。MIT（マサチューセッツ工科大学）の航空宇宙工学の教授マーク・ドレラ氏を中心とする教授団と学生のチームが造ったボートで、繊細なその構造は「フライングフィッシュ」や「ハイドロペット」に較べて随分頼りなく見えたものだった（図-12）。

しかし、彼等は1988年「ダイダロス」という名の人力飛行機を作って、その4月、地中海のクレタ島からサントリニ島まで、実に119kmという破天荒な長距離飛行の記録を樹立した実績を持っていて、人力ビークルについては世界でも最右翼の技術チームであった。彼等はその技術資産の中からまず空中プロペラを人力ボートに活用した。さらに、高速を得るために2相の水中翼システムを考えて、ある速度を超えると手動で大きい方の水中翼を前方上に跳ね上げる方式を採り、高速域では極端に小さい翼を使うことで抵抗を最小限にした（図-13）。

1991年夏にミルウォーキーで行われた人力ボートレースのビデオを見ると、この「デキャビテーター」がコースの途中でくずおれるように翼走から落ちるシーンがあって、この細長い部材を組んだ巨大なマシンの繊細さが浮き彫りになっていた。

空中プロペラは風の影響を受けやすいし、2相の水中翼システムの切替えは波のある水面では困難だったのかも知れない。

ところが10月、MITのホームグランド、アメリカ・ボストンのチャールス川の静かな朝もやの中で、数多いトライアルの中から18.50ノットの良い記録が生まれたのである。

そして翌1992年夏、デュポン賞最後の記録会で「フライングフィッシュⅡ」が出した17.96ノットの記録もこれにはおよばなかった。これらの記録は20ノットには届かなかったが、期間中一番速く走った船に賞金は交付されることになっていたので、25,000ドルの賞金はドレラチームに贈られて、このフィーバーは終わりを告げた。

その後、「デキャビテーター」の船体はボストン科学博物館に「ダイダロス」とともに納まり、以後走ることはなかった。一方「フライングフィッシュ」の方も1993年以降走ったという話を聞かない。

IHPVAの会報を見ていると、アメリカのその後の人力ボート大会の記録は10ノット以下に落ちている。ということは、「ハイドロペット」もその後意欲を失ったのであろう。さらに1995年以降はレースの記録が見当たらず、レースがあったのかどうかさえ定かでない。

デュポン賞の終焉が、人力ボートに情熱を傾ける一握りのチームの気持ちをすっかり冷ましてしまったようだ（その後再び盛んになりつつある）。

6）日本の人力ボートレース

1990年の秋のある晴れた日、私たちはアメリカズカップ1991に出場するニッポンチャレンジチームの蒲郡キャンプを、応援と見学のために訪問した。私たちのグループはニッポンチャレンジのボートを造った技術チームの面々10余人であった。強風のもと快走するカップ艇をモーターボートから観察して、かなり高揚した気持ちで、その晩、形原温泉に宿を取った。

食事前の湯に浸かりながら、東海大学の寺尾裕先生、金沢工業大学の増山　豊先生と3人で気持ちよく話していたが、そのうちに人力ボートやセールボートのスピードトライアルをぜひやりたいという話になった。お二方は、学生にもの作りを経験させる中で、技術屋の心と情熱を学ばせたいというお気持ちが強かった。

その点私も全く同意見であったが、さらにもう1つ、こうしたイベントをやりたい事情があったのである。当時ヤマハ発動機のマリン部門を担当していた私に、同社の川上会長からマリ

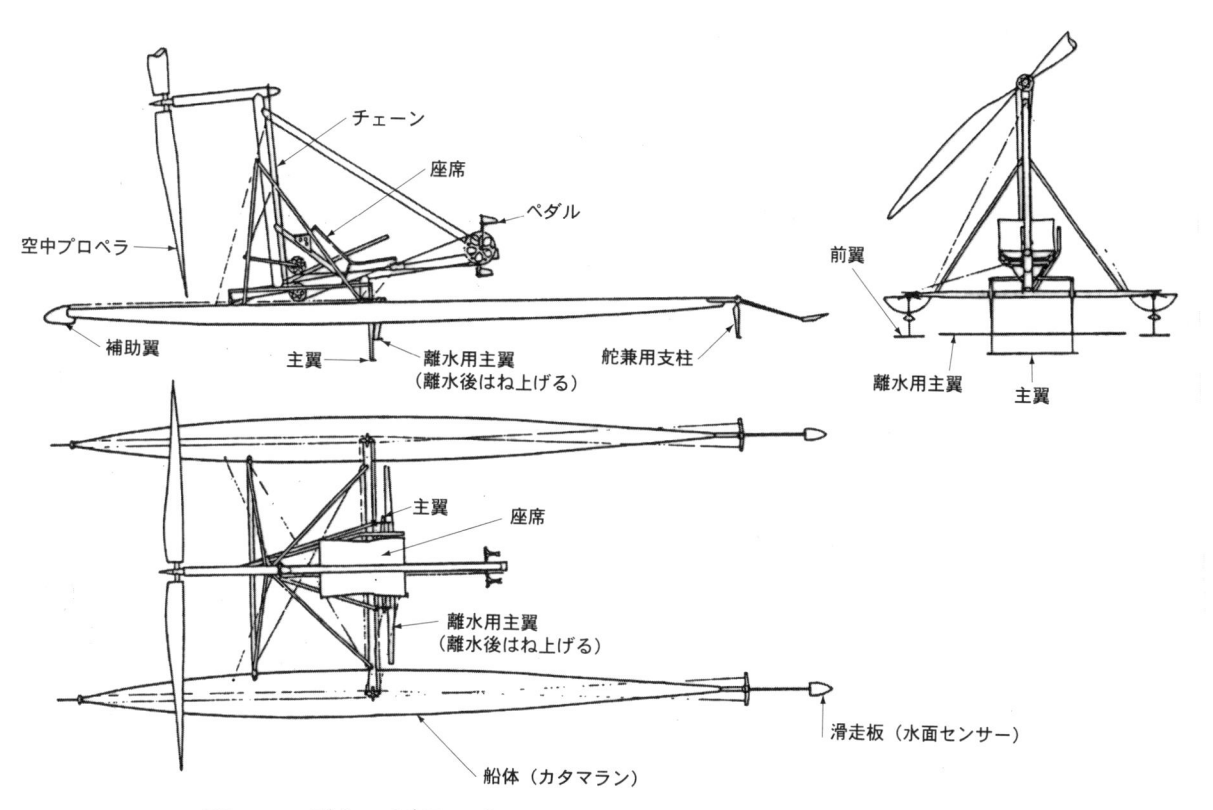

図-12 デキャビテーター 出所: HUMAN POWER, fall & winter, 1991-2

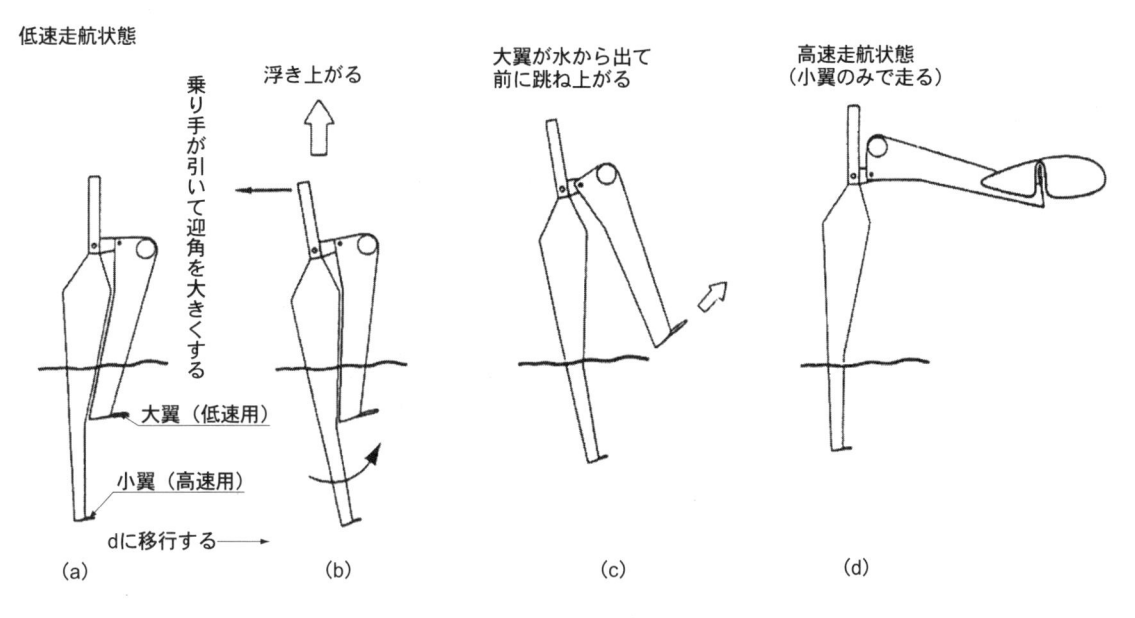

図-13 デキャビテーターの大翼収納ステップ
出所: HUMAN POWER, fall & winter, 1991-2

ーナでイベントを多くするよう矢のような催促があり、適当な催しを探していたところであった。

そんなお互いの事情に、この日ア杯挑戦艇を見た興奮が火をつけたのかも知れない。3人の話は段々熱がこもり、湯から上がるころにはほぼ話がまとまっていた。

その後私は企画を進め、1991年には『全日本人力ボート選手権大会』を浜名湖のヤマハマリーナで挙行することができた。

人力ボートレースを企画するに当たって、デュポン賞の存在が分かっていたから、100mのタイムトライアルをメインイベントにした。さらに200mコースを折り返す400mのレースで面白みを添えることにした。開催の経緯からいって、参加チームは東海大学、金沢工大、ヤマハ発動機が主軸となった。

第1回大会では、ヤマハ発動機の横山文隆君が〈フェニックス〉を出して、11.75ノットで優勝。2位にはスカルで全日本優勝5回、ロスオリンピック日本代表の堀内俊介君の漕ぐシングルスカルが入った。

2回目の1992年にはデュポン賞を意識して、同賞のルールに添ったスピードの計測装置を堀内研究室の柳原 序（ついで）君に開発してもらった。コースの沖に2本のパイルを立て、それと桟橋との間で赤外線を飛ばし、船がそのビームを切るとタイムが測れるようにしたものだ。もし速度が伸びれば、折角の記録をデュポン賞の対象にしない手はないと思ったからである。しかし、この年の記録も優勝艇〈フェニックスⅡ〉の12.36ノットに止まった。

この年、2位に入ったのは柳原君のグループが造った〈コギト〉であった（図-14）。

これ以来〈フェニックス〉VS〈コギト〉の対決の構図ができあがった。そして以後、10年にわたる激烈な記録競争が続けられ、遂に世界に誇る人力ボートの技術を作り上げることとなる。

それぞれの船については、後の章で詳しく述べることとしよう。

ちょうど同じころ、日本船舶振興会（以下、振興会と記す）とＳ＆Ｏ財団（シップ＆オーシ

図-14 〈コギト〉

ャン財団）は、アメリカに調査団を派遣して調べた上で、大規模な人力ボートレースの開催を企画していた。

企画が『夢の船コンテスト』として発表されてみると、浜名湖の『全日本人力ボートレース』がほんの手作りのレースであったのに対して、こちらは振興会の組織を挙げての大行事で、日本中のすべての大中造船所が参加する一大イベントとなる勢いだった。

『全日本人力ボートレース』のあり方について私は少なからず悩んだが、浜名湖の大会はデュポン賞やIHPVAの考え方に添った記録会としての性格をはっきりさせて存続することにした。だから1992年にはデュポン賞のルールに合致するタイムの計測装置を柳原君に開発してもらい、それを使用したのである。

しかし、大会運営も装置の開発、計測も、これはなかなか大変な作業で、出走艇数が数艇と少ない割に負担が大きく、しかもそれが船を造りたい人の負担になるのが残念だった。『夢の船コンテスト』に良い船を造って持ち込む方が面白いし、一方ではデュポン賞の終焉が近いこともあって、浜名湖の『全日本人力ボートレース』は91年、92年の2回で幕を引いた。

7）『夢の船コンテスト』1991

1991年の第1回『夢の船コンテスト』は、人力スピード船部門、人力アイディア部門、アイディア部門の3つの部門に分かれていて、人力スピード船部門だけがレースの性格を持っており、あとはアイディアの面白さを競うものであった。レースの方の内容は、スタンディングスタートで6艇1組で200mコースを走る勝ち上がり戦である。

そして第1回『全日本人力ボートレース』と同じ1991年、多くの参加艇を宮島、浜名湖、多摩川の各競艇場の予選で24隻に絞った上で、8月、平和島競艇場で決勝戦を行った。

〈フェニックス〉（図-15）がここに参加して、予選、準決勝、決勝と抜群のスピードで勝ち上がった。自分たちでレースを企画して準備をしてきた者に一日の長があり、乗り手の佐原隆博君は全日本級のスカルの選手で、レース運びは落ち着いていたから、〈フェニックス〉の手堅い設計と相まって少しも危なげがなかった。その時のタイムはスタンディングスタートの200mで43秒、2位の1分0秒とは大分開きがあっ

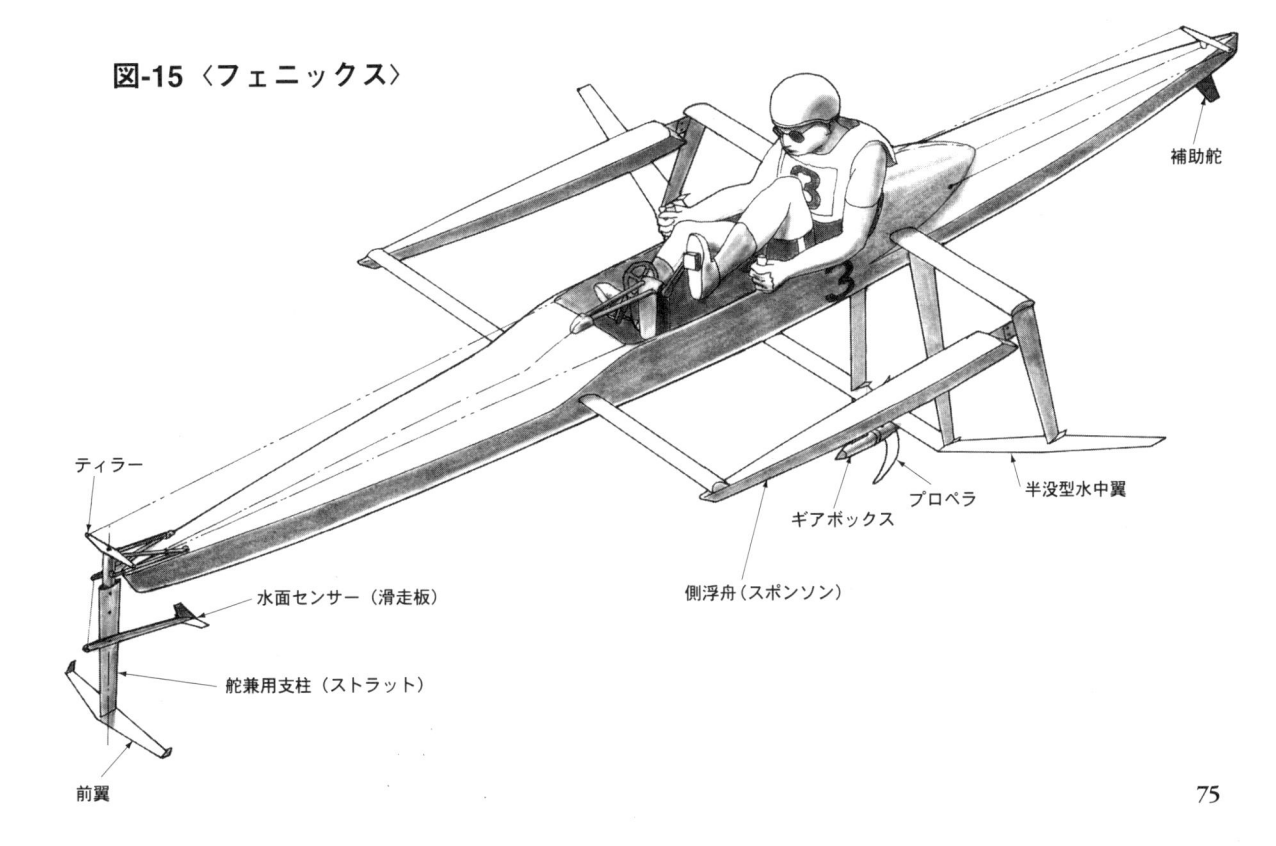

図-15 〈フェニックス〉

補助舵
ティラー
水面センサー（滑走板）
舵兼用支柱（ストラット）
前翼
側浮舟（スポンソン）
ギアボックス
プロペラ
半没型水中翼

た。横山君のチームは100万円の賞金を手にして、意気揚々と引き上げてきた。

〈フェニックス〉はエンテ型（先尾翼型）の配置で、半没式の主翼と、センサー付きの前翼を持ち、船体は5.5mの試作オーシャンスカルの型を使って造った。『夢の船コンテスト』のルールに合わせて長さを5mまで切り詰めたものだ。46cmと船の幅が狭く、低い姿勢で乗っても横安定が不十分なので、両舷にスポンソン（側浮舟）を張り出している。

センサーはトレーリング式（センサーの軸が前にある引きずり型）でハイドロペット型とは異なり、「フライングフィッシュ」と似た型式だが、これは設計者の横山君がそれまでの動力付き水中翼船の開発の仕事の中で実際に使って自信を深めていたものだ。その意味でもこの船は全体に手堅く設計されていて、でき上がった当初から安定して翼走することができたように記憶している。

8）『夢の船コンテスト』1992

2回目の『夢の船コンテスト』は、6月末154艇の応募艇を3ヶ所に集めて予選を行い、優秀艇24艇に絞った上で、平和島競艇場で8月2日に全国大会が行われた。この年は〈フェニックス〉の優勝に自信を得た横山君が、画期的な新艇〈フェニックスⅡ〉を造った（図-16）。この船は前述のようにアメリカ遠征こそあきらめたが、12ノットというスピードなら再び優勝は堅いと思っていた。

〈フェニックスⅡ〉は20ノットまで狙うために、低速翼走と高速翼走の二つの航走状態に合わせた複雑な水中翼のシステムを持っていた。なぜそんなことが必要になったかをご理解頂こう。

大きな水中翼を用いれば、低速で離水して翼走に移れるから船体の抵抗も少なく、小さな馬

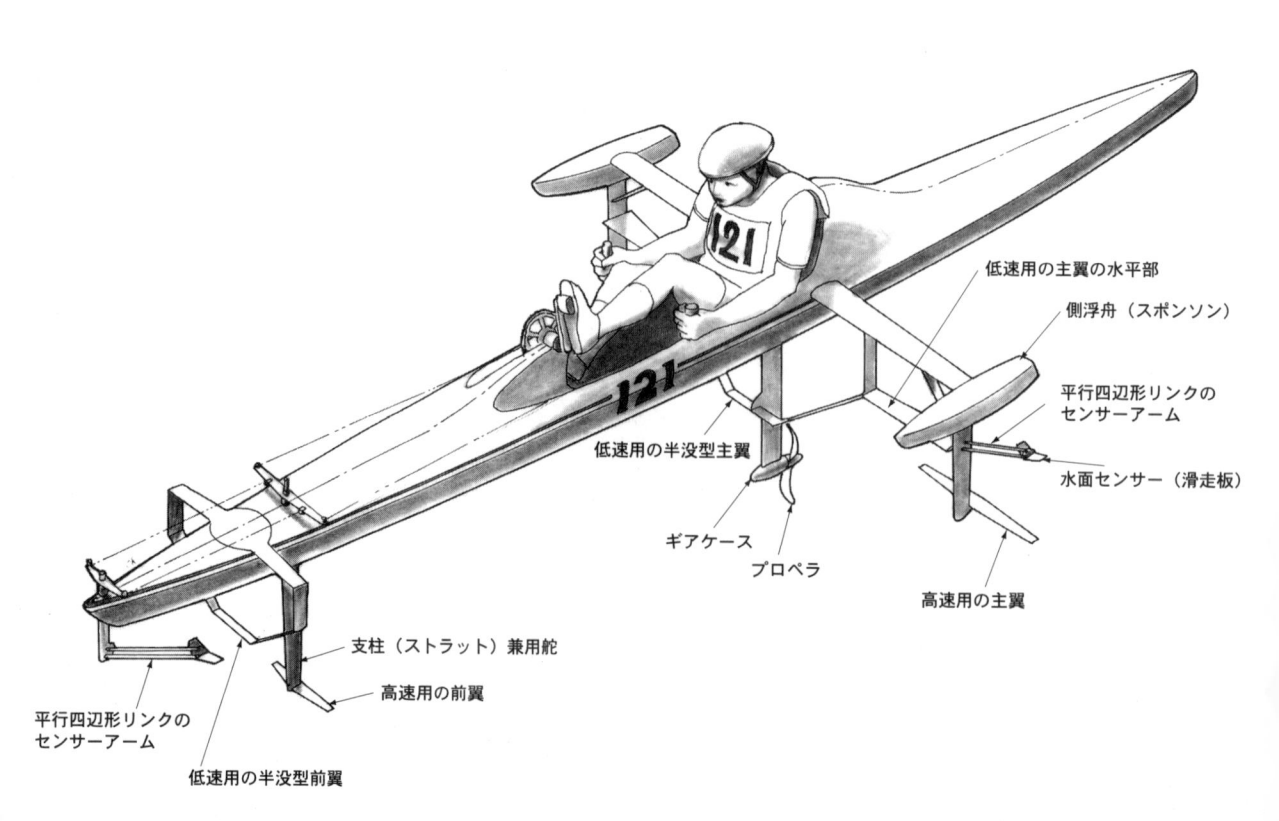

図-16 〈フェニックスⅡ〉（'93型）

力で翼走に移ることができる。ところが、翼走後にスピードを上げようとすると、大きな翼が抵抗になるのである。

　例えば10ノットで翼走に入り、20ノットまで2倍に増速しようとする場合、抵抗は速度の二乗に比例するから、4倍になってしまう。揚力も4倍になるのだが、それでは水から飛び出してしまうので、迎角を減じて1/4に押さえ込む。しかし、抵抗はほとんど減らないから20ノットで走っている時の翼面積の4分の3は無用の長物ということになる。

　無用の長物のお陰で抵抗が4倍になるのはかなわないから、翼面積の4分の3は外してどこかへしまいたい、もしくは翼を4分の1に縮めたい、というのが水中翼船の設計者のみんなの気持なのである。

　飛行機は、小さな翼の後にフラップを出して、離着陸の時に大きな翼に相当する揚力を稼ぐ。

　ところが水は空気の800倍の密度だから、翼が800分の1の大きさで済む。ということは、水中翼が非常に小さいもので足りて、その平均的な翼断面は長さ6cm、厚さ5〜6mmしかない。したがって強度、剛性もぎりぎりだし、下手にフラップなど付けたらその蝶番部の抵抗が大きくなってしまうので、飛行機と同じような解決は望めない。

　〈フェニックスⅡ〉は、この問題の解決のために、船の前後にそれぞれ低速用の大きな水中翼と高速用の小さな水中翼を二重に取り付けたのである。そして低速では主として大きい翼の揚力を利用し、高速ではその大きな翼を空中に上げてしまって、高速用の小さな翼だけで走る、という配置にした。さらにそれらの迎角の調整を走行中にできるようにしたから、構造も複雑になったし、その調整や操縦はさらに難しいものになった。

　この船はいろいろな問題があった。高速翼走に移っても大きな翼を水面から上げきれずに飛沫を上げ、スピードが伸びない。上手に離水をしないと、そこで大きなエネルギーを消費する傾向がある。したがって走りに出来、不出来があり、最悪の場合離水が困難になる。そんな状態を引きずったままレースを迎えることになった。

　乗り手は深村英明君。彼も漕艇の選手でとてつもなく馬力がある。40秒間の全力ペダリングで最高2.4馬力、平均でも1.6馬力を出した実績がある。

　一方、柳原君たちのグループは、排水量型のレース艇〈コギト〉を一生懸命に仕上げていた（図-17）。〈フェニックス〉と同じ型から抜いたこの船には、横安定を補うためアームの短い側

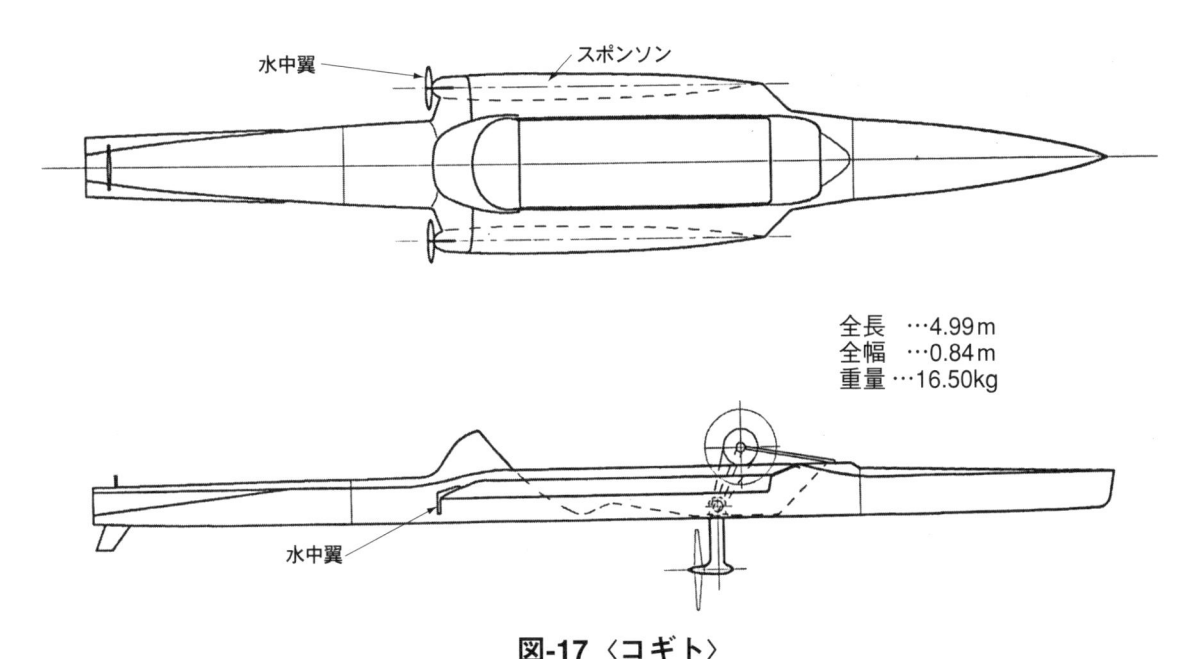

全長 …4.99m
全幅 …0.84m
重量 …16.50kg

図-17 〈コギト〉

図-18 1992年『夢の船コンテスト』での〈コギト〉の優勝（決勝レース）

浮舟がついていた。しかしあまりにアームが短いので、大きくローリングすることがある。このことがスピードの邪魔をするので、柳原君たちは左右の側浮舟の後部に3cm×10cm程の小さい水中翼をつけた。翼角は固定で、速度が出ている時にはローリングを静める一種のダンパーである。だが水中翼船に較べて不利は明らかだった。

柳原チームはまた、船長を5mに合わせるに当たって、船尾の形をいじって水切れを良くしたり、少しでも速度を伸ばすべく心を砕いた。そしてこのボートには漕艇の選手、堀内俊介君を乗せた。

平和島では波乱がおきた。本命の〈フェニックスⅡ〉が翼走に失敗したのである。準決勝で一度離水したかに見えた〈フェニックスⅡ〉はバランスを失って着水し、再び翼走することはなかった。一度離水に失敗してスプリントに力を使い果たすと、続いて離水するエネルギーは漕ぎ手にもう残っていないのだ。そして翼走しない水中翼船は排水量型にもかなわない。結局決勝レースには出られなかった。

一方、ここでは〈コギト〉がその本領を発揮した（図-18）。絶対有利と見られた水中翼艇を向こうに回して、堀内俊介君の乗る〈コギト〉はとうとう優勝してしまったのである。排水量型をどこまで速くできるか試してみよう、と試みた、無欲の努力が思いがけぬ勝利をもたらしたのであった。

9)『夢の船コンテスト』1993

3年目の『夢の船コンテスト』人力スピード船部門は、1993年ますます盛大なものとなり、応募総数は213を数えたという。

横山君はこのレースに向けて〈フェニックスⅡ〉をリファインして〈フェニックスⅢ〉とし、安定度は大幅に改善された。乗り手の深村君も船に慣れ、船の色も変えて熟成は進んでいた。

一方、〈コギト〉のチームは、前年の優勝に力を得て、全く新しい艇を用意した。このチームには航空技術に詳しい柳原君のほかに、材料に詳しいヨット乗りの本山　孝君、アルミを含めた加工技術に詳しい深町得三君がいる。そして、ニッポンチャレンジのキャンプに参加して"師匠"と呼ばれた試作の名人・服部正幸君がいるなど、多士済済だったから、彼等の十分な検討の中で非常に手堅い造りのボートができ上がったのである。船の名前は〈コギトⅡ〉と決まった（図-19）。

まず、『夢の船コンテスト』のルールが、漕ぎ手が1人か2人としていたので2人とした。ほかのチームには2人乗りが多かったが、これまでヤマハ発動機はデュポン賞をも意識していたから1人乗りを通してきた。2人で漕ぐと馬力は2倍になる。それもペダルの角度を少しずらすとプロペラに掛かるトルクがユニフォーム（均一）になって、プロペラの効率にも良い影響を

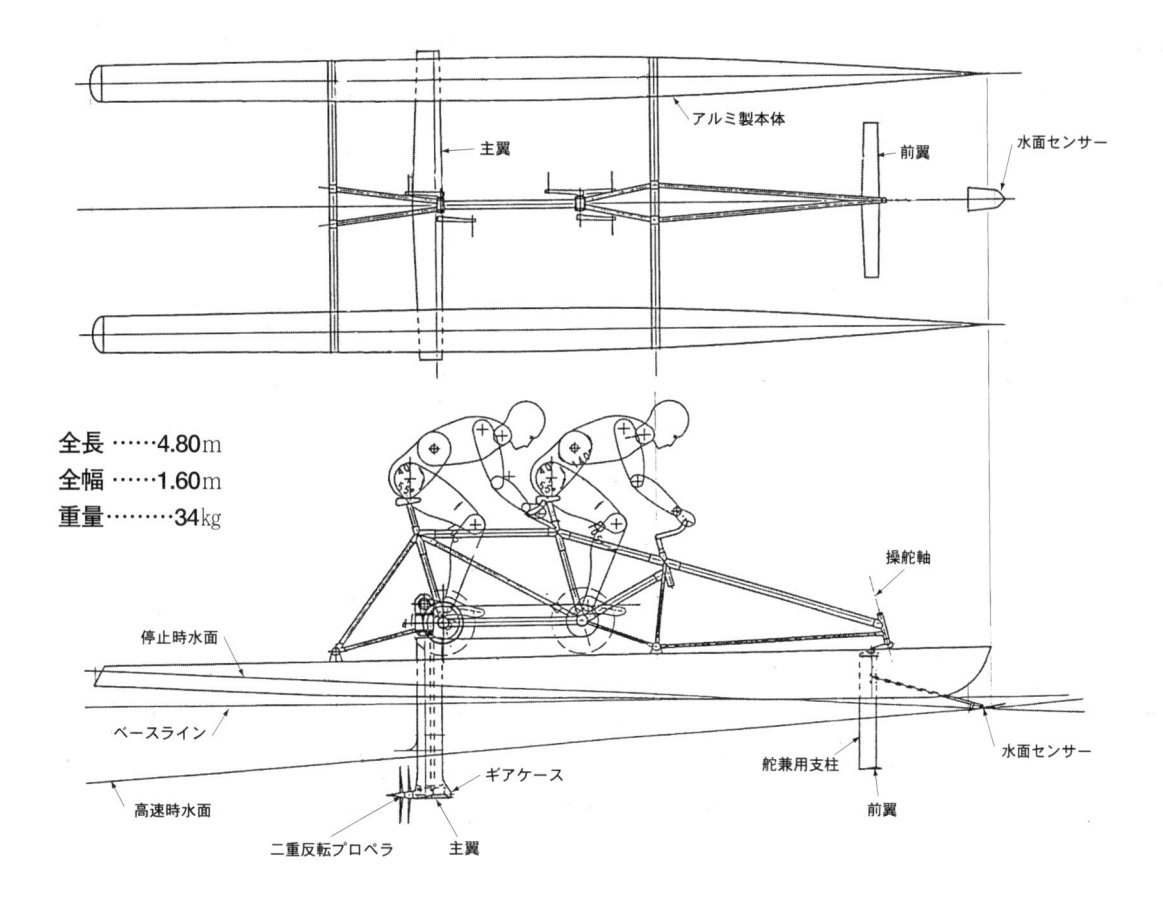

図-19 〈コギトⅡ〉

もたらす。

　ところが抵抗は2倍にならない。まず漕ぎ手の空気抵抗は後の人が前の人の陰に入るから、一人の場合に較べて1.2倍程度だろう。船体の水抵抗、空気抵抗は1.6倍程度、水中翼、プロペラも大きくなる分わずかながら有利に働く。そして船の重量は2倍以下でまとめられる。とすると、どうしても2人が有利になる訳である。

　〈コギトⅡ〉のレイアウトは、ほぼ〈フライングフィッシュⅡ〉と似ていて、自転車式に横安定を取り、センサーはハイドロペット型である。船体をカタマラン型にしようとすると、オーシャンスカルの雌型は大きすぎた。しかし雌型から新しく起こすには馬鹿にならない手間と時間がかかるので、新たにアルミの船体を造った。船体の耐久性には多くを望まず、超ジュラルミン（A2024）の0.5mmの板を絞りなしで曲げて張る構造とし、デッキはCFRP(カーボン繊維強化プラスチック）の薄い平板を張った。フレームはアルミ合金の薄肉管をリベットで組み立ててある。

　この船は非常にバランスの取れた設計で、当初水面センサーの具合が悪くて直した以外はとても良くできていた。乗り手は堀内俊介君、そして自転車選手でやはり技術屋の上村正毅（かみむらまさき）君、プロの自転車選手の千葉大介君に交替で乗ってもらってパワーを確保した。

　レースは結局〈フェニックスⅢ〉と〈コギトⅡ〉の決戦になることが予想され、両チームともその前のレースをできるだけ余力を残して勝ち進んでいたので、勝負は私にも全く予測できなかった。

　〈フェニックスⅢ〉が具合よく走ったら、高速翼走用の水中翼の小さいことは、〈コギトⅡ〉の比ではない。それに深村君の馬力である。ただ翼走するまでの消耗が大きいと十分な加速が

図-20 1993年『夢の船コンテスト』決勝 〈コギトⅡ〉と〈フェニックスⅢ〉の競り合い

できなくてその後のスピードが不安である。したがって〈フェニックスⅢ〉は出来次第でタイムに幅がある。

一方、〈コギトⅡ〉はすべてに安定している。大きな主翼と二人のパワーで楽に離水して安定して走る。

結果は接戦の揚げ句、〈コギトⅡ〉の勝利に終った（図-20）。タイムは30秒21と30秒88、3位はさらに4秒遅れていた。〈コギトⅡ〉のタイムは前年の44秒69に較べて14.48秒の短縮、速度にして8.7ノットから12.87ノットへ48％も速くなった。私にはヤマハ発動機の、そして、堀内研究室の連中のワン・ツーフィニッシュがとても嬉しかった。

これ以後〈コギトⅡ〉は、水中翼人力ボートの設計の標準となった観がある。基本設計を変えずに改良を重ね、200mスピードレースを5年間勝ち続けて、1997年のタイムは実に22秒91（16.97ノット）に達した。これは立派と言うしかない。

10)『夢の船コンテスト』の終焉と『浜名湖ソーラー＆人力ボートレース』

1993年の暮、来年は『夢の船コンテスト』が中止になる、という噂を聞いた。確かめてみると本当らしい。『全日本人力ボートレース』をやめてまで集中していたこのレースの、思いがけぬ事態に愕然とした。

東京大学・船舶海洋工学科の宮田秀明先生に電話したら、やはり非常に困っておられる。宮田先生はすでに人力ボート造りを学生の正課にしておられるのだ。

宮田先生の場合、1989年に試験水槽で模型船の速度を競う形で学生の設計演習をやらせてみて、学生たちがいかに情熱を傾け、アイディアの粋を尽くして努力をしたか、その目の色を変えた学生の姿を見た感動を造船学会誌（1990.5.25発行）に発表しておられる。増山先生、寺尾先生と同様、学生がもの作りに熱中することを重視している方だ。

お話をしていて、私は一肌脱ごうと決心した。先生方も困っておられるが、何しろ200隻近く参加したイベントだ。社会人で人力ボート造りに目覚めた多くの方も、来年に向けての夢のやり場に困っているに違いない。折角ここまできた人力ボートの進歩を断ち切るのも忍びない。ぐずぐずしていると、みんな本当に船造りを止めてしまって、人力ボートは消滅してしまう。といって、数億もかけたという大イベントを、私一人の力ではどうすることもできない。

そこで考えたのは、浜名湖で毎年行われている『ソーラーボートレース』に『人力ボートレース』を合流させることである。

『ソーラーボートレース』は夏の一番日照が強く、雨の少ない時期を選んで20余隻で行われていた。艇の長さは6m以内、480Wまでの太陽電池と、24AH（アンペアアワー）程度の支給

されたバッテリーを積んで、フライングスタートの200mコースと周回の1時間耐久レースを走る。

私はこのレースの運営にも関わってきたので、組織やレースのことは分かっている。ルールやレース方法は人力ボートの場合と少々異なるが、一緒にできないことはない。人力ボートレースが加わって、レースが華やかになるのは良い。

しかし、当然それだけ運営にお金がかかる。もともとソーラーボートレースはぎりぎりで運営をしていたからどこからかお金を持ってこないことには合流させてもらえない。

年が明けるとあらゆる機会を掴まえて、船舶振興会（現日本財団）、Ｓ＆Ｏ財団（シップ＆オーシャン財団）、運輸省などの『夢の船コンテスト』に関係のあった方々にお金のお願いに回った。そこでは『夢の船コンテスト』の終焉を残念に思い、私の案に応援の気持ちを持って下さる方が少なくなかった。

一方では、参加チームがどのくらい見込めるかが心配だった。『夢の船コンテスト』に前年参加した170チームに対して、もし手作りレースを開催したら参加してもらえるかどうか。また、参加者を集めて2月にルールなどの打ち合わせの会を浜松のホテルで行いたいが、それに参加してもらえるかどうか。それらを尋ねる往復はがきを堀内個人の名前で送った。

待ちわびた返事が149通も戻ってきて、レースに参加する、多分参加するを合わせて77通あったのには大いに元気づけられた。また、2月19日の会議には50人が集まってルールやレース方法についてもほぼ見通しがついた。

一方、多くの方々の協力で振興会からは500万円の援助金が頂けることになり、ソーラーボートと合体して人力ボートレースを継続できることになった。1994年の『浜名湖ソーラー＆人力ボートレース』は、浜名湖の競艇場に22艇のソーラーボートと50艇の人力ボートを集めて挙行された。

『夢の船コンテスト』はもともとスタンディングスタートのレースで、その形を踏襲したために6艇が同時スタートするピットを作るのにお金が掛かるし、周回レースの邪魔になる。さらにはスターターの人数が大勢要ることで悩まされた。この年、実行委員会は組み立て式の桟橋を安く手に入れて何とか開催にこぎ着けた。

しかし、翌年からはソーラーボートと同じようにフライングスタートに切替えてずっと楽になった。一方、選手側にすればスタートが難しくなるので、審判部長の八木正生さんたちが、ランプを次々に点滅するF-1方式のスターティングマシンの開発を取引会社に依頼して下さり、レース前日には検査、試走と合わせてフライングスタートの練習ができるようしたから、ほぼ問題は解決した。

また1995年以降は、人力ボートの100m区間の記録会を併催して、デュポン賞の記録と比較できるようにした。助走を十分取ってスピードを付けてから100m区間に飛び込むので、正味のスピードを測ることができる。しかし、日中の割り当てられた時間に走るので、風速、水流についてデュポン賞の基準を満たすことは初めから諦めた。

1995年にはまた、300m離れた二つのブイを1周する全長約700mの参考レースを試みた。ソーラーボート、人力ボートの混合レースとしたのだが、予想外に出走希望が多く、両方の参加艇のほとんど全部、実に60余艇が同時スタートをした。衝突が心配されたが、危ない場面もなく無事終了することができた。

この時、折角来たからには出走するレースはなるべく数多くあった方がよい、という参加者の気持ちをよく理解することができた。またこの程度の距離だとソーラーボートが断然有利なことが判り、翌年から混合レースを止めた。

そして、ブイの7個ある全長約1000mの周回スラロームコースを使ったレースを、ソーラーボートは1時間に何周回るか、また人力ボートは1周のスピードを競う、別々のスラロームレースに改めて正規種目に取り入れた。

このレースは全艇一斉にスタートするので見応えがある。また7つのブイでの急旋回の操縦技術や艇の旋回性能が問われて、レースも面白いし、船としても健全な進歩をしてくれそうな予感がある。今のところ全コースを翼走で走り切れる艇の少ないのがちょっと残念ではあるが。

1996年には、横山君がそれまでの技術の集積

をことごとく盛り込んだ新艇、〈スーパーフェニックス〉を登場させた。しかし熟成に時間が足らなかったのだろう、〈コギト〉より明らかに速い時もあるが、転覆などもあって勝つことはできなかった。

11)『ソーラー＆人力ボート全日本選手権１９９７』

1996年暮には、それまでの大会の開催母体であった浜名湖ソーラー協会が解散した。

そして、従来の実行委員会のメンバーおよび所属組織を中心にした日本ソーラー・人力ボート協会を、1997年1月に新たに設立した。これに伴なって大会の名称も『ソーラー＆人力ボートレース全日本選手権大会』と改められた。

1997年の大会でも〈コギト3.8〉（図-21）と〈スーパーフェニックス〉（図-22）が熾烈な争いを演じた。スタート技術に勝る〈コギト3.8〉は200mスピードレースに勝ち、1周スラロームでも最終コーナーまでトップを保ったが、その後〈スーパーフェニックス〉に抜かれた。

また100mダッシュでは〈スーパーフェニックス〉が19.45ノットという大記録を打ち立て、〈コギト3.8〉は18.39ノットと前年より2.36ノットも速くなったにもかかわらず2位にあまんじた。

〈スーパーフェニックス〉の記録は5m／sの追い風の中で達成されたものだが、「デキャビテーター」の持つ公認世界記録18.50ノットを大幅に上回り、私たちを喜ばせた。「デキャビテーター」の1人乗りに対して2人乗りで、追い風のこともあるが、我々の大会ではこれ以上のことはない。ヤマハ発動機からの賞金50万円を授与してその労を称えた（図-23）。

横山君の〈スーパーフェニックス〉は、現在最も進歩した人力ボートということができる。したがってその設計について簡単に触れておこう。詳細については横山君が『造船学会誌』1998.7月号に発表したので、そちらを見て頂きたい。

高速域での抵抗を減ずるためには、前述したように小さな水中翼を使う必要がある。その小さい水中翼で楽に離水するためには、離水前後の抵抗をうんと減らすことが最も重要になる。

そのために、

1) カタマランではなくモノハルにすることで、30％前後船体の水抵抗を減らす。
2) 主翼を細長く（縦横比約20）することで誘導抵抗（※1）を最小限にする。
3) キールから直接水中翼やプロペラを支える支柱を突き出すことで、支柱を短くかつ細いものにする。
4) 水面センサーの滑走板を平行4辺形リンクのアームで支えることで、迎角を抵抗の少ない一定値に保つ。さらにアームを左右に回転自由にすることで、横向きの力を逃がし、破損をなくすとともに軽量化をはかっている。
5) 主翼を弾性的に支持することで、速度が上がった時、自動的に翼の迎角を減らす工夫をした。これによって船の姿勢の変化を最小限に抑え、ここでも支柱を短く細くする条件を整えている。
6) モノハルだから船体に漕ぎ手の脚を入れることで、姿勢を低くして空気抵抗を減らし、しかも安定の良いポジションにしているなどの工夫がほどこされている。

横山君は強力な乗り手で、技術屋の深村君や山出光男君、石原辰好君、藤田政之君といった木工とCFRP（カーボン繊維強化プラスチック）の達人たちにサポートされているが、彼自身がよく勉強し、設計して自分で作る。業務時間外に彼等の発揮するエネルギーは驚くばかりだ。そして新しい試みに果敢にチャレンジするが、〈コギト〉の安定感の前にしばしば破れることがあった。

しかし、今や〈スーパーフェニックス〉の完成度が上がっている。

1998年のレースは20ノットを超えることが期待された。その時のために実行委員会では、記録を世界記録として公認してもらうべく準備をした。

その準備は一応整ったのだが、記録のほうは思うほど伸びなかった（図-24）。100mダッシュのタイムが追い風で9.96秒、前年の記録9.99秒との差はわずかで、往復の平均速度は18.16ノットと20ノットには届かなかった。

しかし、優勝した〈スーパーフェニックス〉

※1. 誘導抵抗　離水するときに翼角を大きくして精一杯揚力を稼ぐと、翼端から圧力が逃げて抵抗が増す。それを誘導抵抗と呼ぶ。翼を細長くすると翼端が小さくなり、抵抗も小さくすることができる

図-21 〈コギト3.8〉（1997年）
船体をCFRPのサンドイッチ構造に変えて、軽くまた船尾を短くした。その結果、船首を上げやすく、離水が容易になった。船体の幅が広く、深さを小さくしたので、バンク角が大きく取れるようになり、運動性がよくなった

図-22a 〈スーパーフェニックス〉（1997年） 最高速度でも引き波がごく小さいことがわかる

図-22b 〈スーパーフェニックス〉の主翼（1997年）

縦横比20の細長い翼はCFRP

図-22c 〈スーパーフェニックス〉の前翼（1997年）

平行四辺形リンクアーム付きのセンサー（右端）と小さな前翼

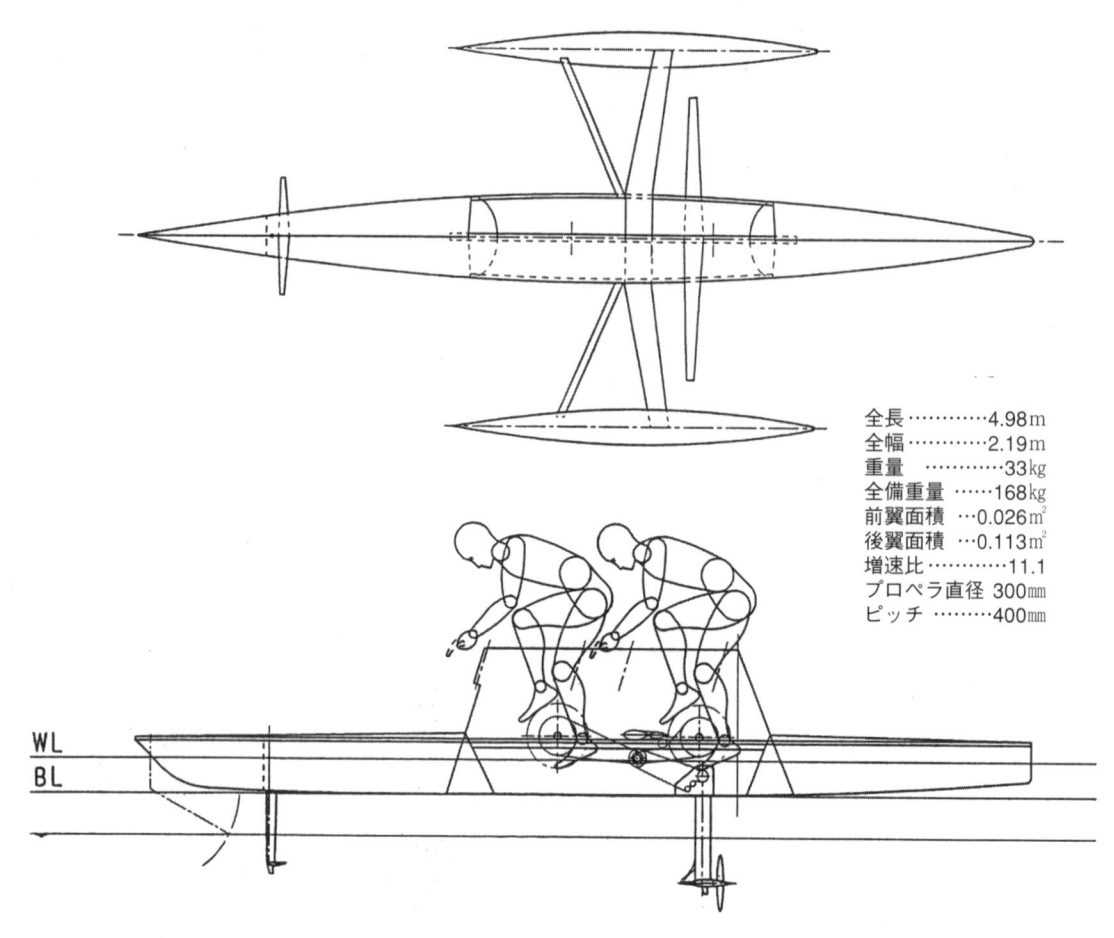

全長 ……… 4.98m
全幅 ……… 2.19m
重量 ……… 33kg
全備重量 … 168kg
前翼面積 … 0.026m²
後翼面積 … 0.113m²
増速比 …… 11.1
プロペラ直径 300mm
ピッチ ……… 400mm

図-23 〈スーパーフェニックス〉

図-24　1998年の『ソーラー＆人力ボート選手権』200mスピードレースの決勝
右が1位の〈スーパーフェニックス〉、左が〈コギト98〉

図-25 〈スーパーフェニックス〉の二重反転プロペラと主翼
主翼後縁中央部に黒く見える隙間は、高速になると仰角が減ることによって主翼の後縁が上がり、埋まるようになっている

(図-25)、2位の〈コギト98〉はともに多くの改良を重ねた努力のあとがあり、いっそうの飛躍を楽しみにさせてくれる。

12) これからの楽しみ

　最近8年間の人力ボートの速度の推移を図-26で見て頂きたい。1991年から1998年までの8年間に100mダッシュのスピードは7.76ノット、200mスピードレースは7.36ノット向上している。1年当たり平均約1ノット以上の進歩で、1999年か2000年にはきっと20ノットを突破することであろう。(実際には突破しなかった)

　では、その次の目標は一体どうなるのだろう。もし漕ぎ手の馬力を現状から15%上げ、船の抵抗を逆に35%減ずることができれば、艇速を24ノットまで上げられることを計算は示している。

　前者は十分可能性があると思う。

　後者の抵抗を減ずる方はどうだろう。

　人の身体にフェアリング(整形覆)をつけて空気抵抗を減らすこと、十分スピードが上がったら小さい水中翼に切り換えて、理想的な高速翼走の状態を作ることなどに余地は残されている。

　しかし、経験によると、フェアリングをつけると風に振られるので乗り手に嫌われる。一方、小さな水中翼による高速翼走への切り替えは、前に我々が失敗したようにデリケートな問題を多く含み、海況によっては容易ではない。

　「デキャビテーター」がやったように、ホームグランドの静かな朝の水面を選んで何度も何度も試みればこういったデリケートな船が記録を残せるのかも知れない。

　しかし、相当な風の中でも実施する我々の大会で勝つには、それなりの波や風に対するタフネスや旋回性能まで兼ね備えねばならない。したがって20ノットは間もないが、24ノット達成にはかなりな時間、さらには条件の良い特別の機会を設定することが必要になると思う。

　ただその努力を継続するには、それなりの動機、面白さがどうしても必要で、そこが一番の問題かもしれない。アメリカの人力ボートレースの現況は衰退しているが、実際に速い船とそれを作った人達はまだ若くて、動機さえあればまた走ることだろう。ヨーロッパにも同好の士は少なくない。人力ボートレースが世界的なイ

図-26　〈コギト〉シリーズと〈フェニックス〉シリーズの8年間の速度の進歩

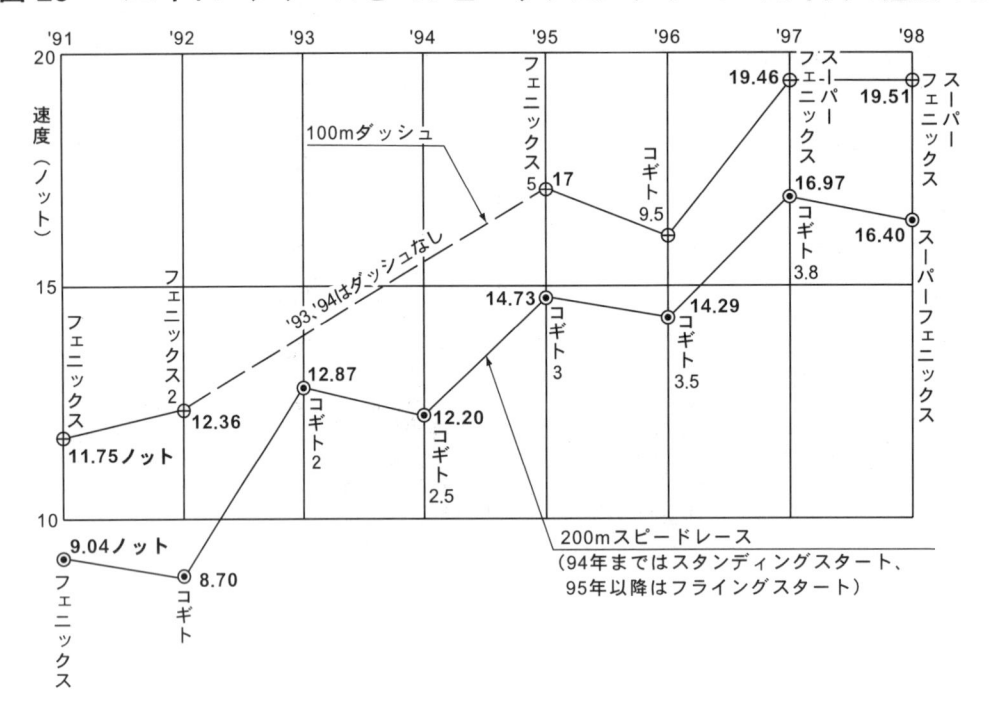

ベントに盛り上がることを考えねばならない時期に我々はきているのではなかろうか。

　人力ボート造りはハイテクである。しかし工夫の仕方ではずっと身近な工作になると思うのである。

　高性能なCFRPの素材を"削れば良い状態"で供給すること、駆動ギヤの心臓部を供給するメーカーを作ることなどによって、アメリカズカップのヨットの2倍も速い、エイトより50%も速い1人、2人乗りのボートが気楽に造れたらこれは楽しいだろう。

　記録公認の問題でIHPVAと親しくなった機会に、人力ボートの活動をインターナショナルな面白い活動に高めることを相談したいと思う。

　また普及のために、造る上でのネックを解消することを考えていきたいと思う今日このごろである。

後記：

人力ボートのレースは1999年以降も続いているが、2001年現在、残念ながらまだ20ノットを超える記録は生まれていない。最近、ボートの進歩がにぶっていることが主原因だが、もう一つは世界記録の測り方が変わって、逆風の記録しか認定されなくなったことも影響している。その中で、スーパーフェニックスの1999年の逆風のタイムを世界記録としてIHPVAに申請した結果、マルチライダークラスで18.67ノットという記録が認定された。この記録は確かに20ノットにはおよばないが、人力によって人類が到達した水上のスピードの頂点である。

　記：筆者は日本ソーラー＆人力ボート協会の会長を務めている。

図-27　世界記録の認定書

Over all length	4.98 m
Over all breadth	2.19 m
Height	1.46 m
Weight	33.0 kg
Front wing span	680 mm
Front wing area	0.0231 ㎡
Main wing span	1100 mm
Main wing area	0.0649 ㎡
Sub wing span	2000 mm
Sub wing area	0.169 ㎡
Propeller diameter (front)	230 mm
Propeller diameter (rear)	215 mm
Gear ratio	11.1

図-28　仕様書

図-29　SF100m記録走〈スーパーフェニックス〉

6章

無人ヘリ「R-50」

東大航空学科の鷲津先生からヤマハ発動機で安いヘリコプターを作ったら良いのにと言われていた。その機会が無人ヘリの開発という形で突然訪れる。
しかし二重反転ローターのリモコンは難し過ぎた、プロジェクトの将来を危ぶんだ私は、エンジン屋さんと二人だけで手操縦で飛ばせるテールローター付きの機体を作り、時間を掛けて委員会のプロジェクトを入れ替えたのである。
今や1000機の無人ヘリが農薬散布、米の直播き、写真撮影等に活躍しており、女性パイロットの仕事としても定着してきた。

1) 鷲津久一郎先生

終戦直後、東大の航空学科がまだ応用数学科であったころ、私は鷲津久一郎先生に教わった時期がある。

先生は弾性原論など、解析的な学問の得意な方である。一方私はそれが苦手、学生時代のほとんどを向島のボート艇庫で過ごし、その艇庫で模型飛行機を作るような日々だったから、性格は両極端と言えたかもしれない。

その先生のところへ足しげく通うようになったのは、先生から透視図の作図機を作るよう頼まれたからである。

1953年ころ、先生の奥様は絵が専門で、日野自動車工業のパーツリストなども描いておられたのだが、先生は透視図の作図機を作ってその仕事を機械に任せることを考えられたのである。ちょうど私たち学生が図学で習う透視図の作図法を、そのままメカに置き換えた実働模型を私に作れということだった。

私は90cm角ほどの合板の上に、模型飛行機用の檜棒とセルロイド板を使ってそのメカを組み上げた（図-1）。合板の右側に平面図を置いて、右に突き出たトレーサーの針で図を辿ると、合板上のメカに取り付けた鉛筆がその下に透視

図-1「パースペクター」（原型）

図-2「パースペクター」（実用モデル）
手で持っている軸の先端で図面を辿ると、左端の鉛筆が立面の画用紙に透視図を描く。引き金で鉛筆を持ち上げることができる（出所：科学朝日）

図を描くシステムであるが、実際に描ける透視図はひどく小さくなってがっかりした。

作図の手順をそのままメカにすることの限界を知ったとき、私は立体とその透視図の間を結ぶ光線を直接メカに置き換えることを思いついた。光線の代わりの真っすぐな棒の中ほどをジンバル（縦横軸回りに回転自由な支点）で回転自由に支え、一方の端で立体を辿ると反対側の端はそこに立てた立面に透視図を描くことができる。

立体の代わりに平面図を台に貼り、台の高さを調節して、棒の端末でその高さに相当する水平断面図を辿れば、平面図から透視図を描くことができるのである。支点の両側で棒が自由に伸縮する必要はあるが、何のことはない、ピンホールカメラの穴に相当するところに棒の支点を持って来て、棒に光を代行させただけのものだ。

小さな模型を作ってみるとうまく動くので、のちに科学研究補助金を受けて実用モデルを試作し、『科学朝日』誌の記事にもなった（図-2）。その後も米国の特許を取ったり、2つの会社で商品化の試作をしてもらったり、先生とともに10年近くも活動した。従って先生とは深い信頼関係ができていた。

その後、先生の部屋に遊びに行ったとき、先生はオートバイ屋がヘリコプターを作ってくれたらよいのに、と言われる。当時の先生はヘリコプターの研究をしておられたが、コストがひどく高いものになるため普及が難しい、ということに苛立ちを感じておられるのがよくわかった。

そのころ私はヤマハ発動機にいたから、先生から作ってみろと勧められたことになる。小型ヘリとオートバイ屋、これはよい組み合わせに違いないと、私もそのとき強く感じた。

軽飛行機が安全に不時着できない日本の地形、人口密度では、米国のセスナ社やパイパー社（※1）で作るような軽飛行機の普及はなかなか望めない。その点からすると小型ヘリは日本向きで、安全、ローコストの機体がまとまりさえすれば、普及の可能性は高いと思われた。

しかし、私は入社して日の浅いボート屋。先生の言葉に共鳴はしたが、だからといってすぐ社内で動くわけにもいかなかった。

2）ヘリコプター「YHX」

1975年、ヤマハ発動機の研究部では、ヘリコプター「YHX」の研究が始まった。もと川崎航空機でヘリの仕事をしておられた小川幸次さんが、ヤマハ発動機に操縦しやすい小型ヘリを作る提案をされ、ヤマハ発動機がその開発を受け

主要目
自重 ………… 300kg
総重量 ……… 515kg
乗員数 ……… 1 or 2
エンジン ……115馬力
　　　　……（ライカミング）
巡航速度 …… 160km/h

図-3 飛行実験中の「YHX」試作機

※1　「パイパースーパーカブ」など、軽飛行機の名機を作ったメーカー

図-4 ヤマハ発動機の飛ばしたモーターハンググライダー
左端が筆者。左から2番目は後のヤマハ発動機社長・長谷川武彦氏

入れたのである。

小川さんの案は、ローターの先にウエイトをつけて飛行を安定させ、ローコストの空飛ぶオートバイを作ろうという考えであった（図-3）。

そのとき計画された機体は、自重300kg、115馬力、巡航速度160km/hで2万ドル（約6百万円）ほどのところを狙っていたから、当時売られていた米国製「ロビンソンR-22」と似た性能で価格は安かった。

その担当の今仁雄一君は東北大のボートの選手だった人で、私の家によく遊びに来ていたから、このヘリについてもときに相談を受けた。私は鷲津先生の考えた方向に進んでいるなと感じて喜んでいたが、残念ながら2年ほどでこのプロジェクトは中止になった。

3）川上会長の夢

1980年ころから、ヤマハ発動機の川上源一会長は、軽飛行機をやれ、という指示を何度もされた。米国を見ると、ハンググライダーやウルトラライトプレーン（※2）が爆発的に盛んになり、その自由で開放的な設計は我々を魅了した。やりたくはあるが、そのころ難しさを増してきたPL問題（※3）が我々を臆病にした。何しろそのころヤマハ発動機のオートバイを中心としたPL訴訟の賠償請求金額の総額は数百億円にも達していた。

PLの大変な米国で、なぜハンググライダーやウルトラライトプレーンの製造が可能なのか、我々は不思議に思ったが、実際に行って調べてみると、要するに零細なハンググライダーのメーカーが相手では、補償を取るより裁判費用の方が高くつくからPL裁判まで行かないのだ。しかし、ヤマハ発動機がやったらディープポケット（金が取れる）だから大変だ、という話なのである。

それでも何か手をつけなくてはと、米国の事情を調査したり、1981年にはウルトラライトプレーンを購入して、別府で行われたハンググライダーの世界選手権の折に飛ばしたりした（図-4）。

これは私にとってとても興味ある活動だった

※2　軽飛行機の下のクラスの超軽飛行機
※3　PL（Product Liability）：製造者責任。当時からアメリカでは製造者による責任が大きく問われていた

が、しかし、結局踏ん切りはつかなかった。そ
れから十数年の間に、米国ではあらかたのウル
トラライトプレーンのメーカーがPLの補償でつ
ぶれてしまったと聞いているので、判断は正し
かったのかもしれない。しかし、川上会長の夢
を満たすことはできなかった。

4）無人ヘリの話

　ヤマハ発動機がオートバイを造り始めて以
来、本田技研工業はいつもトップシェアを誇っ
ていた。1980年ごろ、小池久雄社長はこれに挑
戦、トップシェアを奪おうとして激烈な販売競
争、開発競争を展開したから、業界ではこれを
HY戦争と呼んだ。残念ながらヤマハ発動機は
負けて経営は行き詰まり、社内は重苦しい雰囲
気に包まれた。

　1983年の3月、東大航空学科の卒業生で社員
の青木繁光君が、東大の中口　博教授のところ
に遊びに行って面白い話を聞いてきた。先生の
主宰しておられる産業用無人ヘリの開発委員会
のメンバーで、機体を作っていた会社が辞退す
るので、代りのメーカーを探している、もし良
かったら参加しないかということだった。

　委員会の母体は（財）農林水産航空協会であ
る。その中にRCASS開発委員会（※4）が置か
れ、中口先生が委員長で、委員には鳥人間コン
テストやトンボの研究でも有名な東大の東　昭
先生など、この世界の権威が顔を揃えていた。

　HY戦争以降、会社が落ち目でリストラは避
けられない、しかし技術屋は温存したい。その
事情の中で補助金のついた研究は魅力があっ
た。しかも無人ヘリだという。それはPLの難し
さを回避するものだ。川上会長の指示には必ず
しも沿っていなかったが、手始めということで
は許されよう。早速会議が開かれて、会社とし
ても受諾の方向が決まった。

　中口先生とは昔から親しかったし、一方、私
の伯父はその10年ほど前まで農林水産航空協会
の会長を務めていたという偶然もあって、知人
が多く、受諾の手続きはスムースに進んだ。

　その4月に経営陣は交替、私は5月に役員を
退任し、このプロジェクトの長を務めることに
なった。激動のさなかであった。

　実働部隊は尾熊治郎事業部長率いる関連事業
部である。ここでは防衛庁の標的機に使われる
レシプロおよびターボエンジンの保守修理のほ
か、ウルトラライトプレーンにも使えるエンジ
ンを売るなど、防衛庁、航空に関わる仕事を一
手に引き受けていたが、さらに風力発電機の開
発も担当していた。

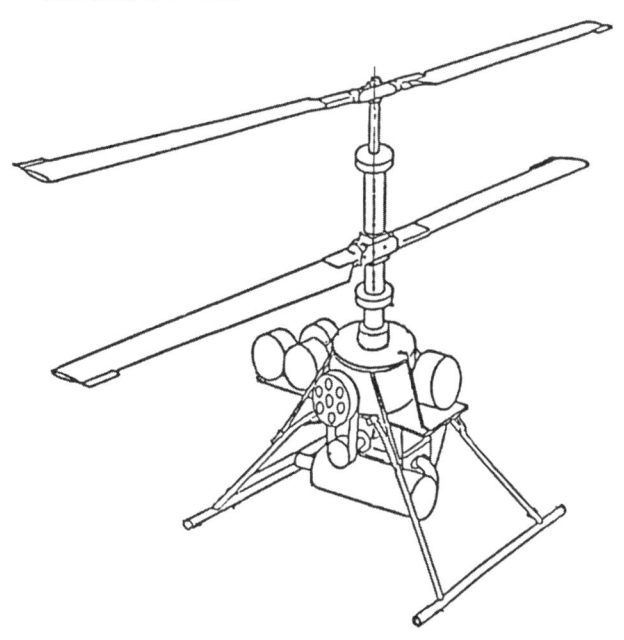

図-5 神戸機工から引き継いだ機体（写真）と全体構成

※4　RCASS：Remote Controled Air Spray System

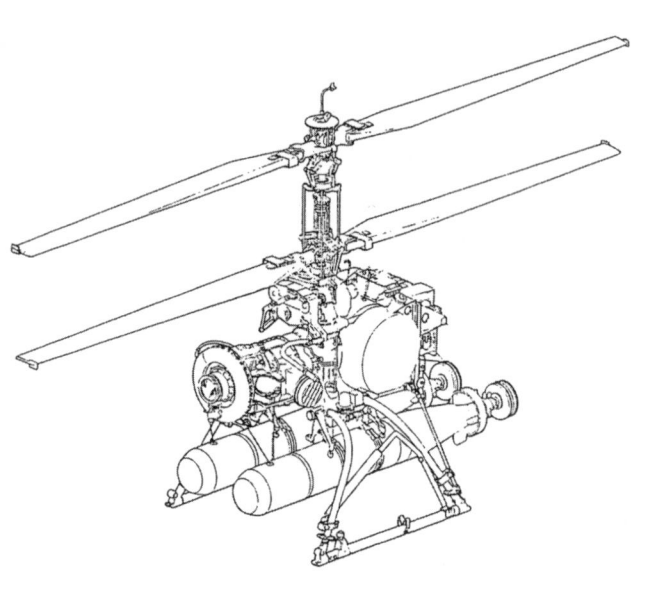

長さ············ 2.3m
幅············· 1.6m
高さ············ 2.9m
ローター径········ 6.0m
自重············ 479kg
搭載量·········· 591kg
エンジン········ 330馬力（ボーイングターボ製）
最大速度········ 128km/h
航続距離········ 200km

図-6 米軍が開発した無人ヘリ「ダッシュ」

高さ············ 1.64m
ボディ幅········ 0.64m
ローター径········ 2.80m
最大離陸重量······ 190kg
搭載量·········· 88kg
速度············ 130km/h
航続時間········ 4時間

図-7 「ピーナッツ」 カナダエアCL-227センチネル

5）プロジェクトの引き継ぎ

　この仕事の始まりは、それまでの機体メーカー・神戸機工から仕事を引き継ぐことであった。現地で担当の数人とともに半製品の機体を見学し、説明を古市敬勝常務に伺った上で、発送をお願いして引き揚げた（図-5）。

　この機体は米国海軍の「ダッシュ」という魚雷攻撃用の艦載無人ヘリ（図-6）を原型として、ずっとコンパクトに作られていた。二重反転型のローターを持ち、前も後もない形だ。従って、自動操縦に頼って飛ばすしかなかった。だがそれまでヘリに無縁だった我々は、ただこういうものかと感心するばかりだった。

　当時はカナダでも軍用として「ピーナッツ」と呼ばれる偵察用の無人ヘリ（図-7）が開発され、米軍やNATOによって大いに期待されていることを新聞で読んだ。二重反転ローターの無人ヘリがどういう訳か軍用としてよく取り上げられた時期であった。

　神戸機工の機体がヤマハ発動機に到着すると、直ちに機能テストが始まった。エンジンの出力はキャブレターのセッティングを最適にして12.2馬力出たが、機体重量が140kgもあり、このままでは飛べないことが明らかになった。

　このサイズのローターで馬力当たり6〜7kgの揚力は得られる。しかし、それではペイロード（有償積載量）はおろか、自重さえも上げ得ない。我々は頭を抱えた。

　今さらあとへは引けないので、エンジンの代りに20馬力まで発生する油圧モーターを組みつけて台上に据え、エンジンを取り替えた場合の可能性を探った（図-8）。

　しかし、いくつかの越え得ない問題に行き当たって、結局は新たに設計をし直すしかない、ということに落ち着いたのである。

　ここで、この種のヘリコプターのルール上の位置づけを説明しておこう。

　機体に燃料、オイルからペイロードまで積み込んだ総重量が100kgを超えると、それは航空機の扱いになる。そうなってルールに縛られたら原価がどうなるか見当もつかない。

　一方、100kg未満だと、何もルールがない模

第6章 無人ヘリ「R-50」

図-8 油圧モーターによるテスト

神戸機工から引き取った機体のエンジンの代わりに油圧モーターを組み付けてローターのテストに入った

型飛行機と同じ扱いになるのである。従ってこの機体はペイロードを含めて100kgに収めることは至上命令だった。オートバイ屋がヘリを造る優位性を、我々はここにしか見つけることができなかったのである。

6)「RCASS」

この研究は1983年春、農林水産航空協会からヤマハ発動機に委託された。この年は前述の既存機体の分析に忙殺され、翌年から新たな設計に取りかかった。新たにヤマハ発動機の20馬力エンジンを乗せ、総重量を100kg以下に抑えて、20kg以上のペイロードを稼ごうという計画だった（図-9）。

動力系統、機体、制御装置、ソフトを含めて開発を進めた結果、1984年の1年をかけて形は徐々に整っていった。

しかし、まったく新たな制御システムで初めから安定して飛ぶとは思えない。そこで自由度を一部拘束して、大破を避けるための操縦練習

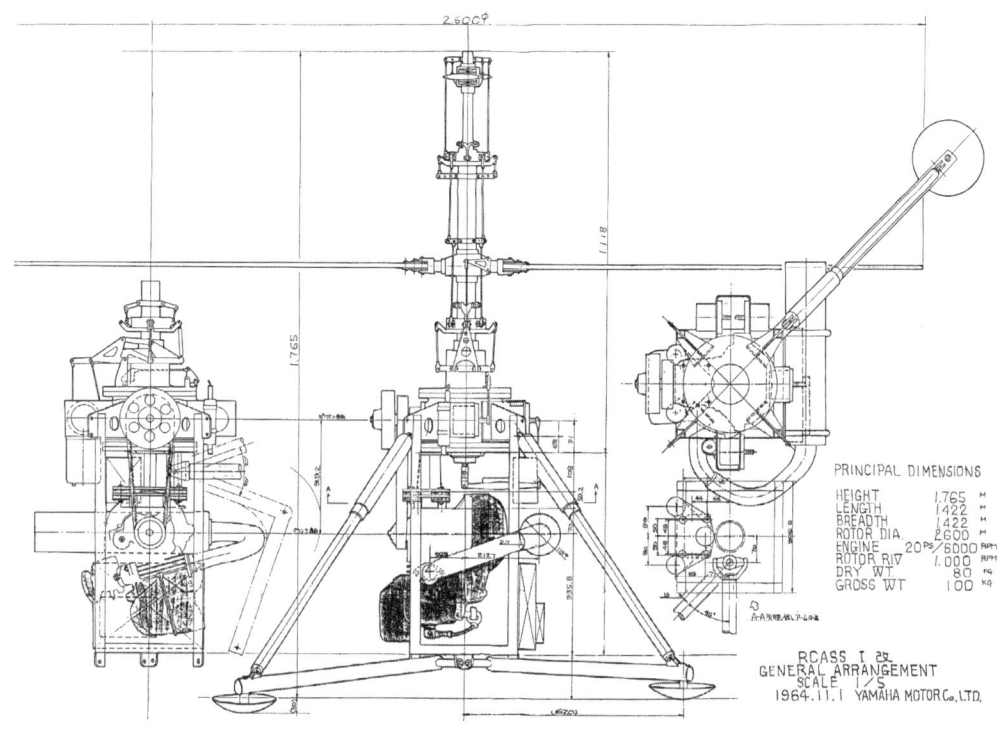

図-9「RCASS」（ヤマハモデル）

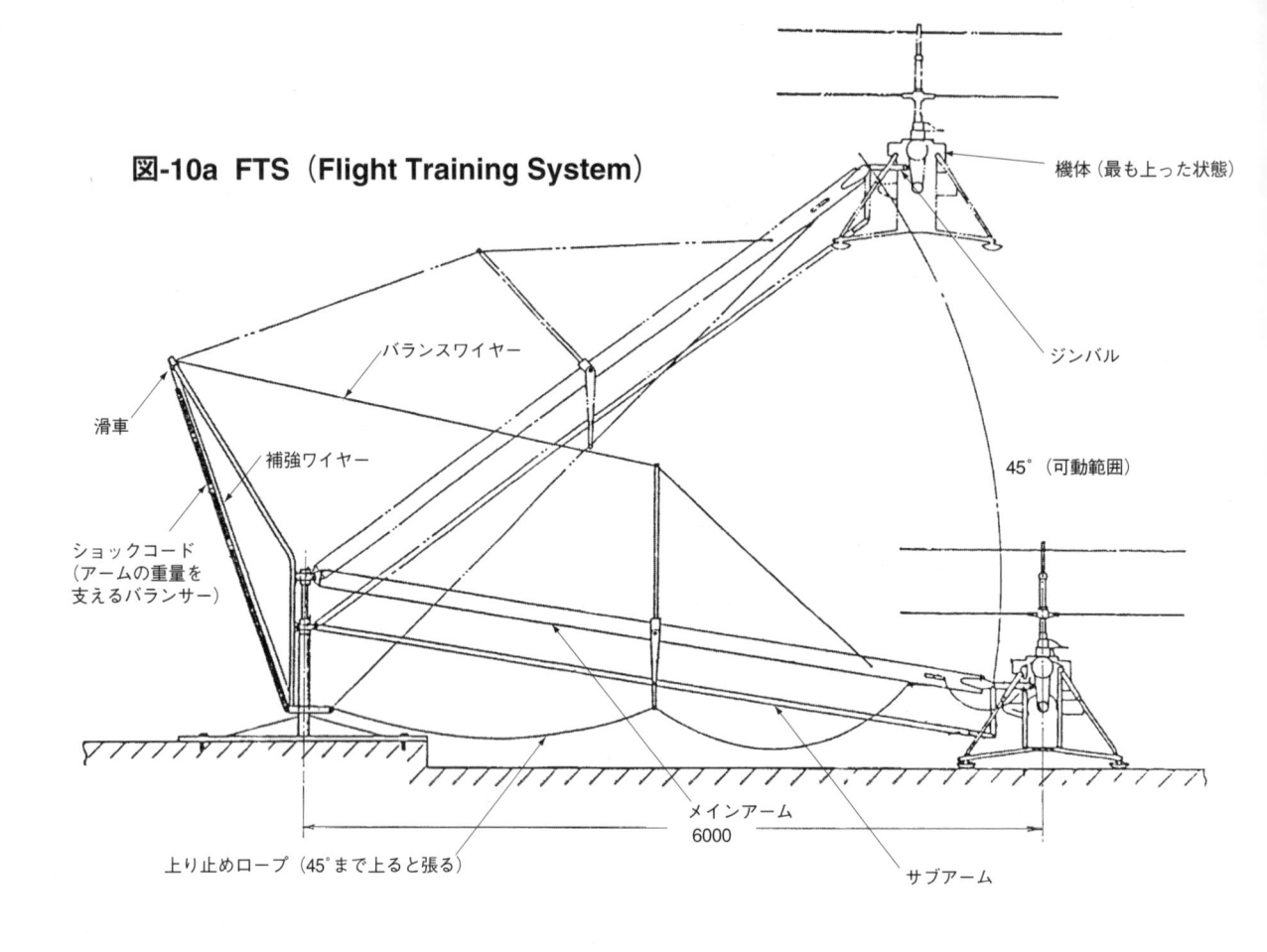

図-10a FTS (Flight Training System)

- 機体（最も上った状態）
- ジンバル
- 45°（可動範囲）
- バランスワイヤー
- 滑車
- 補強ワイヤー
- ショックコード（アームの重量を支えるバランサー）
- 上り止めロープ（45°まで上ると張る）
- メインアーム 6000
- サブアーム

器（FTS）を作って、金網の中で半自由飛行ができるように準備した。

7) FTS
（Flight Training System）

FTSは一端をジンバルで支えた長さ6mのメインアーム（図-10a）の先端を機体のほぼ重心位置に接続し、機体が半径6mの半球上を飛べるようにする装置である。アームの一方では機体に20度以上横傾斜をさせないよう拘束することによって、最悪の事態にも緩衝装置の備わった脚から着地するようにして破損を避けた。

アームにはRCASSの突然の転覆を防ぐだけの強度が必要だが、一方、飛行に影響を与えるほど重いと実験の目的に沿わない。従ってそのサイズの選定には頭を悩ませた。

いろいろ悩んだ揚げ句、径130mm、厚さ1.2mmのアルミ管を見つけて、それを使うことにした。その重さの影響を減らすのに、ゴムの引っ張りを使ったバランサーを用意した。ただ、慣性抵抗（※5）については目をつぶるしかなかった。

こういった前例のないものを作るとき、私は1枚の方眼紙に絵を描いて、余白には力の釣り合い、強度、重量のほか、局部の構造案などを書き込みながら全体としてまとめていく。そうすれば構成のすべてがひと目で見えて抜けがない。それに、まずいところに気づいて修正するときにも、ほかへの波及の様子が見えて関係個所を洩らさず修正するのに便利である。

結局、FTSはうまくいって、これを使ったフライトテストが順調に進められた（図-10b）。

この実験の課題は、ジャイロで自立安定を確保し、リモートコントロールで機体を思う位置に移動できるようにすることである。こういった経験のない我々のメンバーにとって、後者はともかく前者は容易なことではなかった。

すべては新しいことばかり、そして一番頭が痛かったのは、よいジャイロがなかったことである。

そのころ手に入る計測用のジャイロは数百万円もする上、衝撃に弱い。どうしても光ファイ

※5　重い物を急に動かそうとするときの抵抗力。この場合、機体の重量にアームの重量の一部が加わった分、動きが遅くなる

図-10b FTSで飛ぶ「RCASS」

バージャイロなど、新世代のジャイロの登場を待つしかない。しかし、それらは揺籃期にあって、納得できる性能のものが手に入らなかった。

もう1つの困難は、用途に向いたアクチュエーター（ローターの翼角を変える駆動装置）がなかったことである。模型ヘリ用は小さいし、汎用の既製品は重すぎて使えなかった。小さくて軽くて、激しい振動に耐え、信頼性が高く、しかも安くなくては使えない。この安くてというあたりを我々はオートバイの感覚で考えるから、用途にぴったりの機器がないのも無理はない。

我々は結局、不満な機器の組み合わせで仕事を進めざるを得なかった。

8）大きな不安

RCASSが形を現し、FTSの考えがまとまり始めても、大きな不安が私の頭を離れなかった。それは自動安定を前提にした機体が果たして成功するのか、という疑問である。

FTSによるフライトは成功しても、フリーフライトとの間には技術的に大きなハードルがある。どんな細かい故障でも墜落の原因になり得るとすれば、フリーフライトが始まれば墜落と破損は必ず起こるだろう。そのたびに長期の復旧期間が必要となれば、完成、商品化にはいったい何年かかるのだろう。あまりに長くかかるようならこのプロジェクトがお蔵入りになることは明らかである。

初めから自動安定装置が全部完全に作動しなければならないという、RCASS開発の進め方は基本的に間違っているのではないか。成功を目論むならば、すでに完成の域に達している模型ヘリの技術に乗って、まず手で飛ばして実用のレベルに持って行き、それを高度、方位などから順次自動安定させて操縦を段階的に容易にする。そして将来、よいジャイロが手に入るころになったら完全な自動安定に仕上げるというのが筋ではないか。

9）中口 博先生

繰り返しそう考えているうちに、これは確信になってきた。しかし、このプロジェクトはヤマハ発動機だけのものではない。中口 博先生を長とするRCASS委員会の仕事であり、補助金まで頂いている。今までの大きな流れを変えるのは容易なことではない。

農林水産航空協会で直接RCASSを担当しておられる市川良平事務局長に私の心配を伝えてご相談した上で、1985年の夏の暑い日、中口先生のご自宅に伺った。

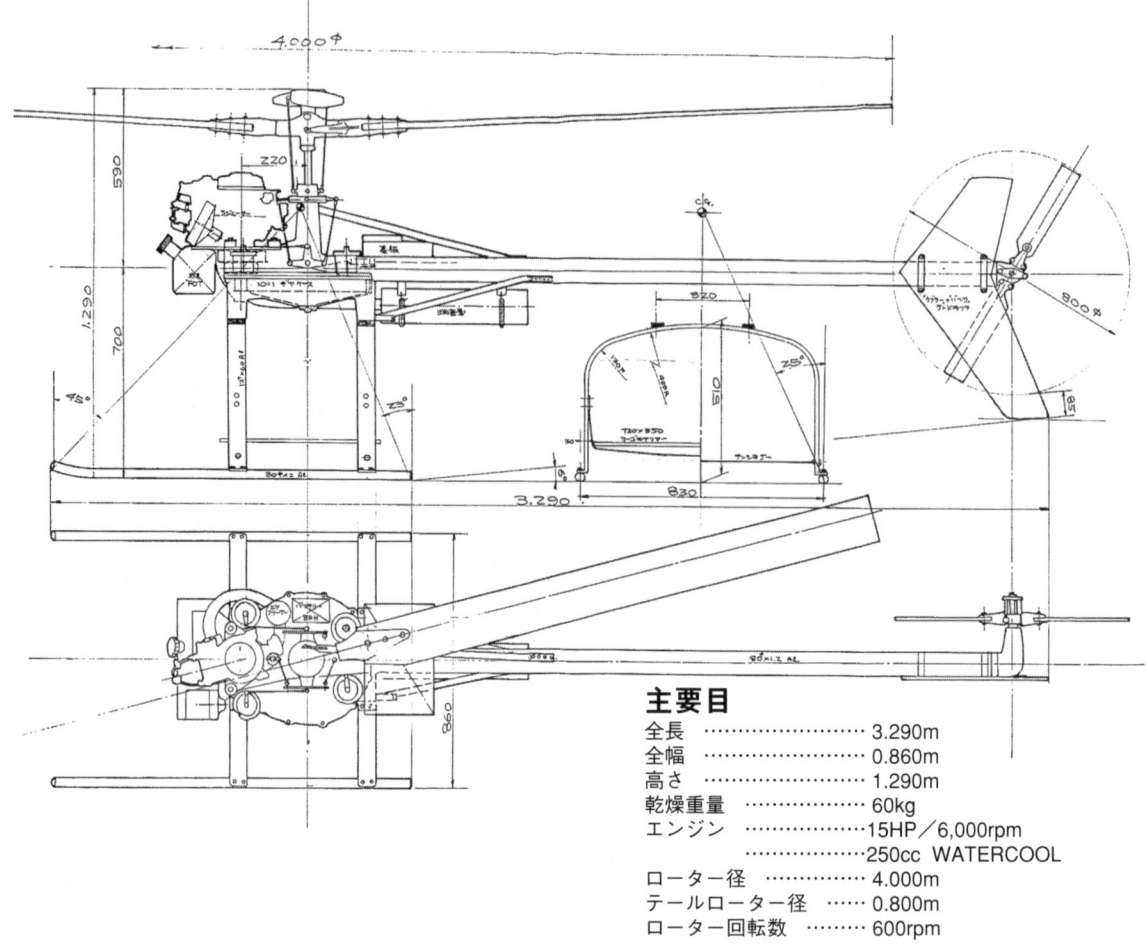

図-11 「R-100」計画図

主要目

全長 …………………… 3.290m
全幅 …………………… 0.860m
高さ …………………… 1.290m
乾燥重量 ……………… 60kg
エンジン ……………… 15HP／6,000rpm
　　　　　…………………250cc WATERCOOL
ローター径 …………… 4.000m
テールローター径 …… 0.800m
ローター回転数 ……… 600rpm

　話の内容は、RCASSと平行してテールローターつきのモデルの開発を進めることについてご了解を頂くことであった。中口先生も自動安定装置の開発の遅れには頭を痛めておられ、暗礁に乗り上げた場合のためにむしろやってみては、という感じでもあった。

10) テールローターつきの機体、「R-100」のスタート

　社内では田中俊二重役がこの無人ヘリプロジェクトの担当だったが、私の心配に理解を頂いて、テールローターつきを平行プロジェクトとして進めるコンセンサスは整った。

　ただし、設計担当の全員はRCASSにかかりきりで手を割くわけにはいかない。私自身が尾熊治郎事業部長との相談で進めるほかはなく、私はただちにその計画に入った。

　前に述べたように、総重量を100kgに抑えるほか、模型ヘリの要領で飛ばせるようにテールローターつきの機体とし、ヤマハ発動機の250cc船外機のパワーヘッドを使った機体「R-100」の絵を描いてみた（図-11）。

　実用機であるので、シンプルで整備性がいいようにスケルトンタイプ（骨組みだけの構造）としたほか、荒い着陸に備えて緩衝ストロークの大きいリーフスプリングタイプの脚を取り付けた。昔、軽飛行機の設計をした折、セスナ機のバナジューム鋼（※6）でできたこの形式の脚を調べてその性能に感心していたので、材料をFRPに変えて設計し直した。この脚は激しい着陸をすると、股を開きながら機体の腹が地面に着くまで緩衝を続けるから大きな緩衝能力がある。

※6　バナジューム鋼：バネなどに使用される強靭な特殊鋼

次の段階は模型ヘリの専門家と手を組むことだった。その業界のトップメーカー・ヒロボーに事情を説明してお願いしたところ、順調に話は進んで、12月上旬、私と尾熊事業部長の2人で訪問することになった。

図面のほか、計画書と作業分担の案などを用意して福山市のヒロボー本社を訪問すると、若い松坂敬太郎社長が直接会ってくださった。松坂さんも実用の無人ヘリを作ってみたい気持ちがおありだったそうでこれは嬉しかった。

そして、ヒロボーではローター系と運転、ヤマハ発動機側は全体計画とエンジン、動力伝達系を分担することで、お互いに補い合ってよい機体ができそうな感触を深めた。その折、松坂社長から模型ヘリを飛ばしてみるよう強く勧められた。

11) 模型ヘリを飛ばす

帰ってさっそく、私は模型ヘリを購入して飛ばし始めた。機密のこともあって、適当なコーチもないままに手探りの飛行訓練は続いた。暮れから正月にかけての休みはまさに模型ヘリに明け暮れて、これは大変な勉強になった。

向こうを向いて飛んでいた機体が、突風で突然こちらを向くと操縦の前後左右の感覚が狂って機体は墜落する。一度は飛行中に機体側の電池が切れてノーコントロールになり、町に墜落するのではないかと肝を冷やしたこともあった。

1985年の1月15日には墜落でローターハブを壊し、さらにその晩、バドミントンでアキレス腱を切って入院したから、当分飛行はお休みになった。

しかしこの練習の収穫は大きかった。ヘリの操縦や設計の難しさの一部が理解できたし、ノーコンの恐ろしさも知った。そしてもし、この開発の途中で事故を起こせば、この開発そのものが消滅するであろうと、それなりの覚悟も決めたのだった。

12)「R-100」から「R-50」

7月、ヒロボーを訪問した際、松坂社長から「R-100」は大きすぎる、と言われた。松坂さんが実用の世界を調査された結果であったろう。その理由を細かく聞かなかったけれども、私はすぐ反応した。そして間もなく「R-50」の絵を描いて送った（図-12）。

今度はヤマハ発動機のゴーカート用の100cc、11馬力のエンジンを使い、自重35kg、ペイロード15kgで総重量は50kgを予定した。小さくなってもペイロードはそれほど減らなかったので、設計は進歩したと言える。

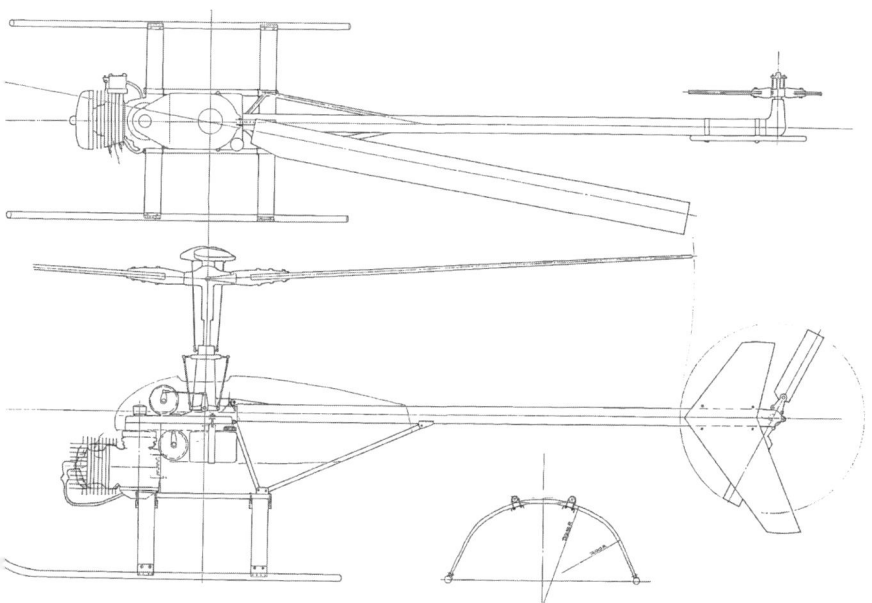

図-12「R-50スケルトン」

主要目

全長 …………… 2.460m
全幅 …………… 0.600m
高さ …………… 1.000m
乾燥重量 ……… 35kg以下
エンジン ……… 11HP／9,000rpm
　　　　　　　 100cc KT-100S
ローター径 …… 3.000m
テールローター径 …0.560m
ローター回転数 …… 600rpm
テールローター回転数…3,500rpm
揚力（ホーバー）……60kg
ペイロード ……… 15kg以上
減速比 ………… 14：1：5.2

S60.7.10　K.HORIUCHI

そして機体の長さは3.3mから2.46mへ、またローター径は4mから3mへと大幅に小さくなった。このときはわからなかったが、このことが後々どんなに役に立ったことか。機体をトラックに乗せるのに、1人で畔道を移動するのに、これ以上の大きさは許されなかったのである。

13) モノコックの機体へ

仕事の見通しがついて、ヤマハ発動機側のスタッフとヒロボーのスタッフは、お互いに行き来して打ち合わせることが多くなった。特に私は、ヒロボーの松本 貢研究開発部長と細部を打ち合わせながら仕様を決めていった。

とは言っても、相手はベテラン、こちらは素人で飛行機の設計の経験が少し生きるくらい。ほとんどが教わることばかりである。でも、模型ヘリを飛ばした経験のお陰で話が通じたことがありがたかった。

そのころ、ヒロボーのモデル事業部の藤田好英事業部長がヤマハ発動機に見えた折、言われたことがある。スケルトンの胴体ではどうも売りにくい。スタイルのよい胴体をつけて欲しいという、営業的な見方である。

私はこれにもすぐ反応した。モノコック（※7）の胴体にすると軽量化が図れるかもしれないし、私だって魅力的な機体の方がよい。スケルトンの必然性がないのなら、ぜひモノコックで行きたい。

早速検討してみると特段の障害もなさそうで、この方向で進むことになった。そのときはその程度の考えだったが、後にモノコックの必然性が出てくるのである。

リモコンだから、運転者は当然機体の姿勢を見ながら運転する。そのとき、機体がどちらを向いているかが分かる距離以上遠くへは飛ばすことができないのである。

従って、確実な操縦のためにも、遠くまで飛ばすためにも、機体はなるべく視認性のよい大きな面積と彩色が必要なのだ。しかしこのことは、物ができて初めて最重要項目になった。もしスケルトンで開発を進めていたら、全面的な変更が必要になったのである。

その12年後、1997年になって大きなモデルチェンジがあったが、基本寸法も基本構造もほとんど変わっていない。その意味では理想的なサイズと構造がほとんど最初に決まっていたといえるだろう。このことは機体の大部分はそのまま残し、部分的な改良の積み上げによる段階的な進歩を可能にしたわけで、開発の効率を高めたことは想像を絶するものがある。このころの松坂社長の炯眼、ヒロボーのみなさんの的確なアドバイスには深く感謝している。

14) ヒロボーと契約

1985年7月、私はヤマハ発動機の役員に復帰した。マリン事業部の副事業部長と、その1年半前にスタートした堀内研究室が担当ではあったが、ヘリの仕事は手が抜けなかった。

10月8日には松坂社長がヤマハ発動機に見え、江口社長との会談を終えて契約書にサインが交わされた。いよいよプロジェクトの本格的スタートである。

しかし、相変わらずヘリの設計組織の全員は「RCASS」にかかりきりで、「R-50」に回す手はない。私はこれを覚悟していたから、エンジン開発のエキスパート・久富 暢（いたる）課長と話し合って、2人で夜なべで図面を描くことにした。

試作2機の完成予定は翌年10月、半年の間に組み立てを終わり、残りの半年で諸改良と50時間の耐久飛行を終える、という予定を立てた。それを達成するには、その年のうちにほぼ図面を出し終えなければならない。

15)「R-50」の開発

1984年、ヒロボーはラジコン自動車の動力伝達に歯つきベルトを採用して大成功を納めており、このヘリにもテールローター駆動用としてベルトを使うのがよいと考えていた。私も軽くて音がなく、それでいて効率がよいならそれに勝る選択はないと思った（図-13 a,b）。

さらに、ベルトを使うとテールローターの回

※7 モノコック：外皮に強度を持たせる構造をモノコック構造と言う。応力外皮構造も同義

図-13a 「R-50モノコック」の構造

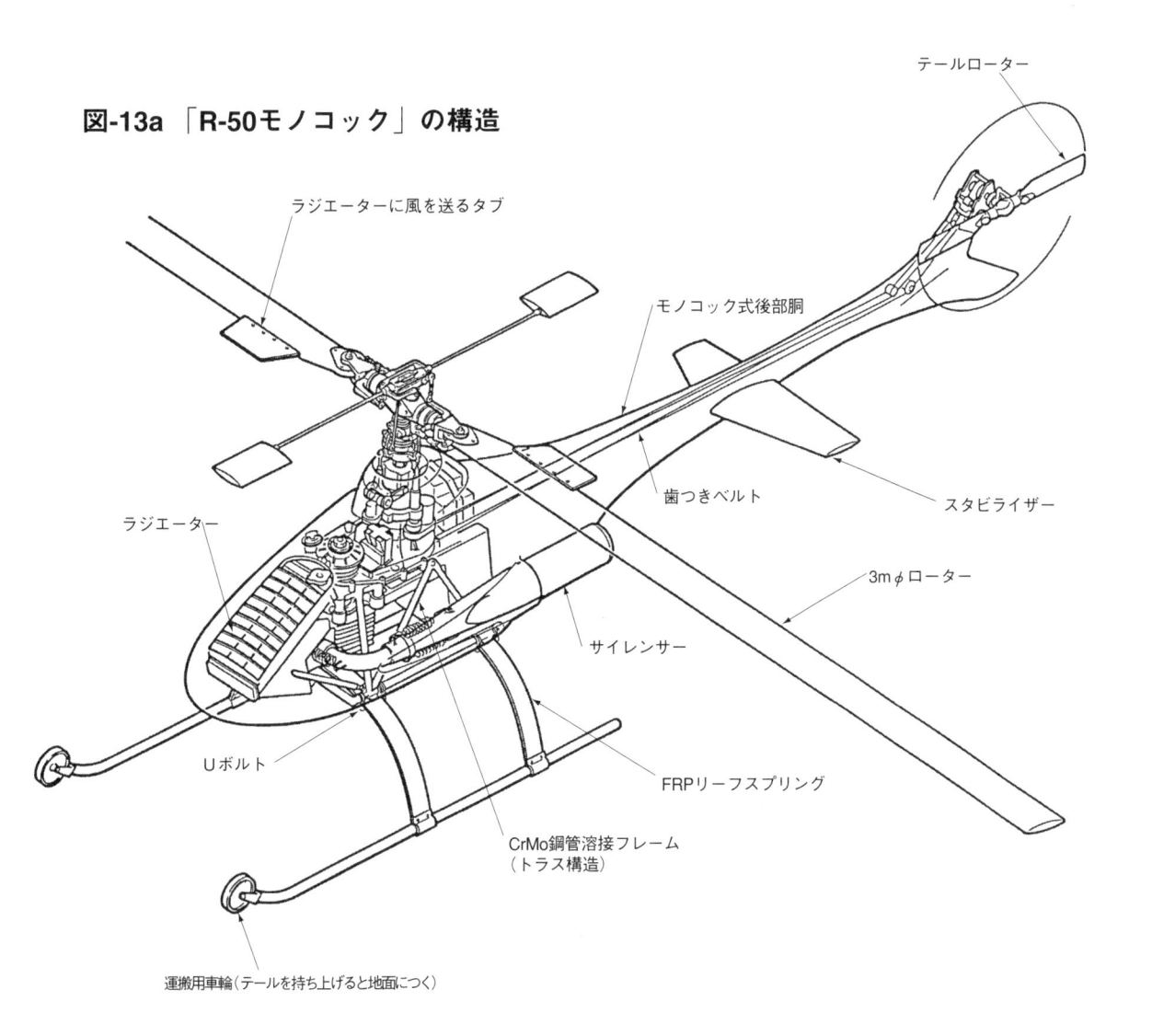

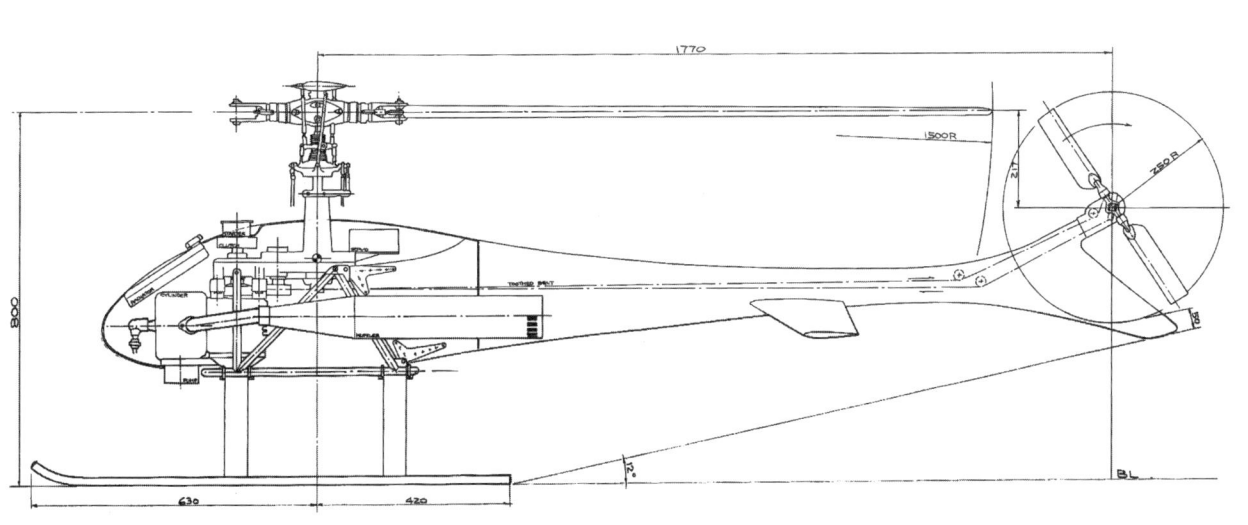

- テールローター
- ラジエーターに風を送るタブ
- モノコック式後部胴
- スタビライザー
- 歯つきベルト
- 3mφローター
- ラジエーター
- サイレンサー
- Uボルト
- FRPリーフスプリング
- CrMo鋼管溶接フレーム（トラス構造）
- 運搬用車輪（テールを持ち上げると地面につく）

図-13b 「R-50モノコック」案

図-14 「R-50」の初飛行
試作の2機（上）
そり前端の車輪は、写真のように使えるので非常に便利（右）

転軸の位置をテールブームの後ろで持ち上げて、軸の高さをメインローターのレベルに近づけられるので、機体が方向を変えたときに起こる機体のロールを最小限に抑えることができる。

ただ、こういった新しい試みは大きな問題を起こす可能性がある。そうなると基本計画からやり直しなので、前もってテストをして確かめ、もし致命的な問題があるなら早い時期に手堅いシステムに切り換え、全体の日程を守らなければならない。

久富課長は早速、実機と同じくプーリーを配置した実験装置を作って耐久試験を始めた。さらに、予定したゴーカートのエンジンKT-100のシリンダーとヘッドを水冷にして、長時間飛行の際のエンジンの"熱ダレ"を防ぐとともに、ギアケースの設計を進めていた。

エンジンの回転数は8,000rpm、それをローターでは620rpmまで落とすギアケースである。オートローテーション（※8）用にクラッチをつける一方、テールローター駆動用のプーリーをケースの下に出した。

私の方は、全体の配置と各部の構造を順次決めていった。胴体の前部は脚やエンジンによる集中荷重を受けやすいよう、また整備性を考えて骨と外皮の二重構造とした（図-13a）。大きな減速ギアのアルミケースの下にクロムモリブデン鋼管で組んだトラス構造（※9）のフレームを取り付け、その外を蝶番で開閉のできるFRPのカバーで覆う構造とした。後部胴体はFRPのモノコック構造である。

脚は最初から考えていたように、FRPのリーフスプリングをUボルトで胴体に締めつける構造を採った。この構造は激しい着陸の垂直方向の衝撃を吸収するとともに、横からの衝撃に対してもUボルトの位置でリーフスプリングがず

※8　オートローテーション：飛行中、エンジンが停止した場合、ローターのピッチを下げて機体の沈下でローターを加速し、接地直前にピッチを上げて揚力をつけ、無事着陸する技術
※9　橋げたやエッフェル塔のように棒材を組み合わせて作る軽構造をいう

れてエネルギーを吸収する、その点でも望ましい構造であることがあとで明らかになった。

久富課長がテストしていた歯つきベルトは、実験を終えて無事採用された。縦軸のプーリーからひと捻りして横軸のガイドプーリーを経由して40°ほど上に曲がり、テールローターのプーリーにかかっている。軸方向を変え、途中で曲げながら1.8m後ろの軸へ動力を伝える多機能なベルトである。それを収納するモノコックの胴体が、スリムでスマートに収まるのが気に入った。

2人だけの設計だと実に連絡がよい。ほとんど一心同体で食い違いがまったく生じないのは気持ちがよかった。

明けて1986年、部分組み立てと部分的なテストが始まった。ほかに手がないから、久富さん自身、現場、ヒロボー、下請けを飛び回って仕事を推進する。

試作は順調に進み、予定通り6月7日にはヒロボーでの初フライトを無事終わることができた。模型ヘリに較べて動きがゆったりしていて飛ばしやすいという、嬉しい話だった。何しろ、日本一の操縦の名人がいるヒロボーが飛ばしてくれるのだから、心強いこと限りない。「R-50」は最初から自由自在に飛行したという。

次いで7月1日には、ヤマハ発動機の創立記念日に当たって「R-50」の初飛行が役員に披露された（図-14）。そして関係者は、その安定感と自在な飛行を喜び合った。

それからは改良を続けながら10時間、50時間と耐久飛行時間を延ばしていく作業である。このころになってヤマハ発動機でも「R-50」の設計担当を決め、ヒロボーの紹介で操縦者も充実することができた。

こうして双方で飛ばすことによって実用化の促進を図り、問題を共有することができたのである。

16）「RCASS」のフリーフライト

話を「RCASS」に戻そう。

1985年の春から始まったFTSの拘束を受けた飛行によって、「RCASS」の制御技術は向上し、操縦の慣れの上でも成果を上げて、飛行は落ち着いてきた。FTSによる飛行の委員による現地視察や農林省の視察も成功裏に終わり、いよいよ暮れにはフリーフライトを目指す時期が訪れた（図-15）。

そして11月には委員会現地視察を兼ねてフ

図-15「RCASS」のフリーフライト

リーフライトを行ったが、このときは風で着陸に失敗して転倒、機体を小破した。ローターとスキッド（※10）などの修理の上、年末も押し迫った12月24日、今度は室内で再度フリーフライトが行われ、これは成功した。

フリーフライトでは、ロール（横揺れ）に対する舵の応答が遅くて操縦しにくいこと、方向を保てないことなど、FTSでは陰に隠れていたいくつかの制御上の問題が浮かび上がってきた。

1986年に入ってフリーフライトが繰り返され、何度かRCASS委員会や現地視察会が催された。

しかし、解決の難しい問題点が少なくなかった。高度維持が安定しないほか、風があるとテニスコート2面分ほどの区画の中で飛ばすのが容易ではない。動き始めたときに、フレア（※11）をかけて止めなければならないのに、それがすぐにはできなくて、対地速度のあるまま着地させてしまう。それが転覆につながるのである。

原因は機体の操縦性不良、制御技術の未完成、操縦者の不慣れ、機体の前後が明確でない飛ばしにくさ、それらが複雑にからみ合っていて飛行を難しいものにしていた。特に突風の処理の難しさをクリアするのは容易でなさそうだった。

何しろ、初めて経験するいくつかの大きな問題を同時に解決しなければならない、技術上大変難しい場面である。そして、大きく壊したときの復旧に要する期間が3カ月、半年と長くかかることも気が重かった。

私の2年前の心配が徐々に現実のものとなりつつあった。それに「RCASS」の機体は重く、ペイロードが少なくて、再設計しない限り実用性がない。

その解決のために暮れには実用機「R-100」の計画が始まったが、このころになると「RCASS」を実用に供するには有効な誘導システムの必要なことが分かってきた。動きの鈍い「RCASS」を、いろいろな風の環境のもとで安定して農薬散布のコースをたどらせるのに、人の手による操縦では荷が重い。それに、全自動が最初からの「RCASS」の思想でもあった。

委員会の話題は誘導システムの方向を向き始め、補助金も誘導装置を対象として出されるようになってきた。

このあたりから、「RCASS」のプロジェクトのフェードアウトが始まろうとしていた。何しろ「R-50」の方は、十分なペイロードを持った機体がすでに耐久試験をクリアしようとしていたのだ。

17）「R-50」の認知

ここまで進んでも、RCASS委員会の中で「R-50」は認知されていなかった。

1986年3月11日、静岡県・磐田市のヤマハ発動機本社工場に主要委員が集まった折りに、「R-50」の実機を展示して現物の理解を頂いた。

また、翌1987年1月には、中口先生に「R-50」をRCASS委員会の事業に含めることをお願いして了解を頂き、ヤマハ発動機が独力で進めた「R-50」の開発を委員会の事業の成果に含めることを、ありがたい提案として感謝された。

そして、その後の本委員会でこのことが了承され、以後、委員会としても「RCASS」と「R-50」を平行して議論する場を得たのである。

1987年の1月に入ると、ヤマハ発動機の田中俊二重役から「R-50」の生産移行の指示が降りて、2月には生産計画が決定した。生産試作の色濃いものではあったが、4月にはモニター機10機を完成させ、8月から出荷することが決まったのである（図-16）。

「RCASS」の方は実用機として新たに「R-100」の計画があったが、人員は生産計画のある「R-50」の方にシフトせざるをえなかった。

1988年、結局「R-100」の計画は進展せず、補助金を受けた制御の研究を主として継続する形になった。

将来に向けては、「R-50」の方も順次自動化することで操縦を容易にする必要があった。そしてこのころの研究は、あとに花を咲かせることになる。

1989年3月、最終のRCASS研究開発会議を行って、このプロジェクトは遂に終わりを告げた。

※10　スキッド：着陸用ソリ・脚
※11　フレア：ヘリコプターには横向きの推進器がないので、機体を傾斜させることで前進し、また止まる。
　　　対地速度をゼロにするには、進行方向と逆に機体を傾斜させ、前上がりにしてブレーキをかける。それをフレアをかけると言う

図-16　生産型の「R-50」　視認性の良い塗り分けに変わっている

18) 事業としての「R-50」

　委託研究として受諾した無人ヘリだが、ここまでくると事業としての成立が問題である。

　無人ヘリの用途としては種々なものが考えられたが、スタートが農林水産航空協会の農薬散布用であったから、ヤマハ発動機では、農薬散布に99%の精力を集中した。

　当時、すでに模型ヘリを少し大きくしたくらいのもので農薬散布用とする機体が他社からも次々発表されていたし、1987年の11月には各社が産業用無人ヘリを持ち込んで茨城県・内原でデモフライトが行われたほどで、そのときすでに農業の近代化に無人ヘリの将来は嘱望されていたのである。

　特に有人ヘリによる散布は、風による農薬の拡散が問題視され、禁止する県がぼつぼつ出始めていた。

　一方では、苗代のいらない米作、田植えのない米作として、直播きの米作りが注目を集めるようになってきた。

　リモコンヘリの操縦は難しいものとされている。その点、「R-50」は動きがゆったりして操縦しやすい。かといって、高価なヘリを落としたら大変で、飛ばす方には大きなプレッシャーがある。ゆとりのある実用レベルの技術を育てるには、組織的に操縦技術を磨く必要があった。

　そのためにヤマハ発動機では、「R-50」の販売、普及のための別会社「ヤマハスカイテック」(尾熊治郎社長)を設立し、教育システムとしてはスカイテックアカデミーなどで操縦技術の普及に努めた。ピアノ教室やボート免許教室など、この種のシステムはヤマハの手慣れた分野でもある。

　1983年に「RCASS」の研究を引き継いでから6年目の1989年12月、「R-50」の正式な生産、販売が開始された。

　それからもう10年を超える。その間には生産性と信頼性の面からテールボディーが少し変わった(図-17)。この間、無人ヘリによる農薬散布は次世代農業のホープと見られたのであろう、急速に普及を続けている。

　操縦の資格を得たオペレーターの数は1997年までには4,000人を超えた。目を引くのは女性のオペレーターの進出で、若い女性、主婦などが、新しい魅力ある職業としてヘリのオペレーターを目指し、華やかに活躍している姿を見るのは楽しい(図-18)。

　「R-50」の稼働機数も最近は1,000機を超えたであろうし、散布面積も年々拡がって20万haに達した。対象とする作物も水稲から麦、大豆、蓮根、大根、栗、柑橘類とその範囲を拡大している。

　私は1988年以来この仕事から手を引いているが、その間に「R-50」は大きな進歩をとげた。

図-17　「R-50」のマイナーチェンジ　テールボディーが機械成型に、また、直線的に変わった

高度制御、方位制御の技術が完成し、高性能なジャイロが手に入るようになって、1995年には待望の姿勢制御装置（YACS）が発売された。光ファイバージャイロ3個と加速度計3個を組み込んだこの装置は、操縦を画期的に容易にした。

そのころ、ヤマハ発動機の長谷川武彦社長（当時）が「R-50」を飛ばした、という話を風の便りで聞いて驚いたものだが、実はYACSつきで、姿勢が崩れたらコントロールスティックから手を離せば自動的に水平に戻るという、永年の夢が組み込まれた機体だったと知り納得したものだった。

19）「RMAX」への進化

1997年には「R-50」が大きな進化を遂げて「RMAX」になった（図-19）。このモデルの販売開始直前、私は誘われて飛行実験の様子を見に行ったが、そのあまりの変わりように驚いたものであった。

無理もない。無人ヘリの設計陣は飛行機マニアの巣だ。杉本　誠　技術部長は永年の模型ヘリのエキスパートだし、1998年の鳥人間コンテストで、琵琶湖の北の果てまで飛んで圧倒的な優勝を果たした"極楽とんぼチーム"の面々が「RMAX」の設計の主力である。

この連中がやりたい放題によくした機体だから、素晴らしい機体にならないはずがない。私が設計したころの機体は、まだ汎用無人ヘリの域を出ていなかった。しかし「RMAX」は長い農薬散布の実績の中から、"これは"と思ったことを全部現実にしている。

馬力、ペイロードがほぼ2倍となり、セルモーターや姿勢制御装置が組み込まれていながら、自重はいくらも増えていない。カセット式の薬剤タンクは大いに納得だし、脚についたそりの両端を曲げて持ち上げやすくしたアイデアは秀逸だった。故障個所を自己診断するセルフモニター、飛行中の燃料切れや電波障害をランプで警告する装置など、ひとつひとつが泣かせる出来なのである。

一方、サイズや基本構造はほとんど変わっていない。例のハンドリングのためのジャストサイズが保たれている。

また、当初から私の自慢だった脚の前の小車輪もその形をとどめていて、嬉しかった。良いところは残し、直すべきところは直す。

その見事さを見て感じたことが1つあった。"極楽トンボ"の連中は仲がよい。結婚しても、子供が生まれても、そして子供たちが随分大き

あの連中は体得したに違いない。それが「RMAX」という形になったのだろう。

こんな連中に設計してもらって無人ヘリも幸せだし、跡を継いでもらった私もとても幸せな気分になるのだった。

一方では、ヤマハ発動機という会社のありがたみをつくづく思い出すのである。

有力ないくつかの会社が無人ヘリに挑戦して挫折した話を聞いている。それは恐らく会社が早々に見切りをつけるのだろうと思う。

そういった中で、この事業を15年も温かく支えて下さった長谷川武彦・元ヤマハ発動機社長、田中俊二元重役、そして最初から私と一心同体で努力し、「RMAX」の完成を見てリタイアした尾熊元事業部長、そしてこのプロジェクトに関わったみんなのハートが、会社の力となって事業を成功に導き、「RMAX」チームを育てたのだと思うのである。

くなったのに、まだ鳥人間コンテストへの挑戦を続けている。陽気に好きなことをやりながら、技術の粋を尽くして目的を遂げる。その境地を、

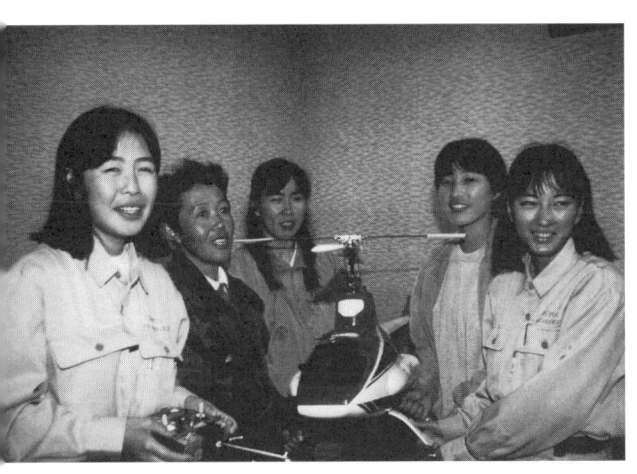

図-18　全日本無人ヘリ飛行競技大会出場の女性オペレーター

図-19　「RMAX」（下）と旧モデル「R-50」（上）

7章

水中動力遊具「ドルフィン」

　旧東ドイツから自由世界へ逃れようとした一人の天才の努力が、世にも不思議な水中スクーターを生み出した。このスクーターの素晴らしさに触発されて、楽しい水中遊具を開発しようとした経過である。
　信頼性を上げる最後の壁が乗り越えられなかったのは残念だが、今後ともこの種の遊具は欲しいものだと思う。

1）"水中スクーター"の誕生

　長い歴史を振り返って見て、水中エンジンと呼べるものがほかにあっただろうか？　私は、この"水中スクーター"のエンジンを除いて見たことがない。だいたいこれが考えられ、作られた経緯からして数奇な運命を背負っている。
　1960年代には、当時の東ドイツから逃れようとして命を落とした人の数は少なくないと聞いている。その危険極まる脱出を、己の才能に物言わせて開発した水中スクーターを駆って成就させようと考えた発明者がいる。その卓抜なアイデアと自信、そして素晴らしい技術に裏付けられた実行力には、心の底から感嘆するしかない。
　私はこの水中スクーターに魅せられて、この驚くべき乗り物を生み出した優れた人物のハートに脱帽し、限りない敬愛の情を持つようになった。
　発明者の名はベルンド・ボーゲル（Bernd Boettger）。東ドイツの有力会社に勤める化学の技術者で、ライフガードの経験を持つ泳ぎの達人だったという。彼は当初、バルチック海を泳いでデンマークに逃れようと試みたが、すぐにそれが不可能であることを知る。北の海は荒く、冷たく、遠すぎる。彼はその海を24kmも泳ぎ渡らなければならない。
　熟慮の末、彼は水中スクーターを作る。そして1回目のテスト中、国境警備隊に捕まり、3カ月投獄されたが、東ドイツの重要な会社に勤務しているという理由で許された。
　彼はすぐ第2の水中エンジンの開発に取りかかる。1回目の失敗で彼は成功のための厳しい必要条件を知ることになった。それは、"静粛に回り、彼を引っ張って長い潜航を続ける"というものである。航続力と耐久性を持つエンジンが必要で、もちろん彼の体力はそれに耐えね

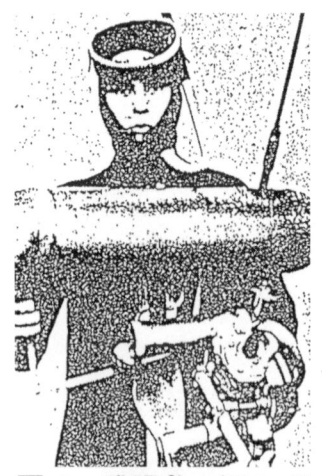

図-1　発明者　ベルンド・ボーゲルと、彼の脱出用水中スクーター
（参考文献※1による）

※1　参考文献：From Escape to Escapism "The Aquascooter Story" by M.L.Jones and John Donovan 『Soldier of Fortune』誌

ばならない。しかも、それをトライアルもなくただの1回で成功させなければならない。

2回目は作るのに1年かかった。まず1.5馬力のスクーターのエンジンを手に入れたが、ほかはできる限りあり合わせの材料を組み合わせて作り上げた。この重さ10kgのミニサブマリンは、FRPのタンク、エンジン、プロペラ、それにシュノーケルを備えて時速5kmのスピードで5時間走り続けることができるはずだった。

1968年9月、星空の広がる夜11時30分、彼は東ドイツ北西部のグラルミューリッツに近い人気のない浜辺から水に入り、1.5フィートの深さで潜航を始めた。そこは沿岸警備隊の監視塔から300mほどのところだ。細いシュノーケルなら見つからない。

1時間ほど潜って追っ手の心配のないのを確認してから、彼は潜水用の6kgの鉛のベルトを海に捨て、その後は水面を走りつづけた。彼のもう1つのベルトには、ビタミンC、砂糖入りのチョコレートミルク、飲み水などの食料と、海上で修理のできるツール、さらには安全のためのエアマットレスまで装備していたという。水中エンジンを含めた彼の周到な準備が大航海を成功させた(図-1)。そして5時間後、冷え切った身体でデンマークの灯台船にたどり着いて無事救い上げられた。

2)"水中スクーター"の成長

1968年、東ドイツのボーゲル氏によって"水中スクーター"は発明された。

彼がこのスクーターを使って東独を脱出したあと、その脱出のニュースはヨーロッパ中で報道された。これを見たロックウェルインターナショナルの重役が、その際使われた"水中スクーター"に興味を持って西ドイツの子会社と相談した結果、ボーゲル氏はそこで自らが発明した"水中スクーター"の商品化に従事することになったという。

不幸にして氏は1970年の初頭、スペイン沖においてダイビング中の事故で亡くなり、"水中スクーター"のその後の成長を見届けることはなかった。

その後、ロックウェル社は1974年、企業方針の問題からパテントと生産ライセンスをジェイムス・テイラー氏に売却し、テイラー氏は米国にアクアスクーター・インコーポレイテッドを設立した。そして1978年1月の末に最初の商品化モデルの第1号を完成したという。そのあたりの経緯を図-2で見て頂きたい。

同じ1978年にイタリアのアルコス社がライセンス生産を開始、今もそれが続いている。

一方、テイラー氏との関係は不明だが、1982年には米国・ニューヨーク州在住のロバート・スチーブン・ウイットコフ氏が、アクアスクーターインクとともに多くの権利を手に入れ、アルコス社と世界の販売権を分けた。

アルコス社はイタリアでの販売権を、またウイットコフ氏はそのほかの全世界の販売権のほか、特許、生産の権利および製造用の型の権利まで保有していると言っていた。

「アクアスクーター」と言う名前がついたのはいつからだろうか。ボーゲル氏かテイラー氏の命名だろうが、そこはさだかでない。

1954年に発表された映画、オードリー・ヘップバーン主演の「ローマの休日」に登場したベスパスクーターの明るく楽しいイメージにアクア(水)を冠した、当時としてはごく自然でよい命名であったと思う。

ウイットコフ氏の話によれば、アルコス社は生産開始以来1985年までの8年間に6万台のア

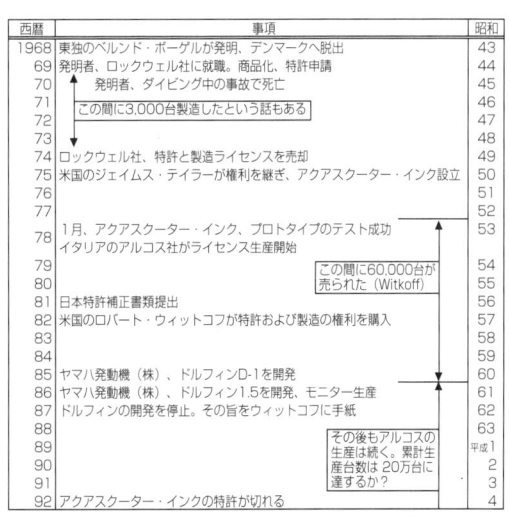

西暦	事項	昭和
1968	東独のベレンド・ボーゲルが発明、デンマークへ脱出	43
69	発明者、ロックウェル社に就職、商品化、特許申請	44
70	発明者、ダイビング中の事故で死亡	45
71		46
72	この間に3,000台製造したという話もある	47
73		48
74	ロックウェル社、特許と製造ライセンスを売却	49
75	米国のジェイムス・テイラーが権利を継ぎ、アクアスクーター・インク設立	50
76		51
77		52
78	1月、アクアスクーター・インク、プロトタイプのテスト成功 イタリアのアルコス社がライセンス生産開始	53
79		54
80	この間に60,000台が売られた(Witkoff)	55
81	日本特許補正書類提出	56
82	米国のロバート・ウィットコフが特許および製造の権利を購入	57
83		58
84		59
85	ヤマハ発動機(株)、ドルフィンD-1を開発	60
86	ヤマハ発動機(株)、ドルフィン1.5を開発、モニター生産	61
87	ドルフィンの開発を停止。その旨をウィットコフに手紙	62
88		63
89	その後もアルコスの生産は続く。累計生産台数は20万台に達するか?	平成1
90		2
91		3
92	アクアスクーター・インクの特許が切れる	4

図-2 アクアスクーターの歴史

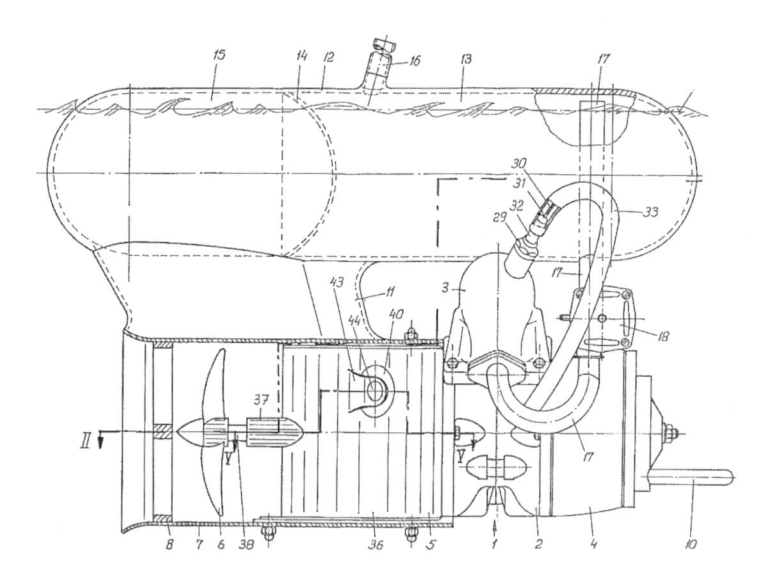

図-3 "水中スクーター" (1969年出願の特許書類から引用)

クアスクーターを全世界に売ったと言うから、すでに立派な商品として通用していたことになる。

その後もアルコス社は「アクアスクーター」をずっと作り続けている。1996年ころには各部が大きく改良された。恐らく、累計の販売台数は今や20万台に及ぶだろう。大きな市場を形成したものである。

3) 素晴らしい「アクアスクーター」のメカニズム

1969年に西独で出された特許の図面を図-3に示したので見ていただきたい。これを図-1の脱出に使ったモデルと比べると、配置にいくつかの違いがある。それは脱出行のときの知識を採り入れたものだろう。いずれにせよ、この時点で基本的な水中エンジンのレイアウトはほぼ完成していたと見ることができる。

特許は1969年にロックウェルインターナショナルの手で申請され、その権利は1982年から米国のアクアスクーター・インコーポレイテッド社のウイットコフ氏の手にあって、1992年には主な特許の期限が切れた。

この"水中スクーター"のエンジンは、シリンダーが水中に露出しているので直接海水で冷却され、ほかに何の手立てもいらない。クランクシャフトに直結したプロペラは危険防止のためにダクト（※2）で囲われているが、それが推力の向上に寄与している。キャブレターへ行く空気はエンジンの上にある空気室内の上部まで延ばしたパイプから引いていて、空気室が水で満たされない限り、水を吸うことはない。

空気室は上にシュノーケルを持っていて、水が空気室に進入するのを防いでいる。さらにこの空気室と燃料タンクは浮体の役目をつとめて、ちょうど機械全体が水に沈みすぎず浮きすぎない、よいバランスを作り出しているのである。

人間がこの機械のハンドルに掴まってエンジンをかけると、泳ぐより速いスピードで走れるし、60cmほどの深さまで潜航することもできる。発明者がまんまと海を渡って脱出した様子が目に見えるようだ。

ただ、この図面で見ると、操縦者が掴まるハンドルは機械の後部についている。現在の前部にハンドルがあるのと乗り方が大分違っていたものと想像される。

私が「アクアスクーター」を知ったのは1980年ごろだったと思う。このころ、「アクアスクーター」という名前はすでに有名で、デザインも非常に洗練されたものになっていた。

それが誰の手によるものかが不明なのだが、このころのモデル（図-4、図-5、図-6）は最初の特許の図面（図3）に比べて遥かに洗練さ

※2 ダクト：管、筒。この場合プロペラを囲む筒

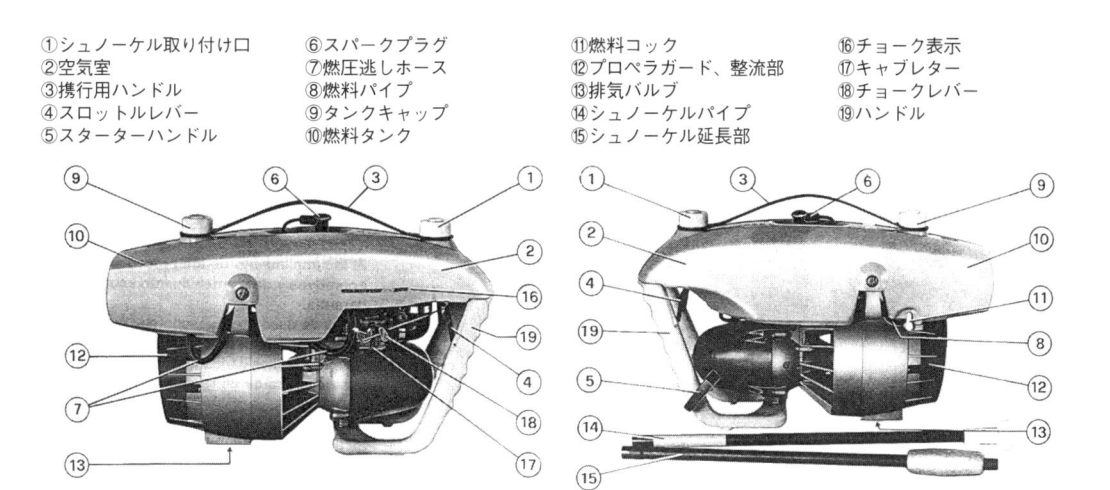

①シュノーケル取り付け口　⑥スパークプラグ　⑪燃料コック　⑯チョーク表示
②空気室　⑦燃圧逃しホース　⑫プロペラガード、整流部　⑰キャブレター
③携行用ハンドル　⑧燃料パイプ　⑬排気バルブ　⑱チョークレバー
④スロットルレバー　⑨タンクキャップ　⑭シュノーケルパイプ　⑲ハンドル
⑤スターターハンドル　⑩燃料タンク　⑮シュノーケル延長部

図-4「アクアスクーター」（ARCOS社　取り扱い説明書より引用）

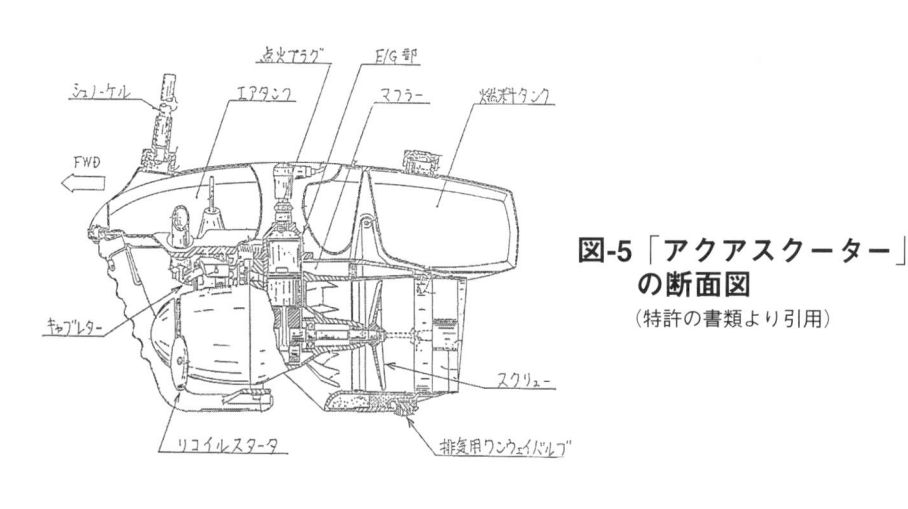

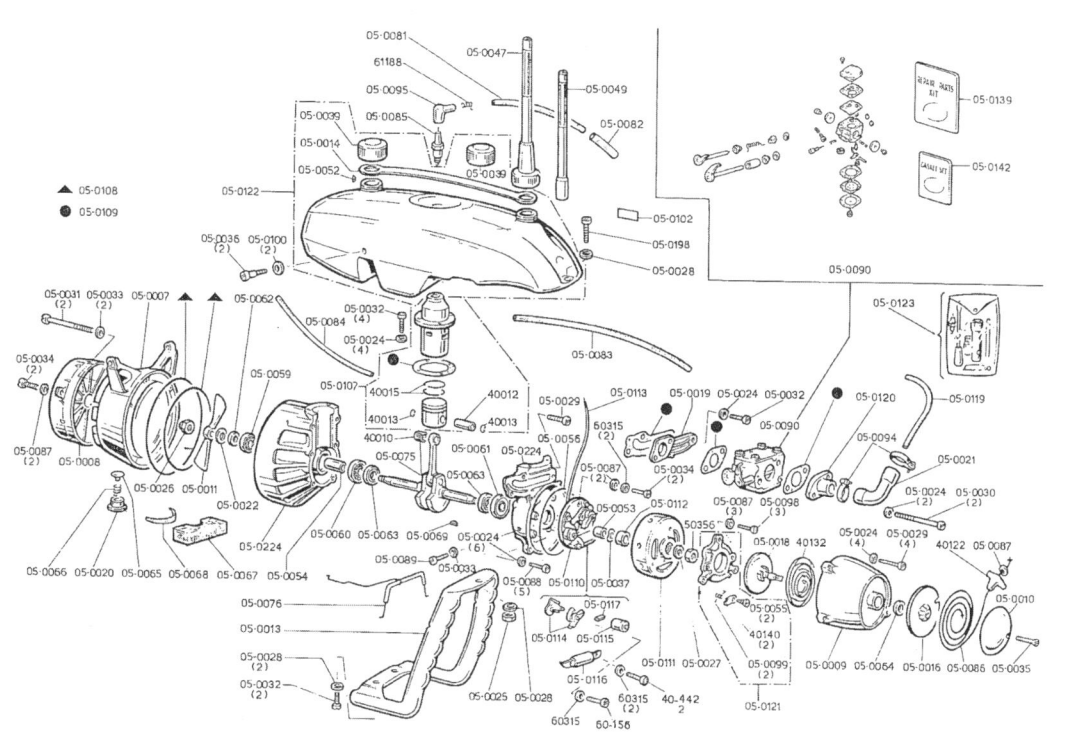

図-5「アクアスクーター」の断面図
（特許の書類より引用）

図-6「アクアスクーター」の部品分解図（ARCOS社　取り扱い説明書より引用）

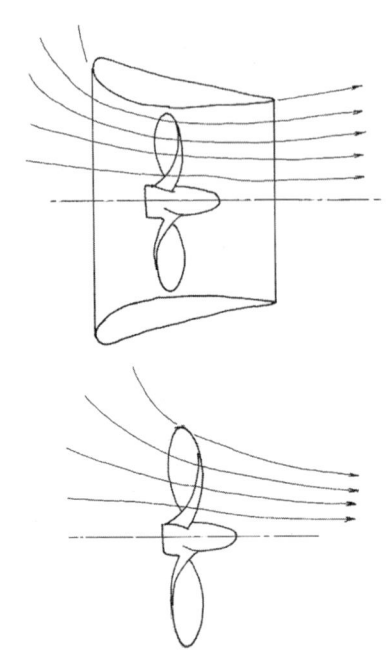

図-7 コルトノズルとは？
低速で推力を発生するときに、プロペラ単体だと後流が細くなる（縮流）ため、十分に推力が出ない。コルトノズルで覆うと、縮流を防ぎ、かつ、ノズル自体にも推力が働いて、大きな推力が得られる。しかし、高速では抵抗が大きくて不利

れていた。基本的な構成に変わりはないが、少しの無駄もない。そして流体力学的によく考えられた形状で、これ以上のものは考えられないほどシンプルで美しい。1973年米国で申請された特許の書類によると、発明者は東ドイツのエガート・ブエイク（Eggert Bueik）となっている。ボーゲルとの関係はよくわからない。

特許の図面とは違って、プロペラのダクトが厚みのあるものになっている。ちょうど翼断面をぐるりと輪にしたようなダクトで、プロペラの先端はダクトの壁ぎりぎりまで延び、ダクトとの間にわずかな隙間しかない。この配置はコルトノズル（図-7）と呼ばれて、押し船など低速で大きな推力を要する船にしばしば使われている。低速では裸のプロペラに比べて50％も推力を増すことができるから、これは大変な力持ちというわけだ。

低速で推力を増そうとすると、大きなプロペラをゆっくり回すのがよいのだが、レイアウト上、プロペラの直径はそう大きくできない。「アクアスクーター」の場合、手軽に持ち歩きたいから軽くてシンプルな構造のために減速装置もつけたくない。

一方では回転を上げて小さなエンジンで大きな馬力を稼ぎたい。そして、安全上プロペラにダクトは絶対に必要なものだ。それらの条件をすべてプラスの方向で満足させるのがコルトノズルという解決だったのである。さらにはこの大きくなったダクトの容積をマフラーに使い、エンジンへの水の逆流を止める働きまでさせているのだから心憎い。

こうしたアイデアや努力が実って、コンパクトでわずか6.8kgと軽く仕上がった。片手で簡単に持てるし場所を取らないから、プレジャーボートに2〜3台積めばクルージングが何倍も楽しくなる。そんな夢を描ける遊具である。

4）世界の水中遊具

海外でも国内でも、1985年から1991年までの間には数多くの水中、水上の遊具が発売された。そういう世界中が知恵を絞った時期があったのだが、結局それは一時的なもので、生き残ったのは「アクアスクーター」だけになった。

それらを写真と一覧表で紹介して、どんなものがこの世に存在したか、それがどんな理由で我々の目の前から消えて行ったのかを振り返って見たいと思う（図-8、図-9）。残念ながら調査が不十分で抜けもあるし、写真も見にくいものが多い。申し訳ない次第である。

小さな、泳ぎを助ける程度の遊具があれば、ボーティングはどんなに楽しくなることだろう。クルーザーにいろいろ積んで出かけると果てしない楽しみがある。しかし、動力つきの遊具を考える限り、その動力にまつわる悩みがどうも起こりがちだ。それを克服したもののみが生き長らえるのだろう。

エンジンはしばしば海水となじみが悪い。中でも「アクアスクーター」のように小さなボディーで海に沈んだり浮いたりという状態で空気を採り入れ、排気を放出する遊具用のエンジンは特に難しい。

同じ海水を相手にするエンジンの中で、多くの問題を克服して性能が安定した船外機、さらに転覆や浸水の条件を遂に克服したウォーター

第7章 水中動力遊具「ドルフィン」

番号	名前	販売元/メーカー	長さ(m)	幅(m)	重さ(kg)	型式	速度(km/h)	推進器	価格(万円)	販売実績/年度
❶	ジェットミニ	西武マリン/明石ヨット	0.85	0.51	23.0	FRPボート	5	スズキ製ジェット	18.8	72/'89～'91
❷	ジェットシャーク	〃	1.49	0.95	28.0	〃	—	〃	23	—/—
❸	ジェットスウィム	オカモトアウトドア用品	1.50	0.84	31.0	〃	13	〃	21.1	<1,000/'85～'91
❹	ジェットスウィム	明石ヨット/明石ヨット	1.65	0.80	32.0	〃	6	〃	18.8	上に含まれる
❺	ダイバーメイト	〃	1.00	0.74	25.0	〃	6	〃	23	130/'90, '91
❻	ジェット"遊"	〃	1.00	0.74	25.0	〃	5	〃	19	上に含まれる
❼	ジェットクルーザー	〃	0.92	0.55	35.0	〃	7	〃	19	同上
❽	ジェットイルカ	〃	1.60	0.74	30.0	〃	5	〃	23	同上
❾	ミニクルーザー	小泉産業	1.48	0.64	33.0	魚雷型+ゴムボート	11	電動モーター(500W)	16.8	—
❿	アクアマリン	トーハツ/ワールドマリンデック	—	—	35.0	魚雷型+ゴムボート	3	電動モーター(1時間)	7.5	3,500/'90～'91
⓫	マリンドライブスーパー2000	小泉コンピューター	0.95	0.53	9.9	〃	4.7(水面)	〃	—	—
⓬	水中スクーター	スズキ	1.30	φ0.19	30.0	魚雷型	12	アクアスクーター	—	—
⓭	アクアヒット	西独:S&F Wieskemper	1.84	0.48	23.0	FRPボート	10	〃	艇形$1795+アクアスクーター$459	—
⓮	ウォーターフリップ	AQUA SCOOTER INCORPORATED/ARCOS	1.70	—	22.0	〃	—	〃	$459	/'85, '86
⓯	アクアスクーター	AQUA SCOOTER INCORPORATED	0.51	0.18	6.8	アクアスクーター本体	—	〃	$1399	20万台?/'78～'98
⓰	トートアボート	〃	—	—	—	ゴムボート	16	アクアスクーター	$1795	—
⓱	アクアキマー	〃	—	—	—	FRPボート	—	〃	—	非売
⓲	アクアキューバキット	/ヤマハ発動機	—	—	—	潜水用キット	—	—	—	非売?
⓳	ドルフィンD-1	/ヤマハ発動機	2.40	0.54	17.8	ウレタンフォームボート	11.3	〃	—	非売
⓴	ドルフィン1.5	〃	1.49	0.60	15.0	FRPボート	7.5	〃	—	非売

図-8 世界の水中遊具（自走式）'99.2.21 K.HORIUCHI 記：販売実績は部分的調査のため、不正確な点をご了承いただきたい

図-9 世界の水中遊具の写真など

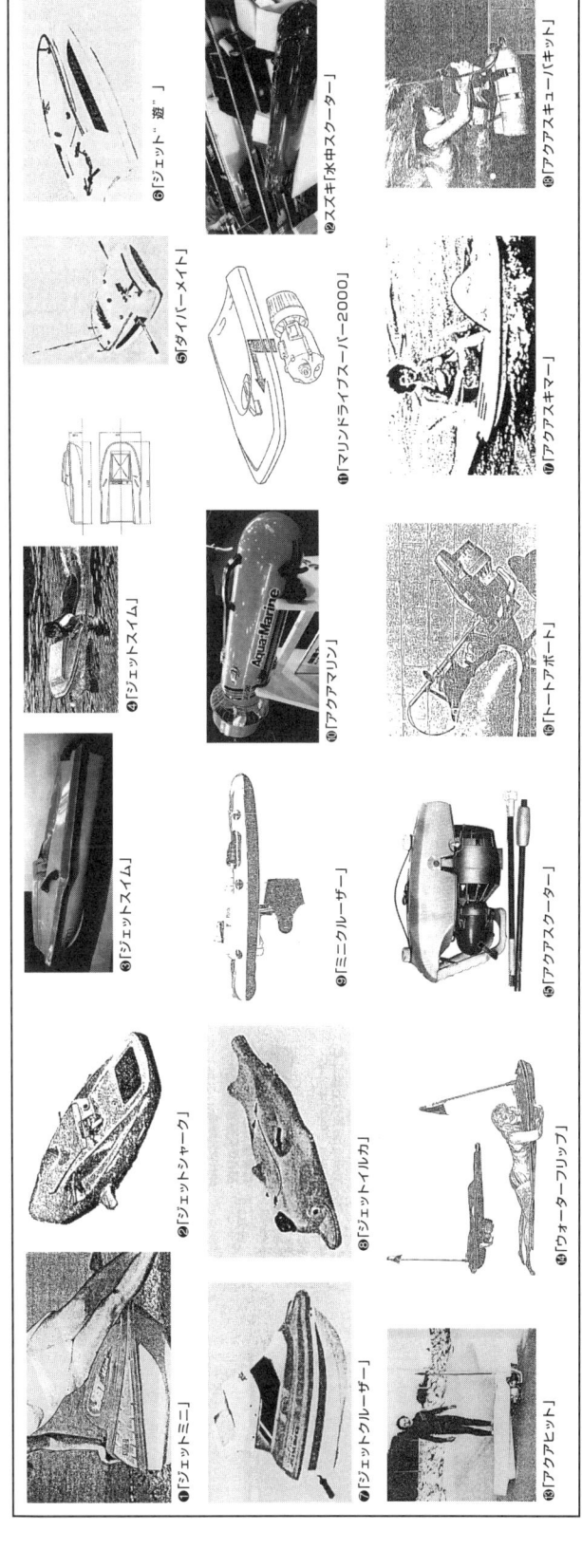

ビークルに較べても遥かに分が悪い。

一方、電動にすると密閉できるからエンジンのような困難はないが、その代わり一般には重いか遅いか、航続距離が不足か、ともかく電気はエネルギー密度が低いから静かな動きにしか対応できない。

こういった厳しい環境の中で、紹介する遊具の大部分は消えていった。それだけに生き残った「アクアスクーター」の大きさが際立つのである。

図-8および図-9に載せた17機種の遊具を大別すると、

Ⓐ国産のエンジン、ジェットつきモデル
Ⓑ国産の電動モーターつきモデル
Ⓒアクアスクーターを動力とする海外のモデル

の3つに分けることができよう。

Ⓐグループから見てみよう。このグループはすべてスズキ製100ccエンジンとジェットの組み合わせを使用している。その中で圧倒的に売れたのがオカモトアウトドア用品の「ジェットスイム」(❸、❹)である。長さが1.65mしかなくて速度が13km/hというのは信じがたいが、数年のうちに1,000隻近くを売った実力は他を引き離していて大したものだと思う。

明石ヨットで作られた❶、❷、❺～❽はまさに遊具という言葉がぴったりする艇群で、もっぱら形の面白さを訴えたかったのだろう。しかし、音と30kg近い重さはちょっと可愛げがなかった。

私見を言わせて頂けば、これらに使われたエンジンとジェットの組み合わせは、かなり騒々しくて推力も少なかった。水ジェットは噴流を空中に吐き出す場合に効率よく推力を発生する。ところがこのジェットは、細い噴流を水中に吐き出しているので推力が出にくかったと思う。

Ⓑの電動グループはどうだったろう。❿「アクアマリン」と⓬「水中スクーター」は、ダイバーが使う"水中スクーター"と同じ形式だから、遊具というよりはダイバーの用品の部類に入れてよいのかも知れない。

一方❾の「ミニクルーザー」にはゴムボートの船体、⓫「マリンドライブ」にはボードの船体がついていて、水面で遊ぶ遊具である。この中で「マリンドライブ」が3,500台を売ったというからこれは立派な成績で、恐らく9.9kgという軽さと、7.5万円という価格がものを言ったのであろう。性能に多くを望まず、遊具の範囲に似つかわしい重量と価格の組み合わせを選んだことが成功の秘密であったろう。音の小さいのもよかったと思う。ただ今は見当たらなくなっている。何がその命脈を絶ったのだろうか。

Ⓒのグループはどれも「アクアスクーター」をそのまま動力に使用している。⓭「アクアヒット」は写真が悪くて設計者の意図が理解しがたいが、⓮「ウォーターフリップ」は十分考えられた製品で、アクアスクーター社とも連携を保って生産をしていたことが報告されている。しかし、残念ながらどのくらい売れたのかもわからないし、現在売っているという話も聞かない。ちょっと変な格好をしているが、乗り手の身体と合体したときに抵抗の少ない形状になることを狙っているのだろう。それが高速を達成するのに役立ったと思われる。

⓯「アクアスクーター」はすでに十分説明したのでおくとして、⓰「トートアボート」は「アクアスクーター」をゴムボートなどの小さいボートにアタッチメントで取り付け、船外機として使うものである。アクアスクーター社によって作られ販売されたが、どのくらい売れたかはわかっていない。

⓲「アクアスキューバキット」も同じくアクアスクーター社で作られ、潜水用に発売しようと企てたキットである。ダイビング用のエアタンクからレギュレーターを経由して「アクアスクーター」のエンジンに空気を供給することによって10m程度の深さまで潜れるという。

これは原理的にうまくいきそうで、とても面白いと思ったのだが、残念ながら売り出したという話は遂に聞かなかった。PLの問題を恐れたのかも知れない。ウイットコフ氏は工業デザイナー出身と聞いたから、恐らく彼の夢の広がりが⓯や⓰を生んだのだと思う。

5) ヤマハのスタート

私たちが水中動力遊具の開発活動を開始したのは1985年2月だった。ことの起こりは、ヤマ

ハ発動機系列のデザイン会社「YAC（ヤック）」の商品探索であった。

彼らはヤマハ発動機向きの水中の遊具を幅広く探索したあげく、結局小ぶりのエンジンつきの水中遊具に行きついたのだった。春になってYACの鈴木昭義君は数種類の案を10分の1の手作りの模型に仕上げて、それを持って私のところへやってきた。私に船としての適性を見させること、その上で試作の相談をすることが彼の希望だった。

ちょうどその前年に堀内研究室が発足して、当時の私はこういった相談に乗る立場にあった。鈴木君の持ってきた模型は5隻あったと思う。それらを見比べるうち、その中に浮力や速度、安定など、船としての性能が理想的に満たされそうな1つの案があることに気づいた。ほかも見込みがないことはないが、一案が実を結べばほかは自ずから成否の見当がついてくる。

その案というのは、長さ8フィートの細長い船体に人がうつぶせに乗る配置であったから、抵抗も少なく横安定もほどよいところに収まっているように見えた。そしてこのプロジェクトを進めるには、早いところバラック（※3）を作って遊んで見るのが近道になると直感した。

エンジンとジェットを船体の中に収めたこの乗り物に、私は強く興味を持った。だからその日のうちに鈴木君と仲立ちをしてくれた技術管理課の久保　裕君を伴って会社の近くに住む柴田室一さんを訪れた。そして鈴木君の持って来た一番よさそうな模型を手渡して、この模型の型板を作り、大まかな線図を作ってもらうよう依頼した。

柴田さんは永年ボートの型や原図を手掛けてきた3次元のエキスパートである。ボートの試作工場の職長を定年で退職して間もなかった。

6）『ドルフィンビークル』の広がり

一方では、私なりにこういった遊具の技術的な広がりの可能性を早めに確認しておきたかった。その折の考えを描いたのが、図-10（ドルフィン・ビークルの広がり）である。鈴木案はその中心に排水量型として描いてある。その周りに派生するいろいろな案を描いてみた。

私は、"人がイルカになる機械"という意味でプロジェクト名を『ドルフィン』と名づけた。そういった道具の広がり、といった意味である。

こうした小さな乗り物を考えるとき、すべての要求を満たすレイアウトというのは一般にあり得ない。スピードと価格は両立しにくいし、可搬性と積載量、スピードもトレードオフの関係にある。遊びに合わせてウェイトづけを少しずつ変えながら鈴木案の周りを埋めて、よりよい選択が残されていないのかを当たってみたのである。

図の中にはいろいろと計算がしてある。原則として、エンジンには2馬力の船外機のパワーユニットを使い、トンネルの中でプロペラを回すことを考えた。

このときに私は水中のジェットも考えたようだが、その不利を忘れていたのだろう。この時点で「アクアスクーター」を知っていたかどうか、少なくともその素晴らしさは理解していなかったようだ。

この検討の中で"排水量型"（中央）は作りやすく一番オーソドックスでありながら、半滑走の船型を狙うと12〜13km/hを期待できそうで楽しみが多かった。

"水中飛行機型"はシュノーケルで乗り手とエンジンがともに呼吸しながら1mくらいの深さで潜水を続けられるモデルで、スピードは3km/h。飛行機というほどの運動性を楽しむには深さが足りない。前に紹介した「アクアスキューバ」の方が上だった。

"ゴムハル型"は前半分がゴムボートと同じ構造で、船が長いのでスピードは伸びるし空気を抜くと携帯が容易になる。ただ未経験のことが多すぎる。

"滑走型"は馬力不足で滑走させること自体に少し無理がある。むしろ2馬力のエンジンのままでのんびりと走ることにして、無理に加速しなくとも動力で加速して楽に波乗りができる遊具にすると面白いかもしれない。そうでないと、ついついボートもエンジンも大きくなってしまう。

こんな検討の中で"排水量型"の選択は揺るぎないものになっていった。

※3　機能を確かめるための簡単な試作（艇）

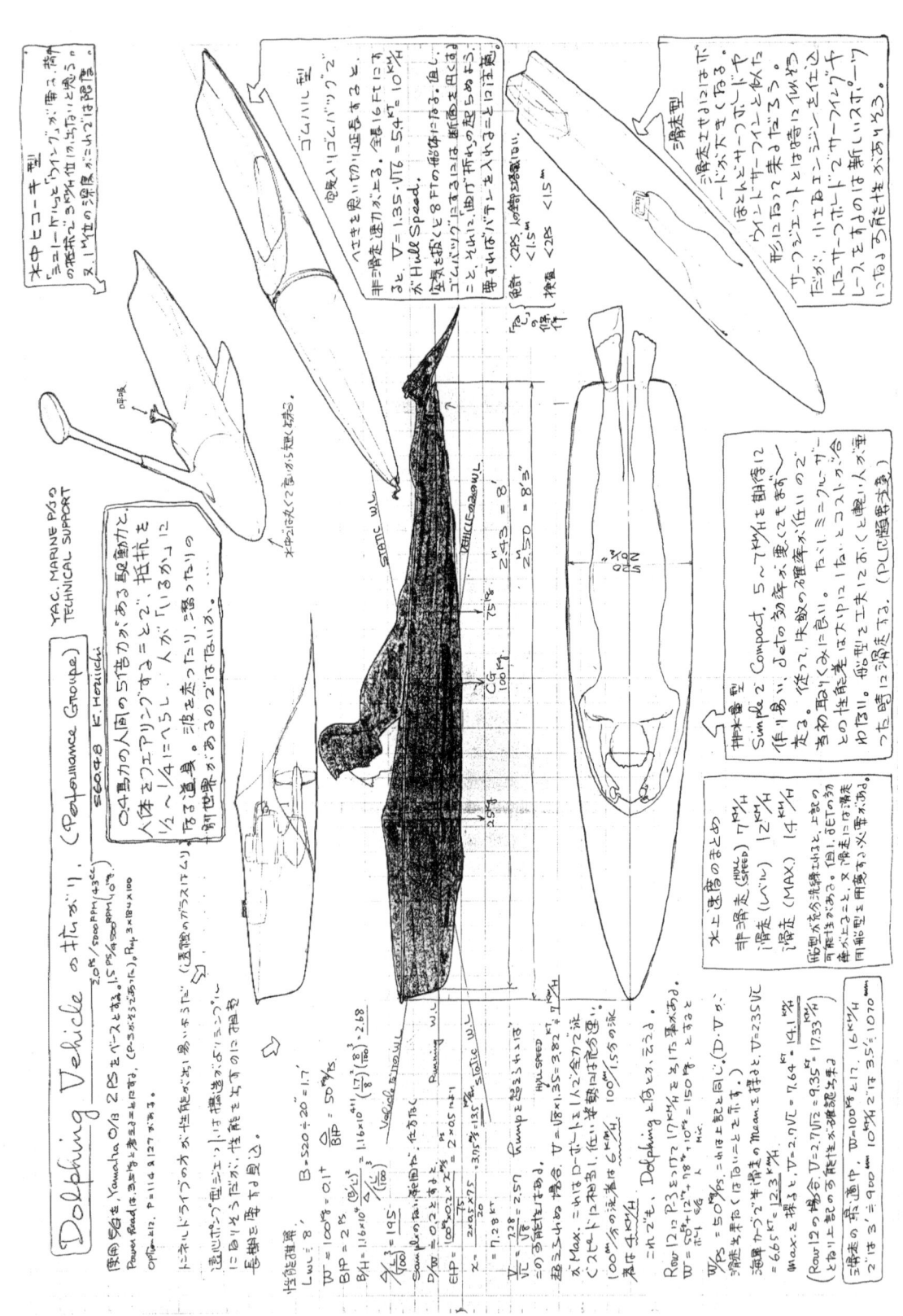

図-10　ドルフィンビークルの広がり

7)「ドルフィン D-1」

鈴木案で船体の方は動き始めたが、さて次は動力である。

鈴木案は動力装置を船体の中に収容するのだが、それに見合うエンジンはヤマハにも他社にもない。手っ取り早くテストを進めるには、「アクアスクーター」を利用するのが一番だった。新しいエンジンやジェットは量産の腹が決まってから開発すればよい。いずれにせよ、ヤマハ発動機で取り組むからには、自社製のエンジン、ジェットを積まねばならないだろうとそのときは考えた。「アクアスクーター」の上半分を船体に埋めこんで、スロットルレバーなどの操作部分を乗り手の手元に持ってくれば、初期の目的は達成することができる。そう腹が決まって、この「ドルフィン D-1」プロジェクトの全体が動き出した。メンバーは張本人の鈴木君、技術管理の久保君、それに私の3人。

1週間もかかったろうか、柴田さんのところから鈴木君の模型の線図ができた旨の電話が来た。それをもとに私は試作艇のための線図を作成、鈴木君に回した（図-11）。鈴木君はYACの工房に大きなウレタンフォームのブロックを持ち込んでそれを削り始めた。久保君は「アクアスクーター」を発注する一方、エンジン搭載用の部品の手配、運転の準備に飛び回る。面白いプロジェクトだから、みな早く走らせたい一心で試作は順調だった。

6月だったろうか、久保君の手配でいよいよ水上のテストに入った。

「ドルフィン D-1」はスムースに走り、バウからスターンにかけての波はきれいで十分満足した。しかし、船尾では水が割れていた。もう少し長さが欲しい。見回すと我々3人はいずれも80kg級で少し重すぎる。テストとしては厳しすぎると考えて、スマートな女性の古橋佳子さんを乗せた。彼女が乗ると波はきれいで言うことはない（図-12）。

ステアリングは足でとる。片舷に足を差し出して水の抵抗を受けると確実に曲がる。足にフィンを履いてみると、フィンの揚力が効いて引き波がさらにきれいになると同時に、舵の効きが大幅によくなった。このころのスピードは11.3km/h。エキスパートが泳ぐ2倍のスピード

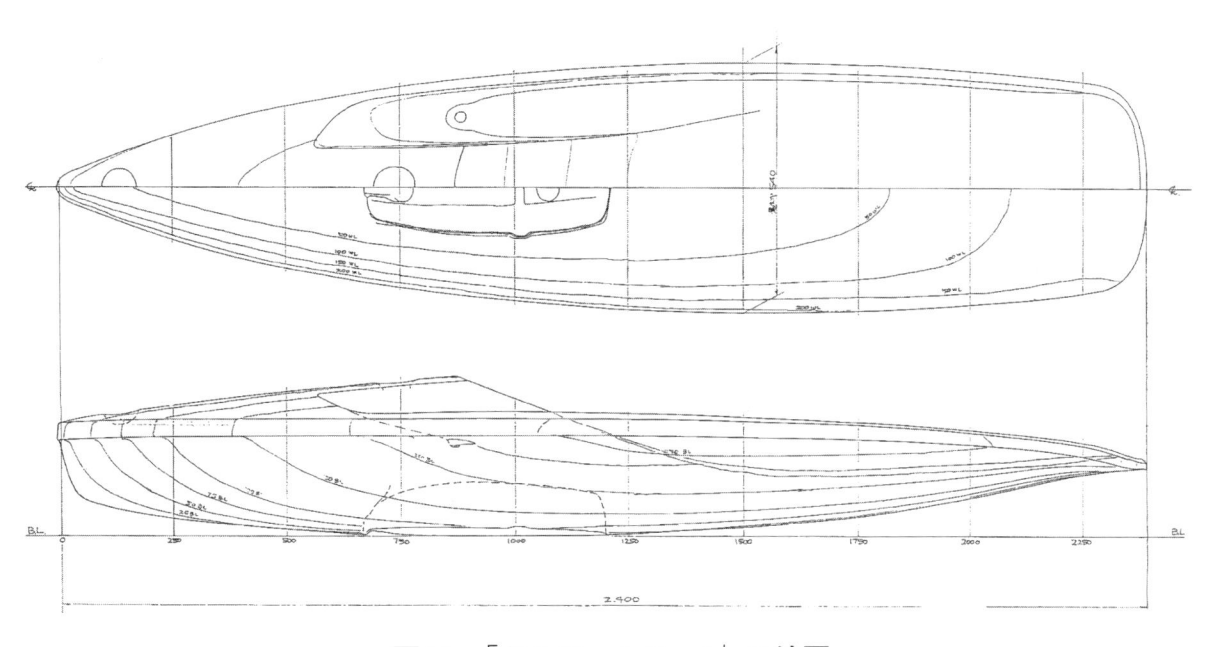

図11 「ドルフィンD−1」の線図
DOLPHIN D-1 LINES　SCALE 1/5　S60.9.5
（実物計測より写図したもの）K.HORIUCHI

図-12 「ドルフィン D-1」

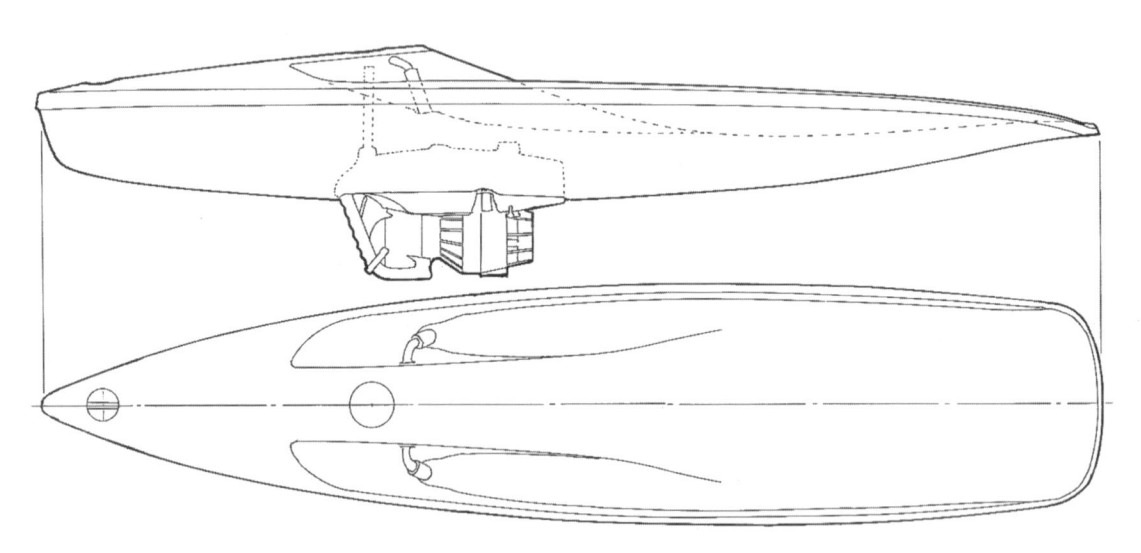

図-13 「ドルフィン D-1」外形図

で、しかも、目の位置が水面に近いことも手伝って凄く速く感じられる。古橋さんはすっかり気に入ったようだった（図-13）。

関係者が試乗した結果も好評で、この種の商品を開発する機運は高まってきた。堀内研究室と技術管理課の組織はヤマハ発動機の本社の組織である。「ドルフィンD-1」の商品化に当たってこのプロジェクトはマリン部門の営業、企画、設計の仕事に移り、3人組は少し間合いを保ってこのプロジェクトを見守る形になった。

8）「ドルフィン1.5」

マリンの企画、営業の段階で問題になったのは、この乗り物に海技免状が要ることだった。こんな非力で小さな遊具で遊ぶのに免状が要るのではかなり普及の障害になる。動力がついていると原則として免状は要るのだが、もし船の長さが1.5m未満で、乗り手の下半身が水に浸かった姿勢で走る遊具ならば免状が要らなくなるという付則がある。

「ドルフィンD-1」の長さはそれからかけ離れている。2.4mでももう少し長くしたかったのに1.5mでは鈍な走りになるのはやむを得ない。しかしその方向は決まり、同時に「アクアスクーター」を動力として使用することもそのまま受け継がれた。

私は長い船体に未練があって、いくらも金のかからない船体の型は長短両方造って、免状を持っている人にはスピードを満喫してもらいたいと思ったが、そうはならなかった。スピードや乗り味の差の説明が十分でなかったのかもしれない。それに、この商品から私の手は既に離れていた。

設計の担当は福島和治君だった。長くヨットの設計に携わってきた彼にとって、この長さで排水量型の船型を造るのは苦しかったと思う。しかし彼の努力で「ドルフィン1.5」は商品としてのまとまりを見せてくる（図-14、図-15）。モニター生産を実施して隻数が揃ったところでヨーロッパやアメリカにモニター機を出したり、会社の近くの海水浴場で一般客に参加してもらうレースを開催したりして好評だった。その様子を見る限り、間もなく発売まで辿り着けると感じていた。

エンジンはもう「アクアスクーター」を使うことが既成事実だった。私は「アクアスクーター」の設計的な完成度が非常に高いので、これ自体も商品として大きく伸びるであろうことを感じていた。ヤマハの商品としてもこのようなものが欲しかったので、「アクアスクーター」を採用することは賛成であったが、ただ、ドルフィンの開発の過程でどうも信頼性が船外機に較べて今一歩という印象を受けていた。

当時の私はアメリカのR&D（リサーチ＆デベロップメント）ミネソタを担当していたが、そのメンバーの1人に「アクアスクーター」を愛用している人がいたので話を聞いた。その人ジム・グリンデによると、日曜には大勢でミシシッピー川に船を出してボーティングを楽しむが、その折、「アクアスクーター」でのレースをする機会が多かったという。

それだけ信頼性があれば十分と思われるので、どうやってエンジンの調子を保つのか聞いてみた。すると、使ったあとでジムがエンジンの手入れをしているとのこと。それがあればこそ使えるのだろう。しかし、油断するとシーズンオフの間にエンジンが動かなくなったという話も一方ではよく聞く。

「アクアスクーター」で長時間夢中で遊んでいると、キャブレターに空気を送る空気室に水が一杯になることがある。シュノーケルからの浸水である。また、排気の出口がダクトの下側にあるが、そこのバルブの水止めがいつも完全であるという保証はない。したがってクランクケースにはしばしば海水が浸入する。

私はこのことを少し軽く考えていた。多少の気遣いで何とかなるものと思っていた。だが仕事が進むにつれて、この問題の深刻さがわかってくる。ヤマハの船外機の技術で何とでもしてもらえると踏んでいたのに、それほど簡単ではないらしい。いろいろと工夫を凝らしてくれたのだが、改良で納得のいく信頼性を得るのは難しい。彼らにとっても"水中"は重いらしかった。

一方では、「アクアスクーター」の採用についてウイットコフ氏と友好裡に交渉が続いてい

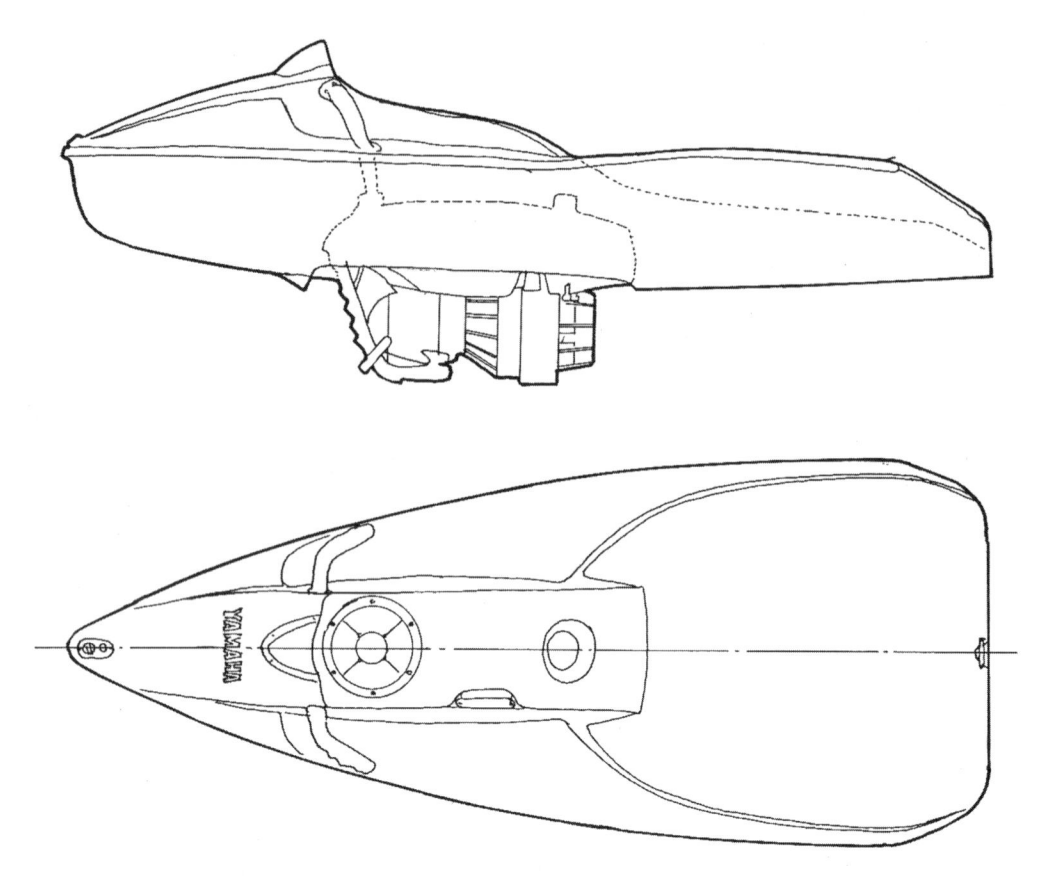

図-14 「ドルフィン1.5」外形図

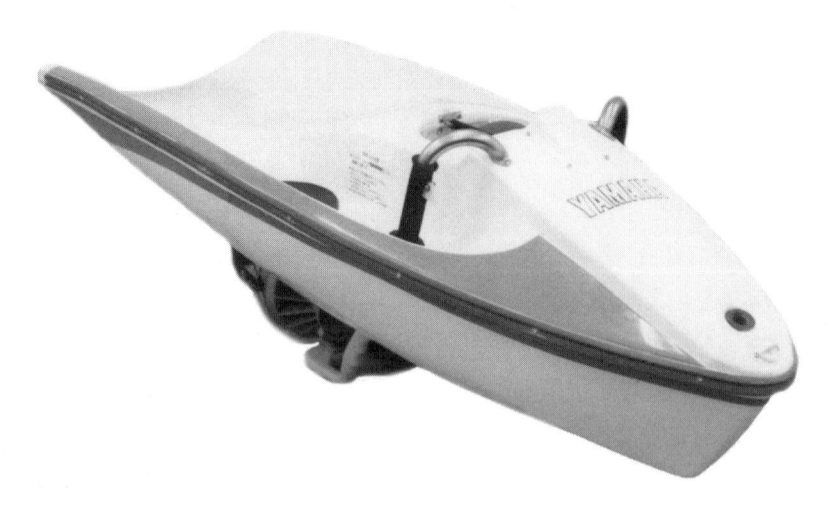

図-15 「ドルフィン1.5」

たのだが、納得のいくまで信頼性が上がらぬままに、このプロジェクトはとうとう流れてしまった。そしてその数年後、国内で他社がいろいろな水中動力遊具を発売するのを横目で見ている結果になった。

　今はそれらも過ぎ去った夢と消えて、水中エンジンは世界に1つ「アクアスクーター」しかない。そして、水中の遊具としても「アクアスクーター」に及ぶものはなかった。

　発明者のベルンド・ボーゲルに30年後のこの姿を見せて、彼の偉業を称えたい気持ちである。

8章

水中翼船「OR 51」

　高速艇の最上の乗り心地は全没型水中翼船によってこそ得られる。さらには大きな波でも、前の波の形をビームで調べて自動的に上下動を制御すれば、小さな船でも夢の乗り心地が得られると信じて努力をした話である。
　競艇関係の団体から「夢の船」の引き合いがあり、いっそ競艇に使える水中翼船を造ろうと試作をした。ところが注文がキャンセルになったので研究用に転用した結果、後の数々の水中翼船の技術データが得られることになる。

1) 素晴らしい全没型水中翼船

　1955年に私が造った全没型の小型水中翼船には、何物にも代え難い魅力があった。45°のバンク（内傾）をして、確実な軌跡を描いて急旋回する（図-1）。この旋回性はモーターボートの船型にいくら工夫を凝らしても真似のできるものではなかった。
　モーターボートの場合、1つの状態でそれが実現できても、排水量、重心位置、速度などの変化で微妙なズレを生じて、乗り手の身体が横に振られたり、思う軌跡を外れたりする。
　ただこの素晴らしい旋回性を実現するには、それなりの船のレイアウトと高度な操縦技術を必要とする。したがってこれは汎用の高性能と

図-1　1本脚の水中翼船（1955年）

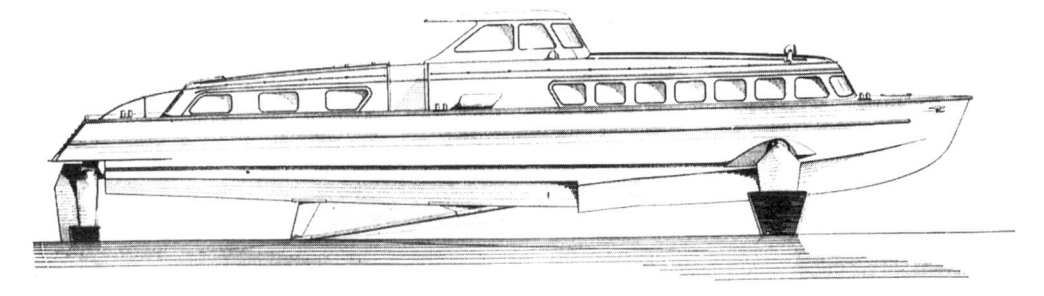

図-2 半没型の水中翼船「PT20」

全　長：20.60m
船体幅：4.80m
全　幅：7.57m
馬　力：1,350馬力
速　力：75〜80km/h
乗客数：70名

いうよりは、スポーツ用もしくは特殊目的に限って生きる性能ということになろう。

もう1つの全没型小型水中翼船の良さは、その極上の乗り心地にある。何しろボートの全重量を支える水中翼が水中深く没しているものだから、水面の波の影響はまったくと言ってよいほど受けない。したがって、空を飛ぶような滑るような、それはそれは滑らかな走りが体感できるのである。

その乗り心地は半没型水中翼船（図-2）のあのごつごつした乗り心地とはまったく別世界のもので、高速旅客船の乗り心地を良くするにはこれ以上のものはないと思う。ただこの夢のような乗り心地を獲得するには、それなりの大きな技術的な課題を乗り越えなければならない。

半没型の水中翼船は、姿勢が低くなると水中翼がより広く水面下に没することになり、有効な水中翼の面積が増大、つまり、揚力の増大が起こって、もとの高さに復帰するという具合に、自動的に浮上の高さを一定に保つ働きを備えている。

ところが全没型はその調整作用がまったくない。私の造った船は、乗り手が前の水面を見ながら飛行機の操縦桿を操るように、"浮上の高さを操縦"しなければならないのである。

遠い水面を見ながらどのくらい高く浮いて走っているか、水中翼がどのくらい水面から沈んでいるかを察して、操縦桿を押しまたは引いて一定高度を保つ。これはなかなかのテクニックである。飛行機に比べたら高度調整に1桁上の精度がいる。

それでも私は2〜3日の練習で、浮上高さの振れを5cmくらいの範囲に抑えられるようになって、操縦の楽しさと素晴らしい乗り心地を堪能したから、これはこれで十分満足だった。

ところが、急旋回の高度を保つとなると、操縦は一気に難しくなる。自分の浮上高さを掴むのも難しいし、遠心力でGが大きくなった分だけ上げ舵を引いて揚力を調整するという課題がさらに出てくる。

一度などは目測を誤って高い姿勢のまま急旋回に入ろうとしたから、いきなり水中翼が水面から出てしまって、空中で見事横転してそのまま水に落ちた。こうなることを恐れると、低い姿勢で旋回に入るしかない。

もう1つお手上げなのは、スピードを上げたときの操縦が難しいことだった。離水するときには、5m/s（18km/h）くらいの速度だから水中翼の迎角（翼の前上がりの角度）は10°に達し、一杯に近い上げ舵を引く。巡航速度が10m/sとすると、離水速度の2倍である。揚力は速度の2乗に比例するから、同じ迎角なら揚力は4倍になる。したがって迎角を4分の1の2.5度以下に保たないと、水中翼が水面から飛び出してしまう。

このへんまでは操縦者のトレーニングで対応できる。しかし、速度が15m/s（54km/h）に達すると、迎角は1°以下の調整範囲になる。すなわち、離水のときに比べると迎角調整の精度を10倍に上げなくてはならなくなる。これには手の感覚がついて行けなくて、船は上へ下へと大揺れする。その結果、安定した高度を保つことは困難になってしまうから、エンジンの馬力にいくら余裕があっても、もう速度を上げられない。

2）ハイトコントローラー

全没型水中翼船の浮上高さを自動的に調整する装置、すなわちハイトコントローラーが出来れば、夢の全没型水中翼船が出来上がる。それが1955年に最初の船を走らせたときからの私の夢であった。

そのころメカニカルなハイトコントローラーを造ってみればよかったのにと、今になって思う。メモの中にはそれらしい絵もあるのに、私はとうとう造らなかった。

恐らく当時は1隻目が走り出して間もなく、この船の開発に補助金を出してくださった笹川良一さんが見に来られて、さっそく3隻を受注したので私の手が回らなかったのだろう。またそのあとも次々に面白い仕事に挑戦する機会を得て、それどころではなかったようだ。

1960年、私はヤマハ発動機に移り、プロダクションのモーターボート開発に専念した。20年近くその仕事が続いてシェアも落ち着き、ラインナップもほぼ完成と思ったころ、私は東大航空学科の鷲津久一郎先生の部屋に遊びに行っていて面白い話を聞いた。

ある航空の先輩が、
「飛んでいる飛行機の前にある突風の状態がもしわかったら」
という前提で、「その突風による飛行機の揺れを最小限に止める操縦法」
が存在することを学会で発表されたというのである。

その学会では、一体どうやってその突風の状態を知るのだと、その前提の方に話が行ってしまったことを鷲津先生は愉快そうにお話ししておられた。

その晩私は思い当たることがあった。突風を知ることはそれは難しいかもしれない。だが、海の波を知るのなら、超音波、マイクロ波、レーザーなど、いくらでも方法はあるはずだ。それに波は実際に見えるのだから、光線を使うことはもっと現実的かもしれない。

この方面の知識の浅い私に確信はなかったが、技術の進歩とともにほどなくそれが可能になるであろうことは想像できた。

米国では軍用として全没型の水中翼船の研究を意欲的に進めていたし、1976年には既にジェットフォイルの特許が日本に申請されていたので、全没型水中翼船の浮上高さをコントロールすることは既に可能とされていた。

私の心の中では、全没型水中翼船の浮上高さを自動調整するとともに、さらに前の波を読めたなら、その乗り心地が素晴らしいものになるであろうことは確信として固まっていった。

一方、残念ながら鷲津先生が亡くなって突風の論文を書かれた先輩のお名前も、論文も今はわからなくなってしまった。一度読んでその効果を確認したように思うが、それも定かではない。

この浮上高さの自動調整装置の夢が大きく広がった原因の1つは、私の波浪中での経験によるものであった。私が最初に造った3本脚の水中翼船（図-3）に乗って、1mほどの波の中を

図-3　3本脚の水中翼船（1954年）

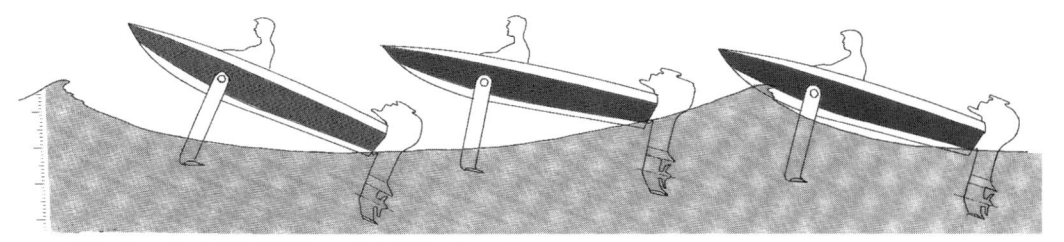

図- 4　3本脚は高波の中を楽に走った。 人の頭の上下がほとんどない（波高1m、波長8m）

走ったことがある。長さが4mほどの船だから、波高が船長の25％ほどにも達する海面だったが、このときの乗り心地が素晴らしかった。

速度を落として船尾を水面に引きずりながら波に向かうと、ちょうど前脚の上のあたりに運転席があるから、その付近はほとんど上下動なく走ることができるのである（図-4）。波の頂が来たときには船体が少し波頭に触れる程度に低く、谷では水中翼が水面から飛び出すぎりぎりまで高く走る。尖った波頭はぶち抜くのがよい。

いずれにせよ、次々に襲ってくる波の形が見えているから、捌き方は自明である。もちろん引きずった船尾は波面に沿って大きく上下し、波頭に叩かれている。しかし、運転席のその楽なこと。思いがけない乗り心地に感動した。そして、これこそ小さな船体で大きな波を走るには必須の技術だ、と痛感したのである。

水中翼を支える脚（ストラット）の長さの範囲で、小波の中をまったく上下動なしに走ること（プラットフォーミング）は、全没型水中翼船の特権である。しかし、脚の長さに比して大きすぎる波の中でも、波に合わせてうまく走る（コンターリング）と、ほとんど衝撃を受けずに高速で走れる。それがこの経験から得られた大きな結論であった。

前の波を見ながら上下加速度が最小になるよう走る、これこそ"突風操縦法"そのものであった。この操縦が自動的にできるようになれば、全没型水中翼船の未来はもうバラ色だった。

この船の場合、速度を落とすと船尾を引きずるのは止むを得なかったが、後翼の面積を増すか、迎角を低速で大きくすることができれば、船尾も浮くから船の全長にわたって乗り心地は良くなる。だからこの技術がうまく行けば、小さな旅客船に極上の乗り心地が組み込めると確信した。

3）前の波を見るのは難しかった

1980年、ヤマハ発動機のボート事業は、ヨット、和船、漁船と船種を広げ、さらに官庁艇などワンオフの20mを超えるクラスにまで広がってきた。私はそろそろ永年の夢である全没型水中翼の客船に手をつける時期が近づいて来ることを感じていた。

たまたま鳥羽から伊良湖までPT20型の半没型水中翼船（図-2）に乗る機会があって、その乗り心地の悪さに閉口した。島影でも立っていられないほど揺れ、神島を過ぎてからは2m近い波に翻弄されて翼走できなくなり、"船体航走"という名の非翼走に移った。

大きな水中翼を持った船の船体航走は、さながら潜水艦のようだった。速度を落として、来る波、来る波に突っ込んで走るから、外は何も見えない。翼が抵抗するから、波に当たったときに船首がすぐには上がってくれないのだろう。水中翼船の評価を落とすこの走りに遭遇する機会を得て、これはこれで良い経験だったと思う。船の長さのせめて10％くらいの波までは翼走できなくては困る。それがこのときの実感だった。

全没の水中翼ならストラットを長くすれば当然高い波にも対応できる。コントロールを進化させ、強度の問題を解決すれば前途は洋々だ、とそのとき全没信仰はますます強まった。

このころ書いた論文がある。題して『波の中で乗り心地を最良にする操縦の具体的方法』。航空の先輩をお手本にして、波が測れることを前提にして書いてある。

マイクロウェーブなどのビームを3本ほど船の前に向かって出して（図-5）、その先の水面までの距離とビームに対する水面の角度がわかったとしたら、それから波の形やスピードを割

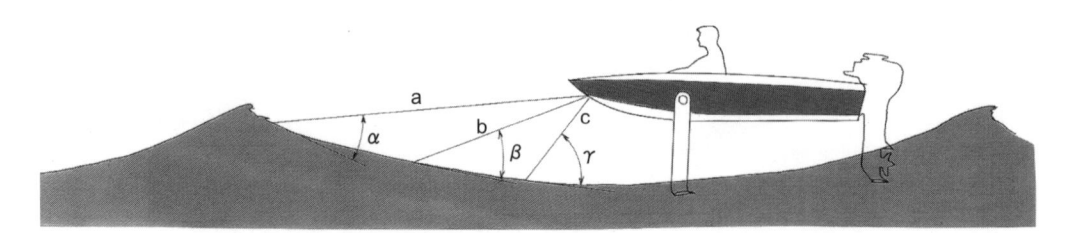

図-5 ビームを出してその方向の水面の距離と角度を測る（波高1m、波長8m）

り出して、それに対してこう操縦すれば安全でかつ最良の乗り心地が得られるはずだという主張である。

ここには3本脚の水中翼船で船長の25%の波に乗り出したときの感動や、東京〜大阪間のモーターボートレースで4mの波を少しでも速く走ろうと努力した経験などが、1つ1つ生きた土台になっていた。

論文を書いてから1年経って、1981年にはいよいよ懸案に手をつける腹を決めた。前の波を見て走る実験には、それを試す実験台の船が要る。それを造ることがまずは課題になった。

私が好きだったのは図-1のような45°のバンクができる船である。この形式の船を私たちは1本脚（の水中翼船）と呼んでいた。走っているのを真正面から見れば確かに1本脚だが、実は2本の脚がある。そしてこの船は、自転車やオートバイとそっくりの方法で横安定を保っているのである。船が小さいから乗り手の勘で二輪車感覚で乗れる。しかし、狙いが客船ともなれば、こうした人間の二輪感覚だけで走るのは頼りない。やはり左右に水中翼があって、飛行機の補助翼と同じようなコントロールで横安定を保つ必要があると考えて、図-3の延長上の

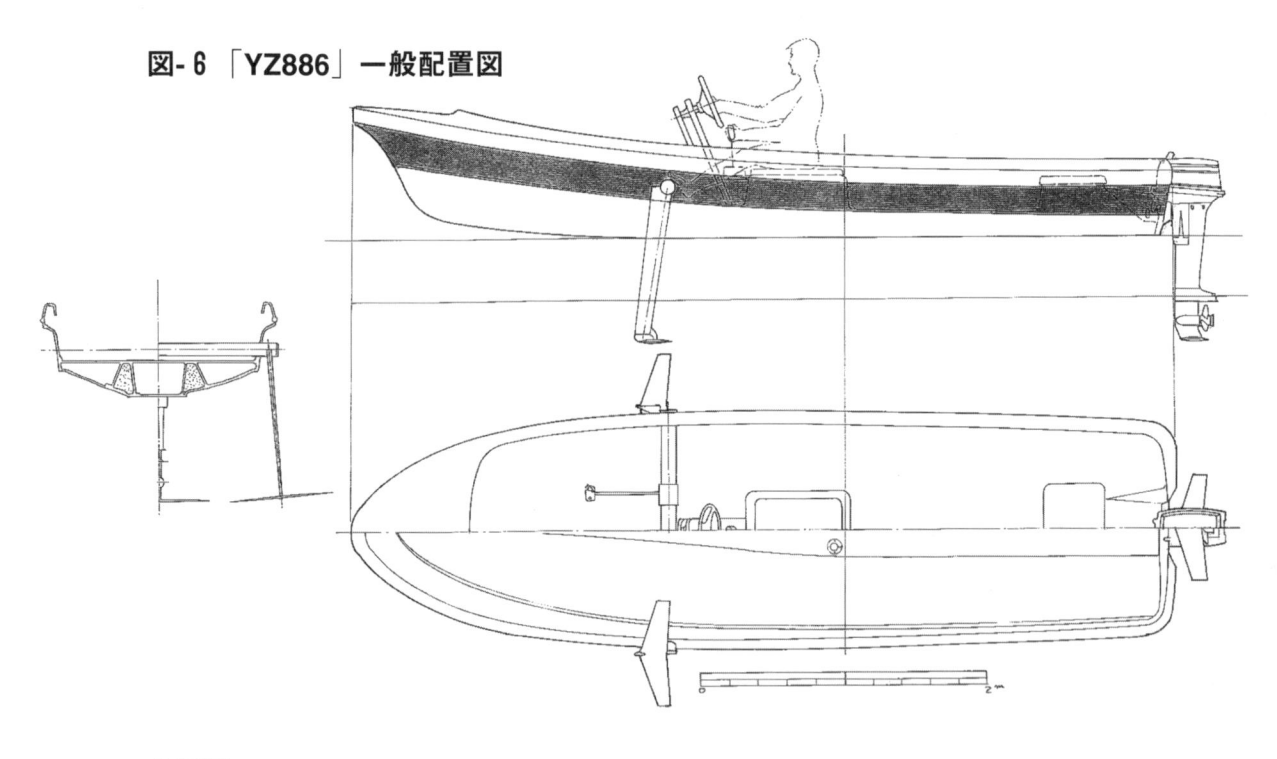

図-6 「YZ886」一般配置図

主要目

UW-19AF 船体　長さ×幅	…5.800m×1.630m
全長×全幅	…6.150m×2.400m
エンジン	…YAMAHA9.9馬力船外機（SUL）
総重量（2人乗り）	…450kg
水中翼	…0.105㎡×3＝0.315㎡
速力	…40km/h
重量内訳：船体 240kg、E/G 37kg、人 130kg、Foil 25kg、燃料タンク 18kg	

図-7 「YZ886」の翼操縦系統図（案）

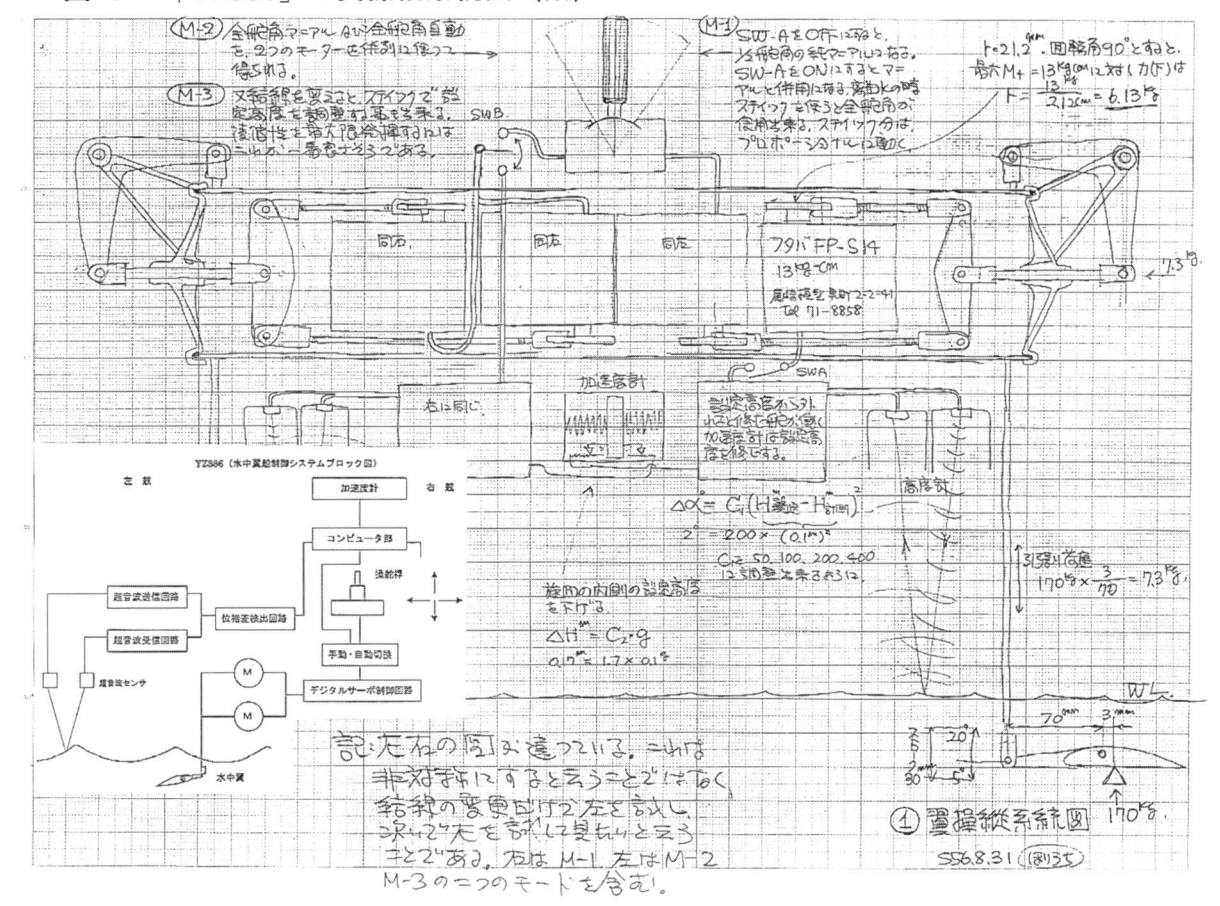

3本脚にした。

　船を造るのが目的ではないから、なるべく簡単に実験艇を手に入れたかった。それで船体は手持ちの19フィートの和船（UW-19AF）を流用することにした。エンジンは9.9馬力の脚の長いモデルをそのまま使う。船外機の脚の長さ（トランサムの高さ）は普通12インチ（S：305mm）か15インチ（L：381mm）である。ところがこのころの9.9馬力に漁船専用に造られたスーパーウルトラロング（SUL）と称する710mmのモデルがあったのは幸運だった。それでもまだ短いが、これは我慢しなければならない。

　開発番号は「YZ886」と決まった（図-6）。特徴的なのは、小さい船なのに水中翼の操縦を電動サーボシステムによったことだった。模型用のサーボモーターを動力に使って、翼の迎角を変えるのである。そうしておけば浮上高さを測ったり、波の形を読んだりするセンサーシステムが動くようになったときに、すぐそれらと連結することができる。そして自動的に浮上高さを決める装置と、手による操縦を併用できるように計画した（図-7）。

　手操縦のその操縦装置としては、これも模型飛行機用のリモコンについているジョイスティックをそのまま使用した。ただジョイスティックに慣れない人が操縦するにはあまりにスティックが小さいので細い棒を足して、その先の動きを飛行機の操縦桿並みに大きくした。

　実際に設計して造ってくれたのは、水中翼関係は大熊正造君、制御およびセンサーのシステムは吉川紀彦君だった。2人は私のまだ見通しのつかない夢をよく理解して、その夢を共有してくれた。また私は忙しくてほとんど活動に参加できなかったから、実際にはこの2人で船を完成してくれた。

　水中翼船の調整は微妙なところがあるから、一筋縄では行かなかったが、それでも見事手操縦では長距離を安定して翼走できるようになっ

図-8a 「YZ886」の走航1

図-8b 「YZ886」の走航2

たから、実験台としての性能はほぼ備えることができたと考えている（図-8 a,b）。ところがセンサーシステムの方がなかなか思うようにならない。

超音波で真下を見て浮上高さを測るのは何とかできたが、前が見られない。

吉川君はそれ以前からマイクロ波の研究を手がけていたが、さらに機械屋で先輩の河野行雄技師に協力を仰いで、超音波とマイクロ波を角度のある水面に当てたときに反射波が戻ってくる様子を調べてくれた。しかし静かな水面ではともかく、乱反射の多い水面では、戻りの率が悪くてなかなかコントロールに利用できるレベルに達しない。戻りが小さいためにノイズに沈んでしまうのである。

電気に弱い私の見通しが甘かったのかも知れないし、設備もお金も限られた中での開発だから仕方がないのかもしれない。数十kmも向こうの飛行機が見えるレーダーがあるというのに、わずか数m先の波が見えないという理由はとうとう理解できなかったが、一方では我々の簡単な装置で見通しをつけるのも至難のようだった。

光の研究で先端を行く浜松ホトニクスとの共同研究や、新技術開発事業団の助成についてもいろいろと動いて見たが、はかばかしい見通しはつかない。さらに悪いことには会社の状況が悪くなって、お金を使うのが厳しくなった。ホンダとの開発、販売競争（HY戦争と言われた）に敗れたのである。

その中で1983年、私はヤマハ発動機の役員を退くことになった。

情勢が悪すぎたので無理押しはあきらめた。もともと足の長い研究である。もう少し使用する機器類のレベルが上がったころを狙い、また、まとまったお金を用意しての再挑戦を期して、この計画には幕を引いた。

4) 全国モーターボート競走会連合会（全モ連）の話

HY戦争が終わって経営陣が交代した。そして江口秀人新社長の意向で、1984年1月、堀内研究室（堀内研）が発足した。それまでになかった組織で、新商品を開発して会社に貢献するようにという意向だった。個人名をつけた研究室を設けるのは、ヤマハ発動機として最初のことだった。

その年の5月、東京の営業を通じて、全国モーターボート競走連合会（全モ連）から変わった話が持ち込まれてきた。夢の船を作りたいということだが詳細はわからない。さっそく、全モ連の企画課を訪ねて意向を聞いた。

内容は、翌1985年3月21日から平和島で鳳凰賞記念レースが行われる。その折に夢の船の実物大模型を展示してアトラクションにしたいから、そのような船を考えて作って欲しいという要望である。

帰って私は考えたが、もともとこの案は一般の方々に受けの良い、空想的な夢を形にするということであったろう。そうは言っても、話が船屋のところへ来たからには、あまり荒唐無稽な夢の船の張子を作るわけにはいかない。やはり実現性のある夢を見るしかない。さらに私はその夢を、新時代の競艇用のボートに絞り込んだ。

私も競艇用のボートについて素人ではない。横浜ヨットに奉職していたころ、競艇の始まったときから艇の研究開発および生産に関わってきて、そのあるべき姿にはかなり知識を持っているつもりであった。そこへ私自身の夢である水中翼船をかけ合わせてみると、これが滅法うまくいく。躍る心で描いたのが図-9で、車中の殴り書きだったが、この中で機能は9割方まとまっている。

次に注文主の狙いは夢の船だから、いかにも

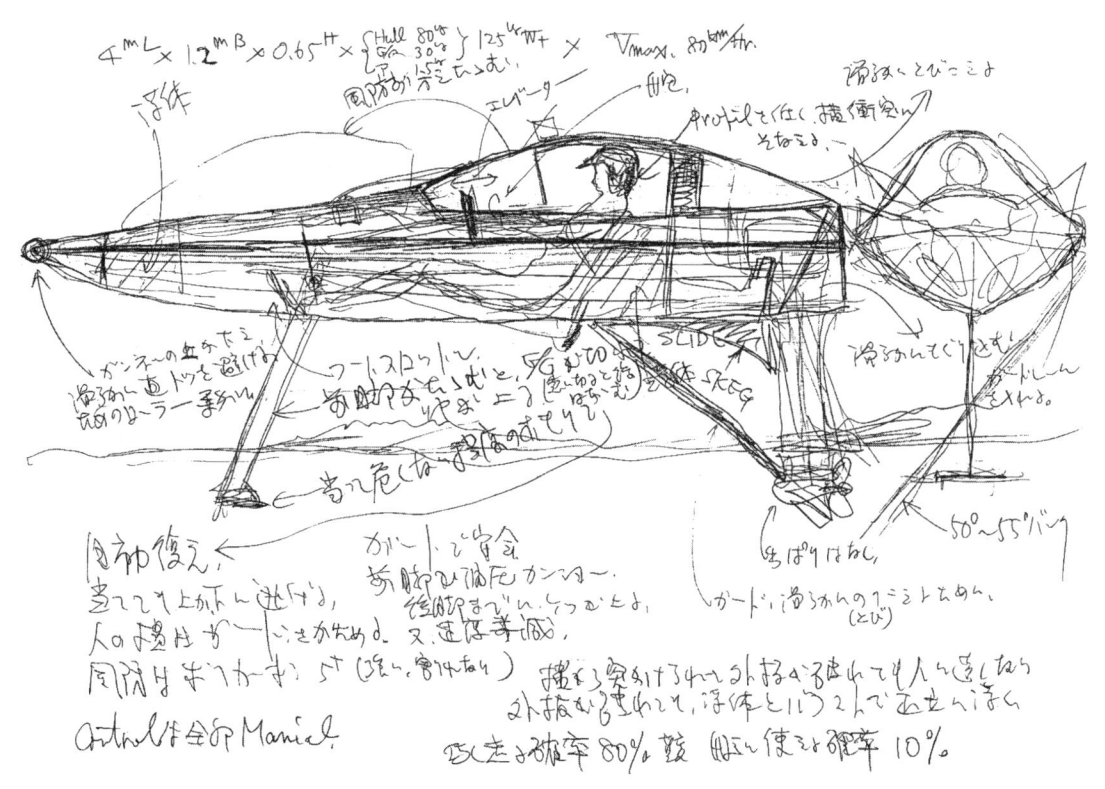

図-9　競艇用の夢の船・殴り書き

図-10 FLYING SILVER 夢を形に

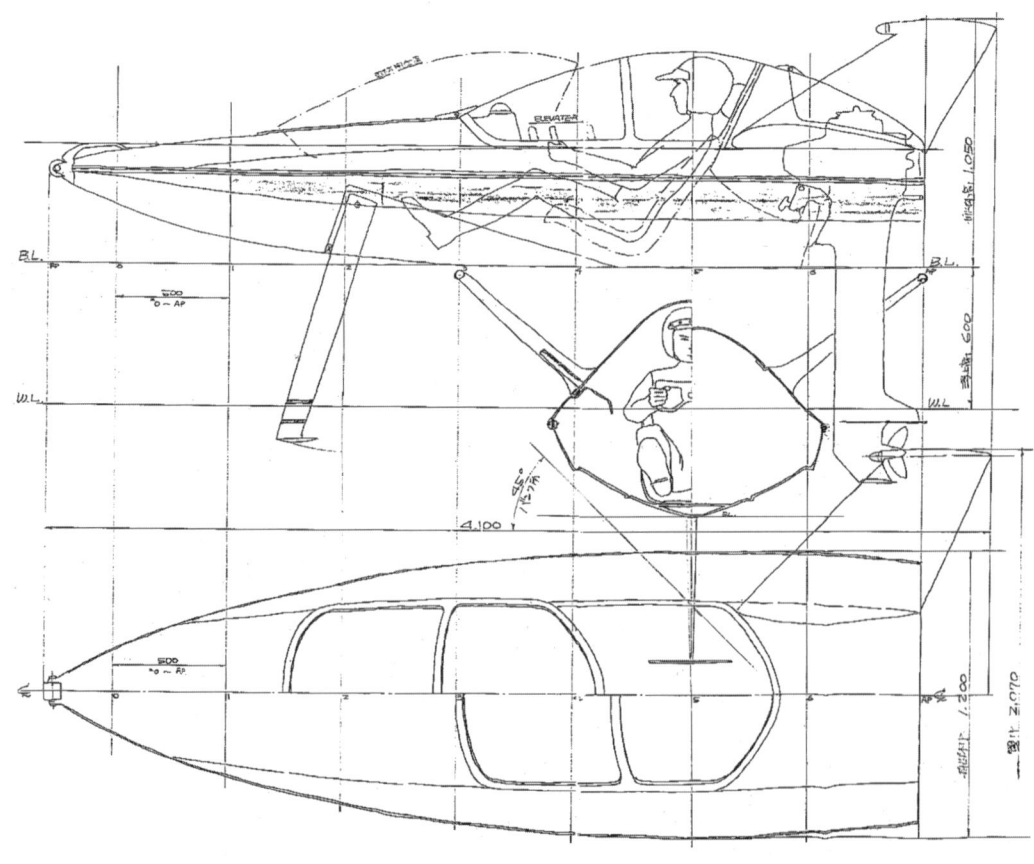

図-11 夢の船案　提出図

夢っぽい形をして、しかも競艇にぴったりの適性を備えたつもりの絵を描いて見た（図-10）。それと提出した一般配置図（図-11）を併せて見て頂きながら、その狙いを説明しよう。

まず競艇の悩みの1つとして、第1ターンマークで先を取ったボートがそのまま逃げ切る確率が高すぎることがある。これはトップ艇の引き波が邪魔で、2番手、3番手が抜き返せないために起こる。水中翼船は引き波がないに等しいからその影響をなくすことができる。

また、船やエンジンの性能にばらつきがあると、それで勝負が固定化しやすいので困るのだが、水中翼船の場合、勝つには操縦や調整の腕がより多くものをいうから、乗り手の技量が勝敗に関するウエイトを大きく占めるようになってこの問題は解決すると思われる。

さらには、第1ターンマークにはスタート直後の全艇が殺到するから衝突が起こりやすく、大きな怪我もある。特に向きを変えた艇に後続艇が突っ込んでの事故が起こりやすい。これに対しては、乗り手を丈夫な構造で囲うこと、また艇が自動的に起き上がる、いわゆる180°復元性を付与して、何があっても乗り手の顔が水に浸かるような可能性をなくすことで安全性を大きく高めた。

一方、舳先を尖らせた上、先端にゴムローラーを取り付けて、船首が相手艇の側面にぶつかったときに軽いショックだけで上か下にそれるよう工夫した。前後のストラットはもちろんショックでヒューズが切れて後へ畳む。当たられた方も舳先がスムースに上下へ逃げるよう菱形断面に近づけた。目的は違うがステルス爆撃機の形にやや近い。

水中翼のシステムは、勝手知った1本脚の水中翼船そのもの。この場合、自動的に浮上高さを調整するハイトコントローラーはいらない。なるべく高く上がって脚の抵抗を減らす腕を持った選手がスピードを上げられるのである。

エンジンは競艇で使用中のヤマト船外機のエンジンブロックとロワーユニットの間に延長ブロックを挿入して、水中翼船に使える長さに延ばすことにした。

自信を深めて資料を全モ連に持ちこんだ。この案は好評だった。全モ連には30年前に私が作った1本脚の水中翼船に実際に乗った経験のある人が少なくない。似た船がまた現れて、今度は競艇用に考えてあるということでも興味を引いたに違いない。

当初は夢の船の張子を展示する計画が、1艇は展示、1艇は試走を見せるという話に拡大した。

ただ発注はなかなか本決まりにならなかった。私は試走を見せるまでに仕上げるには10月に作り始めて、年を越したら間もなく走るくらいでないと自信が持てないと考えていた。ところがその時期になっても注文は確定しない。じりじりと待っていたが、難しい事情があるらしく発注は延びる。やむなく船を作り始めた。

そして、船が形になり始めた12月も末になって中止の知らせが来た。
「笹川良一さんに、『どうせ作るなら6艇作ってレースをやってみろ』と言われて、安い買い物ではないからとうとう踏み切りがつかなかった」と事情の説明を聞いたように記憶している。

5）ヤマハボート「OR51」

これには正直がっくりした。会社に申し訳なかった。しかし、堀内研担当の田中俊二取締役に、「面白いプロジェクトだから、会社のプロジェクトに切り替えて仕上げよう」と元気づけられて気を取り直した。そうして2月末に行われる東京ボートショーに、ヤマハ発動機の研究艇として走行中のビデオとともに出展することが決まった。沈んでいたのは2～3日だろうか、むしろ予定が早まって私たちは再び活気を取り戻した。

この船は「OR51」と名付けられ、担当は鈴木正人君だった。彼は日大工学部の航空学科を卒業して、ヤマハ発動機に入社するなり堀内研に配属された堀内研第1号である。大学時代から人力飛行機やグライダーに情熱を傾けていて、琵琶湖で行われる鳥人間コンテストで優勝した経験を既に持っていた。1998年の大会で、鈴木君たちの機体が悠々と琵琶湖を横断して優勝したことをご存知の方も多いことだろう（図-12a）。彼の操縦経験と"飛ぶ"ものへの情熱は、正にこのプロジェクトに打ってつけだった。

図-12a 1998鳥人間コンテスト優勝
（飛行距離23.7km、飛行時間54分33秒）

図-12b 世界記録として認定されたラン
（18.67ノット＝34.6km/h）

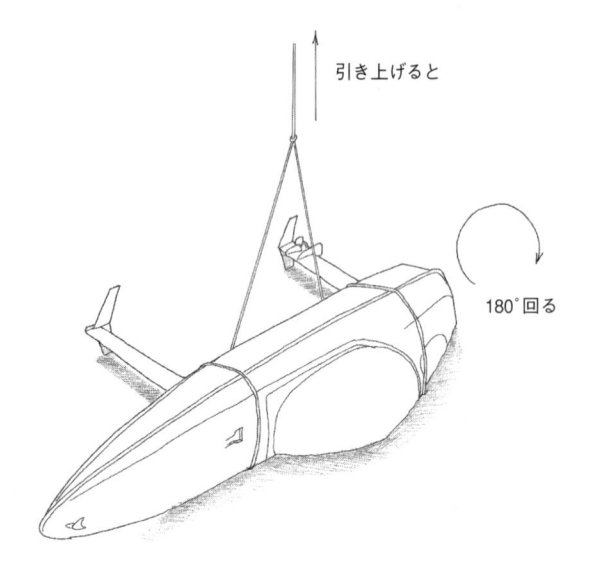

図-13 「OR51」の復元性テスト

図-14 堀研カラー
デッキは白、ハルはグレー、操縦席後部は赤、橙、黄に塗り分けている。航空写真家・瀬尾 央氏のショットが素晴らしかったので、前著・『あるボートデザイナーの軌跡』の表紙に使わせていただいた

　続いて堀内研のメンバーになった横山文隆君には、操縦装置などメカニカルな部分を受け持ってもらった。彼は神戸商船大を出てヤマハ発動機に入社、舶用ディーゼルエンジンの開発部門や技術管理などで数年社内の経験を積んでいた。彼も仕事以外に、1リットルのガソリンで何km走れるかを競う車の燃費競争"マイレージマラソン"に出場して、その中でボディーはもちろんのこと、足回りからエンジン、ギアトレーンまで自分で設計して作ってしまう、大変な馬力と情熱を持っていた。現在も人力ボートに力を注いでいて、彼の設計した船は何度もレースで優勝した。また、2000年の記録は世界記録として認定された（図-12b）。追い風では100mを10秒以下で走るから、漕艇のエイトより5割も速く、今世界で一番速い人力ボートである。

　この2人と試作の名人たちのお陰で船は順調に出来上がった。走り出す前に、まず安全性の確認をした。転覆したときの復元性のテストである。台船脇に浮かべた水中翼船に私が乗り込んでシートベルトを締め、ストラットの付け根に縛ったロープを船体にひと巻きしてクレーンで引き上げる。船はだんだん傾いて遂に逆さまになり、そうして真っ逆さまをちょっと過ぎた瞬間、自力で一気に復元するはずで、それを確認するテストなのである（図-13）。

合図して船がだんだん傾くまでは良かったが、真っ逆さまの直前でクレーンを止められたのには驚いた。風防の周りから水が入ってきて、逆さだから風防のてっぺんに溜まる。そこに頭があるのだから、だんだん水位が上がると頭が浸かり額まで来た。口まで来たら大変だ、と思ったときにクレーンを引いてくれて、180°を超えた途端に船は自力でザアッと起き上がった。数秒の短い時間だったが、それは恐怖の一瞬であった。でも、これでもういくらひっくり返っても怖いことはない。

　次に走り出してみるとどうも具合が悪い。レース用に特化されたエンジンは低速トルクが低いのだろうか、加速の推力が頼りなくて翼走に入るのがとても難しい。

　それに、クラッチもない、セルもないレース用エンジンを、操縦席と別室に据えて船を動かすのは大変で、いつも随伴艇がつきっきりで世話を焼かなくてはならない。

　調べて見ると、ヤマハ発動機の15馬力船外機の中に漁業用の脚の長いモデル（SUL）があったから、これに換装すると俄然具合がよくなった。全モ連の仕事ではなくなったことだし、当然のエンジン選択であった。

　年が明けて間もなく、私は家の近くの仲間とバドミントンをやっていてアキレス腱を切って入院した。それから先は鈴木、横山両君が予定通り仕上げてくれるよう病院で祈るしかなかった。

　当時、ボートショーを2月27日に控えて大いに気になっていたのは船のカラーリングである。

　それまでの塗り分けにどうにもなじめなかった私は、デザインの中川恵二君に頼んでたくさんの案を作ってもらい、病院のベッドの上で見せてもらった。その中にある白とグレーの塗り分けに3色の線を加えたカラーリングがいたく気に入って、出展前に塗り替えてもらった。そのカラーリングが良かったので、以後、"堀研カラー"と称して船も飛行機もそれを用いることになった（図-14）。

　ボートショー出展の結果は大変好評だった。ビデオが観客の興味を引いたようだった。私はアキレス腱切断から40日ほどたったころで、ギプスを外したばかりだったが、どうしても様子を見たくて松葉杖と車椅子で晴海の会場へ出かけていった。堀研カラーは目がさめるように美しく、私は飾りつけに大満足だった。鈴木君と横山君は多くの観客の質問に忙殺されていた。

6)「OR51」の改良
（その1　2脚操舵）

　ボートショーには何とか間に合わせたが、「OR51」の翼走中の安定は決して良いものではなかった。鈴木君は腕で乗り馴らしていたが、いつも小刻みに船首を横に振りながら走る姿は、操縦の難しさをはしなくも示していた。

　昔の1本脚はあんなに安定していたのに、この船は何故？　私は考え込んだ。原因は重心の前後位置にあった。図-15を見て欲しい。

　翼走しているときに舵を切ると、前脚が自転車の前輪のように左右に回り、脚の下端水没部分（P点）に横方向の力が働く。これが横安定と操舵を司る力になる。この力に対して、船の重心と後脚の水没部分（Q点）は横方向に移動することに抵抗するから、前脚の水没部分にかかる横力で水中翼船全体が重心とQ点を結ぶ線を軸として回転することになる。

　その回転を、軸上のベクトルAで表すと、このベクトルは水平方向のベクトルBと鉛直方向のベクトルCに分けることができる。ここでベクトルBは水平軸まわりの回転運動だからローリング、ベクトルCはヨーイング（船首の横振り）と解釈することができる。

　即ち「OR51」は、前舵を切ることによってローリングとヨーイングの両方を起こしていることがわかる。

　このことは自転車もオートバイも同じことで、後脚の水没部（Q点）の代りに後輪の接地点を通るベクトルを考えればよい。ところで重心が後寄りだと、回転軸は前が上がって立ってくる。当然ヨーイングの要素ばかり大きくなって、ローリングの要素は逆に小さくなる。ということは横に傾いた「OR51」を立て直そうとして舵を切っても効きが悪く、思うように直らないのでどうしても大舵になる。そうなればヨーイングによる船首の横振りばかり目立つのは

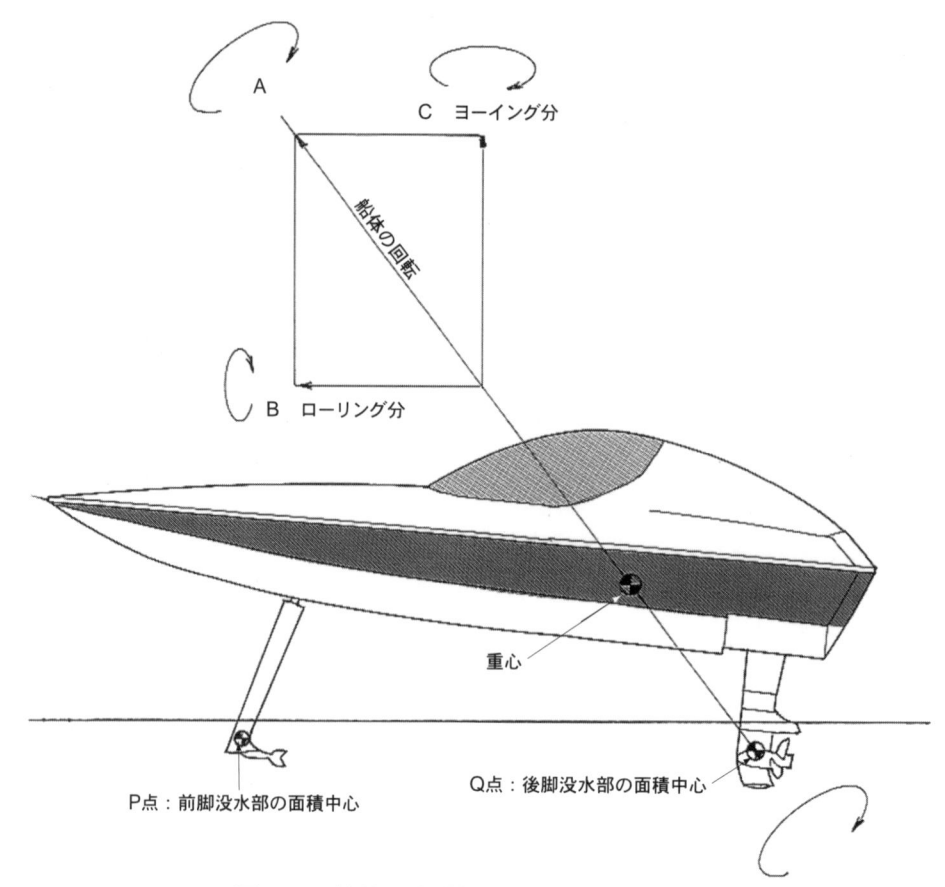

図-15　前脚の操舵による船体の回転

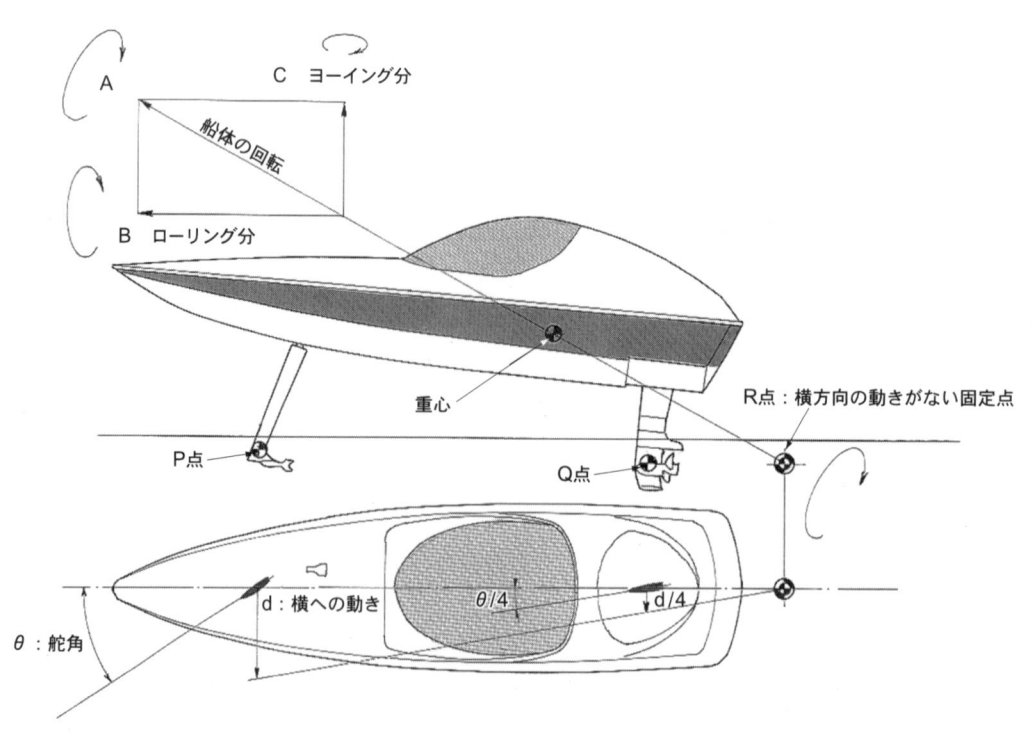

図-16　2脚操舵で安定させる

当然という訳である。

そう言えば自転車も後ろに重い荷や人を乗せて重心が後退すると、ハンドルがふらつく。あれと同じ現象が「OR51」に起こっているのだ。これを直すには重心を前進させるしかない。でもレイアウト上それはまったく無理だった。前に重りを積むのも、この非力な船をさらに身重にする嫌な方向だ。

悩んだあげく思いついたのが2脚操舵である。当時は自動車に4輪操舵が導入されて話題になっていたころである。ヤマハ発動機でも当然オートバイの2輪操舵を検討していた、その水上版であった。

「OR51」の操舵は前脚だけで後脚は固定されていたが、もし後脚も前脚の4分の1ほど同じ方向に舵が切れる構造にすると（図-16）、舵を切ったときに後脚も前脚と同じく横の方向に動く結果になる。そして横に移動しない点（R点）は後脚の遥か後ろに移動する。

その点（R点）と重心を通る線が2脚操舵艇の動きの軸とすると、そのベクトル軸はぐっと寝て、操舵によるローリング方向の動きが俄然大きくなるはずだ。我々はすぐこれを実行した。もともと船外機は舵の切れる構造を持っているから、これはケーブルの引き回しで済み、大改造にはならなかった。

こうして走って見ると案の定、効果はてきめんで安定は画期的に改善された。

重心の位置の設定を間違わなければ、2脚操舵は必要なものではないかもしれない。しかし2輪車及び2脚水中翼船の横安定の原点を確認したように思ってこれは嬉しかった（図-17）。

7）「OR51」の改良
（その2 ハイトコントロール）

3年前に超音波を使ったハイトセンサーは既にテストしていた。しかし、ノイズが入りやすく、決して安定した結果が得られたとは言えなかった。「OR51」の次は、水中翼船の商品化を

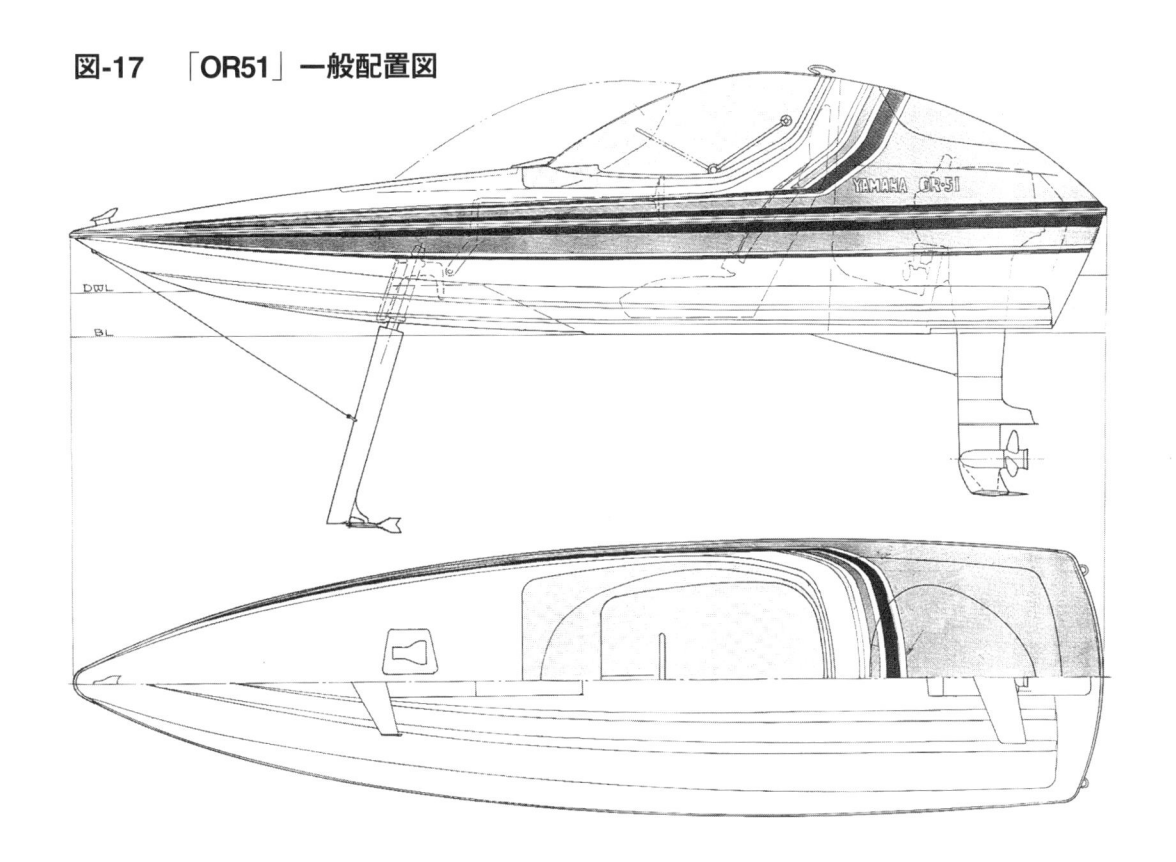

図-17　「OR51」一般配置図

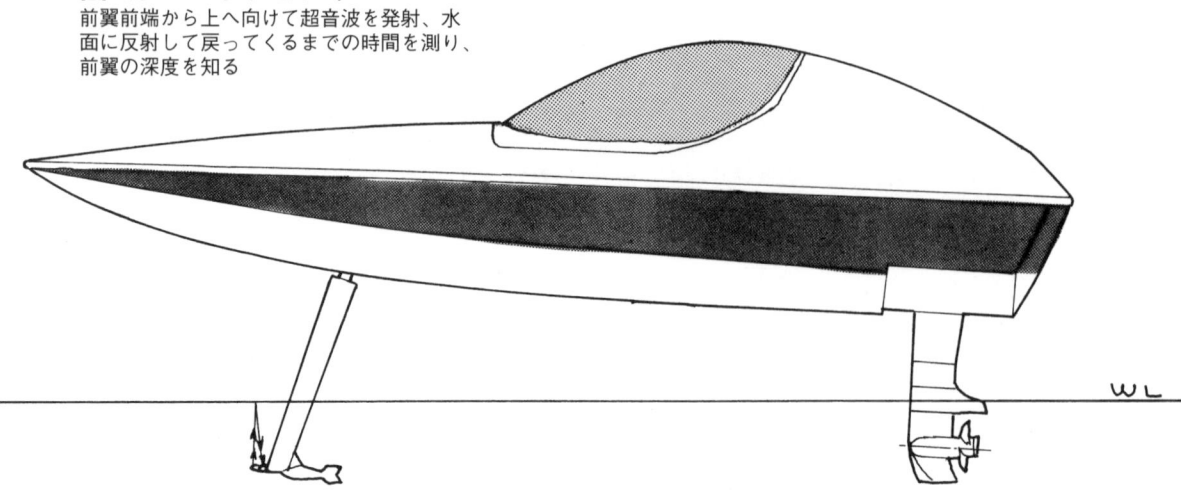

図-18 ハイトセンサー
前翼前端から上へ向けて超音波を発射、水面に反射して戻ってくるまでの時間を測り、前翼の深度を知る

考える必要がある。そのためには「OR51」を実験台にしてハイトセンサーの課題をもっと突き詰めておく必要があった。

今度は横山君が電装技術の組織の後ろ盾を得て、杉山正夫君とともにこの課題に取り組んでくれた。

前回の経験で、空中で超音波を出す装置はデリケートで、飛沫や波に直接当たる状態で使うとノイズに悩まされた。

それで今度は趣を変えて、世の中に行き渡ってきた魚探の受発信機を使って水中翼の前端から上の水面に向かって超音波を発射し、水面で反射して戻るまでの時間で水中翼の深さを測る方式を採用した（図-18）。

魚探メーカーの専門家に教わることができてこれは正解だった。「OR51」はハイトセンサーによって浮上高度を自動的に一定に保つ機能を持たせたが、同時に手操縦も利くように2つの要素をミキシングできるようにしていた。離水、旋回やコンターリング（波に合わせてうまく走る）など、特殊な状況では手動の助けが欲しかったからである。

実験のデータを調べると、定常の走行では手動の調整がほとんど動かず、ハイトコントロールシステムが高度を保っていることを明らかに示していた。

並行してハイトコントロールによる船の運動のシミュレーションができるようになって、全没型の水中翼船の技術的な基礎はだんだん固まってきた。

ただこの小さい船を実験船として使うのはあまり効率の良い話ではなかった。極端に細い船体に身体を入れると、前デッキ下の装置に触れない。したがって、横山君は逆さになって頭を突っ込んで作業や調整をするのにだいぶ参ったらしい。この実験にうんざりした顔をしていた。

「YZ886」は波を見る装置の実験艇だったし、「OR51」は競艇専用の設計を流用して勉強を進めたのであった。ここから先は、いよいよ水中翼船の商品化を目指した、独自の計画を立てる段階に進むことになる。

9章

水中翼船「OU90」「OU96」

OR51の実りを生かして商品化を計画した2隻、ごくシンプル、ローコストで普及しやすい跨がり乗りの水中翼船と、本格的な客船のミニマムモデルとしての高速水上バスを紹介する。

安定の制御の見通しが付き、その上メカニカルなジャイロスタビライザーの開発にも成功したから、我々の水中翼船は皆一本脚（前後2本だが）にした。

2隻とも世が世なら商品として売れたであろうに、それぞれの事情で消えていった。

サドルタイプの水中翼船「OR90」

1)「OR51」の次の進め方

1985年1月、アキレス腱を切って入院していた私は、「OR51」の次の進め方について有り余る時間の中で考えた。「OR51」は、そのままでは高価で商品としてまとめにくい。あの船の良い所だけを切りとって、シンプルな船にまとめたらどうなるだろう。

私は不自由なベッドの上で、1つの結論をスケッチブックに描いてみた（図-1）。サドルタイプの水中翼船は、30年前の水中翼船への逆戻りである。ただ今回は、サーフボードのような船体を使うことにして生産性を上げ、安くすることに徹した。また「OR51」よりさらにシンプル、コンパクトな前脚を作り、後脚は船外機をそのまま流用して、そのスケグに水中翼を取りつける。

ジェット推進を使うことも考えたが、まずは船外機で仕上げて様子を見ることにした。これを造るのは比較的簡単だし、「OR51」の走りに対するボートショーの手応えは社内外に期待を生んでいたので、まず堀内研究室（堀内研）で1艇造ってみて感触を見ることにしたのである。

2) この船はスムースに出来上がった

設計から製作、試走まで、「OU90」と名付けられたこの船は横山文隆君の担当だった。彼は「OR51」を使って電気的な操縦装置や姿勢制御の研究を続けていたが、その合間を縫って、ボートショーから2ヶ月ほどの間に図面を上げてくれた。

ヤマハ発動機の工業デザインを担当する関連会社ヤックにデザインの協力を依頼した結果、岩立恵吉君がこの船の担当に決まった。

岩立君は「Boat Club」誌に登場して、彼と同い年のウッドゥンボート（木製ボート）をレストアした記事を書くなど、深くボートに親しむプロダクトデザイナーである。

このときは彼にとって、初めてのボートのデザインではなかったろうか。でも彼のヤックでの日常の仕事が二輪車だったから、このプロジェクトにはいろいろな意味で親しみやすかったと思う。とても意欲的にこの船に取り組んでくれた。

またがり乗り、バーハンドル、2本脚、そしてグリップスロットルだから、ブレーキレバー

図-1 サドルタイプの原案

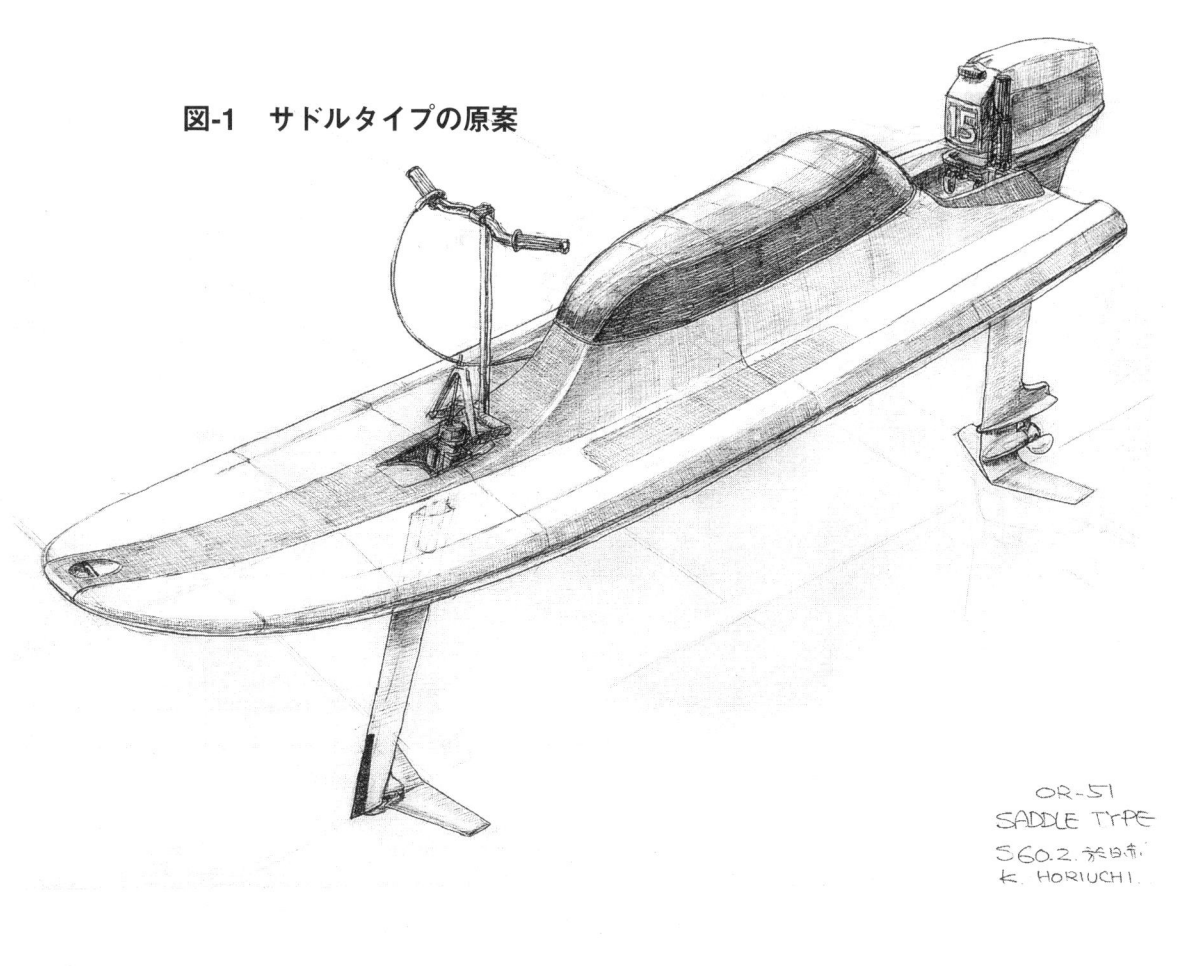

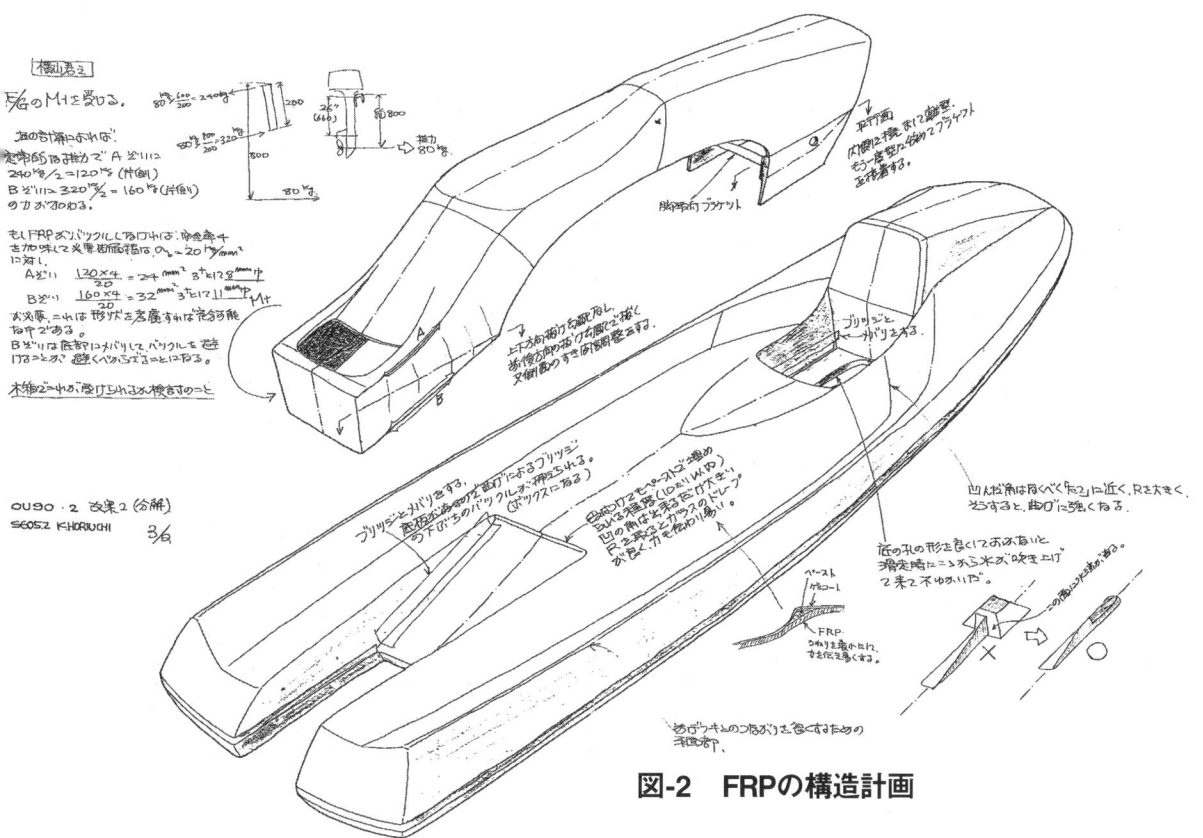

図-2 FRPの構造計画

図-3 軽快に旋回する「OU90」

やペダルがない以外、操縦は二輪車とそっくりだった。

この船は1隻だけの試作だから、ウレタンフォームのブロックを積んで削り、その上にFRPコーティングをして仕上げたように記憶している。

岩立君も横山君もまだ量産FRPボートの設計の経験がなかったから、透視図の上で構造や形の取り方についていろいろと議論を重ね、ともに考えた（図-2）。

3月、4月と設計をして、6月にはもう走り始めていたと思う。「OR51」より遥かに軽い船体に同じ15馬力の船外機を搭載したから、「OU90」は当初から軽快に走り回っていた（図-3）。

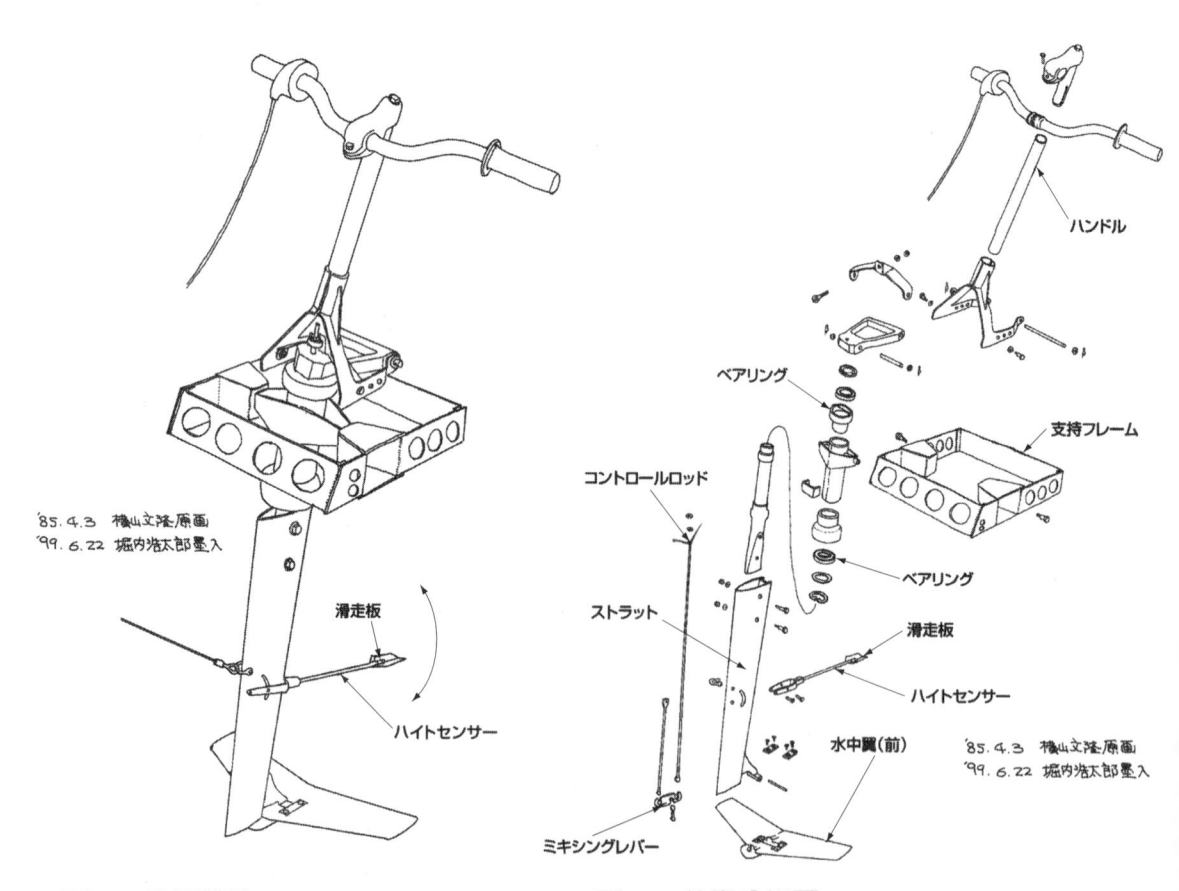

図-4 前脚構造

図-5 前脚分解図

3) メカニカルハイトコントロール
（機械的高度制御）

「OU90」は、45度のバンク（内傾）の急旋回もスムースにできるし、あっという間に離水することができた。船が小ぶりで小回りが利くので、横山君はこの船に研究的なことをいろいろと盛り込んで、次期に開発するであろう客船の設計資料を整えようとしていた。

30年前に私の作った一本脚の水中翼船は大きな問題を抱えていた。速度が上がると翼の迎角の調整が微妙になって操縦感覚がついて行けず、船は大きく上下に揺れて手操縦では馬力一杯まで加速することができないのである。

「OR51」ではその対策として、超音波のハイトセンサーによる浮上高さの自動操縦（ハイトコントロール）装置の開発を進めていたが、それは来るべき客船の開発に備えたもので、装置が大げさになるからこんな小船向きとはいえなかった。それで「OU90」には機械的なセンサーによるハイトコントロール装置を開発することにした（図-4、図-5）。

この装置は、前脚の中ほどから後ろに引きずった棒に小さな滑走板が付いていて、それが水面をなぞっている。そして水面に対する船の高さが下がると、相対的に滑走板が押し上げられて、この動きが前翼の迎角を増し、船体が浮き上がる、という仕掛けである。

リンクの途中にはミキシングレバー（図-5）が入っていて、前述のセンサーと手動の操縦との両方で迎角をコントロールする構造になっている。この仕組みは成功して、真っ直ぐに走っているときにはほとんど高度の操縦をする必要が要らなくなった。

これは大きな進歩である。走りが安定したから横山君は続いていろいろの形や大きさの水中翼を取りつけて、スピードや操縦性、安定などに対する影響を調べることができた。

そして10月には最高速度57km/hを記録している（図-6）。

15馬力でこの速度を出すのはレーサーでもなければ容易なことではない。また横浜ヨットで造った昔の水中翼船が操縦困難になって35km/h以上出せなかったのに対して、60％以上の速度アップである。正にセンサーシステムによる大きな成果であった。そして装置の軽さ、簡単さもこのレベルの船にぴったりだった。

図-6 「OU90」の最高速は57km/h

図-7 「OU90」は2人乗りも楽々

4) この船のお蔭でいろいろと勉強ができた

横山君は「OU90」で2人乗りも試してみた。船体が軽いからこれも問題なく自由に走ることができる（図-7）。2人が宙に浮いて自由自在に走り回る様子は、陸から見てあたかも魔法のじゅうたんに乗って飛んでいるような楽しい印象だった。

横山君が水中翼を取り替えながら走行性能に及ぼす影響を調べる中で、いろいろなことがわかってきた。水中翼の面積は大きい方が低速で

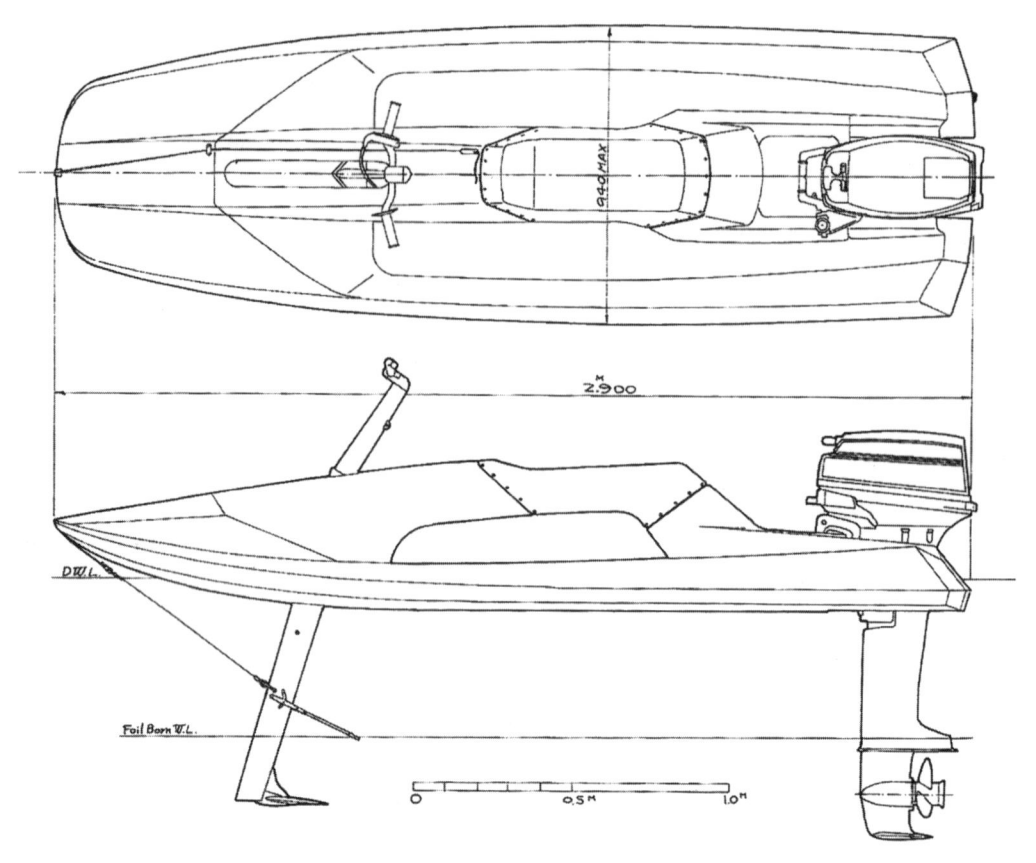

図-8　「OU90」一般配置図

簡単に離水することができる。ところが揚力は速度の2乗に比例するので、最高速度では翼の面積が有り余って、これは抵抗になってしまう。

かといって余り小さくすると、離水速度が上がり、最高速度の伸びはそれほど大きくないから、翼走可能な速度範囲が狭くなって走りにくい。したがって、どのくらいの大きさの水中翼を使うかは、離水速度、最高速度、運動性のバランスに関わる水中翼船の大きな命題なのである。

横山君は翼をだんだん小さなものにして、前後翼の翼面荷重（総重量を翼面積で割った数値）を変えてみた。翼面荷重を14kg/dG、18kg/dG、22kg/dGと変えて行くと、離水速度が20km/h、30km/h、30+αkm/hという具合に上がり、その分滑走に入るのに時間が長く掛かるようになる。運動性も揚力に余力が少ないために急激に落ちる。そして最高速度は中間の18kg/dGが一番速いという結果になった。

一連のテストを通じて、こういった船に対する水中翼のありようがいろいろと見えてきた。

ストラットの抵抗が大きいことは予想外だった。そのため浮上高さが不安定だと沈んだときに抵抗を大きく食らってスピードが伸びない。アスペクトレシオ（水中翼の幅と長さの比）が速度のみならず安定にも大きく響くなど、幅広い実用上の知識を身につけることができた。

完成を急がない、そしてコンパクトなボートを使用することで、安く迅速に様々な部品を取り替えたテストが進められたのである（図-8）。

こういった積み重ねが、1991年から3年間行われた夢の船コンテスト（第5章参照）での横山君や柳原　序君の活躍につながったと思う（ともに堀内研のメンバーで、横山君の設計が1回、柳原君の設計が2回優勝している）。

この2人はその後20ノットに近いレベルで人力ボートのレースを競い合っており、その基礎になったころの様子を懐かしく思い出すのである。

5）転覆を考える

「OU90」がもし転覆すると船外機が水に漬かってしまい、当然エンジン内には海水が入って、その処置をしなければならなくなる。それがないように、当初はジェット推進のシステムを作ることも考えていた。同じ船外機のエンジンで遠心ポンプを回し、長いストラットの下端から吸い上げた水をポンプの真後ろに吐き出すというものである。

こうして船に固定されたエンジンを水密のカバーで囲うと、転覆したときにエンジンが水を吸わないよう工夫ができる。

しかし商品化の計画もないプロジェクトにあまり大きなエネルギーを費やす訳にもいかず、結局船外機をそのまま使うことにした。

ところがこの船は、進水以来、遂に一度も転覆しなかった。横山君の運転がうま過ぎたのかも知れないし、ストラット（水中翼の支持脚）が大きなバラストになって、もともと非常に転覆しにくいのかも知れない。長い間テストを続ける間に、人は落水しても船は転覆しなかった。だから遂にエンジンが水没することはなかった。

今の船外機の電装は海水に強いから、例えごくたまに転覆したとしても、あとの始末はあまり負担にならない。それなら防水構造にして動力系が複雑になるよりは、船外機そのままを使って安くてサービスも行き届いた方が、ユーザーにとって良いのかも知れない。

6）PLを恐れて

「OU90」はこうしてほぼ狙い通りの性能に仕上がり、あとは商品化のタイミングを待つばかりになった。そんなある日、私はYMUS（ヤマハモーターUSA）の副社長、村木昭司君が帰国していたので、この船を見せてどう思うかと聞いてみた。彼の返事には虚を突かれた思いだった。

ウォータースポーツ用として売った場合、ストラットが泳いでいる人を切るようなことがあったら怖い、と言うのである。当時は船外機のプロペラによる怪我で米国にPL訴訟がいくつか始まった時期である。船外機のプロペラが問題だとすると、この船の水中翼やストラットも当然標的になる可能性がある。彼はそれを心配したのであった。

それを聞いてからというもの、商品化を進める気持ちが萎えてしまった。「OU90」は水中翼の基本性能をいろいろと教えてくれたし、メカニカルセンサーのテストベッドとして素晴らしい活躍をしてくれたから、それはそれで仕方がないと自らを慰めるのだった。

高速客船「OU96」

7）会長の指示

1986年1月、川上会長に呼ばれて会長室に出向いた。石垣島の現地製の船が、会長の船〈豊玉丸〉（図-9）を追い抜いていく。なぜ、もっと速い船ができないかと会長に詰問された。〈豊玉丸〉は20ノットで、そのころ現地のサバニは30ノット近い速度で走るものがあった。

ディーゼルエンジンの進歩の早いころで、新しい船ほど速くなる状況だったのだが、会長は納得されず、一番速い船を造れと言われる。30ノットを超えて営業的にペイする客船を造らなければならない。

図-9 〈豊玉丸〉

図-10 「ジェットフォイル」

8）私たちの造りたい船は

　私たちはジェットフォイルよりもっと小型で、普通のエンジンが使える身近な船、しかもジェットフォイル同様の乗り心地と高い就航率を実現する船を目指すつもりであった。ただ、堀内研のわずか数人の世帯で使える研究費の予算は限られているから、売り物ではないこのプロジェクトは金額的に大きすぎる。

　しかし、それが商品性の躍進につながると思うと努力のし甲斐があった。我々は試作費用を思いきって切り詰めるとともに、長期の課題とすることにして何期かで費用を捻出することとし、何とか手を付ける目途を付けた。

　そして手始めとして、瀬戸内など内海で使えるタクシーボートを目指してみた。それは軽量ローコストで12人乗り、1人の運転手が操船して離着岸から切符切り、荷扱いまでの作業を全部済ませることができる。ちょうどワンマンバスのハンドリングに近いものであるべきだろう。それが40ノットで走り、1mの波の中で絹のような乗心地を保つことができるとすると、用途は相当に広いのではないか。これができれば当然、より大きい船にも移行する道が開ける。

　概要が固まって、私は中川恵二君に「OU96」と名付けたこの船のイメージスケッチを描いてもらった（図-11）。中川君はヤマハボートの始まったころから活躍したデザイナーで、数々の秀作を残している。この直前にも「OR51」のカラーリングを決めてくれて、それが私には大

　我々にとって、水中翼船を商品化する目標の1つは客船の開発である。当時既にジェットフォイル（図-10）が佐渡航路に就航していて、乗心地や3mの波の中を走ることができるという就航率の高さは大いに評価されていた。

　しかし、十数億円という価格の高さ、それに1航海ごとに洗浄を必要とするガスタービンエンジンのデリケートさは、広い普及の障害になっていると見ていた。

　会長の要望は正にその方向なのである。その意味で激励を受けた気持ちであった。ただ会長艇は石垣島のリーフ内に就航することが多く、あの浅い海は水中翼の苦手とするところで、むしろジェットボートが向いている。だから会長艇を水中翼船にすることは避けたかった。

　ヤマハ発動機のプロダクション艇として高速客船を持て、と会長は言っておられるのであって、会長用には別に浅い海で速く危なくない船を造るしかない、と納得した。

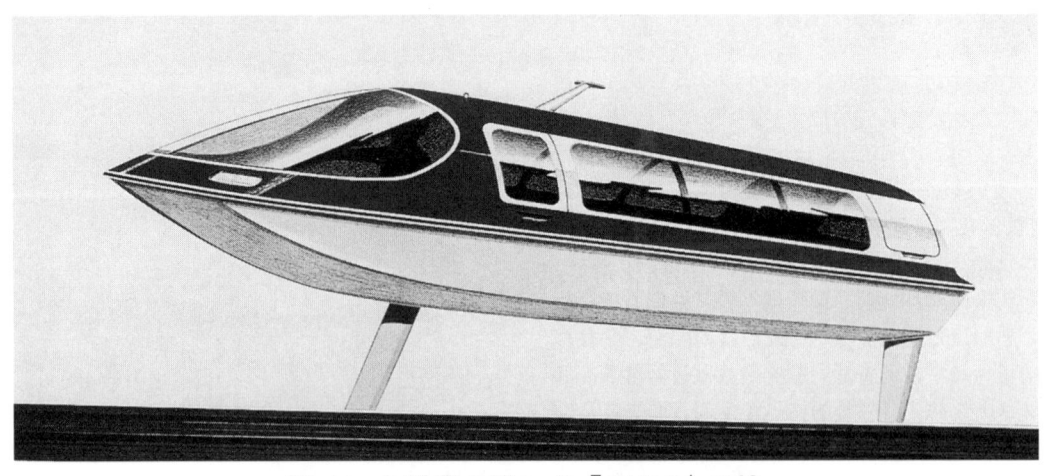

図-11 中川君の描いた「OU96」の絵

気に入りで、とうとう堀内研究室の色（堀研カラー）にしてしまった経緯がある。
　この絵もまた大いに気に入って、「OU96」のイメージはこれでしっかりと完成したのである。
　私は1950年代から水中翼の客船を夢見てきて、途中その夢をあきらめた時期がある。それは大型、高性能の水中翼客船を開発したとしても、日本の海では100隻も就航したらもう要らないという事態になるだろう。それは短期間の花火のような仕事でしかない、と思ったのである。今になってみると100隻でも多すぎた。一方、なぜ販路を国内だけに限って考えていたのかが今もわからない。

9）姿勢制御、材料の進歩

　それから40年が過ぎて考えは変わった。身近なエンジン、普通の船体に簡単な水中翼を付けた船が速くて乗り心地が良いならば、夢の船として素晴らしい未来が開けているとしか思えない。「OU96」のシリーズなら世界中にいくらでも需要がある、と考えたのである。
　超音波の浮上高度センサーシステム、サーボモーターなど、電装関係は今後ますます小型高性能化が進み、また安くなるに違いない。恐らくそれはどんなに小さい船にも使えて、価格も重量も負担にならないレベルに達するだろう。
　水中翼も新繊維を含めた材料の進歩で、気楽に軽量で高強度、高剛性の材料が使えるようになってきた。そして実はこの面では船が小さいほど有利なのである。
　船が大きくなるほど水中翼に高い強度、剛性のある材料が不可欠になる。その結果500トン以上の水中翼船は考えにくいといわれているのである。

10）3本脚から1本脚へ

　我々にとって、構造を簡単にするには今までずっとやってきた1本脚（実は2本脚だが）が望ましい。システムがシンプルになる、脚が短くなる、そして舷側に張り出すものがないから、運転手1人での離着岸を考える上でも断然有利だ。
　前述したように、1本脚だと翼走中に操縦者が二輪車感覚で左右安定を取らねばならない。だから大きな客船にこの配置を使うのは無理、と私は永年考えてきた。それゆえに「YZ886」は3本脚にしたのである。
　しかし今回は「OR51」をテストベッドにした姿勢制御の研究が着々と進んでいて、ジャイロや加速度計をセンサーに使った姿勢制御が出来る可能性も見えてきた。
　ボート事業部の永海義博君は姿勢制御の状態をコンピューターによるシミュレーションで予測してくれた、我々は「OR51」の実走行と照合して、そのシミュレーションに対する自信を次第に深めていた。
　客船の計画に当たって永海君の後輩、佐久間光二君も参加してくれた。ともに阪大造船出身の秀才、解析の達人である。「OU96」のシミュレーションは縦安定を主として行い、横安定については、従来通り手操縦で試走を始め、暫時自動に切り替えていくつもりで考えていた。
　シミュレーションの進行を見て、彼らの他に本社で二輪の走行安定性の理論に詳しい長谷川晃君、ヘリコプターの姿勢制御担当の杉田正夫君など、姿勢制御に関わった経験のある人たちに集まってもらってアドバイスを受けた。その中で1本脚の走行安定性をコントロールできる見込みが固まってきた。
　さらに翌1987年には、堀内研の柳原君が二輪車を安定させるシステムを編み出して、実際に車を走らせていた。この車の話は後日また書く予定だが、ジャイロを使って小径車輪の二輪車を手放しの低速運転ができるまでに安定させ、しかも自由に運転できる技術が我々の中で完成したのである。これはそのまま「OU96」に利用できる。
　我々は電気的な姿勢制御と、簡単な機械装置の両方で、1本脚の水中翼船を安定させる見込みが立ったのであった。

11）浮遊物との衝突など

　次によく考えて置かねばならないのは、浮遊

物に衝突した場合のことである。ジェットフォイルのサイズになると、丸太に当たってもちょん切ってしまうから問題ないと聞いているが、小さい船ではそうも行かない。どうしても負けてしまう場合があるだろう。

衝突に対しては、前後ともストラットが強い衝撃によって後に畳むように考えた。その際ヒューズが次々に切れてエネルギーを吸収するから船を減速し、衝撃をある程度吸収する（図-12、図-13）。

船は揚力を失って水面に突っ込むが、前後ストラットを畳むときの抵抗をほどほどにしておくと、船は水面をしばらく滑走して止まり、もしストラットをもとの位置に戻せば、再び翼走する事ができるかもしれない。

ここでも1本脚は威力を発揮する。3本脚の右または左の脚をぶつけると、横転の可能性があるが、1本脚では力が対称面内でしか働かないから、横転するような力はない。したがって、船体はそのまま横傾斜もなく着水するはずだ。

ただ、ぶつけた瞬間、前脚が横を向いて、横転モーメントを作り出すようでは、やはり横転するから、これがないように構造を決めておくこと、これは大切である。

「OU96」の絵や図面を見ると、例えこの船が横転したとしてもすぐに復元することが感覚的にもわかって頂けると思う（図-14）。船体の断面が円に近いし、前後のストラットおよび水中翼が大きなバラストキールとして効くのである。

ただ安全に横転するには、シートベルトを頼りにしなければならないので、これは万々一の考えたくない状態として何としても防ぎたかった。

客船となると、安全は最大の重要課題である。私たちは試作艇が完成したらいろいろな速度で丸太に突っかけて、すべての危険を掘り起こすつもりでいた。その中で上記の考え方が証明されるだろうことを信じていた。

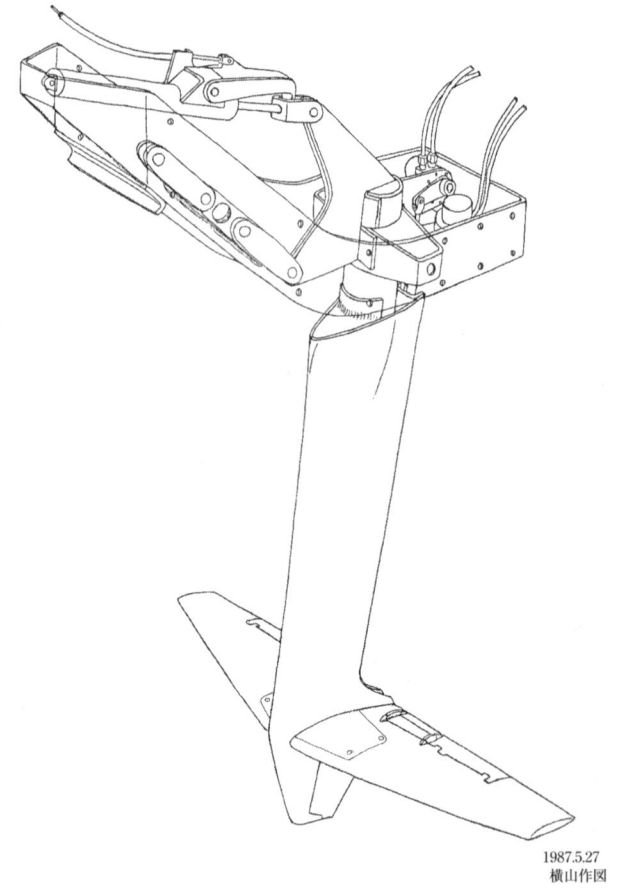

図-12 「OU96」の前脚構造

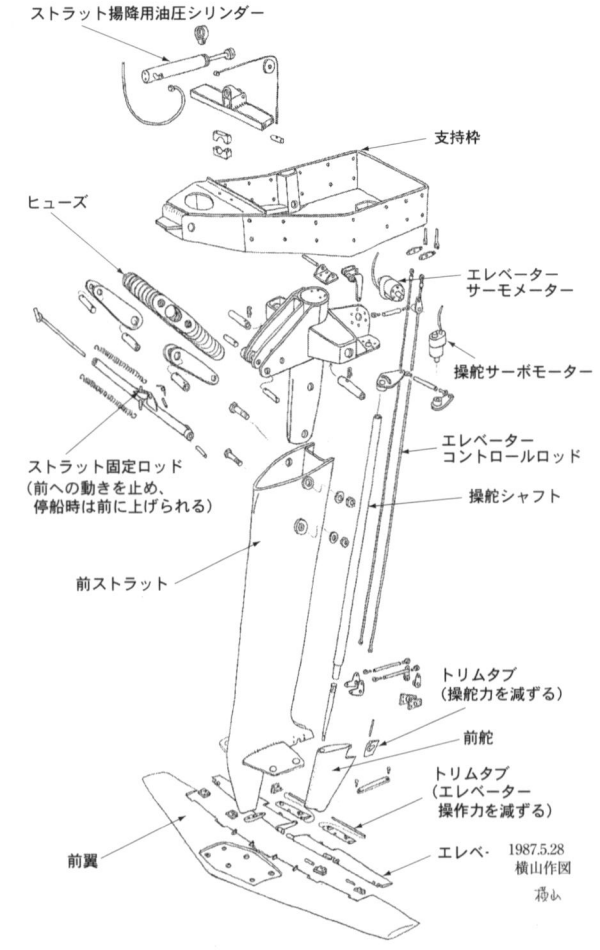

図-13 前脚分解図

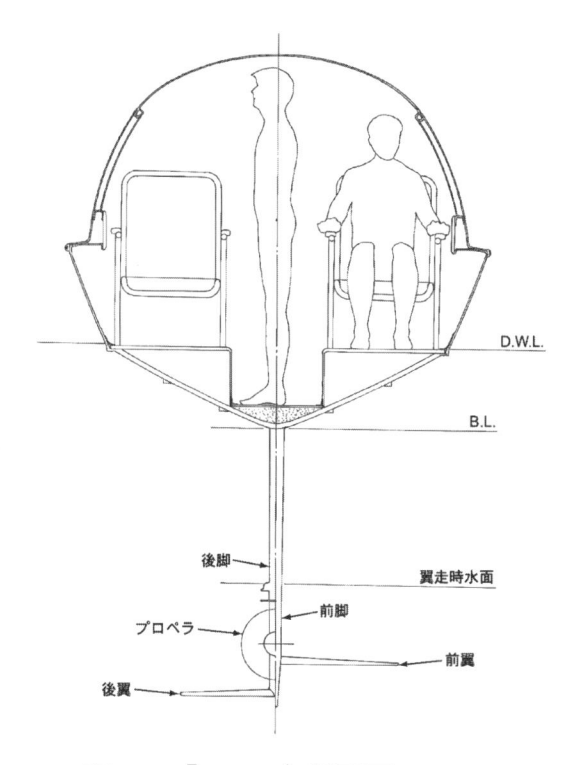

図-14 「OU96」断面図 （船外機仕様）

12) 船のサイズ

「OU96」は水中翼船なので、小型であるに関わらず日本小型船舶検査機構（JCI）の検査を受けることができない。そして大型船の検査を主務とする海運局による国の検査を受けることになる。そのことは、大きな客船に合わせた重い設備や国の検査済みのエンジン、艤装の搭載を義務付けられ、さらに大型船向きのFRP構造に関する構造基準に合わせなければならないことを意味する。

このローコスト、軽構造、高性能を狙った小船にとって、これは少なからぬ負担であった。FRP構造だけを取ってみても、重量が100kg以上増し、重心も上がる。

この船の使命は運航してペイすること。そのためには与えられた環境の中で維持、補修そして検査の費用を最小限に止める船のサイズを選ばなければならない（**図-15**）。

と言っても、国の検査を受けるのは今のとこ

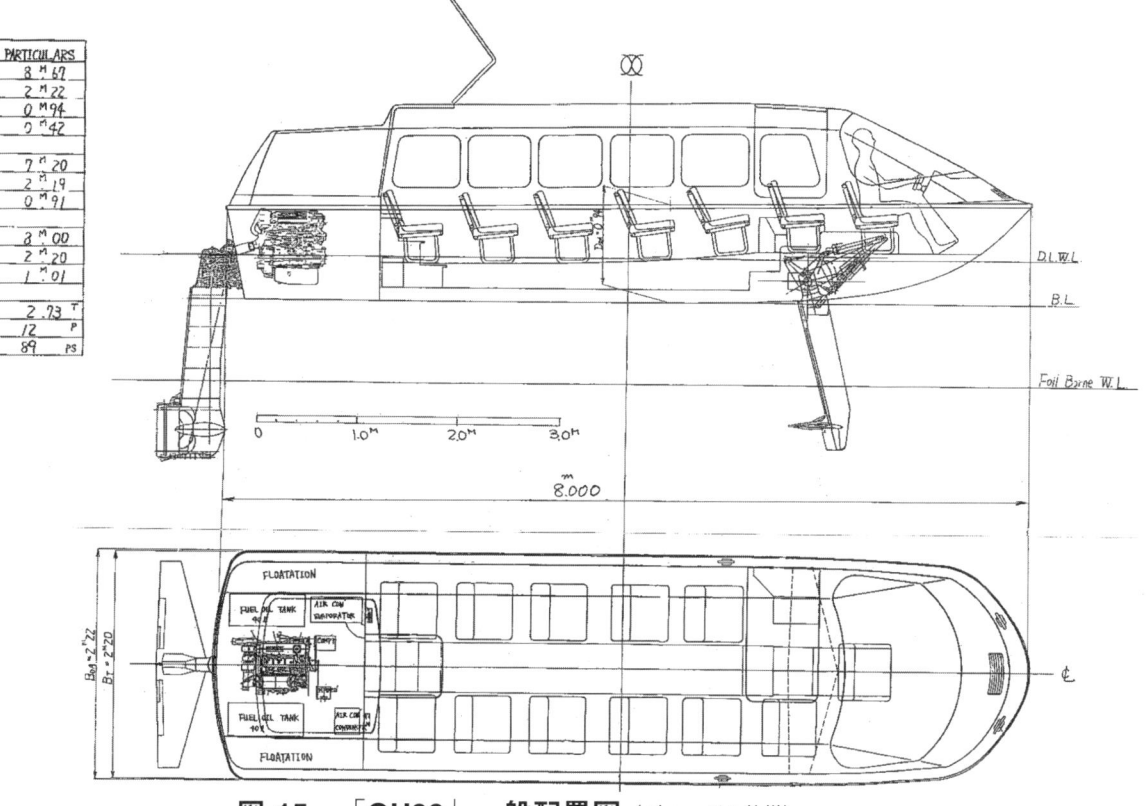

PRINCIPAL PARTICULARS		
LOA	8	M 67
BOA	2	M 22
DOA	0	M 94
d	0	M 42
L_R	7	M 20
B_R	2	M 19
D_R	0	M 91
L_T	8	M 00
B_T	2	M 20
D_T	1	M 01
G.T.	2.73	T
PERSONS	12	P
MCR HP	89	PS

図-15 「OU96」一般配置図 （ディーゼル仕様）

ろ仕方がない、だから将来プロダクションに移すことによって1隻あたりのそれらの費用を軽減することに努力し、いずれ水中翼船に対する信頼が固まって、一般船舶並の取り扱いを受けられる日が来ることを期待した。それは我々の船の出来映えにかかっているのかも知れない。

一般の船舶は、船長を12m未満にすることによってJCIの検査となり、さらに総トン数を5トン未満にすること、旅客定員を12名以下に抑えることによって、検査や設備を簡素なものにすることができる。そのため一般のプレジャーボートの検査はごく簡単に済むのである。

この船は船長が8m、総トン数は3.3トンでともに余裕があるから、旅客定員を12名以下とする中で最もコンパクト、軽量、ローコストの船体を造ることに集中した。

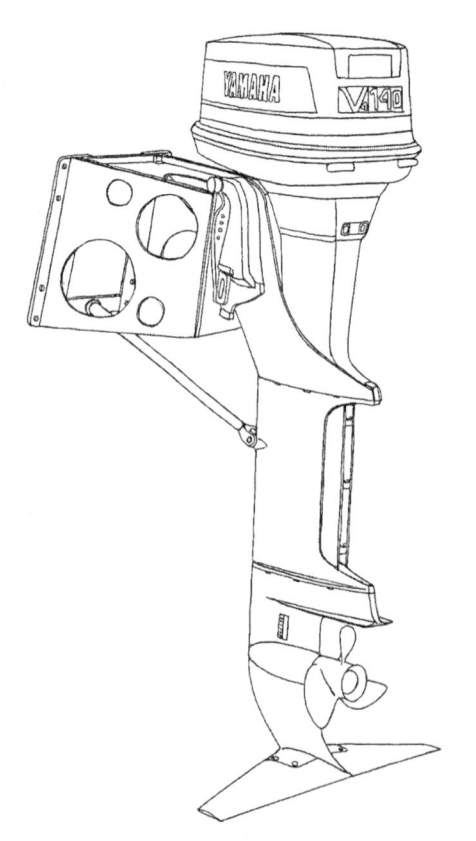

図-16 「OU96」には船外機を延長、補強して使用することにした

13) エンジン

その中で困ったことが起きた。予定していたヤマハ発動機の89馬力のディーゼルエンジンが国の認定エンジンになっていないから、そのままでは受検できない。今後のために受検する方法はあるが、半年の時間と300万円の費用がかかるだろうという。我々にとって、この半年も、300万円もとても重かった。

横山君は早速認定済みのヤンマーのディーゼルエンジンやヤマハの船外機の採用を比較検討してくれた。客船ともなればディーゼルで、と我々は考えていたが、船外機の軽いこと、馬力の大きいこと、それに脚が最初から付いていることもありがたい。

同じ90馬力で重量が200kgほど減ることもありがたいし、一方では140馬力でも200馬力でも自由に選べる。それを利用して高速までテストを済ませておく方が得策ではないのか。ディーゼルでは30ノットしか出ない。さらに離水困難に悩まされる可能性も少なくない。

当時、ディーゼルエンジンの軽量高馬力化が急速に進んでいる様子を見ていると、我々がこの客船を完成するころにはもっともっと良いディーゼルエンジンができているに違いないと私は思った。

我々は1987年1月、腹を決めた。140馬力の船外機を使うことにして、横山君は設計の見なおしを始めた。船外機の脚そのままでは長さ強度共に不足なので、横山君は脚の延長部とその補強を手際よく設計してくれた（図-16）。船外機にしたことによって水中翼のスパン（翼幅）はほぼ半減し、前後の水中翼の重量が94kgから30kgまで減った。最高速は33ノットから46ノットまで上がって、ジェットフォイルを追い越すはずだった（図-17）。

燃費は悪くなるだろう。しかし我々はこのエンジンで高速までのテストを終えておいて、その資料に照らして商品をまとめるときに、改めてエンジンを選定するつもりだったから迷いはなかった。

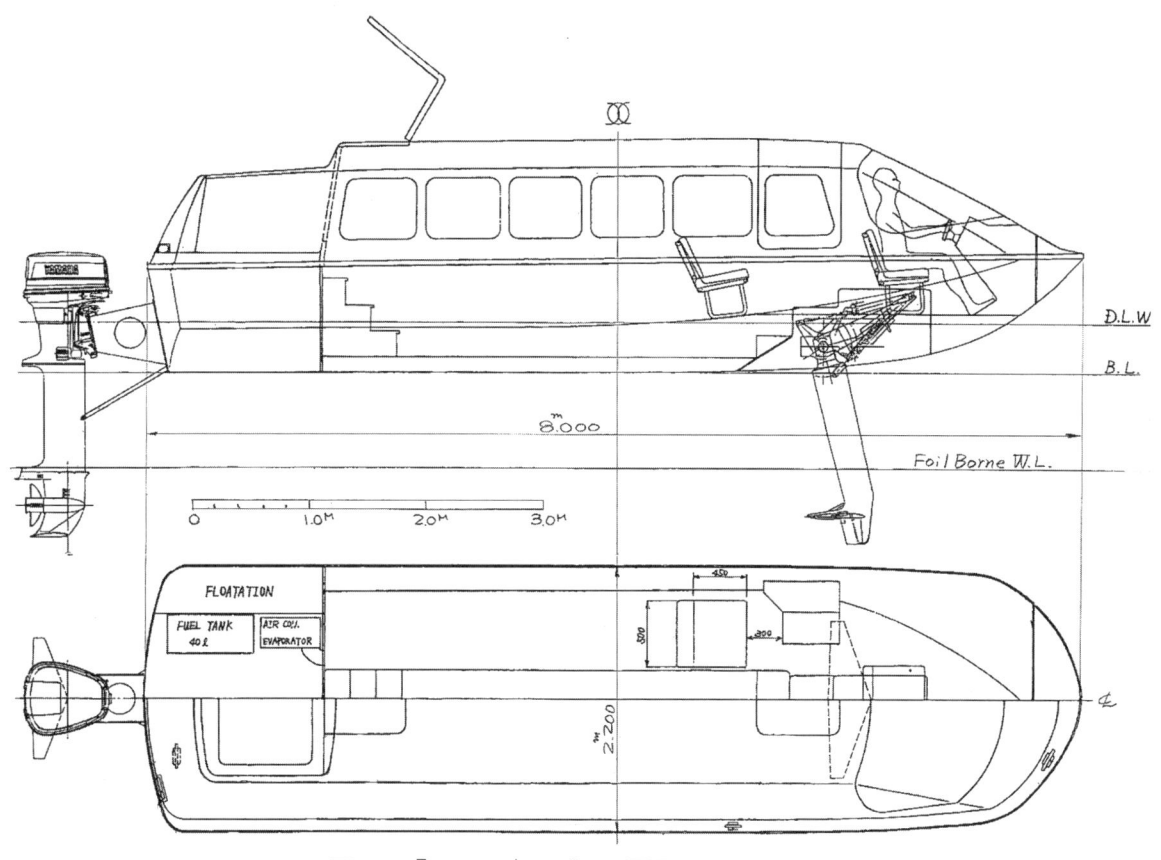

図-17「OU96」一般配置図（船外機仕様）

14) 船体

シンプル、ローコストな軽構造で12人乗りの船体を計画すると、それは飛行機に似てくる。快適な座席と通路を確保しながら、それを囲う円断面を最小にする試みを繰りかえした。その中で直径が減り、その周長が減り、したがって表面面積が少なくなる。これは重量を減らし、構造を強固にする上で卓効がある（図-14）。

その結果得られた円に近い一定断面の船体は、形も大きさも最新式のビジネスジェット機に似たところに落ち着く。通路を1段低くして左右に1席づつ配置した断面は円にぴったり収まりやすい。そして客席全長にわたってその断面は一定である。そのことが、内装などの生産性の面からも望ましい。

防舷材付近を岸壁からの荷重に対して固める意味でサイドデッキを多少残したが、ここを通路として使う必然性は特に感じなかった。

全体の印象を確認するために模型を作ってみて、プロポーションはなかなか良いところに収まっていたから、中川君は十分満足してくれた（図-18）。

15) 建造

1986年の暮れ、蒲郡にあるボート工場で船体の建造が始まった。ちょうど手をつけるころになって、エンジンの検査問題に気が付いて、年が明けてからディーゼルインボードエンジンを船外機に切りかえる決心をして設計の修正にかかった。

しかし、船体の主要部分に変更はなかった。重心を合わせること、構造を簡単にすること、さらにはこの船に、より適合したエンジンが現れたときにはそれを搭載できるよう、エンジンルームをそのまま残して船外機は外付けとしたのである。したがって、船体は船外機ブラケットを外付けするほか、それまでの計画から変更しなかった。

船体は1隻だけしか造らないので、簡易雌型

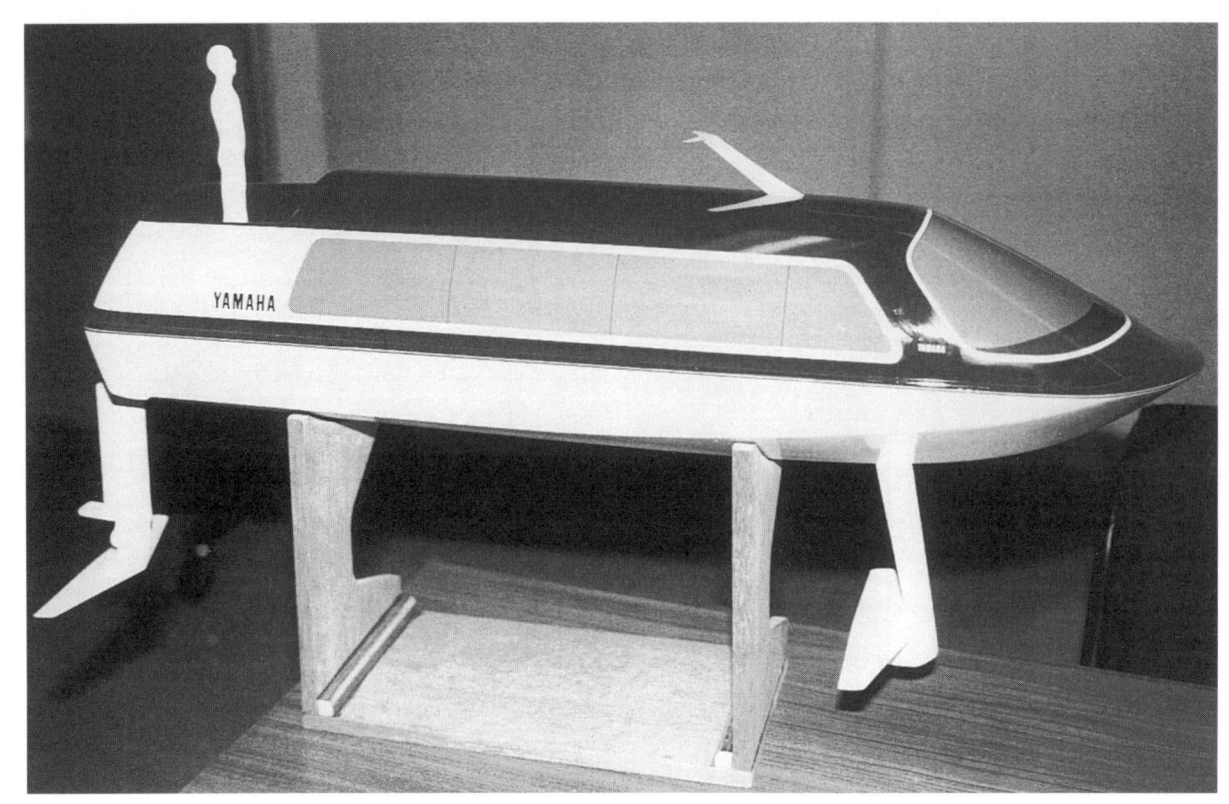

図-18　「OU96」一般配置図（船外機仕様）

法と称する工法で建造した。船の外形に合わせた外フレームの内側に、薄い合板を曲げながら貼り付けて雌型を作る。前後端は二次曲面があるからやや工作が面倒だが、大部分の長さはずん胴、一定断面のため、簡易雌型を造るのは極めて簡単なボートであった。

したがって、このボートの試作費用は、他の堀内研のボートに比べて抜きん出て大きな船であるに関わらず、こなれた試作費用ででき上がった。

作り方の関係で、でき上がった船はFRPの裸だから決して良い色ではない。しかし、すらっとした船体を、ストラットや水中翼の取り付けが可能なように、高く造った船台に置いた姿は、ビジネスジェットの飛ぶ姿を彷彿させるダイナミックなものであった。こういう姿で見事に走って欲しいと、その姿を見て思ったものである。

16）プロジェクトの停止

船体が出来上がってからもストラット、水中翼、操縦装置の製作は続いていた。手元にある鋼鈑でどんどん造ることができる小型艇のストラット等とは違って、排水量が10倍の今度の船は、強度、剛性など材料に関する要求が厳しくなり、さらには営業用として使用できる耐食性を確保する必要があったから、自然、高級な加工の難しい材料を使用することになる。それは部品製作上いろいろな困難を起こし、横山君の悪戦苦闘は続いていた。

そんなある日、私はこのプロジェクトを停止するよう指示を出した、のだそうである。
そのころの気持ちや考え方を今どうも思い出すことができない。

横山君や試作を進めていた服部君にも、この文を書く段になって、改めて聞いてみたが、12年も前のことで記憶が薄れている。私は停止の理由を明確に説明してなかったようだ。ご両人には申し訳ないことをしたと反省している。そして今となっては、その経緯を明らかにすることはできなかった。それは諸般の事情から推し量るしかない。

　ただ私がこのプロジェクトを最終目標と考えていたことに変わりはないはずで、主として理由はお金のことではなかったかと思う。

　もともとこの船の試作の費用は、堀内研の予算に比して大きすぎた。そのことに対しては何期かに仕事を分散して、一時に高額の費用が発生することを防ぐつもりでいた。

　ところが仕事の進み具合からいって、費用の発生が集中する傾向になったので、それを恐れてもう少し後にずらそうと考えたのだと思う。ストラット、水中翼の製作に苦労するほど、その価格は予想を上回り、試作費用が膨らむ傾向があったことも拍車をかけたろう。それならそれで、担当には理解できるよう説明するべきであった。

　延ばしたまではよいとして、その後の再スタートの機会を失ってしまったのは、今考えて返す返すも残念だったと思う。続く仕事に忙殺されたこともある。やがてバブルの崩壊を迎えて費用が使いにくくなり、その不景気の中でマリン事業本部長を仰せつかった私には、これを無理押しする気にはなれなかったのである。不況が続く中、1993年には私が役員を退任し、同時に堀内研は解散した。

　横山君が努力した「OU96」の船体や部品は、10年間、そのまま取ってあったという。私が中止の理由やこの船にかける志を十分横山君に伝えてなかったばかりに、このプロジェクトを再起不能にしたことになり、また志を継いでもらう機会も失ってしまった。今改めて、慙愧の思いと申し訳ない気持ちを味わっている次第である。

10章

水中翼船「OU32」

スタートはボートショーモデルだった。しかし同時に商品化を考えた水中翼船でもある。「OR51」を複座とし、ジェット推進、水面センサーを装備するなど大きく進歩して、操縦性、乗り心地とも完成に近く、私の永年の夢の運動性を実現したボートと言える。走行中のビデオはボートショーに発表されたほか、オーストラリア、アメリカでも好評を博していた。

1) プロジェクトのスタート

　前章に「OU96」の幕引きを思い出せない様子を書いた。実は、今回の「OU32」のプロジェクトがスタートしたときの事情も私には思い出せない。担当の横山君に聞いてみたが、彼もはっきりした記憶がないようだ。

　しかし記録から見ると、1987年初夏に「OU96」の幕を引いた4カ月後、1987年9月にこの計画はスタートしている。開発の日程がマリン事業部の企画部長、村越義明君に提出されているところを見ると、企画部の発案であった公算が高い。そのまた源流は、当時の荒田事業部長の強い意向であったろうと思う。何しろかなり期間的に無理があったにもかかわらず、当初から翌1988年のボートショーに展示することが計画されていた。

　当時のヤマハ発動機は毎年、ボートショーに夢の船を展示していた。おそらくその流れの中で、この年は「OR51」をさらに洗練して2人乗りにした夢の水中翼船を展示しよう、と決めたのだろうと今想像している。

2) タンデム(縦2人)乗り

　「OR51」は競艇用の艇として計画されたから、当然1人乗りだった。しかし、こうした乗り物が1人乗りというのは、どうも使ってみての値打ちが高くない。軽飛行機も1人乗りはレーサーや曲技機などの特殊目的の機体以外にほとんど見当たらないし、グライダーも結構複座が多い。

　乗る楽しみの上でも練習用としても、また実用上も、複座になると途端にその存在価値が高まる傾向だ。家族や恋人にその楽しみが広げられるし、2人目の代わりに燃料タンクを積めば航続距離は飛躍的に延びるという訳である。

　複座というと、タンデム(縦2人乗り)にするかサイド・バイ・サイド(横並び)を選ぶかが、飛行機でもこの船でも大きな選択である。一般にはタンデムの方が前面面積が少なく、その分空気抵抗が少ないし構造的にも楽なので、軽くて性能が良い。しかし一方、前後の席のコミュニケーションには都合が悪い。

　サイド・バイ・サイドは2人が話しやすく、顔が見えるので楽しく乗れる。従って、これは性能か楽しさかという選択なのである。

　「OU32」の場合、実は選択の余地はなかった。「OR51」の運動性を継承するには45°バンク(内傾)ができないと困る。サイド・バイ・サイドの幅広い客室ではバンク角が大幅に減るから具合が悪い。基本的な性能が一番大事だから、我々は迷いなくタンデム配置に決めた。

3）エンジン

「OR51」は15馬力の船外機をそのまま使っていた。長い脚の船外機はこの機種と9.9馬力だけで、東南アジアからアフリカにかけて使われている漁船に搭載するために極端に脚が長く作られていたのである。

38cmから50cmが普通の脚の長さ（適合トランサム高さ）なのに、このエンジンに限って70cmもあるから、まさに水中翼船向きだった。ただ、「OU32」の計画で２人乗りとなると、このエンジンは小さすぎる。しかし、もうこのほかに脚の長い船外機はない。

当時ちょうどマリンジェットが発売されて、それに搭載されている32馬力のエンジンとジェットの組み合わせは、このプロジェクトの原動機として恰好のものに見えた。

マリンジェットの推進装置を流用するには、ウォータージェットの吸い口を改造して、長い脚の下から水を吸い上げ、既成のジェットポンプで水を後ろへ噴出するから、これは脚の長さが自由である。また、あとから大馬力のものが続々と開発される予定があるので都合がよい。

吸った水を高みに持ち上げるエネルギーはロスになるが、ボーイングの水中翼客船ジェットフォイルでも使っている方式で、総体の効率は悪くない。もちろんそれには吸い口から長い脚、そしてジェットの入り口に至るまでの形状がうまく設計された場合のことで、もしその出来が悪かったら、どこまで効率が落ちるのか見当もつかない。

「OU32」の設計で目新しいのはこの１点だったから、我々はここにエネルギーを集中した。10月の半ば過ぎに計画がスタートして、２月初旬に始まるボートショーまで、その期間は３月半に過ぎない。その間にテスト、改良を経てボートショーに出せるよう美しく仕上げた上、魅力的なビデオを作り上げるのが至上命令だ。さらにそれによってボートショーでは企画に沿った十分な反応を得たいという計画なのだから、日程は随分と厳しい。

開発日程表を見ると、スタートから進水まではちょうど２カ月、したがって水中翼や操縦装置、ジェット用の後脚など、型物部品の発注はスタートから数日中に終わらねばならない。しかし、一方ではこうして水中翼船の集大成を作り上げて行く作業は楽しく、ありがたい仕事をもらったという思いがあった。我々はきびきびと充実の日々を過ごした。

4）できたら売りたい

上述のようなスタートだったから、２人乗りでボートショーに手応えのあるもの、という以外の仕様は任されていたと思う。しかし私たちにすれば、この船はボートショーで終わり、というのはいかにも残念で、何とかある数は売れるものにしたかった。そうして、なるべく数多くの人にこうした船の楽しさを味わってもらいたかった。

売り物としての性格を考えていくと、操縦のとても面白いコミューターというイメージが浮かんでくる。50cmの波の中を滑らかな乗り心地のまま高速で走れるし、２人乗りだからちょっと小さいが、米国なら湖のミニマムコミューターとして使える場合があるだろう。

一方、高度な運動性は軽飛行機に乗るような楽しみを与えてくれる。２人乗りで先輩から操縦を教わるにも便利だし、180°復元性を持っているから、操縦の失敗で横転してもすぐ復元して、笑って練習を続けられるはずだ。そうして飛行機のような墜落という危険はあり得ない。

「OU90」では泳いでいる人に怪我をさせることを心配したが、今度はその心配をしなかった。泳ぐ人の多い水面でこれに乗ることは考えられなかったのである。

「OR51」は重心位置が後ろ寄りで、横安定不足に悩んだ経験があるから、今度は十分前寄りにして安定した翼走ができるようにした。当然２脚操舵で安定させる必要はなくなる。さらに「OU90」で成功したコンパクトなハイトセンサー（高度安定装置）を流用してコストを下げ、シンプルな構造でありながら安定した翼走ができるよう心を砕いた。

この船は、堀内研究室で造る最後の水中翼船だったから、先輩艇で苦労した数々の経験が生かされて、基本計画は見る見るうちにまとまりを見せた。

5）船体

　開発期間が短かったから、船体は「OR51」の型を流用した。まず「OR51」の雌型に積層、離型して「OR51」のFRP部を作り、それに加工して新しい雄型を作る。デッキの方は雄型を延長し、新しい2人分の大きな風防に合わせてコクピット周りの形を整えることで、加工面積を最小限にして雄型を仕上げた。

　船体は2人乗りにして、さらにエンジンとジェットを縦に配列できるよう500mm後ろへ延長した。ただし、底面にはステップをつけて、延長部分の船底は従来の底面より50mmほど高くした（図-1）。これによって滑走状態のトリムを適正に保ち、船体の抵抗を減ずる一方、後脚の付け根の整形しにくい部分が高速時、水に触れないようにして飛沫抵抗を減らしたのである。

　後脚は障害物に乗り上げたとき、後ろへ畳む構造にしているから、どうしても蝶番やそのほかの造作が外部に露出して、水が当たれば大きな抵抗になる。それをステップをつけることによって回避したのである。

6）風防

　「OR51」の風防はアクリル板を真空成形して、前から後ろまで一体に作ったのだが、納得のいく形に持って行けなかった。また、運転席から前を見たときの像の歪みを減らすのに苦労したから、今度は前面の風防をしっかりしたフレームのある固定構造にして、平面のアクリル板を曲げてはめ込んだ（図-2）。こうすれば厚さのむらがないから像の歪みは最小である。

　そして後ろの風防を真空成形で作り、この部分だけを開閉式にした。後ろの風防にもがっちりしたFRPのフレームを回した。さらに将来は、飛行機に使用される空気注入式のパッキンを使用することで、転覆時の風防周りからの水漏れを完全に止めることにした。

　この構造だと、横から見て風防の固定部と開閉部の継ぎ目がどうしても折れることになるが、これは気にならない。自動車はみなこの折れがあるのに気にならないことは、みなさんご承知の通りである。

　お陰で像の歪みが減り、開閉部の真空成形も

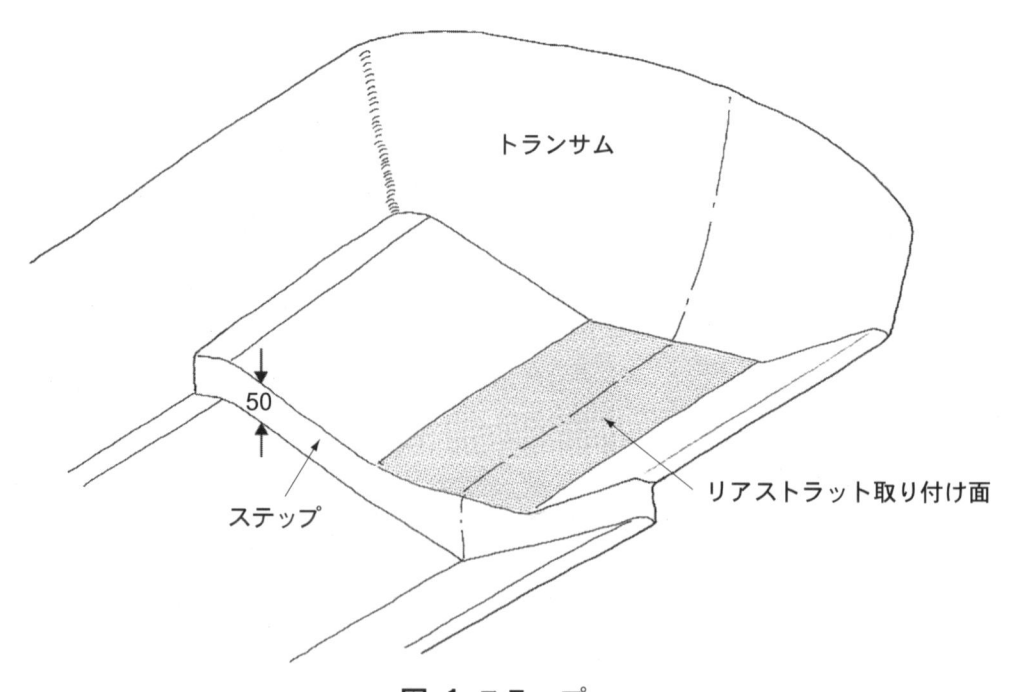

図-1　ステップ

図-2　風防計画

記1：OU32の計画初期に描いたもの
記2：AA矢視は、中央図のAAの矢印の方向に切った断面を示す

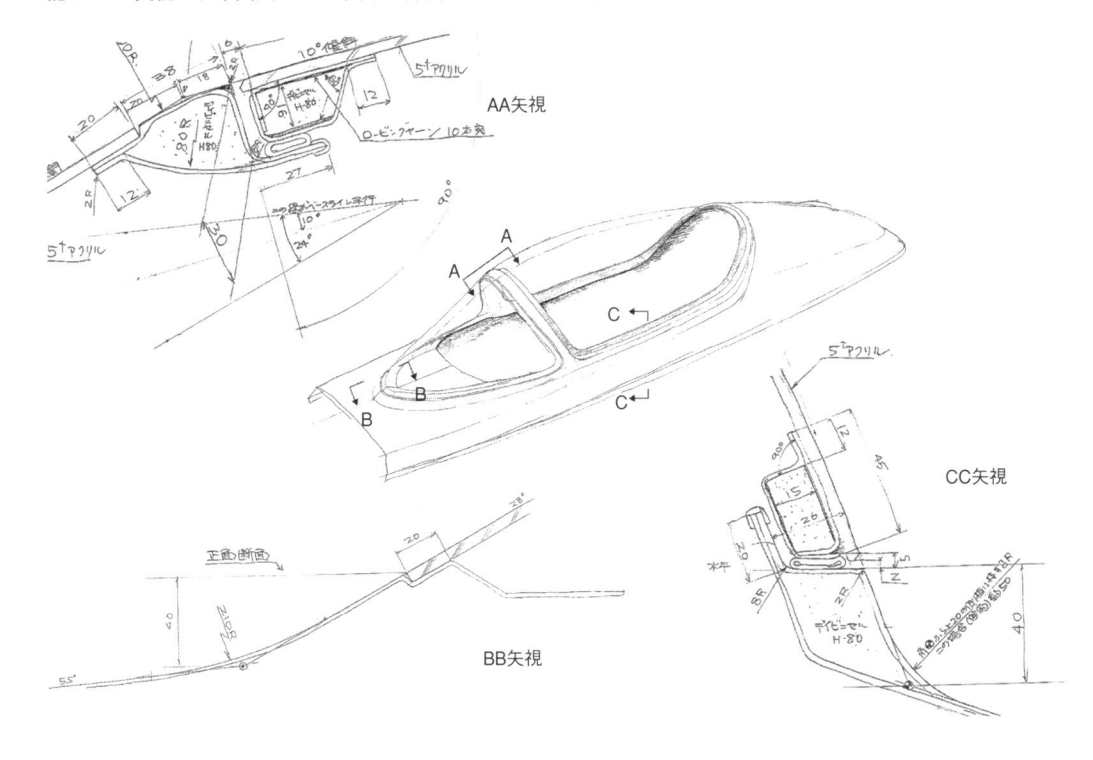

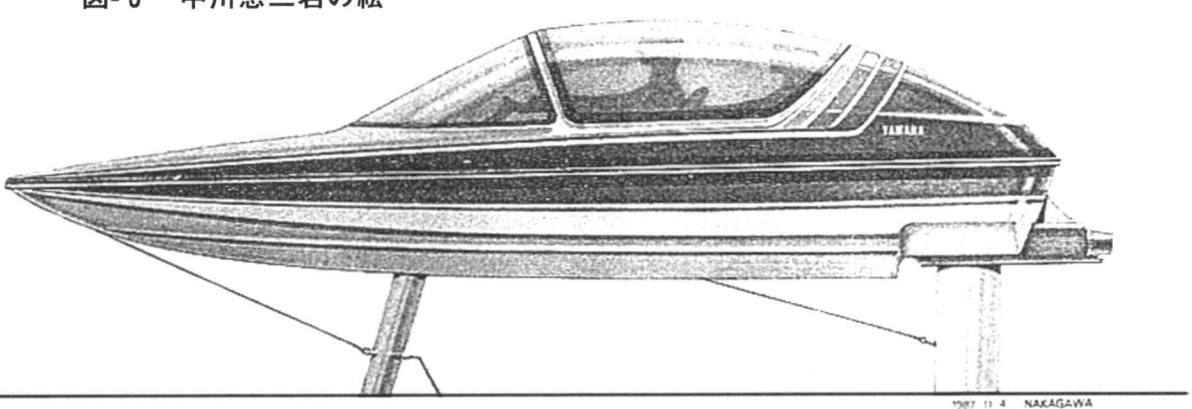

図-3　中川恵二君の絵

容易になったし、しっかりと強固に仕上がった上、コストも下がった。

こうして船の長さが増して、全体のプロポーションが良くなり、風防も形が改まって長くなったから、全体が優美なまとまりを見せて嬉しかった。

中川恵二君に頼んで絵を描いてもらった（図-3）。堀研カラーが映えて、既成の船の型を流用したとはとても思えない仕上がりが得られそうである。いずれにせよ、ここまで何艇も設計してきた蓄積が1つ1つ生きて、堀内研究室の水中翼船の集大成としての完成度の高さがその姿に現れてきたように思われた。

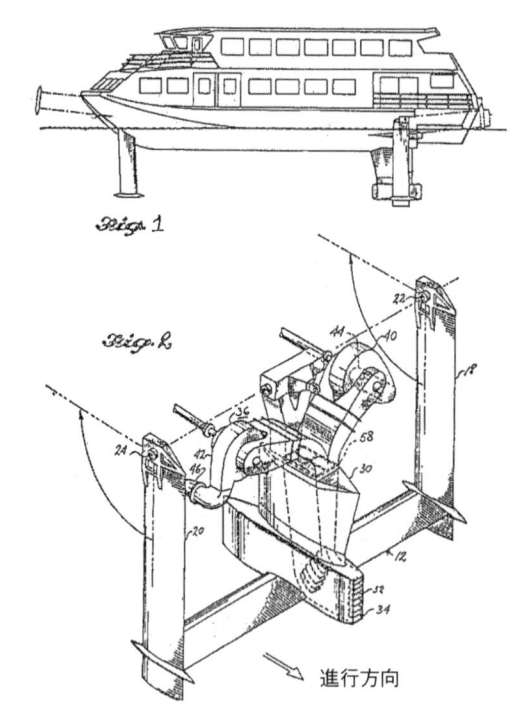

7) ジェット

「OU32」の開発に取りかかった時点で、私たちのウォータージェットに関する技術の蓄積はないに等しかった。だからマリンジェットのエンジンやジェットを流用するとはいっても、長い後脚（ストラット）を通して吸水した水を滑らかにジェットポンプに供給する新しいシステムがうまくできるかどうか、これが一番の問題であった。

このころ、ジェットフォイルの特許が公表されて、同様の水を吸い上げるストラットの詳細が原理的には参考になるので心強かった（図-4）。ただ実際に寸法を決めるとなると、スケールも違うしポンプの様式も違う。我々の計画にはもうひとつ自信が持てない、そうかといって基本から勉強する時間はとてもない。

横山君はこのとき、1/2大のストラットの模型を作り、それに実際に水を流して、問題を見つけて対応するという案を持ち出してきた。これはまさに名案だった。吸水孔からジェットポンプに至る経路の片側を木で作り、ガイドベーンなども植えつけて片側を完成する。そうしておいてちょうどセンターラインに相当するところに透明のアクリル板を貼って中が見える状態にして水を流すのである（図-5）。

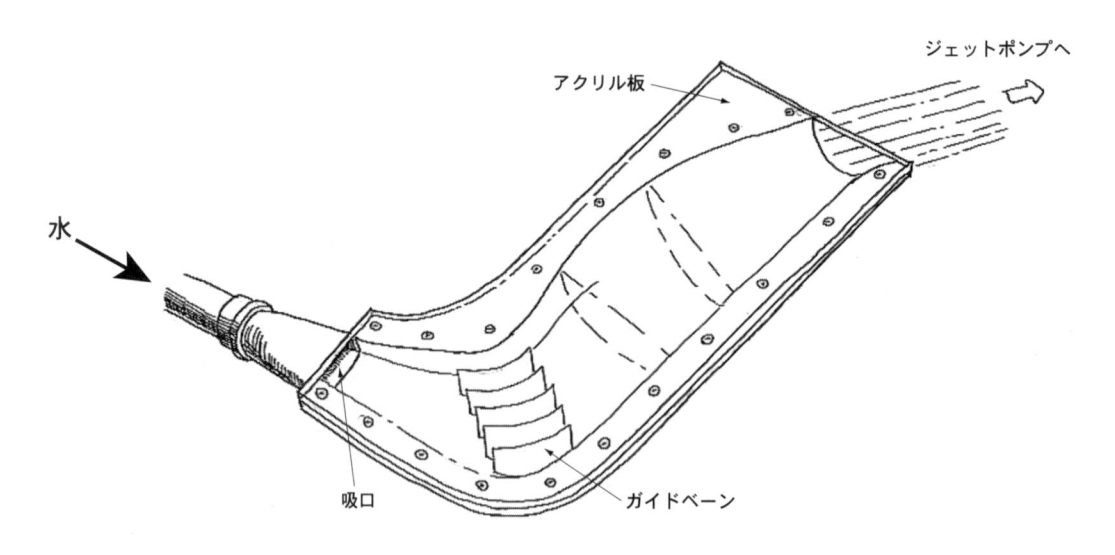

引用文献：特許公報（昭51-7909）番号の説明
- 33.34 ：吸口
- 44.46 ：ノズル
- 40.42 ：ポンプ
- 12 ：水中翼（後）
- 18.20 ：ストラット

図-4 ジェットフォイルの特許

図-5 管路の実験装置

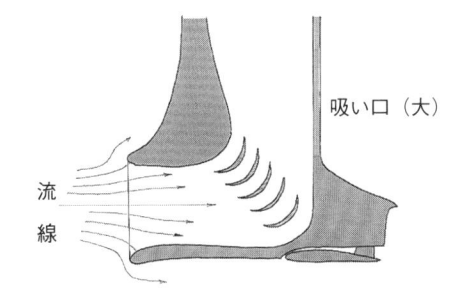

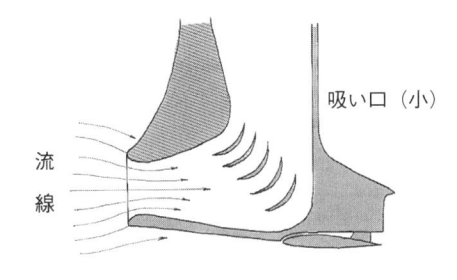

図-6 吸い口の大きさ
ジェットポンプを流れる水量に対して、吸口面積×艇速が大きいと、余った流れは吸い口の外に溢れる。逆に小さいと、ジェットポンプに十分な水量が供給されず、推力が出なくなる

定量的な計測は行わなかったが、これによって流れの淀みや剥離の様子がアクリル板を通して見え、改良には大きな効果があった。ただ残念ながら、このテストでは肝心の吸い口の状況が実物と異なる。艇速に等しい流れの中に吸い口を置けば実際の状況をシミュレートできるのだが、それは実行が困難なので、この実験では吸い口に消防ポンプのホースを直接接続したのである。したがって、考えた吸い口の形状が良いのかどうか、それを判定することができない。これは実際に船を走らせて性能を見るしか方法がなかった。

特に吸い口の大きさが問題で、船が走っているときは、そのスピードで吸い口に達した水が素直に流れ込んでジェットポンプまで達して欲しい。

吸い口が大きすぎると大量の水が入りたがるが、後ろの水路の流量が少ないので外に溢れ出し（図-6）、流線が乱れて吸い口が大きな抵抗となる。逆に小さすぎると、全体に流量不足となってジェットが本来の推力を発揮できない。

スピードに応じて最適の吸い口の大きさがあるのだが、船が一定のスピードで走るわけではないから、必ずぴったりしない状況が起こる。それを船の運航上の問題を起こさないところに落ち着けるのが難しい。

ほどほどの形状でスタートして、走ってみて吸い口の加減をするつもりで形を決めた。

この不安は不幸にも現実となって現れ、初回走り始めたときには離水が困難だった。吸い口をいくぶん切りとって面積を広げた結果、低速での推力が増して容易に離水できるようになったのである。やはり、経験のない世界はトライアル・アンド・エラーがつきものである。

8）水中翼

水中翼はそれまでの経験があったから特に問題はなかった。馬力が大きくなった分、高速向きに面積の小さな水中翼が使えるのだが、進水したら一発で高度の運動性をビデオに収めなければならない宿命があったから、やや大きめにセットする（図-7）。

図-7 水中翼
記：右記は当初のもので、後日、前翼の断面はNACA2R(2)12にして、スパンを700mmに、後翼はGottingen593に変更している

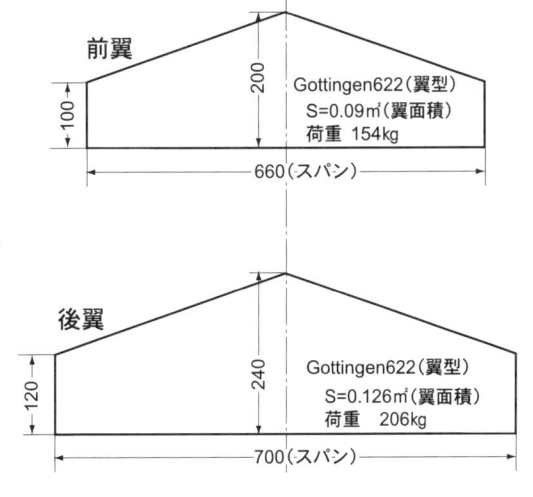

前翼
Gottingen622（翼型）
S=0.09㎡（翼面積）
荷重 154kg
660（スパン）
200
100

後翼
Gottingen622（翼型）
S=0.126㎡（翼面積）
荷重 206kg
700（スパン）
240
120

図-8 フロントストラット分解図

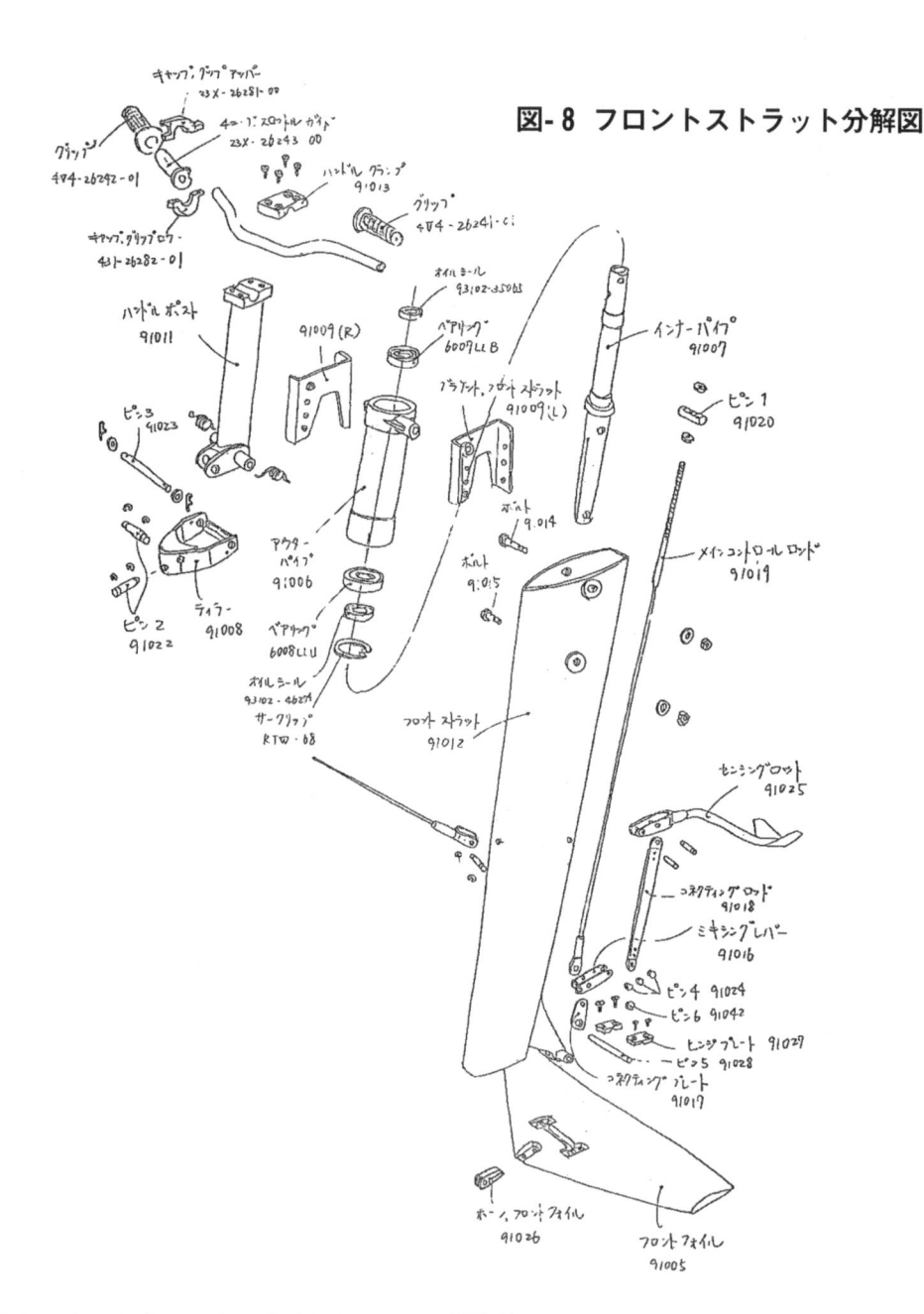

ハイトセンサーは「OU90」で成功したメカニカルセンサーとミキシングレバーの組み合わせを使って、操縦者の負担を減じた。ここには「OR51」、「OU90」の経験がフルに生かされている。

操縦装置も「OR51」からの踏襲でますます信頼性が高くなっている（図-8）。

我々はこのボートがプロダクションに入ることを夢見ていたから、技術的な蓄積をすべて投入して、シンプル、ローコストで魅力的な高性能と楽しさを満載すべく力を傾けたのである。

9）日程

設計管理部からは、12月半ば、プロジェクトの重要性と緊急度を伝える業務連絡が関係部署に回ったが、もともと日程は非常に苦しかった。そこへさらにオーストラリアの国際レジャー博に出品するもう1艇を新たに造ることが年初に決まったから、マリン事業部の関係部署に緊張が走った。そのレジャー博用の「OU32」も2月22日までには梱包を終わって出荷準備を完了

しなければならない。

堀内研は全員で横山君を支えて、このゆとりのないプロジェクトのスムースな進行に全力を傾けた。一方、マリン事業部の企画部、設計管理部を含む関係部門には、堀内研の本山孝君から刻々の日程、進行状況、分担などを細かく連絡して万全を期した。

もう1つ困難だったのは、船舶検査の問題であった。ルールでは、すべての水中翼船が国（JG）の検査を受けることになっている。もともとジェットフォイル級を頭に置いた検査のシステムだから、提出図面などが特に多い。我々の船は商品ではないから、期間を限定した臨時航行許可がおりればよいのだが、先方もこの目新しい船を理解しなければならないから、なまじの図面や説明では先へ進まない（図-9）。

ただ「OR51」のときに、中部運輸局清水支局の判断で臨時航行の許可が出たのでそのつもりでいたところ、本省や中部運輸局に伺いを出すことになって、一時は検査長がボートショーの前に船を動かすことは無理という判断に傾いたこともあった。どこへ行っても、「何故もっと速く相談に来なかったか」と責められて、担当の四尺君も横山君もそのたびに一言もない。

それでも清水支局のご努力と関係者の頑張りで、何とか1月18日、検査官に立会って頂いて、安定の検査を受ける手筈までたどり着くことができたのである。

10）進水

1988年1月17日、やっとの思いで「OU32」

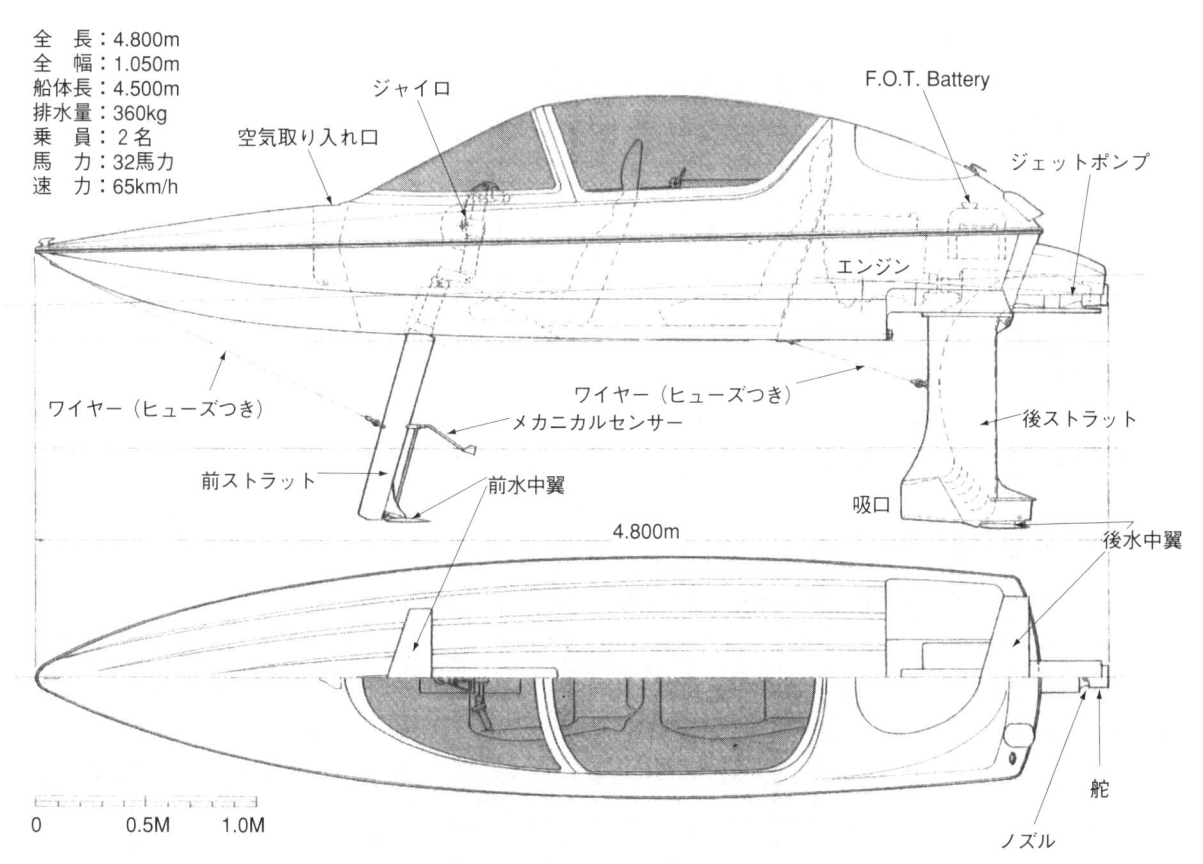

全　長：4.800m
全　幅：1.050m
船体長：4.500m
排水量：360kg
乗　員：2名
馬　力：32馬力
速　力：65km/h

図-9 「OU32」一般配置図

ロープを引っ張って真っ逆さま直前まできたところ

真っ逆さまを過ぎるとボートは急激に起き上がろうとする。ロープの弛みが見える

一気に起きあがる

図-10　復原性テスト

を浮かべ、180°復元性のテストを実施した。この経過は良い写真が残っているので（図-10）、よく見て頂きたい。このときは実験の松瀬孝司君が中に乗って、浸水の模様などをチェックしてくれた。風防周りからの浸水がわずかにあったが、問題とするほどではなかった。

ここまでは良かったが、さて走り出すと、何と離水ができない。推力不足である。

低速での推力不足の原因は、例の吸い口の面積不足と考えられるので、さっそく船を上げて吸い口の部分を切り取る作業にかかった（図-11）。

翌18日は検査官立ち会いの日で、この日再度走ってみると、今度は推力が出て容易に離水できた。検査官の見ておられる前で、慣らし運転を続けているときに思いがけないことが起った。旋回しかけた「OU32」がいきなり船首を水面に突っ込んだのである。こちらは何が起ったのか皆目わからない。

微速で帰って来た船を上げて見ると、何と前のストラットが中ほどでポッキリと横に折れているではないか。

検査官にどう説明したのか私は覚えていないが、横山君の記憶によると、補強が出来るまで検査官を待たせて、再度試走を見てもらったそうである。

そしてありがたいことに、1月23日から2月5日にかけての臨時航行の許可が特別におりた。恐らく本省でも、中部運輸局でも、事情を察してかなり無理を聞いて頂いたものと思う。

その中では恐らく、180°の復元性を有することや、脚を折ったときの挙動などからも、何が起っても危険に結びつく心配はまずないと判断されたことが大きく貢献したのではないかと想像している。

ストラットの折損部の強度を計算し直してみると足りなかった。「OR51」や「OU90」の構造を踏襲していたために油断があった。重量、速度とも増加して条件が厳しくなったことへのチェックが甘かったらしい。

11）ビデオ撮り

実際のビデオ撮影は1月30日に行われた。1月23日から1週間の準備期間に何回かの試走と小改造が行われたと思うが、この間、私は立ち会わなかったので正確なことはわからない。しかし、大きな問題点はこの間に発生しなかった。そして最大の成果は横山君が乗り慣れたことだと思う。

ビデオ撮影はほかのクルーザーが「OU32」に伴走して行った。横山君は見事に走った。そして、「OU32」はよく我々の期待に応えてくれた。

午前、午後と走ったが、午前は波がなくて静かな走り方や得意の45°バンクの急旋回を次々に見せてくれた。腹をほとんど全面見せて、わずかな引き波を残しながら急旋回する様は胸のすく思いだ（図-12）。私はビデオカメラマンと同じ伴走艇に乗って、35mmカメラでよい瞬間を残そうと撮りつづけた。

続いて、クルーザーの引き波を右へ左へと横切る。クルーザーがゆっくり走っているので引き波は高い。50～60cmはあろうか。そこを横切っても揺れは船首が10cmくらい上下に振るだけ。モーターボートなら高く飛んでバシンと落ちるところだ。

船首が10cm振るのはハイトセンサーが波を検知して昇降舵を動かしているからで、もしハイトセンサーを外して横山君が操縦すればこの動きもなくすことができる。見事な走りだ。

午後になって風が出てきた。浜名湖内、それも松見ヶ浦の中は普段は波の立たない水面だ。しかし、10m/sを超える風に白波が立っている。

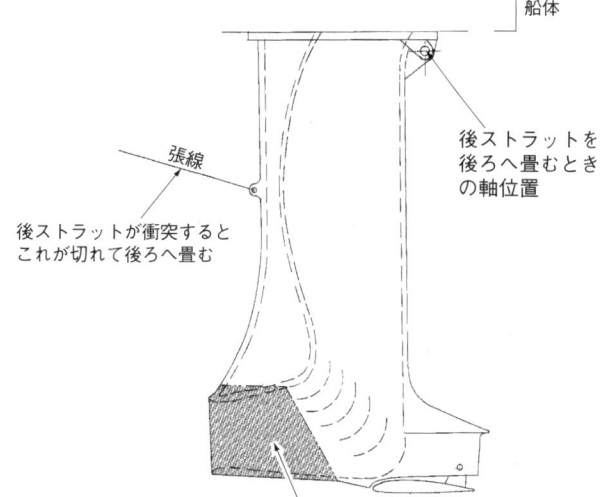

図-11 吸い口を切り取る

このハッチング（網かけ）した部分を切り取ることで推力が増し、翼走できた

図-12 急旋回a

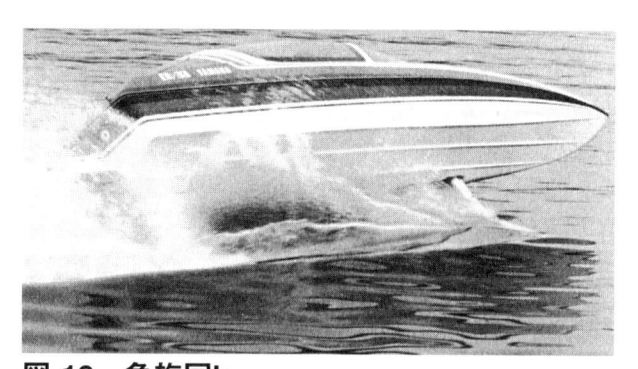

図-12 急旋回b

図-12 急旋回c

図-13 波の中を走る

波高は40〜50cmもあろうか。その中を実に滑らかに走る「OU32」、中で手を振るモデルさんは本当に楽しそうだ（図-13）。荒れた海況のことなどこれっぽっちも感じてないように見える。水中翼船の乗り心地の素晴らしさを改めて実感したことであった。

走りは良かった。そうなると余計ビデオはどうだったかが気になる。4日目、2月3日になってやっと編集の終わったビデオを見る機会があった。素晴らしい。実際に見た走りが良く出ている。バックに流したメロディーがまたよく合う。構成が良く、心から満足した。これは、いくら書いても言葉では言い尽くせない。読者のみなさんに直接見てもらいたいビデオだ。ビデオを間に合わせようとして、堀内研やマリン事業部が必死に努力を続けてきたのが一気に報いられた思いだった。素晴らしいビデオを作った亜興に心から感謝したい。

一方私が撮ったスチール写真の方も、よいシーンが多数捉えられていて、あとで大分重宝した。収穫の多い撮影日であった。

このビデオによって、水中翼船「OU32」の操縦性や魅力を十分伝えられることを確信した。さて、ボートショーまで6日ある。この間は船の仕上げと飾りつけに集中した。

12）東京ボートショー

この年の東京ボートショーは、2月9日から14日まで晴海で開催された。ヤマハ発動機が力を込めて展示した「OU32」は夢の表現にふさわしく、華やかな飾りつけがなされていた。

「OR51」から数段リファインされた完成度の高さと、伸びやかなスタイルをよく表現した展示に、我々は十分満足した。お客さんも船を見てはビデオに釘づけになって、横山君に質問を重ねていた。

荒田事業部長、村越企画部長の満足げな顔を見るのは嬉しかった。随分無理な期間だったが、それを受け入れて関係者全員の努力で最上の結果に導いたという満足感があった。

13）いろいろなメディアに発表

東京ボートショー以来、「OU32」は各方面の注目を集めて、いろいろなメディアに登場することとなった。

『中日新聞』からは、「東海本社設立7周年記念号に"21世紀にむかって翔く"というテーマで、カラー版特集号を組み、その象徴としてOU32とヤマハ発動機のマリン事業の展望を載せたい」という話があり、4月28日の新聞に大きな記事が載った。

『日経メカニカル』誌では、同年8月号の新しいコラム"フォルム"という紙面に、実際に走っている「OU32」の写真のほか、図面、記事による詳細の紹介が掲載された。

5月から10月にかけて、オーストラリアのブリスベーンで行われた国際レジャー博（World Expo 88）には、運輸省、通産省からの要請で「OU32」および「OU90」を展示することになっていた。そのために、2月20日にボートショ

ーに出したのとは別の「OU32」1隻を梱包して出荷したのは前述の通りである。

このレジャー博はブリスベン市の中心部で行われ、800万人を集める大規模なものであった。船の組み立てから展示までは、横山君が行って指揮してくれた。開会式には私が出席してお客の反応を見るとともに、展示の問題点を直してもらった（図-14）。ここでも「OU32」とそのビデオは、ボート大好きのオージーたちを強く惹きつけた。

この展示が引き金になったのであろう。6月になって同じオーストラリアはシドニーのテレビ局・ATNが取材を申し入れて来た。ここでは独自の科学技術番組、"ビヨンド2000"を毎週ゴールデンタイムの1時間番組として放映している。それはオーストラリアで最も人気があり、しかも権威ある科学番組である。

ATNが米国のフォックス・ネットワーク社と提携して、ビヨンド2000のアメリカ版を作るので取材させて欲しいという申し出である。オートバイや船外機を数多く販売している米国でPRになるならばと、全面的に協力してビデオが出来上がった。

後日、米国では全国的に放映されて、ヤマハ発動機の出先には多くの問い合わせが殺到したという。我々が問い合わせに対応する情報を出先に伝えてなかったために、受け答えも難しかったのだろう。我々にとっては反応の中身を確かめるすべもなくて残念なことであった。

14）その後のこと

各種メディアに華々しく発表されたことで、「OU32」の建造の目的は十分に達成されたと思う。ヤマハ発動機のイメージアップには少なからず貢献したであろう。

一方、計画当初から、我々はこの船がショーボートとしてだけではなく、1つの商品として、限られた数ながら売れることを夢見ていた。

ただ、これは会社の方針ではなく、設計する者のささやかな願いであった。従ってメディアに登場するときも、夢の船としての扱いで、お客も買える船とは思わずに見ているから、売る場合の準備は何1つできていなかった。

図-14 ブリスベーンの国際レジャー博風景

一方、「OU32」の出来はボートショー並びにビデオ登場までの品質であり、商品として販売に乗せるには数多くの改良が必要であった。横山君がボートショー後に作った計画でも30余点の改良を必要とすることになっている。

堀内研では数多くのテーマを抱えて、メンバーはいつも忙しかったが、横山君には手の空いたときを狙って、商品にする場合のための図面を前述の改良を含めて整えるように頼んだ。

彼は1988年の暮れと1989年の暮れ、それに1991年の春に集中的に図面を描いてくれて、商品化に備えたすべての図面が整った。

しかしこの時期、バブルが弾けて急激に売り上げが落ち始めたのである。採算の悪化の中で多額の投資を必要とする「OU32」の商品化は次第に考えられなくなってきた。

そんな状況だったから、「OU32」の商品化は図面が出来たところで凍結された。

振り返って見ると、「OU32」は多くのメディアに登場したが、商品として売り出すための調査はまったくなされていない。一方、ボートショーではスピード、発売時期、価格を熱心に聞く人が多かったから、発表すればそれなりに売れて、水中翼船の普及の糸口になったであろうと、今にして振りかえるのである。

しかし、堀内研の水中翼船の集大成としての「OU32」を作る機会を得たことは、本当にありがたいことと思う。美しい船と、そして素晴らしい走りのビデオが残ったことは、開発する人間として無上の幸せであって、そういう機会を頂いたことに改めて感謝する気持ちを深めている。

11章
高性能軽飛行機「OR15」

> 　川上源一会長は航空機事業に進出するよう、たびたび我々に指示をされた。しかし折から激しさを増したアメリカの製造者責任訴訟が我々をためらわせていた。
> 　そのころ、大森顧問とオシコシの航空ショーを見たその刺激と、ヤマハ発動機の航空エンジン開発計画のスタートがあって、我々も世界記録を狙った複座の高性能軽飛行機の計画に踏み込んだ。
> 　素晴らしい風洞実験成績と世界記録の見込みに驚喜した後、良くない知らせが我々を襲う。しかしこの基本計画の魅力は永く失われることがないと信じている。

1）会長の要請

　1980年ごろから、ヤマハ発動機の会長・川上源一氏は、我々役員一同に飛行機の事業に乗り出すよう繰り返し要請していた。

　川上会長は楽器の仕事こそ親から引き継いだが、その後、オートバイ、アーチェリー、スキー、ボート、船外機のほか、いくつかのレジャー施設に至るまで、数多くの新事業を立ち上げて成功させ、この分野では誰もが一目置いていた。

　しかし、飛行機の事業にはほかと違った難しさがある。我々も調べるほどにPL訴訟（※1）に対応する目途が立たず、手がつけにくかった。

　1981年にはウルトラライトプレーン（超小型飛行機）2機を購入して、別府で行われたハンググライダーの世界選手権の折に飛ばしたりして、恐る恐るその業界に近づいてはいた（図-1）。

　また、農業用の無人ヘリの開発には手をつけていて（図-2、第6章参照）、これは事業化を目論んでいたが、ともに会長の意思に十分沿うものではなかった。

図-1 ヤマハ発動機のウルトラライトプレーンとその関係者
左端が筆者、左から2人目はヤマハ発動機の長谷川武彦常務
（当時、後社長）

※1　PL（Product Liability）：製造者責任、当時からアメリカでは製造者による責任が大きく問われていた

第11章 高性能軽飛行機「OR15」

図- 2 無人ヘリ「R-50」の初飛行の日
主要目
胴体長 ……………… 2.555m
全幅 ………………… 0.640m
全高 ………………… 1.000m
メインローター直径 … 3.000m
テールローター直径 … 0.550m
運用重量 ……………… 44kg
離陸重量 ……………… 67kg
燃料タンク容量 ………… 4ℓ
ペイロード …………… 20kg
飛行時間 ……………… 30分
エンジン …… 水冷 98cc 12馬力

図- 2 無人ヘリ「R-50」の初飛行の日

そんな環境の中で「OR15」の開発はスタートしたのである。

2) 大森幸衛さん

1986年1月、昔から親しかった大森幸衛さんが、顧問として月1度会社に来て下さることになった。

それより34年も前の1952年、横浜の岡村製作所では、終戦後最初の飛行機「N-52」を作っていた（図- 3）。大森さんはその設計に参加され、私も一員として加えてもらった。

大森さんは戦時中、日本飛行機に勤務され、海軍機の設計に当たられた飛行機の大先輩である。一方、私は学校を出てボートの設計を1年やっただけの駆け出しだったから、岡村製作所で初めて実際の飛行機の設計に参加して、大森さんのもとで大勉強をすることになった。

ここでは「N-52」に続いて、東大の並列複座ソアラー「LBS-1」（図- 4、※2）の計画時点から参加させてもらったので、設計のスタートから機体の完成までの様子をかなり理解することができた。

岡村製作所での活動は2年たらずで終わったが、大森さんはその後、防衛庁技術研究本部に移られて、航空機、ミサイルの研究部門、第三研究所の所長を8年、また技術研究本部の本部長を7年務められた。そして、本部長退任後間もなくヤマハ発動機にお見えになった。したがって、多くの経験を積まれた現役の飛行機設計者であった。

3) オシコシのエアショー

当時の私は、米国にある2つのR＆D基地（※3）を見る立場にあって、R＆Dカリフォルニアと R＆Dミネソタに隔月で通っていた。

図- 3 「N-52」
主要目
翼長 …………………… 8.600m
全長 …………………… 6.000m
翼面積 ………………… 12.0㎡
エンジン ……… コンチネンタル65馬力
機体重量 ……………… 300kg
総重量 ………………… 500kg
最高速度 ……………… 180km/h
巡航速度 ……………… 160km/h
失速速度 ……………… 76km/h
上昇率 ………………… 160m/分
航続距離 ……………… 500km
離陸滑走距離 ………… 180m

※2 ソアラー：高性能グライダー
※3 R＆D：Research & Development（研究開発）

図-4 「LBS-1」（並列複座ソアラー）と関係者
右から2人目が大森さん。V尾翼を採用していることに注目

主要目
翼長・・・・・・・・・・・・・・ 13.500m
全長・・・・・・・・・・・・・・ 6.900m
翼面積・・・・・・・・・・・・ 17.2㎡
機体重量・・・・・・・・・・ 180kg
総重量・・・・・・・・・・・・ 320kg（2名搭乗）
最良滑空比・・・・・・・・ ≒20（2名搭乗）
最少沈下率・・・・・・・・ 1.1m／秒（2名搭乗）
失速速度・・・・・・・・・・ 52km/h（2名搭乗）

　あるとき、カリフォルニアの方からウィスコンシン州オシコシの飛行場で8月に開かれる航空ショーを見に行かないかと誘いを受けた。

　いつか見たいと考えていたエアショーなので、大森さんと、それに米国の航空事情に詳しいボートデザイナー、ジョン・ギルさんを伴って見学にいくことにした。ギルさんには数年にわたりヤマハ発動機の技術者を指導してもらった経緯もあり、私にとっては畏友、親友である。

　オシコシのエアショーが名だたるものだということは知っていたが、行ってみて驚いた。元来は1,200機ほどの自作機をお互いに見せ合う集まりなのだが、なんと12,000機もの自家用機がそれを見ようと米全土から飛んでくる（図-5）。

　それら一万数千機が飛行場の草原に割り当てられた場所で駐機して、1週間の会期中、翼の下にテントを張って頑張っている。それだけの数が駐機できる飛行場の広さにも驚くが、さらにこのショーを見ようと80万人も見物客が集まるというからまた凄い。

　観客は期間中、自作機を見物するほか、曲技飛行や空中サーカス、ハリアー（※4）の垂直離着陸などを見物したり、数多いテントを渡り歩いて材料、部品、新製品や自作機の製作実演などを見て歩き、自分の機体のレストアや買い替えの目星をつけようと、みな目の色を変えている。米国の飛行機マニアにとっては、正に年に一度のかけがえのないお祭なのである。

　私たちはただもう驚くばかりだったが、大森さんの反応はまた違ったものがあるようだった。

　大森さんは、日本飛行機で、岡村で、また防衛庁で、長く実際の飛行機造りを仕事としてきた。だがここの連中は、義務やビジネス一切無関係で、自分の力で自分の造りたい飛行機を造って楽しんでいる。環境がそうだから思いもよらないレイアウトや機構にもどんどん気楽に挑戦している。

　自作機の世界は玉石混交で、つたない作りのものもある。一方、よく飛びそうなものはキットと図面を買って組み立てた機体が占めていて、その多くはバート・ルタン（※5）の設計したものである。しかし中には思い切った造りの機体も少なくないから面白い。大森さんはその自由闊達な飛行機造りを見て、強い衝撃を受けた様子だった。

　たしかに、仕事で飛行機を造るのと、造りたくて仕方がないから自分の機体を造るのとでは、同じ飛行機造りでも天と地の違いがある。ここでは飛行機を自分だけの遊びとして造っている。

　大森さんは、この世界を知らないで現役を終えたのが残念、と思っておられるように見えた。これほど気楽に飛行機が造れるものか、という造る人の姿勢のこともあるが、もう1つ、造った飛行機の質のこともある。

　機体がFRPで出来ているから、形が実に自由である。昔はアルミ板の継ぎ目の段やリベットがあり、平板を曲げただけの薄板で形を出した

※4　ハリアー：英国で開発された垂直離着陸のできるジェット戦闘機
※5　バート・ルタン：数多く作られた自作機「スキッピー」や、無着陸世界一周機「ボイジャー」の開発で知られる、米国の高名な天才的飛行機デザイナー

図-5　オシコシのエアショーに集まった見物客の飛行機
所出：Nigel Moll『EAA OSHKOSH──the world's biggest aviation event』（Osprey Publishing Limited刊）

から、胴体も翼も無骨で直線的であった。それが今の機体はツルリとした表面と、微妙な二次曲面で美しい形を出している。

これを見るといかにも機体に沿って空気が滑らかに流れそうだ。そういった形のせいだろう、思いがけないほど小型機の性能が良い。アルミ一辺倒だった飛行機造りにサンドイッチ構造、一方向繊維など様々なACM（※6）が導入されている。こういった技術を積み上げれば良い性能の飛行機が造れるのだろう。大森さんの顔には、もう一度夢の飛行機を造りたい、という意欲が漲っているように私には思えた。

オシコシのあと、R＆Dミネソタに寄り、バンクーバーの交通博覧会を見学して、日本に帰るまでの5日間を大森さんと2人だけで旅行した。その間に大森さんの気持ちが伝わってきた。

大森さんの心には、ぜひ世界記録を樹立できるような素晴らしい飛行機を造って見たい、そして、その中で若い人に良い飛行機の設計の技術を伝えたい、という気持ちが高まっている。

当時大森さんは70歳、飛行機全体を設計する力、技術を若い人に伝承することは急務だったのである。

4）楠　正彰君

1985年の暮れだったと思う。楠　正彰君が入社してR＆D開発に所属した。彼は早くからハンググライダーを作り、琵琶湖で行われる鳥人間コンテストにも出場して良い成績を残していた。また、ウルトラライトプレーンを造る会社で設計者として働いていた。

ハンググライダーやウルトラライトプレーンに乗って楽しみ、また自分で造る人は少なくないが、飛行機の技術をよく勉強して、しっかりとしたステップを追って設計できる設計者は、彼をおいてほかに知らなかった。

ハンググライダーの雑誌などでも、楠君の記事は別格だった。わかりやすく理論的に現象を説明してくれる楠君に全幅の信頼が寄せられていることを、誌面から察することができた。

ヤマハ発動機には鈴木正人君・弘人君兄弟など、長年、鳥人間コンテストに挑戦してきた飛行機マニアが十数人もいる。楠君はおとなしい先輩としてその中に馴染んでいった。

楠君を招致したのは、当時、関連事業部（のちのスカイ事業部）の尾熊事業部長である。彼は航空機事業を推進する立場にあったから、その技術の柱として楠君に期待したに違いない。

楠君は優秀な技術者だった。小柄でおとなしい人柄からは想像しにくいほど、小型飛行機への造詣が深く、熱い情熱を持っていたから、彼のことを深く知るたびに、その人柄と能力に感心するのだった。

※6　ACM：Advanced Composite Materialの略。先進複合材料の意。CFRP（カーボン繊維入りFRP）、KFRP（ケブラー繊維入りFRP）、サンドイッチ構造、一方向繊維など、軽量、高性能な複合材料

5）プロジェクトのスタート

大森さんと帰国してから、私は自動車エンジン事業部長の山下隆一重役に相談した。山下さんのところでは、常に新しい分野のエンジン開発に挑戦し続けていたからである。

幸い山下さんのところでも、小型航空機用エンジンの開発を模索しているところであった。いや、エンジンだけではなく、機体の開発も視野に入れて、ドイツのモーターグライダー産業の調査も進めていた。

私は自社製のエンジンが使える可能性があることに力を得て、大森さんの指導のもと楠君に優秀機を設計してもらうことを計画した。楠君を招致した尾熊事業部長もこの話には乗り気である。

なにしろ来てもらった楠君に、やっと本来の仕事を進めてもらうことになる。それも飛行機設計の権威から戦前戦後の飛行機の技術の粋を学ぶ立場である。楠君にとってもこれほどの幸いな機会はほかに考えられない。この話はトントン拍子でまとまって、楠君は月一回ヤマハ発動機に見える大森さんの指導を受けながら、夢の機体の設計を始めた。

私は無人ヘリやら堀内研の十指に余るプロジェクト、それにマリン事業部の副本部長の仕事があったから、このプロジェクトには深入りせず、方針の決定に関わるほか、大森さんと楠君のつなぎ役として、また社内の調整をするなどコーディネーターの立場を務めることにした。

このころ楠君の所属を堀内研に移す話が進行しており、図面や報告書は私の手元を通っていたから、時折は商品化のためのアドバイスをしたり、工業デザイン的な洗練のお手伝いをすることはあった。

6）プロジェクトの狙い

大森さん、楠君と私でよく話し合った結果、設計する機体の狙いがだんだん絞られてきた。ただ造るのでは意味がない。今までの私たちには考えられなかった優秀機、そして、現在この種の飛行機の開発の先端を走るバート・ルタンの設計に負けないものを造りたい。

性能の狙いとしては、世界記録を総ナメにするような設計をしてみたいと気負った気持ちがあった。そうした考え方で、楠君はFAI（国際航空協会）の公認記録の分類と当時の記録を調べることから仕事を始めた。

私たちは複座の小型高性能機を頭に置いている。一方、FAIの種目は離陸重量で分類されていて、小型のところでは離陸重量が300kg未満、および300kg以上500kg未満の部門がある。我々はこの2部門の当時の記録を視野において計画を進めることにした。

オシコシ行きからちょうど1カ月経った1986年9月6日のミーティングで、開発の基本的なことが決まった。

① ウルトラライトプレーンのレベルではなく、しっかりした飛行機として開発する。
② 「さすがヤマハ発動機が造った機体」という先進性のあるものとする。
③ 従来の記録を調査して、それを抜く高性能を付与する。
④ エンジンは、差し当たり船外機ベースの水冷2サイクルエンジンを第1案として進めるが、新規開発の空冷4サイクルの自社製エンジンを搭載することを将来の理想ととする。また、そのエンジンのテストベッドを務めるつもりであった。
⑤ 機体の構造にはACM（先進複合材料）の二次曲面を用いて、抵抗が極端に少ない、そして美しい姿の機体を仕上げる。
⑥ 需要から考えて複座機とする。
⑦ 米国の需要を狙わなければ商売にならない。当然、米国好みの高性能と設計、姿を整える。
⑧ 低馬力で高性能を望むため、引き込み脚、定速プロペラなどのメカニズムの採用を考慮する。
⑨ 曲技性能は重視しない。乗員2名でN類、1名でU類位を狙う（N類、U類は強度のレベルで、N類は旅客機並み、U類は多少の曲技飛行が可能な程度の普通の強度）。
⑩ 舵のバランス、脚の配置などは初心者向きに考える（脚の配置は、前2輪+尾橇の組み合わせでは初心者が離着陸の失敗をおこし

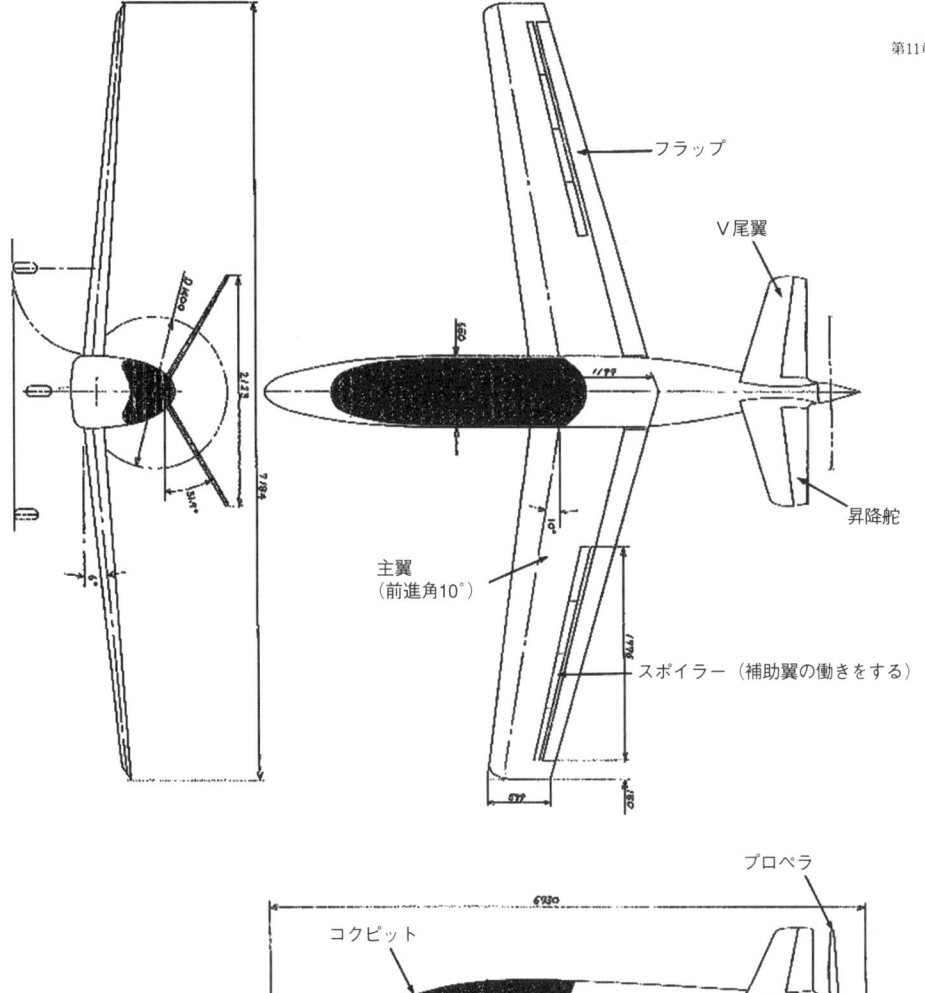

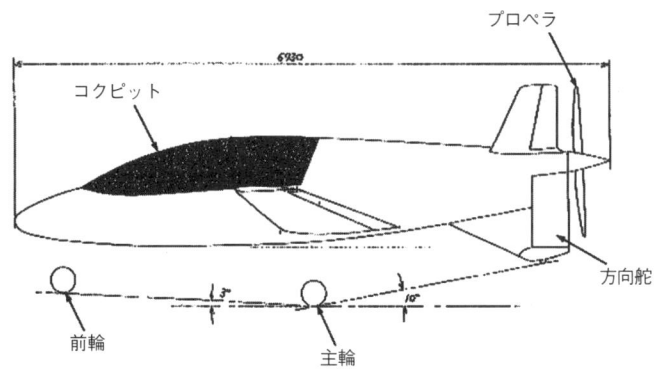

図-6 「OR15」レイアウト（風洞実験用）

やすいので、前1輪＋後2輪配置のいわゆる3車輪式とする）。
⑪ 座席配置は実用上サイドバイサイド（2人横並び）が望ましいが、空力的、構造的、性能的にはタンデム（2人縦並び）がよい。後席を高くするなど、工夫をしてなるべくタンデムで進める。
⑫ 高揚力装置は高価なものだが、なるべく価格を上げずに織り込みたい（これは着陸速度を下げて、初心者の着陸を容易にする意図）。

7) 高性能を求めて

プロペラの後流に胴体が洗われる不利を避け、また機体形状を洗練するのに、プロペラをプッシャー（後プロペラ）にした。自然、エンジンは乗員の後ろに位置することになる。
そのころの大森さんには、遠からず小型のターボジェットエンジンが手に入るようになるだろうから、それを積みやすいレイアウトにしておく、という読みもあった（図-6）。

主翼には前進角（※7）をつけた。これは年来の大森さんの主張で、多くの機体は、翼端失速を防ぐために主翼の外へ行くほど迎え角を小さくする、いわゆる"捩じり下げ"を行っている。このことが翼の性能を下げる。

ところが、前進角を持たせると翼端失速の傾向は消えて翼根から失速が始まるから、翼端失速の危険（※8）を回避することができる。そうして捩じり下げが不要になった分、高性能が望めるのである。

ただ前進角をつけるには、主桁を中心部で前方に曲げなくてはならない。これが強度を弱めるし、一方ではその形ゆえに突風で翼が捩じ切れてしまう恐れがあるから、翼の捩じれ剛性を極端に上げておかないと危険である。

その点でACMは頼もしかった。翼の外面はすべてACMで覆われている。ここにガラスやカーボンの繊維を斜め方向に配置すれば、翼の捩じり剛性は大幅に上がる。中央部で曲がった主桁の欠点もこの外皮が補ってくれる。ACMは形を出すにも、また構造としても、まことにありがたい材料だったのである。

さらに我々はV尾翼を採り入れようとした。普通の尾翼は垂直尾翼と水平尾翼とで構成されているが、V尾翼の場合には垂直尾翼がない。水平尾翼に30°ほどの大きな上反角を持たせた形で垂直尾翼の働きも受け持たせている。その分抵抗が少なく、安定度がやや低い。

米国の4座軽飛行機「ボナンザ」は、客の好みによって普通の尾翼とV尾翼の選択ができるようにしていた。前出の図-5中、手前から2列目の右から2機目が「ボナンザ」である。また、図-4の「LBS-1」もV尾翼を採用している。

我々の場合、「LBS-1」の経験もあり、高性能を狙ったのでV尾翼を採用した。しかし、後ろについたプロペラが着陸時に地面に当たらないよう、胴体後部下に垂直尾翼様のものを取りつける必要がある。これが垂直尾翼の働きを補強するので、方向安定は十分に確保できた。

座席はタンデムの配置を選択し、おおよそのレイアウトが決まってきた。それをベースにして、性能計算が始まった。300kg未満の4ケース、300kg以上500kg未満の6ケースについて、翼面積、アスペクトレシオ（※9）、エンジン馬力、乗員数を変えながら、過去の記録を大幅に塗り替える組み合わせを探した。

結局、300kg未満では複座にすること自体難しく、また良い性能を出す組み合わせが見つからなくて、狙いを300kg以上500kg未満のクラスに絞ることとなった。

総重量が決まると、自然とレイアウトも落ち着いてくる。そこで、翌年1987年5月からは風洞実験を行う計画を進行させた。5分の1の模型を作って風洞に据え、各性能を明らかにすることで、狙いの高性能を確認するのである。

特に捩じり下げのない前進翼の性能、V尾翼の働きなどには十分な前例の資料がなくて、この実験で確認する必要があった。流麗な胴体の形状でだいぶ抵抗が減少することが見込まれている。それも風洞実験の確認が欠かせなかった。

8）風洞実験とその結果

尾熊治郎事業部長の配慮で、数人が楠君に協力して、「OR15」の風洞実験を1987年8月に実施することが決まった。

また、6月第3週に線図を完成、7月第3週には模型を完成して、8月を実験に充てることになった。模型は前述のように縮尺5分の1、操縦翼面を動かせる構造とし、主翼は10°の前進角がついた計画の通りのものと、前進角のないものを付け替えて性能の比較が行えるようにした。

実験が進むにつれて、この機体の目論んだ高性能の見通しが立ってきた。機体の性能を大きく左右する揚抗比（全機の揚力：Lと抵抗：Dの比＝L／D）が特に良く、最良値ではソアラーに近い22.68という値を得ることができた（図-7）。

これは1mの高度を失う間に約23m滑空するという、軽飛行機では考えられなかった高性能である。タンデム配置の座席にして胴体の断面を小さく、また楠君が流麗な形状を整えたことの賜物であった。

※7　前進角：後退角の逆で、翼端が前に出る角度（図-6参照）、そのような翼を前進翼と呼ぶ
※8　翼端失速の危険：片翼の翼端が失速すると、急激にその側の翼端が揚力を失って横転するなど危険な状態になる。一方、翼の付け根から失速するなら横転は起らず、危険は少ない
※9　アスペクトレシオ：翼の長さと幅の比。細長いほど性能はよいが、強度は苦しくなる。翼長をb、平均翼弦をcとすると、アスペクトレシオ＝b／c

図-7 「OR15」の揚抗比 （CASE16, 2座標準型）

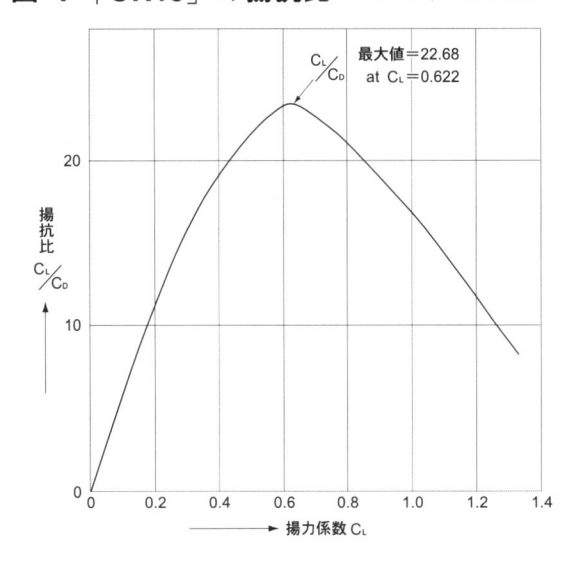

最大値=22.68 at C_L=0.622

一方では不具合も発見された。フラップを下げた状態での昇降舵の効きが不十分である。この問題に対しては、尾翼の面積を大きくせざるを得なかった。

また、主翼にこれだけ前進角をつけると、翼根の失速が早く起こりすぎて、全機としての最大揚力係数が低い。この問題はストレーク（図-8）をつけることで解決できることが明らかになった。ストレークは主翼の付け根の流れの剥離を防止するのに卓効があったのである。

一方では、前進角を半分ほどに減らすことでさらに良い性能が得られるかもしれなかったが、そのような翼は用意してなかったので、これは改めて実験するしか仕方がなかった。したがって、最終レイアウトでは前進角を1°減じて9°とするに止めた。

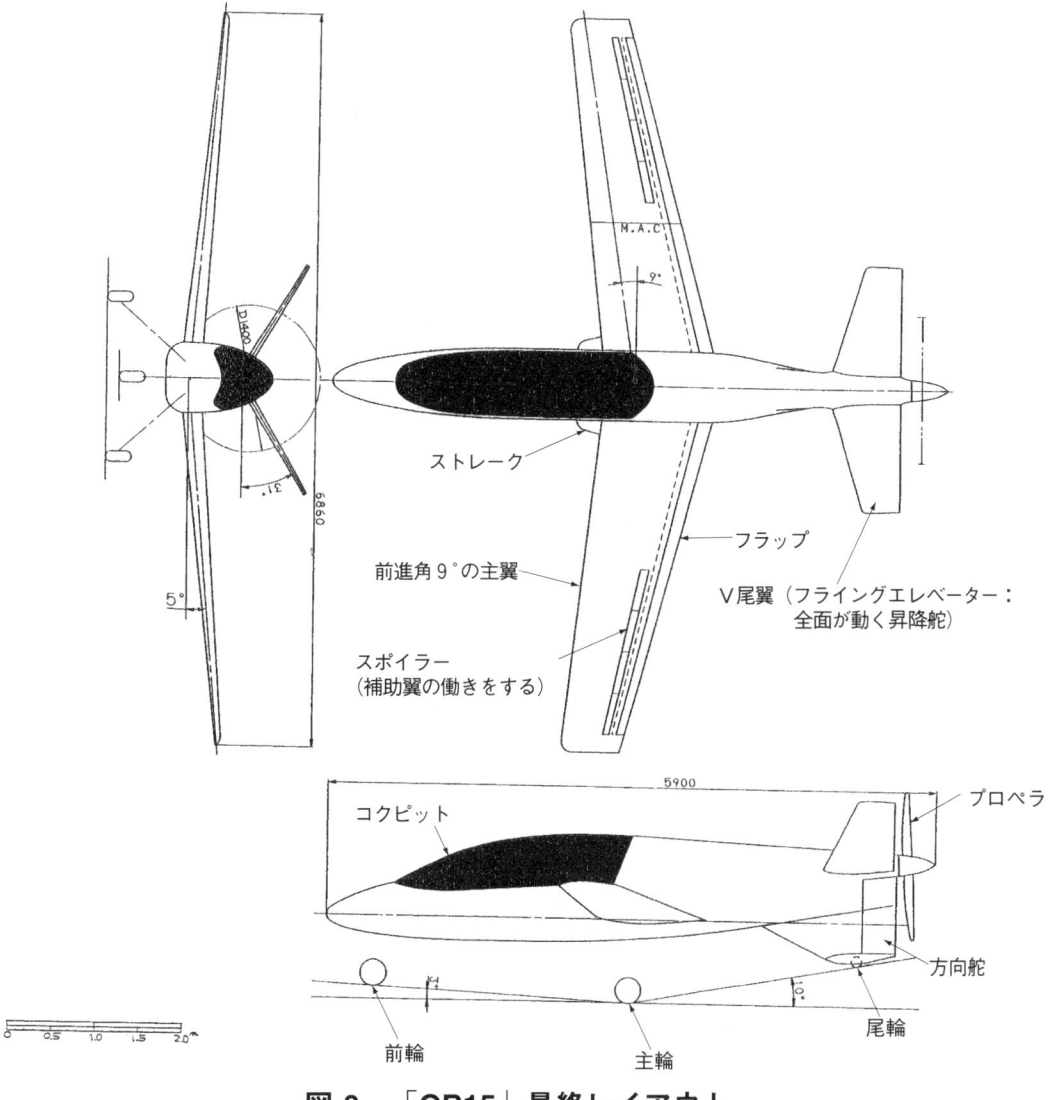

図-8 「OR15」最終レイアウト

図-9 「OR15」主要目
（CASE16およびCASE17）※

全長	(L)	5.900m
主翼翼長	(b)	6.860m
主翼面積	(S)	5.882㎡
主翼アスペクト比	(AR)	8.0
飛行重量	(W)	500kg
翼面荷重	(W/S)	85kg/㎡
馬力	(hp)	90hp
馬力荷重	(W/hp)	5.556kg/hp
C_L max	（フラップ0°）	1.25
	（フラップ30°）	1.80
C_D min		0.018
燃料重量	(Wf)	53kg (CASE16) 130kg (CASE17)
燃料消費率	(f)	0.28kg/hp・h

※CASE16は2人乗りで飛行重量が500kgになるよう燃料を53kg積み込んだ状態
　CASE17は1人乗りとして飛行重量が500kgになるよう燃料を130kg積み込んだ状態

図-10 「OR15」性能表
CASE16

失速速度（フラップ上げ）	118.75km/h
失速速度（フラップ下げ）	98.96km/h
最大水平速度（100%パワー）	327.81km/h
最大巡航速度（75%パワー）	299.44km/h
最大航続距離（170km/hのとき）	1791km
最大巡航速度での航続距離	947km
100kmコース可能最大速度	327.81km/h
500kmコース可能最大速度	327.81km/h
1000kmコース可能最大速度	251.46km/h
2000kmコース可能最大速度	（不可能）

（以上、予備燃料200km分を残した場合の計算値）

CASE17
（CASE16の乗員を1名にし、飛行重量が500kgとなるまで燃料を積んだ場合。記録達成用の状態）

最大航続距離（170km/hのとき）	4813km
1000kmコース可能最大速度	327.81km/h
2000kmコース可能最大速度	310.99km/h

（以上、予備燃料200km分を残した場合の計算値）

図-11 「OR15」のスケールモデル

個々の空力上の問題に解決の見通しをつけても、「OR15」の基本性能の良さは変わりがなかった。その性能の良さに我々は小躍りした。

11月になって、楠君がこの風洞実験の成績に基づいて性能を再び計算してみると、それは大幅に向上していた。この段階での最終レイアウトが図-8、主要目が図-9に、また性能表が図-10に載せてある。

我々は風洞実験と並行して全体の印象を確認し、カラーリングを決めるためのスケールモデルを作った（図-11）。堀内研カラーに塗り分けたその機体はいかにも高性能らしい美しい姿に上がって、関係者の意気はますます上がるのだった。

9）世界記録を超える見通し

FAI（国際航空協会）の過去の記録を見ると、同じクラスの最高速度はなんと420km/hも出ている。これは「オウルレーサー」と称する速度狙いの機体で達成されたもので、我々の狙いとする汎用機でこれを凌駕することは困難と諦めた。

しかし、周回で1,000kmを飛ぶ平均速度では従来の299.63km/hを9.4％上回る327.81km/hが得られ、また2,000kmでは従来の228.26km/hを36％も上回る310.99km/hが出るという計算結果が得られた（図-10）。

さらに、最大航続距離（周回）においても、従来の記録3,641.70kmを32％も更新する4,813kmが得られたのである。これらの性能は、本機の乗員を1名とし、離陸重量が500kgになるまで燃料を積み込んだ場合の性能である。

上記の性能はすべて周回コース上で期待しうる性能であって、直線距離での記録は機体性能以外の、例えば地形や気象などに大きく影響されるし、日本では考えにくいことなので、この検討からは外した。この性能は汎用機としては画期的で、我々は所期の目的を達成し得る見通しを得た。

我々は本当に嬉しかった。実機を完成した訳ではなかったが、計算は控えめに進められていたから、いくばくかの誤算が発生してもそのゆとりがカバーしてくれる。

あとはいつどんな形で造り始めるか、エンジンを造ってもらうにはどうしたらよいのか、私の問題になってきた。楠君はさらに念を入れて、第1、第2に続く第3の風洞実験の報告書を仕上げていた。

10）思わぬ結末

1987年の11月で計算はほぼ完了し、楠君はこの1年の仕事の仕上げに余念がなかった。この年が計画の成功した喜ばしい年として暮れて行くかと思った矢先、12月21日の日曜日の夕方、家内がラジオに聞き耳を立てた。富士山麓でハンググライダーの事故があり、楠君の名前が聞こえたというのである。驚いて次のニュースに耳を傾けると、正に我が楠君の事故であることが明らかになった。

楠君は自分で作ったハンググライダーを改良してはテストを重ねている。その最中の事故であろう。慎重な楠君が事故とは信じられなかったが、まだ試作機のテストであれば、それなりの危険はあったのかも知れない。心は乱れて先のことまでは考えられなかった。軽い事故であってくれればよい、とそればかり考えていた。

報告によれば、左頭部を強打していて、そこに外傷はないが意識は不明、両大腿部骨折で、左は特にひどく、呼吸は乱れがちで熱も高い。

翌22日朝、小生も病院へ見舞ったが、相変わらず意識は戻らず、体温が上がって容態は良くない。そして遂に翌23日早朝、楠君は亡くなってしまった。

私は事故の現場に行ってみた。平地のとなりに大きな杉の林がある。着陸時にその平地の方から杉の木の幹に衝突したらしい。あの慎重な楠君にどんな誤算があったのだろう。突風の仕業か、機体のコントロールの問題か、現場を見てますます信じられない思いだった。

帰っていろいろ考えてみたが、これまですべての技術資産を蓄積してきた楠君がいなくなっては「OR15」の開発は再開の目途が立たない。引き継いでくれる適当な人材があればともかく、急にそれを望むことはまったく無理なことであった。もともと楠君1人で進めていた作業

なので、このプロジェクトは止まったままになった。

そのころ、楠君の一件の報告を含め、山下重役と話す機会を持った。山下重役の話によれば、エンジンの方も難航しているらしい。エンジン本体の目途は一応立ったものの、補機類の製作をそれぞれのメーカーから断られて、調達の見通しが立たないというのである。

おりしも米国のPL裁判は激しさを増していたから、飛行機用のエンジンは最も危険な商品という判断になったのであろう。PLを恐れて、飛行機製造に二の足を踏み続けた私どもにはわかりすぎるような話であった。

こうして、機体もエンジンも前に進めなくなって、「OR15」の計画は中止することになった。

11）その後

「OR15」プロジェクトの中止後、10年を経た1997年の暮れだったと思う。大森さんから電話を頂いた。バート・ルタンが「OR15」とそっくりな機体を造ったらしい、というのである。「OR15」より大きい5〜6人乗りだということだった。

資料を取り寄せて見ると、これはNASAの活動の一環であった。近年、米国の民間航空（General Aviation）は沈滞しているといわれている。何しろ70〜80年も前に開発されたコンチネンタルやライカミングしか小型民間機用のエンジンがないのだから、機体の進歩の方にもブレーキがかかるのは理解できる。ビジネス機にはターボジェットが積まれているが、それは高価で大会社や大金持ちの専用だから、その数は知れたものだろう。

そこでNASAは、この世界に新風を吹き込むために、燃費が良く、信頼性が高く、小さく軽くてしかもローコストな民間機用のターボファンエンジンを開発する目論見を立てた。そして部内にある民間航空機エンジン開発チーム（GAP：General Aviation Propulsion Team）の一員として、小型ジェットメーカーのウイリアムス・インターナショナルを指名した。

この活動の予算のうち、40％は新エンジンの

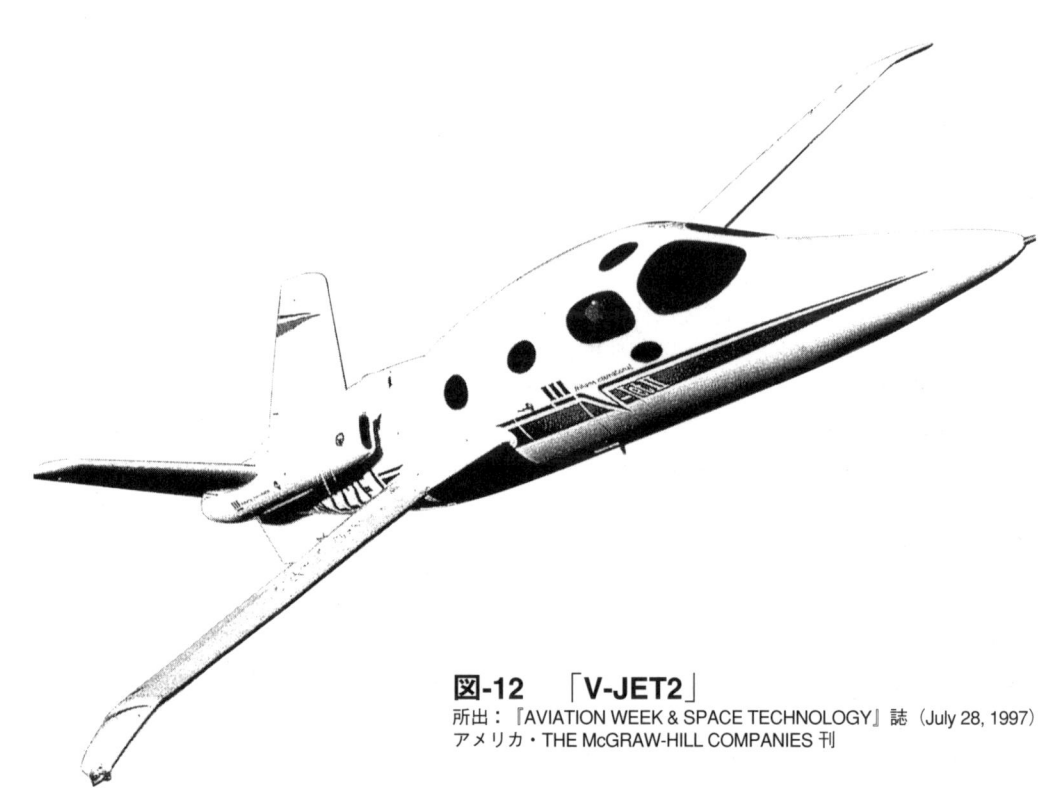

図-12　「V-JET2」
所出：『AVIATION WEEK & SPACE TECHNOLOGY』誌（July 28, 1997）
アメリカ・THE McGRAW-HILL COMPANIES 刊

デモンストレーションに充てられることになり、新しいターボファンエンジンのテストベッドとして前記の新しい機体「V-JET2」を造ることが決まったものである（図-12）。

「V-JET2」は、1996年にウイリアムスの工場で完成したというが、機体のデザイン、製作は、モハーベ砂漠にあるバート・ルタンの会社、スケールド・コンポジット社で、ルタンの指揮のもとに進められたという。

この機体はもともと新しいエンジンのテスト用、もしくはデモ用として開発されたもので、量産は予定されていない。しかし、それだけ自由にルタンの夢をいっぱいに展開した機体であるとも考えられる。すべてACM（先進複合材料の略）で作られた機体は斬新、流麗で、差し当たり推力550ポンドの既成のジェットを2基搭載しているが、2000年には新しい推力700ポンドのターボファンエンジン「FJX-2」を2基積んで時速500kmで3,000kmを飛ぶことができるようになるということだった。

この機体は前進翼、後エンジン、V尾翼、3車輪、小さな下部垂直尾翼と、全体のレイアウトは「OR15」となるほど酷似している。窓の輪郭が違うし、ジェットエンジン搭載のために地上の姿勢がぐっと低いので印象は大分異なるが、「OR15」とほとんど同じ思想で構成されたことは疑いもない。「OR15」のジェット版ならばさらによく似ていたことであろう。

大森さんが考えた夢の機体と似たレイアウトの機体が、10年後になって、バート・ルタンの作品として発表されたのは大きな感慨であった。我々が目標としてきたルタンにせっかく先行して作ろうとした「OR15」のプロジェクトが挫折したのだから、私たちも残念だが、大森さんの胸中は察するにあまりあるものがあった。

GAPは6人乗り双発の「V-JET2」のほかに、4人乗りの単発機を計画していると聞いている。その機体がさらに「OR15」に似るのかも知れない、とこれは楽しみである。

今となっては「OR15」の再起のチャンスはもうない。ただ、「OR15」という愛すべき機体の先進性を懐かしみ、楠君の在りし日の面影を偲ぶばかりである。

12章

リーンマシン「OR49」

　昔、ホンダのジュノースクーターは雨の中を数十キロ走っても衣服が濡れなかった。以来、小さくて快適な車を造る夢は私の頭を離れることがなかった。
　堀内研究室ができて環境が整い、さらにそれがアメリカでも望まれる車であることを知って具体的な開発に手を付ける。転ばぬ先の杖と開発したジャイロスタビライザーが素晴らしくて、水中翼船にも使うことになった。
　渋滞を解消し、地球の負荷を下げるのに、この種の車はあるヒントを示すものだと思う。

1）「ジュノー」

　1957年から3年ほど、私はホンダの「ジュノー」というスクーターで通勤していた。ジュノーという名前のスクーターは、その後まったく違った2代目が売られたことがあるが、私が乗っていたのは初代である。
　この「ジュノー」は大きな車で、4サイクルの200ccのエンジンを積み、野太いタイヤを持った堂々たる車体だった。重さは取説によれば195kgとなっていたと記憶している。しかし、実際にはそれよりだいぶ重いように感じられた。
　この車はさまざまな新機軸を取り入れて、それまでの「ラビット」（富士重工）、あるいは「ピジョン」（三菱重工）で形成されてきたスクーターの概念を覆すような意欲作であった。
　片持ち支持の前後輪（※1）、異様に大きい風防、初めて見るボリューム、そして当時、量

図-1　「ジュノー」

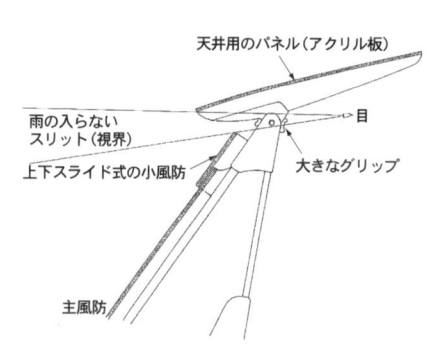

図-2　「ジュノー」の小風防上部のスリット

※1　車軸の両側を支えず、片側だけをフォークで支える形式。タイヤ交換が容易になる

産の始まったばかりのFRPを外装に使っていた（図-1）。

しかもそのFRPの作り方はMMD（マッチトメタルダイ）と呼ばれる、雄雌の金型による最新式の成形法によっていた。そして金属板のプレスではとても望めない深い絞りを利用して、素晴らしく押し出しの良いスタイルをまとめていたから、瞠目に値する出来上がりに見えたものである。

ところが、この車は発売当初から大きなトラブルを多発して、ホンダはその対応に追われ、一時は会社の存立さえ危うくしたと聞いている。

私の車は大分手直しの済んだ車で、実害はなかったが、どうもフレームがやわで、下半身がクッションのたびによじれる。それもクッションストロークのうちと思えば気にならなかったが、走る姿を後ろから見ると、いささかみっともなかった。

一方、私が惚れ込んだ良さはそれを補って余りある。この車のしっとりと柔らかい乗り心地がまず魅力的だった。さらに素晴らしかったのは、風、雨、寒さから乗り手を守る快適さだった。隅々まで工夫の行き届いた大きな風防は、当初異様に大きく見えたが、走るにつれてそのありがたみがわかってくる。不思議なほどに寒くない、雨が気にならない、そしてソフトな乗り心地と相まって居心地がまことに良いのである。

どしゃ降りの雨の日、私はどのくらい雨に強いのかをわざわざ試してみた。鎌倉の自宅から横浜市鶴見の会社まで、稲村ケ崎、七里ケ浜、江の島から藤沢を通って国道１号線に入り、約45kmの道のりを走ったのである。

この間、ワイパーもないのに雨の中でも視界が良くて走りやすい。このとき私は米軍払い下げの丈の長い防寒着を着ていたのだが、濡れたのは肘の外側だけ。会社に着いてその防寒着を脱ぎ捨てると、もうどこも濡れたところはなかった。

どうしてそうなのか、そこには相応の工夫がしてあった。まずハンドルの外側を回りこんでカバーする風防は、手を完全に風雨から守ってくれる。次に視界、これが傑作でとてもありがたい。正面に上下スライド式の小風防がある。座高に合わせてスライドすると、ちょうど小風防の上縁から風防を通さずに前を見られる（図-2）。

もう１つ、風防の前面に天井用のパネルが大きなグリップつきのねじで固定してある。これを外して風防の上端に取りつけると、頭を雨から守るとともに、信号待ちなどで止まったときの屋根になる。さらにその前縁が先の小風防よりだいぶ前に出ているから、その高さを調節すると、小風防と天井パネルとの間に雨の入らないスリットができる。ここから前が良く見えるから顔や頭は濡れず、視界は至極良い。そのスリットの高さを乗り手に合わせて上下に、また広く狭く加減できるところが心憎い。

天井パネルに傘ほどの大きさはないから、停止したときには肩が濡れるはずだが、当時は信号個所が少なくて気にならなかったのだろう。この風防の素晴らしいこと、恐らく本田宗一郎さんが思いを込めて作られたものだろうと思う。そして出来栄えには快哉を叫ばれたに違いない。

そんな良い車がほかのトラブルで命脈を絶たれ、狙いが生かされなかったことを考えると、本田さんの無念が思いやられる。さらに、この車の素晴らしいところを受け継いだ車が、以後40年、ホンダからもヤマハからも生まれてこないのが私は残念で仕方ないのである。

しかし、"二輪車でも全天候型にできる"という思いは、この「ジュノー」によって触発され、いつかはまたその快適さに巡り合いたいと思っていた。

だが、二輪車を「ジュノー」並みの準全天候型にするという仕事は、どう見てもこれは二輪屋さんの仕事である。そこで私はフルカバードタイプの二輪を作ってみたいと思うようになった。それを試みたのが今度の話である。

2）転ばない二輪の研究

1970年代の終わりから1980年代の初頭にかけては、ほぼ完成の域に達したオートバイの次の目標として、転ばない二輪の研究に世界中で力を注いでいたように思われる。

図-3 「ストリーム」

ヤマハ発動機でも各種のその方向の研究が進められていたし、ホンダでは1982年初頭に三輪スクーター「ストリーム」を発売した。

当時、ほかの小車両の開発に関わりのあった小生も、この方向に大いに興味を持ってその可能性の検討を始めていた。

まず、「ストリーム」を借りて来てだいぶ乗ってみた（図-3）。この車は揺動三輪（※2）と呼ばれる構成で、現在はピザの配送などに使われている屋根つきのよく見かける三輪と同じ構成である。後二輪とエンジン回りは揺動せず、前の車体が普通の二輪車同様内傾してカーブを回る。

「ストリーム」はほとんど二輪と同じ感覚で乗れるのだが、止まるほどの低速になると揺動をロックして三輪で立つから、二輪車のように足を出す必要がない。これはこれで完成度の高い仕上がりだと思ったのだが、凸凹道を走るとき、お尻を横に振る癖があり、どうも二輪車のしっとりとした感じがない。もう1つ気になったのは、揺動フリーの状態からいきなり揺動ロックの状態に入るその不連続さである。

お尻を振る件は、実質的な揺動の軸を可能な限り地面に近づけることで、ごく小さくできそうだったが、揺動のフリーからロックに至る過程をどうしたらよいのか、これは容易に見当がつかない。

二輪車がだんだんスピードを落として行くと、次第にハンドルがふらつくようになり、大舵を切らないと立っていられなくなる。これはハンドルの切り角度と車の速度の積が接地点の横移動の速度を決めるからで、速度が下がると自然ハンドルの切り角度を大きくしなければならなくなる。

そのような速度では揺動をロックしてしまえ、というのが「ストリーム」のやりようで、私はそこを何とか速度のあるときの感じを保ったまま停止まで行けるようにならないものかと考えた。「ストリーム」のように突然別のフェーズに移るのではなく、感覚の連続性を保ちたかったのである。

しかし、小さな舵切りで車の倒れを起こすには、それなりの動力による補助モーメントを与えることが必要になる。小さい車にこんな余計な装置はない方がよいのかも知れないが、車が大きくなったり、高度なフィーリングが要求されたりすると、やはり動力式が欲しくなるだろう。そう考えて電動式、油圧式などの利用についていろいろと検討した。

三輪式は後二輪が常時接地しているからよいとして、側輪式は肝心なときに側輪を接地させる、という難しさがあって、一気に決める訳にもいかない。

そんな中で三輪式の車両の夢を描いたものが「オープン三輪」（図-4、5）である。後二輪が揺動するタイプで、雨風から乗り手を守るのに「ジュノー」タイプの幅広い風防を取り入れて、「ジュノー」より大きな屋根と、前面には小風防も持っている。空気抵抗が少なく、乗り降りが楽なようシートはできるだけ低く、また通勤のかばんがゆったり置ける位置をシートの横に確保している。

横安定は前述の動力を使った安定装置で、速度をだんだん下げて遂に停止に至るまで、ハンドルの操作で車を立てておけるのが特徴である。そして、パーキングブレーキを引いて初めて揺動はロックされ、車輪にはブレーキがかかる。これさえあれば自動車は要らなくなる、というようなモデルにしたかった。

このレイアウトで風防に十分注意を払えば、

※2　揺動三輪とは、後二輪とエンジン回りは揺動せず、前の車体が揺動する三輪車である。その回転軸を地面に近づけると、お尻を横に振らなくなる。実際に軸を下げることが難しいとすれば、複雑な機構を使って実質的な軸を下げることも考えることはできる

雨中の通勤も合羽を1枚羽織ることで全然苦にならないだろう。

3）堀内研究室（堀内研）の発足

1984年1月には堀内研究室（堀内研）が発足した。そこで堀内研にふさわしいリーンマシンのテーマを考え始めていた。そのころに描いた絵が図-6である。

「オープン三輪」（図-4、5）は「ストリーム」の例もあり、もう商品設計のできる段階にある。堀内研でやる場合には、もっと先行した夢のあるフルカバーのモデルを狙うのが望ましい。

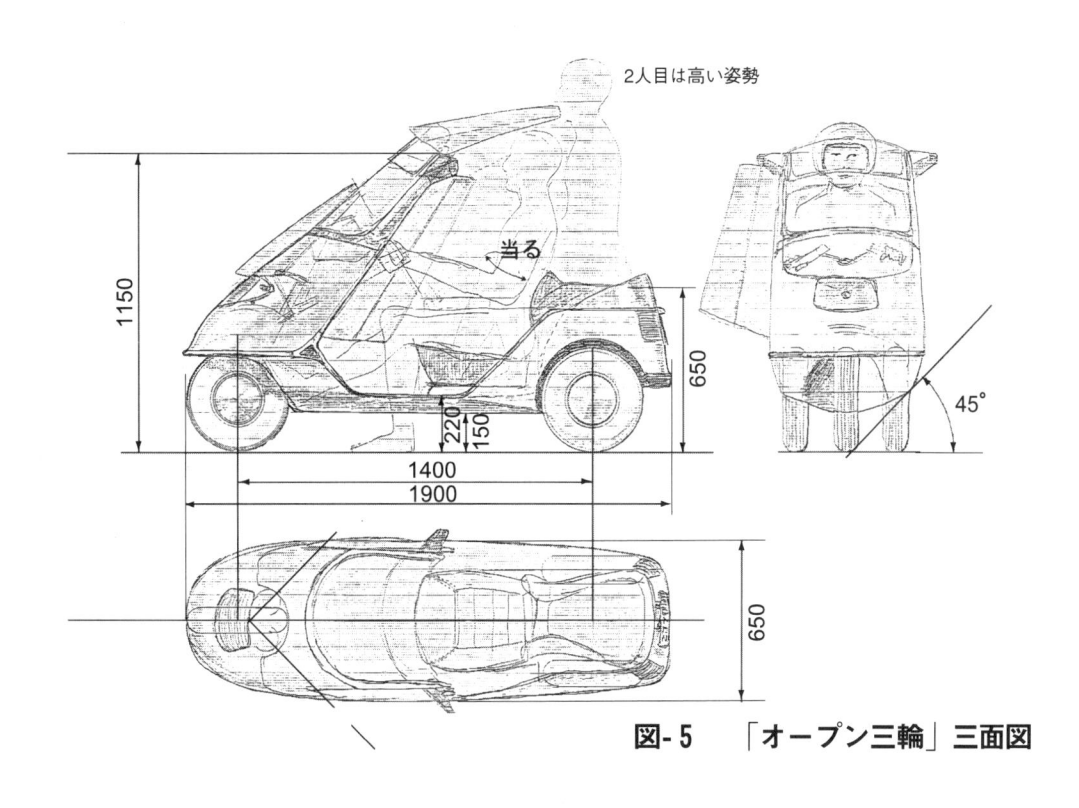

図-4　「オープン三輪」

図-5　「オープン三輪」三面図

またこの形になると少なからず未知の技術のトライアルを折り込まざるを得ないので、まずはできる限り小さなモデルで試すことにした。

このときから空気抵抗はあくまでも少なく、横風の影響を減らすのにプロフィールはできるだけ低く、側面積の中心はできるだけ後ろに下げて考えをまとめた。さらに、低速安定を確保するためのジャイロスタビライザーの使用も考え始めた。

4）R＆Dセンターの発足とスチーブンスの提案

1985年の7月にはR＆Dセンターが発足して、これも私が担当することになった。米国ではR＆Dカリフォルニアと、R＆Dミネソタがスタートしてセンターの指揮下に入り、米国の南と北の新商品を発掘、開発する役目を担った。私は1月おきにR＆DカリフォルニアとR＆Dミネソタを回って研究者と懇談し、アドバイスをして彼らの研究のお手伝いをしていた。

そのころR＆DカリフォルニアではJPL（Jet Propulsion Laboratory）の研究者と親交があって、優秀な学者に商品の開発についての意見を聞く機会を持っていた。その集まりで私はJPLのメンバー、ジェームス・スチーブンスから強い要請を受けた。

その内容は次のようなものである。彼が通勤するルートはわずか30分で行ける距離なのに、渋滞のお蔭で1時間半もかかる。この渋滞を速く走るにも、また渋滞を解消するにも、ヤマハは小さな乗り物を造るべきだ。そして、その乗り物とは安全で快適な二輪車でなければならない。ぜひそんな車を開発して欲しいと言うのである。

スチーブンスは素晴らしく頭の良い男だった。そのころからインターネットやEメールの使用を私たちに勧めてくれたし、泉のようにアイデアが湧いてくる。私たちは彼の提案になかなか応じ切れないのが歯がゆかった。一方彼は、寿司が猛烈に好きで白菜の漬物も大好きという大の日本びいきで、我々と会う日にはいつも楽しそうな顔をしている。だから私は彼の話を聞くのがとても好きだった。

彼の意見はまことにもっともに聞こえた。もちろんそんな車ができればの話だが、その車は恐らく交通規制上で優遇されることだろう。現在も米国では、2人以上乗る車だけがセンターラインに近い空いたレーンを走ることができると聞いている。新しい車もおそらくこのような形で優遇されて、通勤時間が大幅に短くなるに違いない。このような車にみなが乗り換えれば、なるほど渋滞も解消することだろう。

それまでも全天候二輪、転ばない二輪に興味を持って少しずつ考えてきた私に、その商品が大きな市場を持つ可能性があるという話である。私は元気づけられ、この方向で考えてみたいという気持ちを強く持った。

今までに考えた「オープン三輪」（図-4、5）、全天候1人乗りの「ミニマムモデル」（図-6）のほかに、米国向けにタンデム複座（縦並び複座）の大型二輪の絵（図-7）を追加して商品の広がりを考え、我々がどこから手をつけたものか考えてみた（図-8）。

タンデム複座の絵は、正にスチーブンスの要望に沿った実用車である。2シーターにしたのは、1人乗りに比べてコストや重量があまり変わらないのに、家族での使用に耐え、大きな荷物を積むこともできる。さらに一方では、空力的に洗練され、見た目もスマートになるという読みからである。側輪についてはまだ考えてなかった。

3つの機種を並べて見ると、「オープン三輪」はホンダ「ストリーム」の例もあり、モーターサイクルの開発部隊の目標としてふさわしい。一方、2人乗りはスチーブンスの要望に沿っているものの、大きな車体なので、新技術の追求を主に考えている小さいグループ、堀内研にとっては少々荷が重いように思われた。

5）全天候1人乗りの計画

検討の結果、堀内研としては中間の全天候1人乗りをまず造ってみることにして、柳原　序君に担当してもらった。

柳原君は東京航空高専の卒業で飛行機にもボートにも詳しく、設計が実に巧い。彼の解析力と軽構造の設計能力にはいつも感心させられて

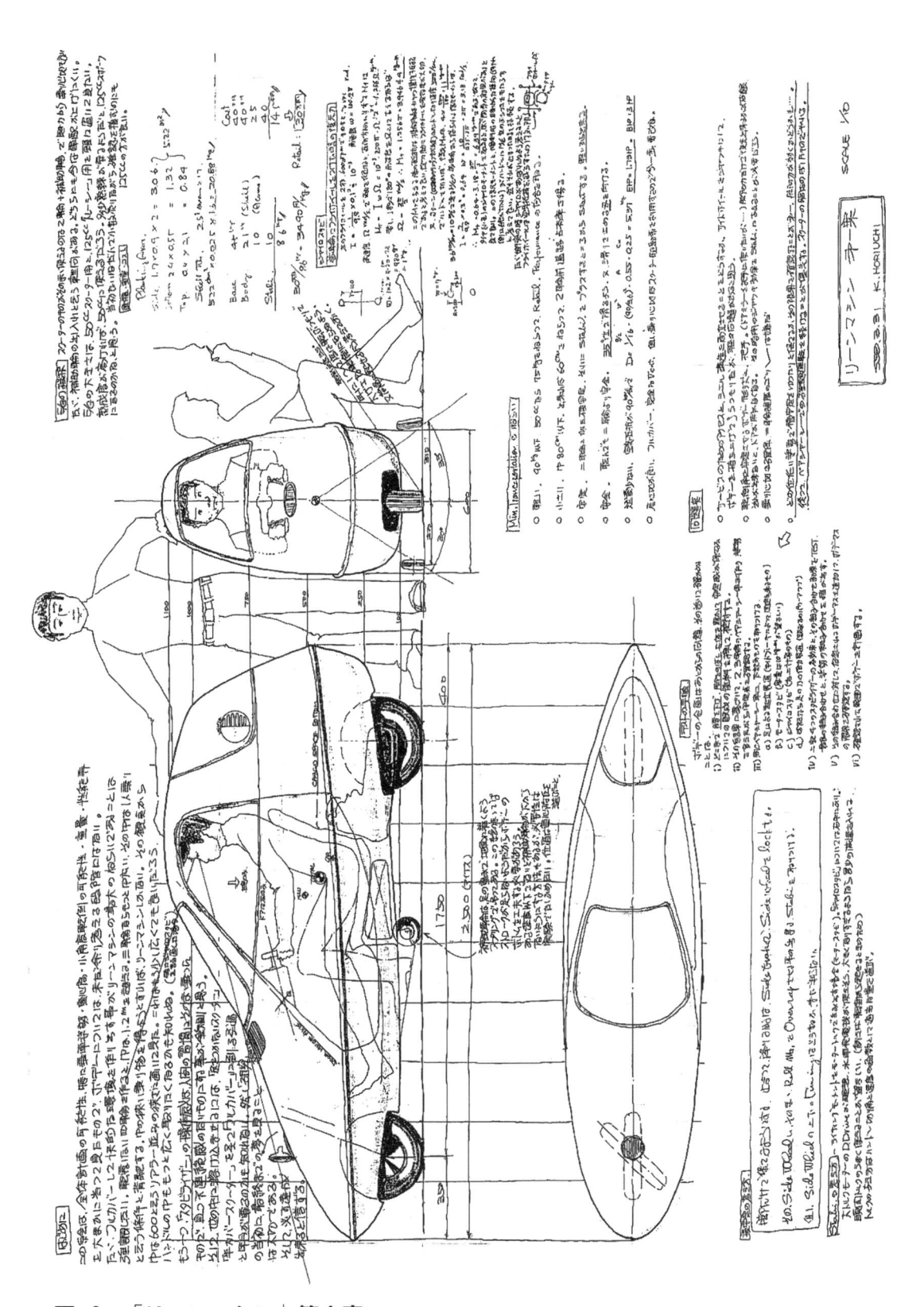

図-6 「リーンマシン」第1案

図-7 タンデム複座の「リーンマシン」

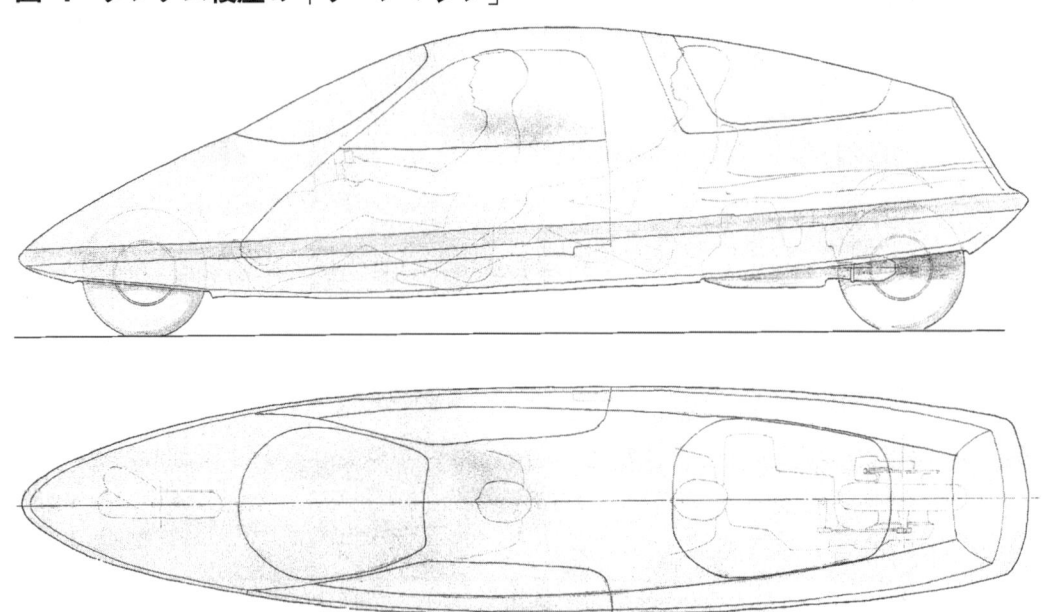

図-8 3つのタイプの比較

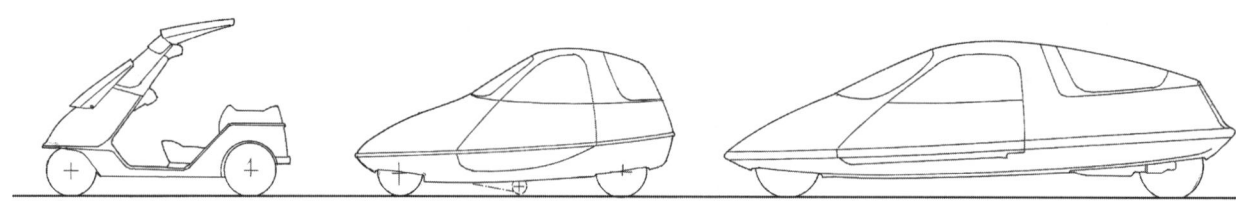

「オープン三輪」　　「リーンマシン」第1案　　タンデム複座の「リーンマシン」

いた。ついでながら、最近の人力ボートレースに活躍する〈コギト〉は主として柳原君の設計である。

柳原君と私は、リーンマシン第一案（図-6、8）を出発点として次のような方針を決めた。

① ミニマムトランスポーテーションを狙って、重量90kg以下、50ccのエンジンなら75kg以下に仕上げ、コストと性能のバランスを取る。
② 幅は80cm以下、できれば60cm以下として、道路の占有率を最小にする。
③ 走っているときの安定は二輪車並み、低速〜停止では補助輪による安定装置を使って転ばないようにする。安定のシステムは4種類ほど考えておいて、いろいろ試してみた中でこの車体に合ったものを見つける。
④ 安全については、転んだときの傾斜角を限定したり、滑り止めなどを考えて、転んでも二輪より安全なよう工夫する。またセーフティーバッグの取り付けを検討する。
⑤ 燃費は極端に少ないはずで、時速90kmで走っているときの空気抵抗は約5kg、必要馬力は2馬力程度で、したがって当時のエンジンでもガソリン1リットルで150kmは走れるはずと考えた。
⑥ 居心地が良いこと。フルカバーでエアコンはないが、十分な換気で暑からず寒からずの居住性を確保する。乗心地は、スクーターの駆動系、サスペンションをそのまま利用するので、舗装路専用として考える。あまり良くないがこれは仕方ない。
⑦ 横風による振られを最小限にするよう、風圧側面積を最小とするほか、風圧の中心をで

る限り後ろに持ってくるよう努力する。

こういった設計をまとめる中で、我々の心配が消えなかったのは次の3点である。

1つは乗車姿勢が低く、前輪に小径車輪を使用しているため、横安定が不足していた。この対策として我々は、ジャイロスタビライザーを工夫することにした。

次の心配はやはり横風の影響である。橋の上などで横から突風を食らうと、自動車でもフラリと風下に寄せられる。背の高いワゴン車など特にその傾向が甚だしい。この車は思いきって軽いから、いくら低く造っても風下への振れが大きいのではないかと心配した。このあたりはボディーの形状が大きく関係するので、風洞実験によってこれを解決しようと考えていた。

3つ目の心配は、人が乗らない状態で強風下に放置された場合に、風に吹き倒されるのではないか、というものである。できる限り側輪あるいはスタンドの幅を広く取るしかなかったが、そうかといって幅は可能な限り狭くしたかったし、側輪などが車体の外に出るのは気が進まなかった。そしてこの件は結局、風速20m/sに耐えればよいと割り切った。そしてそれ以上の風は通常予知できるので、ユーザーにそれなりの置き場を工夫してもらうことにした。

このような商品を作り出すのに、普通なら安定装置を先に仕上げて、それから車体の計画に入るのが順序だろう。しかしこの車では、最小最軽量1人乗りの車体の計画から入って、走り出した車体を使っていろいろな安定装置を実験する、という順序を選んだ。

この種の乗り物は、航空機並みの軽量設計と流体力学的な配慮が、うまく調和しないと成り立たなくなる恐れがある。だから、その辺によく気を配って我々が実際にやってみよう。一度それができれば、将来これを土台にして商品の設計をする人にとっての良い指針ができるに違いないと考えたのである。こうして開発の腹は決まった。開発番号は「OR49」と決定した。

6) ジャイロスタビライザー

前にジャイロスタビライザーという言葉が出てきている。どういうものかを説明しておきたい。

図-9のように、大きな弾み車を積んで、ジャイロの直立力で強引に車を立てようという試みは昔から行われた。しかし、これでは弾み車が

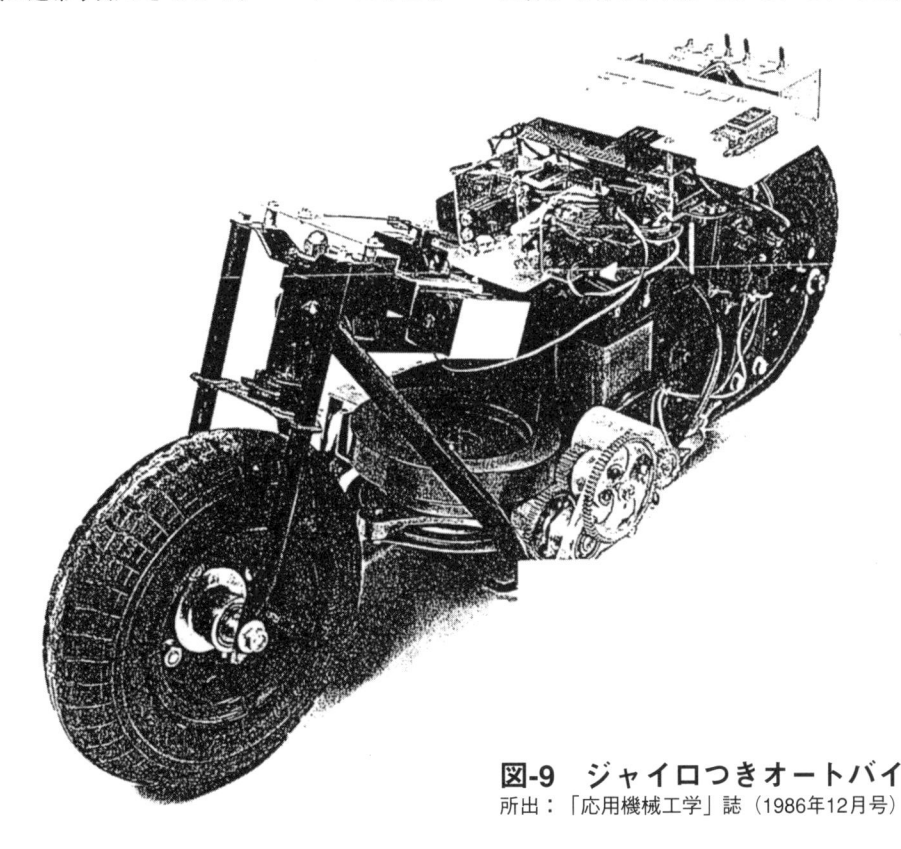

図-9　ジャイロつきオートバイ
所出：「応用機械工学」誌（1986年12月号）

重すぎるし、カーブで内傾できなくなるので、そろそろとしか走れない。したがって二輪車の良さが発揮できない。我々はこれと全く違ったジャイロの使い方を考えたのである。

ご承知の通り、二輪車は前輪のジャイロ効果で安定して走っているといわれている。具体的にその働きを説明すると、前輪が高速で回転しているときに、車体を右に少し倒すと、ジャイロ効果で前輪の舵が右に切れる。それで進路が右にそれると、遠心力で車体が左に持っていかれて、右傾斜は復元することになる。前輪が重く大きければ、ジャイロ効果も大きくなる。したがって、大型オートバイのあの落ち着いた安定感が得られるのである。

誰でも自転車を手放しで走らせることがある。あの場合にどんなことが起こっているのかを考えてみよう。例えば、直進しているときに腰を左に振ったとする。すると、サドルが左に動くので、当然自転車は左に傾斜する、そうすると前輪のジャイロ効果で、前輪は左に向きを変える。言うなれば、腰を左に右に振ることで、前輪を自由に操舵している訳で、これがあるから手放し走行は可能になるのである。

スクーターになると、前輪が軽く小さくなって、ジャイロ効果はとても小さなものとなり、ハンドルはフラフラと落ち着かない。何しろ250cc級のオートバイに較べて、同じ速度で走ったときの前輪のジャイロ効果が、4分の1程度と少ないのだから無理もない。

「OR49」の前輪はスクーターの前輪を流用するつもりで、かつ、乗り手のシート高さが地面から僅か35cmだったので、横安定を改良する何かが欲しかった。

我々は、そのためにジャイロスタビライザーを工夫して搭載することにした。ただし、車体にジャイロを固定するのではなく、前輪だけでは足りないジャイロ効果を補う方法を選んだのである。

すなわち、別にモーターで弾み車を回すことによってジャイロ効果を作り出し、それを前輪の操舵軸と平行な軸（図-10の支持軸）で支持する。そしてそのジャイロと前輪のフォークを連結することによって、前輪だけでは不足なジャイロ効果を追加したのである（図-10）。

直径20cm、重さ5kgのフライホイールを毎分3,200回転で回すと、250ccオートバイが時速30kmで走るときの前輪に等しいジャイロ効果が得られる。そしてこの効果は、時速30km以下の低速でも同様に持続するから、

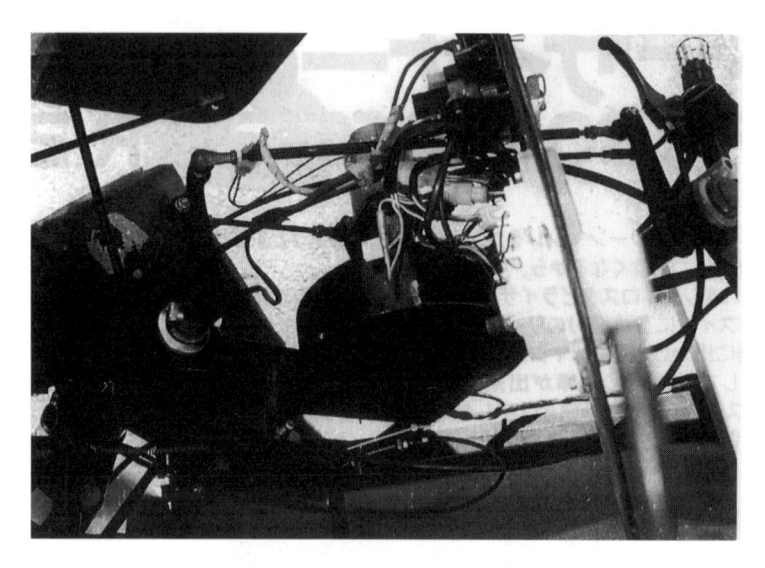

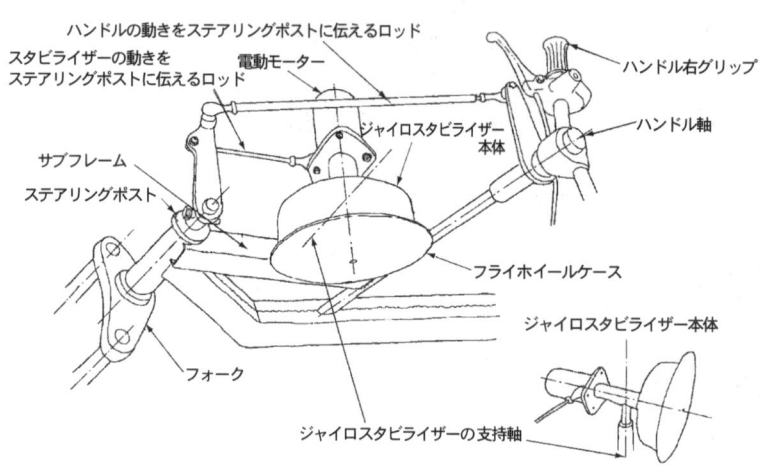

図-10 ジャイロスタビライザー

極低速での安定がモーターサイクルに較べて極端に良くなる。そのことが後述するように、驚くほどの安定感を示してくれることになる。

我々は、このジャイロスタビライザーの完成したときの姿を、こう考えていた。この装置は、小さいジャイロを高回転で回すほど、コンパクトで軽量に仕上がる。しかし高回転で回すと、空気抵抗が大きいので、大きなモーターが必要になる。それを避けるには、密閉容器内を真空に近づけて、その中で毎分1万ないし2万回転でフライホイールを回すことで、コンパクトかつ低動力で済むジャイロスタビライザーが完成するはずだ。

しかし、我々はそこまでの追及をしなかった。効果さえ確認できれば、車体の完成の方が先だったのである。

7)「オーミル」

1987年初頭、スイスのチューリヒから25kmほど北の小村、ビンテルトゥールにあるペラベス社と我々は交渉を進めていた。

ペラベス社のアーノルド・ワグナー社長は、BMWの1000ccモーターサイクルの動力や足回りを使って、全天候の二輪車を作り上げて、これを商品として売り出そうと努力していた。そして車の名前はOEKOMOBILを略して「オーミル」と呼んでいた。

ちょうど私たちと似たような狙いで、ヤマハの商品として取り上げることを視野に入れていた。また、既に完成の近い彼の車は大いに参考になると考えて、その1台を購入すべく交渉していたのである。ワグナー氏は元来飛行機屋で、モーターサイクルが大好き、10台持っているうちの5台がヤマハといった関係で、この話は始まったのだった。

しかし彼は小人数で作っているから、なかなか数が揃わない。また、スイスとドイツの政府の形式承認（タイプアプルーバル）を取ろうと頑張っている最中だったから、話は思うように進まない。そうこうするうちに1987年の10月、私にヨーロッパに出掛ける機会ができたので、彼の工場を訪問した。

ワグナー氏は大変喜んで工場を案内し、試乗をさせてくれたので、この機会に彼の車の全貌をよく知ることができた。

ここでワグナー氏の車「オーミル」の概要を述べよう。

図-11の写真を見ていただきたい。車は風防を開けて人が降りた状態、また小さな補助輪が車の中ほどから飛び出していて、これが車を倒

図-11 「オーミル」の写真と三面図
出所：「EINSPUR-ZEITUNG」Feb.1990

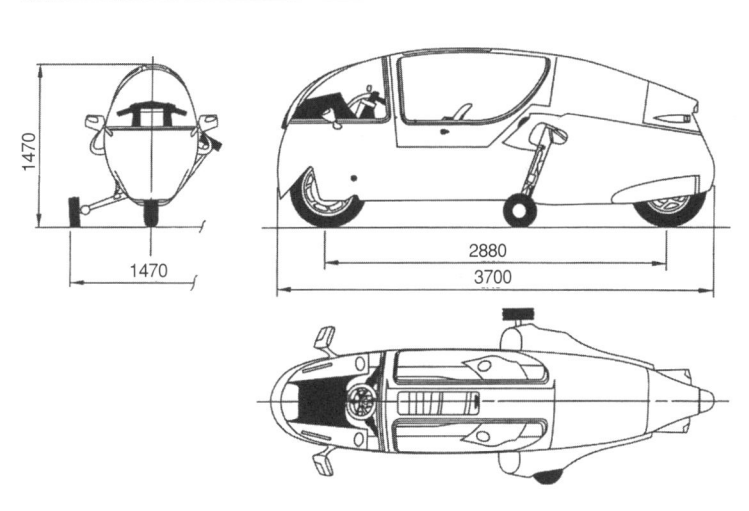

図-12 「オーミル」のバンク　出所：「EINSPUR-ZEITUNG」Sep.1988

図-14 「OR49」のベアシャーシー車

図-13 「オーミル」の隊列　出所：「EINSPUR-ZEITUNG」Feb.1990

れないよう支えている。
　人物は左端がワグナー氏、右端は筆者、中はヤマハのテストドライバー、ビーン氏で、図-11の下はその3面図である。
　車はタンデム2座席で、風防の様子は飛行機のそれに似ている。走り出すと図-12のように補助輪は引き込み、BMWより大きい50°以上のバンク（内傾）ができるという。
　エンジンはBMWのK100エンジンを積んでおり、90馬力で時速約260kmを出すというから凄い。ワグナー氏がフェラーリ並のスポーツカーと言っていたのがよくわかる。
　いよいよ試乗。ワグナー氏が前席、私は後席に座って出発した。同行したヤマハの若野さんとビーン氏は、ベンツで後ろからつけて走りを見る。
　意外に室内は静かだったが、当初は市街地を走るので側輪をしばしば上下させる。スピードが落ちるとハンドルにあるスイッチをワグナー氏が指で押して側輪の出し入れをするのである。そのたびにガッと音がして0.5秒くらいで側輪が降りたり上がったりする。はじめはその音とショックにびっくりしたが、これは慣れた。
　乗ったときの感じはほとんど自動車だから、バンクをするのが当初は恐かったが、間もなくそれも慣れた。
　町並みを抜けてハイウエイに入るといきなり140kmまで加速する。加速感はオートバイそのものだ。気になるのは、トレーラーなど大きな車の後を走ると空気の乱れで車体がわずかに揺れることで、これは避けられないようだ。1kmぐらい前を走る大型車の後流でも揺れるのには驚いた。
　横風の影響について聞いてみると、BMWの

風洞で試したところでは、オートバイに較べて横揺れ（ロール）は少々大きいが、コースの逸れ（デビエーション）はオートバイの半分を少し下回るくらいだそうで、それなら問題はない。

車の少ない所で時速200km以上を経験させてもらったが、風切り音も聞こえず、安定した走りで、なかなか見事なものだと思った。

次に高速道路を下りて山に登ることになった。路肩に雪が残る濡れたワインディングロードである。ちょうどオートバイで攻めるように、ひらりひらりとバンクしながら登って行く感じは楽しく、また、四輪を追い抜くときに、加速力と狭い車幅に物を言わせてあっと言う間に追い抜く様子は胸がすくようだった。

さて「OR49」を計画中の我々にとって、最も興味があるのは側輪の働きである。この車は速度を落とすときに、操縦者がスイッチを操作して出し入れするシンプルな構成である。ただ、もし側輪を出し忘れたら、ゴロンと横倒しになるだろう。しかし、これで結構用が足りていることに感銘を受けた。そして、我々はその点に凝りすぎているのかも知れないと思うのだった。一方、これでも成り立つということは我々にとっても朗報であるに違いない。

「オーミル」はその後スイスで形式承認を取り、大きな数ではないが生産が続けられている。多分、その後ドイツでも形式承認を取ったのではないかと思う。

毎年ワグナー氏が送ってくれるカードによれば、十数台の「オーミル」が隊列を組んで遠乗りをしたり（図-13）、ミーティングを持ったり、いろいろな形でユーザーに楽しみを伝えている様子がよく分かる。ワグナー氏は「オーミル」の高性能を楽しむ人たちの心を確実に惹きつけて、その人たちのサークルを作ることに成功した模様で、今後ますますこの車とサークルが発展することを願わずにはいられない。

「オーミル」は1988年、米国の「サイクルワールド」誌に詳しく紹介され、日本でも同年雑誌に紹介され、輸入元も決まっていた。その輸入元に電話で聞いたところでは、運輸省の検査の問題で苦戦していた。その後、売り出されたという話を聞かないので、遂に挫折してしまったのであろう。まことに残念なことである。

8)「OR49」の試作

オーミルの試乗に出掛けた翌年の1988年は、全天候一人乗りのリーンマシン「OR49」を造る年になった。それまでの基礎調査を切り上げて、柳原君は4月から実際の設計に着手した。私はほかで忙しくてほとんど設計にタッチせず、相談に乗る程度だったが、走ることのできるベアシャシー車（ボディーのついていない車）が5月の半ばにはでき上がった。

5月16日、車体を屋上に運び上げて、堀内研のメンバーで試乗してみた。シート高は地面から35cmとかなり低いのだが、とても安定した感じで、性能の良い車体に思えた（図-14）。

続いて5月26日には、ジャイロスタビライザーを取り付けて試乗することができた。予想した通り安定は思いきり良くなって、簡単に手放し走行ができる。この車はアクセルの操作をフットペダルにしたので、手放しでいつまでも屋上をぐるぐる回っていられる。

そのうちに柳原君は手放しで8の字走行を試みた。建物の幅が22mだから、その幅の中で長さ20m以下の8の字走行を手放しでやってのけたのである。それもだんだん8の字の長さは短くなる。こんなことは自転車でも、もちろんオートバイでもできはしない。何しろ低速安定がべらぼうに良いからできたことで、ジャイロスタビライザーの働きの素晴らしさに感嘆したものである。

これが実用化すれば、シート高が低いことも、前輪が小さいことも問題にならない。止まるときに補助輪を出すにしろ、足で支えるにしろ、歩くスピードまでどんと安定しているのだから対応は極めて容易になる。

この時点で我々は、このプロジェクトの成功を固く信じるようになった。ベアシャシー車の出来が十分満足すべき域に達していたので、柳原君は早速リーンマシン第1案（図-6）をベースとして、ボディーの設計、製作に取りかかった。

ボディーはFRP製、風防はアクリル樹脂製で、それぞれ型を作らねばならない。また開口部が多く、それらを開閉、保持、固定するための金具類も少なくない。

図-15 「OR49タイプ1」全景

図-16 「OR49タイプ1」での手放し走行

　ボディー付きの「OR49タイプ1」の完成を見たのは9月に入ってからであった（図-15）。この間に、止まったとき倒れないようにする側輪についていろいろと試してみた。その構造は図-6を見て頂ければ分かると思うが、要するに乗り手が膝を曲げてかかとを引きつけると、かかとの重みで側輪が接地する。さらに脚を踏ん張って車を支え、パーキングブレーキを引くと、側輪は降りた位置にロックされてスタンドになる。

　残念ながら、この幅の狭い側輪は、普通に走っているときはともかく、カーブの多い状態で降ろすと、タイヤが斜め方向に進むので、音が出たり、タイヤが横滑りで磨耗したり、ときには傾けすぎて支えきれなくなり、倒れてしまうこともあった。

　「オーミル」のように車体から離れた所にドンと側輪を下ろせばよいのはわかっていたが、日本の混合交通の中で車幅より側輪が飛び出すことは、この車の性格上、何とか避けたかったのである。今にして思えば、そのことにこだわりすぎた。素直に「オーミル」方式を取り入れてもよかったように思う。

　結局、側面のドアの下を3分の1ほど切り取り、そこから自分の脚を出して車を支えることでお茶を濁した。

　ジャイロスタビライザーのお蔭で、この車の安定は秀逸である。シャシー車で走ったときと同じく、手放しで旋回や8の字走行が自由に出来た（図-16）。したがって、止まる最後の瞬間だけ自分の脚を出して車を支えるのは決して難しくなかった。

　ただこの車には、車室内からスタンドを立てる装置が用意してなかったので、止まった後が厄介だった。乗り手以外の人が、車の外からスタンドを立ててやらねばならないのである。

　この車をいろいろな状況の下で走らせてみて、我々の開発の方向づけは次の2つに集約された。

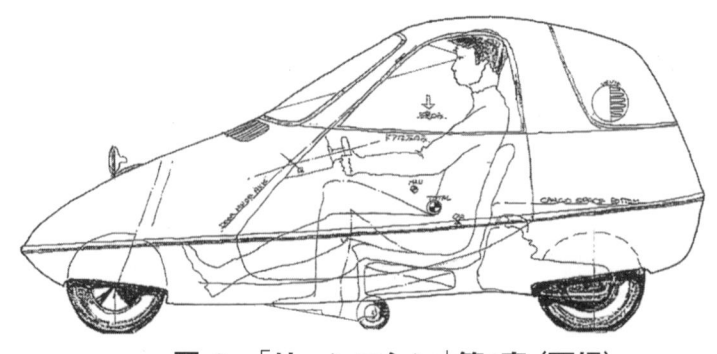

図-6 「リーンマシン」第1案（再掲）

①当初から考えていたフルフェアリング（密閉型車室）の方向へ進みたい。それには脚を出し入れする孔を小さなドアで閉じる方向で考えねばならない。
②横風の影響が心配だったので、側面積をもっと小さくしたい。また風圧中心を少しでも後退させたい。

空力的に②の実を挙げるには風洞実験が必要で、風洞実験を通じて形を決めていくのが最も自然に思われてきた。

9）風洞実験

当時、ヤマハ発動機には大きな風洞実験の設備がなかった。モーターサイクルの設計の人たちは茨城県の谷田部町にある日本自動車研究所（JARI）の風洞を借りていた。しかし、JARIを借りるのは遠いし、金もかかる。我々のようにちょこちょこ直しながら良いところを見つけようという実験の進め方には規模も大きすぎる。

一方、ボート工場の敷地にはヘルメットやボートの周りの空気の流れを観察する簡単な風洞が既にあったので、我々はこれを活用することにした。この風洞は私が青木繁光君に頼んで作ってもらったもので、ボートの横風による風圧の中心を知ったり、クルーザーの上部構造物の後ろのコクピットに飛沫が巻き込まないような設計をするのが目的だった。また、ヘルメットの周りの空気の流れを観察するのにも使われていた。

この風洞は吹き出し口が1m角、風速は15mの小規模なもので、あり合わせの10馬力ほどの電機モーターと手削りの木製プロペラで空気の流れを作り、その全体をキャンバスハウスの中に収めてあった。

この風洞の検力計は我々の目的には大きすぎて使いにくく、精度もよくなかったので、柳原君は自ら3分力（抵抗、横力、ヨーモーメントなど）の測れる検力計を設計して作ってしまった（図-17）。

この風洞に入れるために用意した模型は、縮尺5分の1で、モデルA、モデルB、およびプラモデルのオートバイ（ヤマハFZR500）の3つだった（図-18）。

計測の結果は図-19の通りで、車輪覆いのあたりの形が十分整っていないにもかかわらず、抵抗係数（Cx）はモデルBが圧倒的に少ない（図-19および図-20上）。

一方、横力（風が車体を横に押す力）はオートバイがだいぶ少ない（図-20中）。横力は横風によって車が風下に傾く（ロール）量とほぼ比例すると考えられる。

また、ヨーモーメント（横風で風下に車を向ける力）もオートバイがだいぶ少ない（図-20下）。ヨーモーメントは横風でコースが風下に落とされる量（デビエーション）とほぼ比例すると見てよい。ただし、モデルA、Bの場合、ホイールベースがオートバイより24％も長いので、それが抵抗して実際のデビエーションの差はごくわずかであろうと思われる。

「オーミル」の場合、ロールはオートバイより少し大きく、一方デビエーションは半分以下と聞いていた。この場合、ホイールベースが2.88mとオートバイの2倍くらいもあるので、この結果には納得がいく。

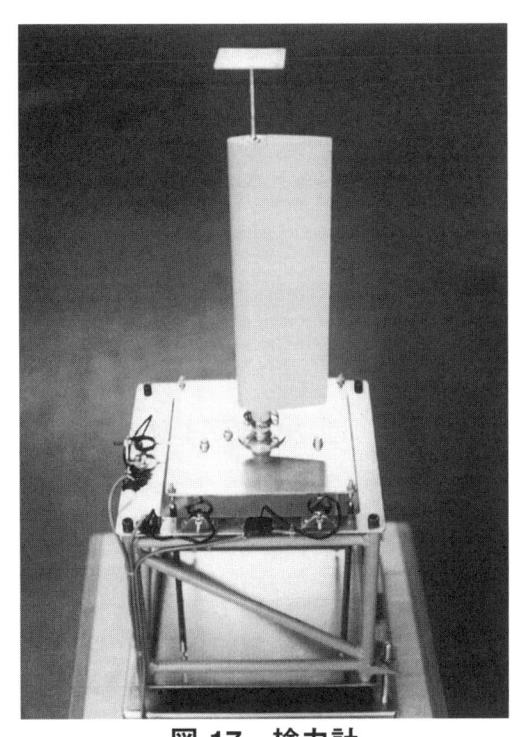

図-17　検力計

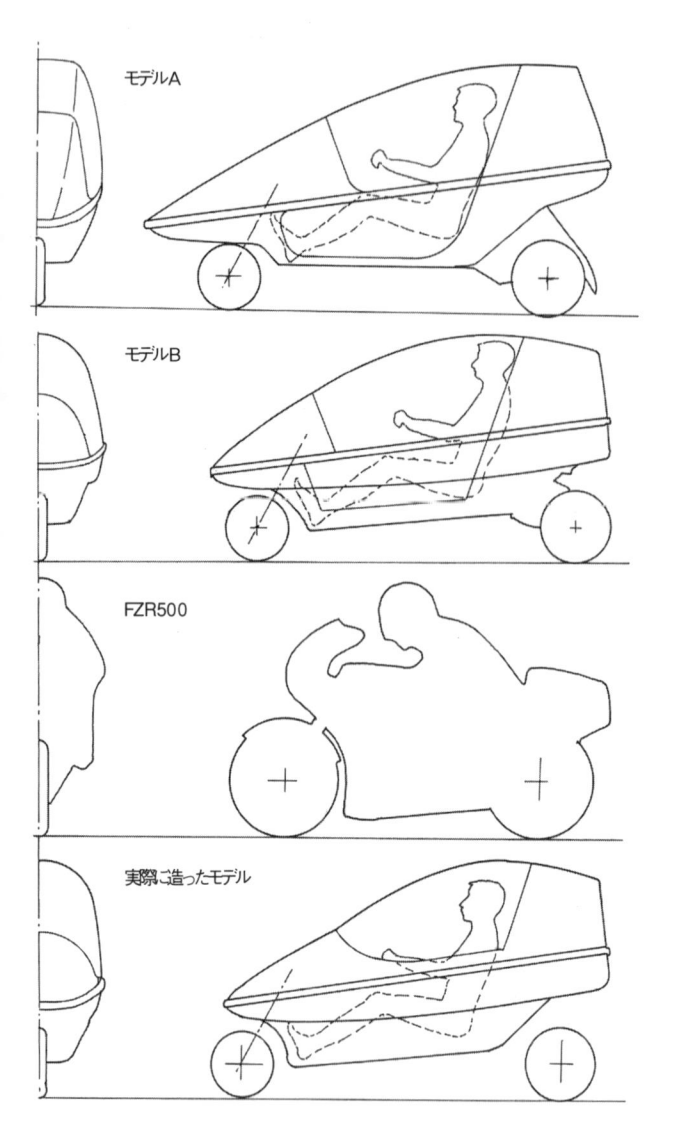

図-18 風洞実験に供したモデル（1/5）
および実際に造ったモデル

モデル	正面面積	Cx
モデル A	267.6cm²	0.41
モデル B	250.6cm²	0.21
FZR500	116.0cm²	0.60

図-19 模型の正面面積と抵抗係数Cx

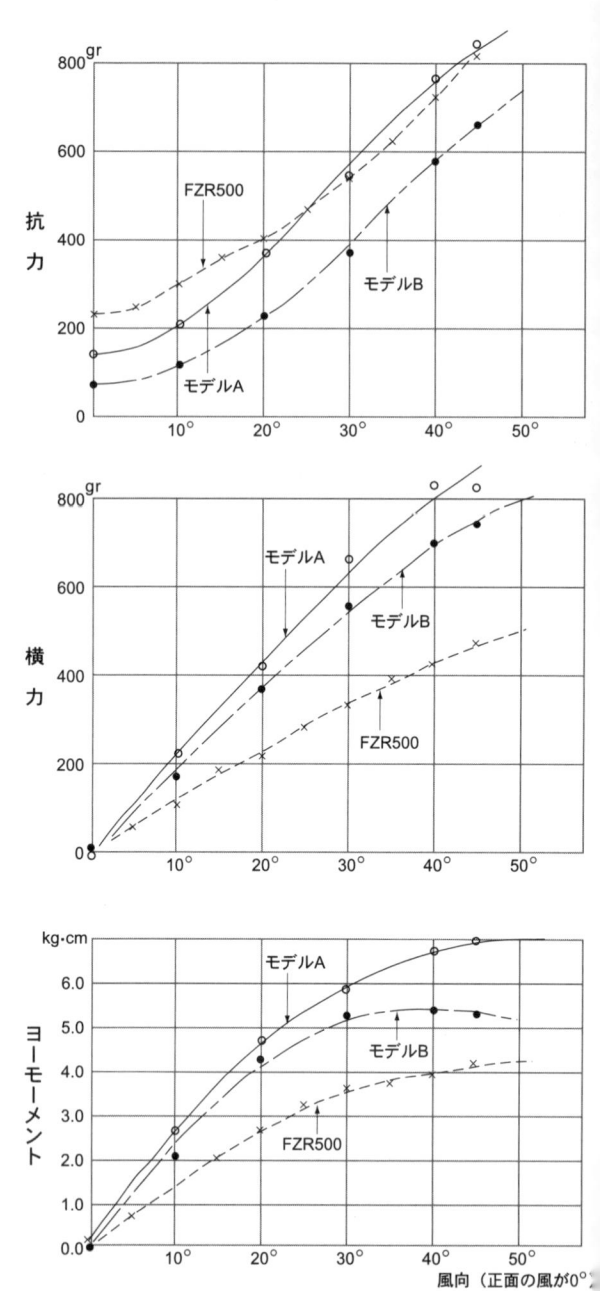

図-20 風洞実験の成績

モデルAとBの比較では、Bの方がはるかに抵抗係数が少なく、ヨーモーメントも少なかったので、我々はモデルBをベースとして進めることにした。そして、比較的低速で使われるこの車の場合、横風の影響が穏やかになることも勘案して、モデルBの空力特性は、ほぼ満足できるものであると考えていた。

しかし、柳原君はさらなる改善のために、顧問の大森さん（11章に紹介、航空技術の大家）と相談しながら、外面にステップをつけたり、断面を変えたり、スポイラー（邪魔板）をつけたり、後端に反り（フレア）をつけたりしては、横力とヨーモーメントの変化を調べて、さらに良い空力特性を得ようとした。

だが、それぞれに狙った方向の効果はあるものの、十分大きなものではない。そして残念ながらそれらによる目の醒めるような改善は得られなかった。

横力やヨーモーメントをモデルAとBで比較して見ると、やはりベースになる形が大勢を決めるのであろう。「オーミル」の例もある。我々がベースになる形を変えながら継続的に実験を進めたとすると、さらに良い解答が待っていたのかもしれない。

しかし、我々には車をまとめて、全体としての商品性を確認することの方が大切だった。我々はモデルBをさらにノーズの短い形に修正して、製作に進むことにした（図-18最下段）。

10）タイプ2の製作

開発の方向づけで、横風の影響の方は上記のように割り切ったが、フルフェアリングにする命題の方は意外に解決が面倒だった。結局、最終的に決めた案は次のようなものであった（図-21）。

乗り手がゆったりと座席に座って走っている状態では、足は膝の重みでフットボードに軽く押しつけているはずである。その力を利用して、足を出し入れする小ドアを開閉できるはずだということに着眼した。すなわち乗り手が身体の力を抜いて乗っているときは、上記の力がペダルを踏んで小ドアが閉まっており、停止する準備で足を引きつけると、ガススプリングの力でドアが開くという訳である（図-22）。

柳原君は小ドアが外へ開きながら上に上がるよう、巧妙な4節リンク機構のドアヒンジを作った。十分な開口を得るとともに、小ドアが開いた状態で走ってもカーブでドアが地面に接触しない工夫である。

この小ドアの存在を前提として乗り手の乗り降りのためのドアの開け方を考えると、車体の前の方にあるヒンジを中心にして、風防全体がはね上がる構造が一番望ましかった。前述の足の出し入れのための小ドアも一緒に開く（図-23）。

この構造は乗り手の出入りがとてもしやすい反面、空車で跳ね上げた風防に横風を食らうと車がひっくり返りそうで心配だったが、風防を開けたまま車を離れる可能性は少ないので致命的とは考えないことにした。

こうしてタイプ1とはまったく違ったボディーのタイプ2が完成した。

柳原君はこの車体をヤマハのテストコースに持ち込んで走ってみた。空気抵抗が極端に少ないことが効いて、80ccのスクーターエンジンそのままなのに加速の伸びが極端に良くて、あっという間に100km/hを超えてしまったという。

ジャイロの効果で横安定もどっしりとして、乗りやすく安定感がある。横風の影響もほとんど感じられなかった。ジャイロが横風によるロールを自動的に打ち消してしまうということもあるのだろう。この時点で「OR49」は完成したと判断した。

11）市場性について

この車を造るきっかけはスチーブンスの提言だった。しかし「OR49」は、米国向けには小さ過ぎる。むしろ、「オーミル」や2人乗りリーンマシン（図-7）の方が彼の提言に添うものだったろう。一方私は、堀内研の規模などを考えてできる限り小さい車でまとめようとした。

小さい車は問題点がクローズアップされやすい。したがって、小さい車で問題を解決しておけば、大きな車は比較的スムーズに開発ができると考えたのである。ボートの例でも、大きな

図-21 「OR49タイプ2」全景(乗っているのは柳原君)

図-22 「OR49タイプ2」の小ドアを開く 　図-23 「OR49タイプ2」の前風防を開ける

船の開発はタイプシップ（参考船）をよく検討して開発すれば、大きな間違いは出にくい。しかし、ローボートなど軽量小型のボートは、乗り手の体重が大きな影響を持つため、ちょっとした間違いが命取りになる。それと似た関係があるに違いないと私は踏んだのである

ただ、この小さな車にただちに市場があるとは考えていなかった。しかしいつの日か、どうしてもこのような車が欲しいときがきっと来るだろうということを感じていた。

現在は欧米や日本に車の利用やエネルギー消費が集中している。しかし、中国、インドなどアジア諸国の経済発展は急で、車を持つ機運は急速に広がっている。それらの国の人口は欧米や日本の人口よりひと桁多いのだから、もし車が普及した状態を考えるなら、エネルギー消費、CO_2の排出量、地球の温暖化など、地球規模のバランスが間違いなく立ち行かなくなる。

欧米や日本だけは今まで通りやらせてくれ、という訳にはいかないから、我々は率先してエネルギー消費のひと桁、ふた桁少ない車に移行しなければならないだろう。

エンジンの改良、燃料電池の利用など、その方面には多くの努力が注がれている。しかし、その歩みは遅く、桁違いにエネルギー消費の少ない車の欲しい時期はすぐ目の前に迫っているように思われる。

米国でも日本でも通勤自動車がほとんど1人乗りで動いているように、1人の人間を運ぶのにその20倍、30倍も重い車を動かしていることに、より本質的な問題があるのであって、世界中が仲良く車文化を享受しようとするなら、車の重量をひと桁以上減らすことなしに目的を達成できるとはとても思えない。

その時期に至って「OR49」のような車が要求される時代が訪れることは間違いない、と考えたのである。

12）終わりに

「OR49」は、柳原君の努力が実って85kgででき上がった。これは人間の体重と同等だから、この車体に低燃費を達成した最新のエンジンを積めば、地球の負担は20分の1から50分の1で済むようになるだろう。それがこの車の狙いであり、その狙いは車体についてほぼ達成されたと考えている。

実際にこのようなプロジェクトが動き出すのは10年後か20年後か、それはわからない。しかし、動き出すことだけは間違いないと私は信じているのである。

13章 クレストランナー物語「OU32」

　川上源一社長の要請である「波を突っ切って走るボート」の現実的な解決が私には一向に浮かばなかった。やがてそれがオーストラリアの大きな船で実現したのを知る。
　しかし我々も小さな船の分野で同種の抵抗の少ない船の見通しをつけ、さらに実験艇を造ってその魅力を確かめることができた。だが商品化には思わぬ困難が待っていた。

1）川上社長

　ヤマハ発動機のスタートは1955年、オートバイメーカー10数社の中で最後発であった。その時ヤマハはYA-1という125ccの2サイクルオートバイただ1機種で事業を開始した（図-1）。そして、その数カ月後には当時日本最大のオートバイレースであった富士登山レース、および浅間高原レースという2大レースに出走して、トップメーカーのホンダに完勝した。

　そのおかげでヤマハ発動機は、順調に販売を伸ばすことに成功した。この画期的なデビューの成功は、当時の川上源一社長の、身体を張った挑戦の賜物と社内の関係者は思っている。川上社長は自ら開発を直接指揮するとともに耐久テストに参加するなど、その迫力は語り草で、社内には幾多のエピソードが残った。当時は社外にいた私も、この離れ業ともいうべき勝ちっぷりを見て、ヤマハ発動機に強烈な魅力を感じたものである。

　それから5年たって、1960年、再び川上社長のボート製造販売への挑戦が始まる。私はちょうどこのとき設計要員として入社したのだが、1960年4月のヤマハボート発表会には、社長自らボートに乗って、浜名湖から東京まで走り、

図-1 ヤマハYA-1
出所：柳川研編集・バイクコネクション発行
エキサイティングバイク『ヤマハストーリー』

竹芝桟橋で軍楽隊に迎えられる予定だった。実際には海が荒れて下田で上陸し、発表会の行われる芦ノ湖へ陸路向かうことになったが、何かといって船に乗るその姿勢は半端ではなかった。

　開発の調査にもボートはよく使われた。社長が鳥羽や英虞湾などへ繰り返しボートで出かけた結果、その実りとして鳥羽の国際観光ホテルや合歓の里が誕生したのである。当然、我々は嫌でも荒い遠州灘へ船を出さざるを得ないので、恐ろしい目にも遭った。荒海とは面白いもので、初め恐ろしく感じた大波や船の挙動も、慣れるに従ってどれが危険で、どれが安全か身

谷を渡る

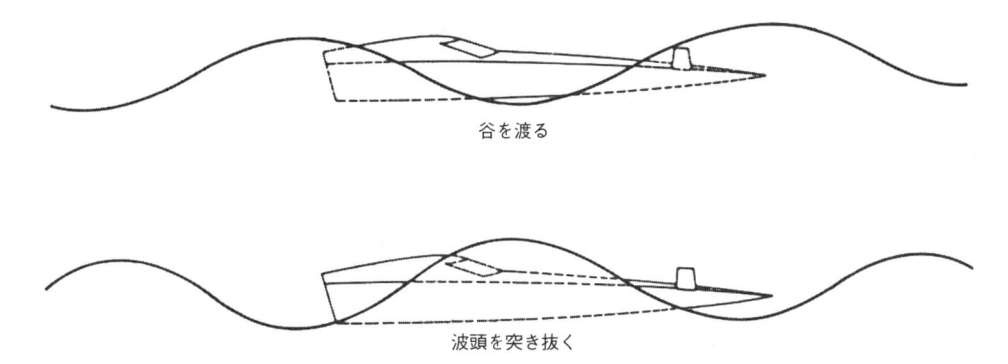

波頭を突き抜く

図-2 レビの波貫通艇案 出所：RENATO LEVI著〈DHOWS TO DELTA〉

体が覚えてしまう。それにつれて荒海に出ることがむしろ面白くなるのである。

荒海をよく知っていたそのことが、1961年、1962年に行われた東京〜大阪間1,000kmマラソンに圧勝する結果を生み、ヤマハボートへの信頼感がいやがうえにも高まって短期間に販売シェアを高め、トップメーカーへの道を進むことになった。

オートバイもボートも社長が身を挺して新商品に関わり、事業を推進した。さらにレースに勝つことで商品に信頼を得て事業を軌道に乗せる、それが川上方式であり、ヤマハ方式であった。

2）ウエーブピアサー

したがって社長はボートの乗り味についても知識が深く、指示には筋が通っていた。また我々が新船型を提案しても、よく理解して受け入れ、推進してもらえたから仕事はやりやすかった。一方、社長側からの指示でどうにも果たせないものがあった。荒海を小さいボートで走るその乗心地の悪さに閉口していた社長は、波頭を突き抜けて衝撃なしに走るような船はできないかと言うのである。これは一生懸命に考えてみたが難問だった。実現するには、矢のようにとがった細い船体を作って、潜水艇のように水の入らない構造にしなければならない。これがプレジャーボートとして成り立つのだろうか？　とてもそうは思えなかった。

そのうちにイタリアの高名なボートデザイナー、レナトー・レビの本に、似たような考えがあることを発見した（図-2）。私が頭に描いたのと同じ潜水艇型である。だが、プレジャーボートがこんなにしてまで走る必要があるのだろうか？

レビは時速130kmくらいのレースボートを頭に置いて夢を描いている。彼はもともとレースボートデザイナーであり、レーサーでもあったから無理もない夢だと思う。しかし私達はもっと一般的なプレジャーボートの設計に手一杯で、ここまでかけ離れた夢を見る心の余裕がなかった。

1980年頃だろうか、『ハイスピード・サーフェイス・クラフト（省略して以後HSC）』という高速艇、水中翼船、ホバークラフトなどの記事を載せた英国の雑誌を知るようになって、我々はこの本を熟読した。その本に1985年ころからウエーブピアサー（波貫通艇）と名づけた変わった船型の記事や広告が顔を出すようになった。それを設計したインキャットデザイン社によると、この船は28mの〈スピリット・オブ・ビクトリア〉という船で、正に波を貫通する船体を持っている（図-3）。

私やレビは船が丸ごと波頭を貫通して走ることを考えていた。ところがこの船のデザイナーは全く別のことを考えていたのである。図-3を見てお分かりの通り、波を貫通する細長いスポンソン（側浮舟）が2本あって、その上に高く船室を支えている。これなら船室を水密にする必要などありはしない。我々は社長の示唆がありながら、どうしてこういうレイアウトに気づ

かなかったのだろう。船室が波をブチ抜く必要など何処にもなかったのである。

　私はそれまでのことがあって、ウエーブピアサーと名づけられたこの船型の行方に大きな関心を持ってみていた。そうこうするうちに、今度は『HSC』に〈スピリット・オブ・ビクトリア〉の事故の記事を見つけた。

　その記事によれば、3 mの波を乗り越えて夜間運航しているときに、追い波の壁を滑り降りた直後、向こうの波に頭から突っ込んで強い減速度を受け、その衝撃で旅客の椅子が外れて飛び、数人が怪我をしたというのである。大した怪我ではなかったようだが、改めて船の写真をよく見ていると、それはいかにもありそうなことに思えてきた。波の坂を駆け下りたとき、細いスポンソンがそのまま向こうの波の腹に突っ込んだら、次の瞬間、四角い船室が波に勢いよく衝突するのはごく自然に考えられるシナリオである。

　ウエーブピアサーの着想に感嘆していた私は、一転して大きな困難に逢着したウエーブピアサーと設計者に深い同情の気持ちを感ずることになった。

　再び新しいウエーブピアサーの記事を見たのは1986年の暮れの頃だったように記憶している。それはスマートで〈スピリット・オブ・ビクトリア〉とは似てもつかない魅力的な姿をしていた。

　船らしくない先輩とは全く違って、船の前部に、いかにも船らしい立派な船首をぐっと突き出している。これによって突っ込みかけたスポンソンをグイと引き上げる意図であることが一目でわかる。私にはこの船の詳細を知りたい気持ちが高まっていた。

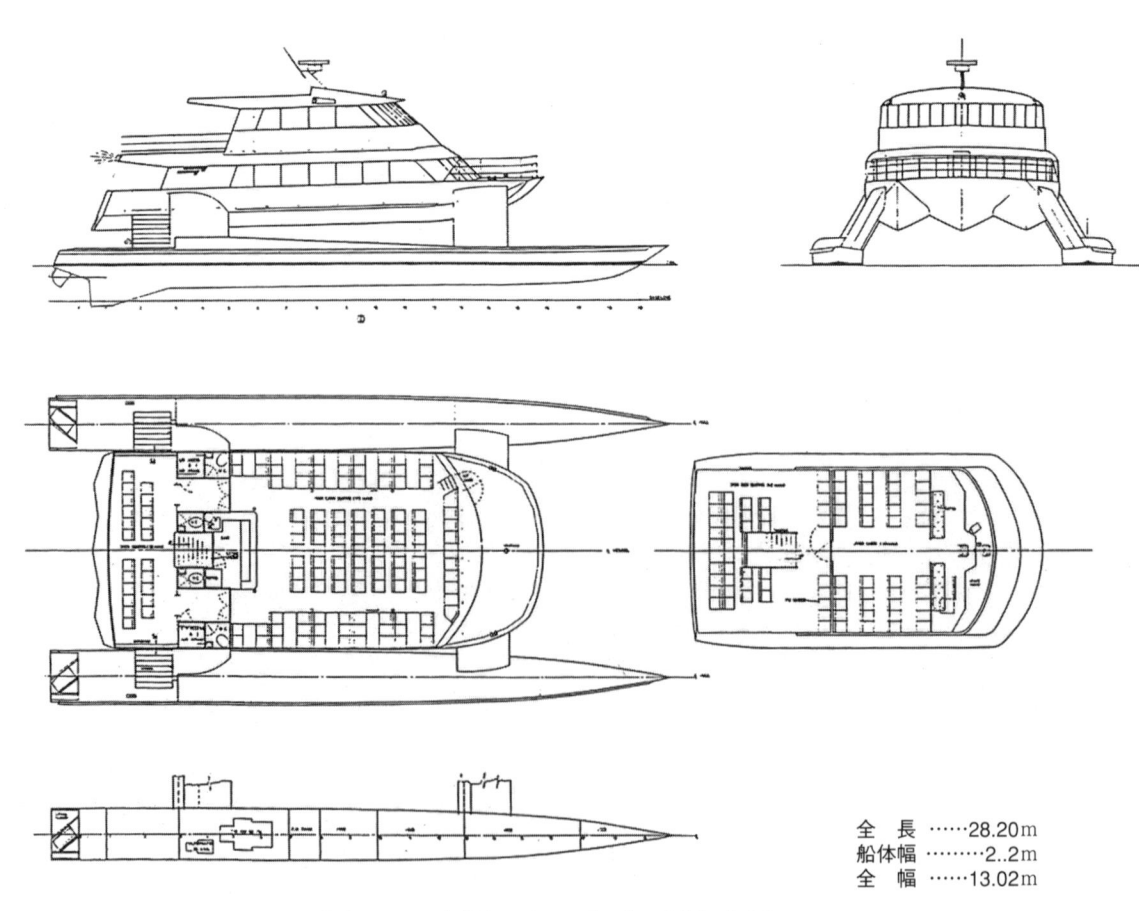

全　　長　……28.20m
船体幅　………2..2m
全　　幅　……13.02m

図-3　〈スピリット・オブ・ビクトリア〉

図-4 〈タッシー・デビル2001〉発見
観戦客を満載して快走する2001を発見

図-5a 入港してきた〈タッシー・デビル2001〉

図-5b 〈タッシー・デビル2001〉の後ろ姿

図-6 ハーカス氏と会う
左端から、ハーカス氏、東島和幸君（ヤマハ）、井村妙子夫人（通訳）、ジェフ・エルドリッド氏（ヤマハオーストラリア）

3）フリーマントルへ

　1987年の1月、役員の昼食会の席で当時の江口社長から突然、アメリカズカップのレースを見に行って来てはどうですか？　と言われて私はまごついたが、結局レース調査のためオーストラリアの南西、パースにほど近い港町・フリーマントルに出かけることになった。

　そして2月の2日から8日までフリーマントルに滞在して、アメリカズカップの観戦とレース調査をした。毎日2〜3mの波が荒れ狂う海には多数の観戦艇が人を満載してレースを見ている。

　ある日、遠くにまぎれもないウエーブピアサーの姿を発見した。〈タッシー・デビル2001〉と大きく書いたウエーブピアサーが、これもお客を満載して高速で飛ばして行く。その姿はとても素晴らしく見えた（図-4）。

　アメリカズカップのレースの方は、荒れる海でオーストラリアの〈クッカバラ〉と米国の〈スターズ＆ストライプス〉の死闘が続いたが、遂に〈スターズ＆ストライプス〉のデニス・コナーが至高の銀杯を取り戻して終わりを告げた。

　私はぜひウエーブピアサーに乗せてもらいたいと思ってその手づるを探したが、港では見かけず、申し込み先も分からぬままにレースは終わってしまった。その後、港を歩いていて折から入港して来た〈タッシー・デビル2001〉を発見。泊地まで追いかけて遂に間近に見ることができた（図-5）。そして、早速見学を申し出た。確か翌日その機会を得たと記憶している。

　その日、船を見に行くと、居合わせた設計者フィリップ・C・ハーカス氏と話すことができた（図-6）。彼の話によると、この船は前年の年末に進水したばかりで、すぐフリーマントルに回航されて来たのだという。アメリカズカップの期間、多くの観戦客を乗せて、他の船とともに営業したが、揺れも少なく乗客の評判も上々だったと嬉しそうだった。

　特に船の形が変わっていて客の乗る気を誘うこと、また船首の揺れが極端に少ないために（図-7）船首のデッキまでお客を乗せられるのが良かったと言うことであった。設計者にとっ

❶代表的なディープV（30°）滑走艇
　　L.W.L.(吃水線長）=30m
❷丸底パトロールボート
　　L.W.L.=30m
❸SRN4MK3ホーバークラフト
　　400座席と車50台搭載
❹インキャット普通型カタマラン
　　200座席
❺水面貫通型水中翼船
　　200座席
❻ウェーブピアサー2001
　　200座席

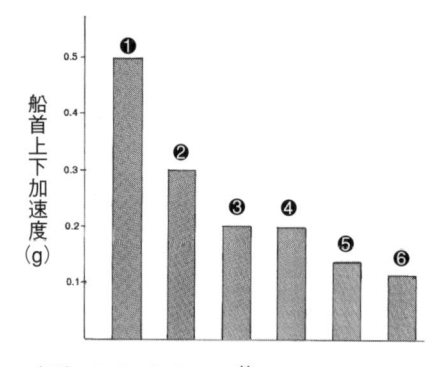

出所：Philip C. Hercus著
『CATAMARAN UPDATE』Sept.1988

図-7　船首の揺れが少ない

て、進水直後のこの好評はどんなに嬉しかったことだろう。この時はハーカス氏の説明によって〈タッシー・デビル2001〉の美点がよく理解できて大変有益なミーティングだった。

〈タッシー・デビル2001〉については世界の運航業者、造船所から多数の引き合いが寄せられているそうで、フリーマントルでのデモンストレーションは最高の効果を収めたことになる。そして〈タッシー・デビル2001〉はその後、小改造を経てハミルトンアイランドに3カ月の予定でチャーターされるとのことだった。こうしてウエーブピアサーの華やかなデビューに居合わせたことは私にとってまことに刺激的な経験であった。

4）ウエーブピアサーの検討と模型試験

ウエーブピアサーのレイアウトの考え方はよく理解できた。私やレビが船室ごと波を貫通する考えであったのに対して、ハーカス氏は貫通体と船室を別個に作り、それを連結脚で繋いで貫通体だけを水に潜らせるつもりで、その考えは秀逸である。

気になるのは、この船の抵抗がどうなのか、やたらに馬力がいることはないか、また特に我々の狙いとする小型艇に応用してそれなりのメリットがあるのかどうかである。

もともとカタマラン船型は、容積の割に船体の表面積が大きいから、船が重くなりがちでそれだけ原価も上がる。

ウエーブピアサーの場合にはその上、連結脚部分が追加されているからますます表面積が大きくなる傾向がある。表面積はほぼ船体の重量、コストに比例する。一方容積というのは、客船なら定員、クルーザーなら部屋数や広さ、船の大きさ、有償積載量など、いわば船の格に直結する量だから、カタマランは割高、ウエーブピアサーは更に割高という構図は避けがたい。ハーカス氏の話だと、形ゆえに客が多く乗ってくれる、ということを強調していたが、我々の場合にそれがどれほど効果的かは測り難かった。

もう1つの心配はスピード等の性能の問題である。カタマランは水に濡れる面積が大きいからモノハル（単胴）の船に比較して摩擦抵抗が大きくなりがちである。例えば吃水線の下の断面が半円で、吃水線の長さが等しいモノハルとカタマランを比較すると、排水量が同じならカタマランの浸水面積はモノハルの1.4倍に達する

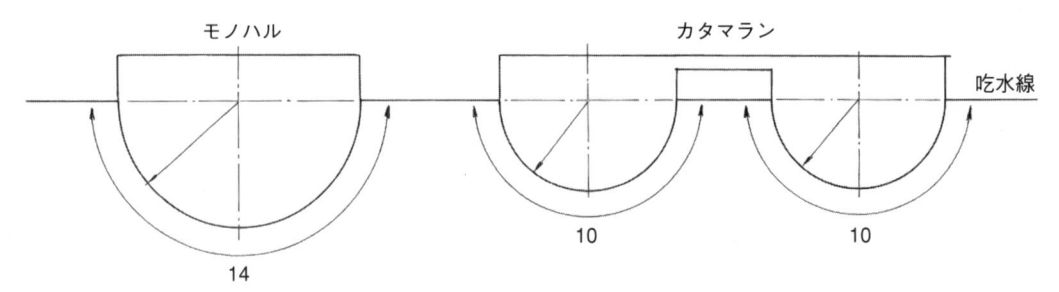

モノハルとカタマランの吃水線から下の断面が、半円であるとする（最小周長、最小浸水面積）
船の長さと排水量が同じとすると、吃水線から下の断面積が同じでなければならない
そうなるように半円の径を決めると、吃水線から下の周長は上図のように　$\frac{10+10}{14} \fallingdotseq 1.4$

図-8　カタマランの浸水面積はモノハルの1.4倍

のである（図-8）。一方、カタマランは船体が細くなった分、造波抵抗が減少するから、その差し引きで全抵抗の増減が決まる。

問題を複雑にするのは大きさの差である。例えばウエーブピアサーが吃水線の長さが100フィート（約30m）で30ノットを出すとすると、いわゆる速長比（長さと速度の比）は下式で計算される。

ウエーブピアサーの速長比 =
30ノット／$\sqrt{100}$フィート = 3.0

それに対して我々が25フィート（約8m）の船を30ノットで走らせたとすると、

25フィート艇の速長比 =
30ノット／$\sqrt{25}$フィート = 6.0　となる。

もし両艇の速長比が同じなら、引き波の形も相似形になる。そして100フィート艇の船型が最良のものなら、25フィート艇も相似形の船型が最良なのである。したがって我々は大きな船の性能を小さな模型で試すのに、速長比を合わせて実験する。

ところが速長比が3.0と6.0のように大きく違うと最良の船型は違ったものになる。速長比が6.0ともなると滑走の速度域に入っていると考えるのが妥当である。

我々も〈タッシー・デビル 2001〉のデザインをそのまま譲り受けて、製造販売することも考えないではなかった。しかしハーカス氏の話によると日本の他社が既にかなり立ち入った話を開始しているようだったし、当時この大きさのアルミ船を作る力がヤマハにはなかったので、我々の狙いは自然小型艇への応用を考えることになる。

この船の担当は水中翼船も担当してくれた堀内研の横山文隆君で、彼は水槽実験用の模型を8つほども作って抵抗の様子を調べてくれた。当初はモノハル艇に比較して大きな抵抗の増加を心配したが、丸型船型の船尾底面を工夫することで、高速では滑走状態に入れ、船体を浮き上がらせる工夫をすると、抵抗は大きく減って、モノハル滑走艇と較べても優れたものになってきた（図-9）。

抵抗に見通しがつくと、次は一般性能の確認がいる。特に小型艇の場合、急旋回に妙な動きが出ると、それだけでプレジャーボートとしての資格を失うことになる。この辺の確認にはやはり人の乗る船を実際に走らせて見なければ判らないだろう。

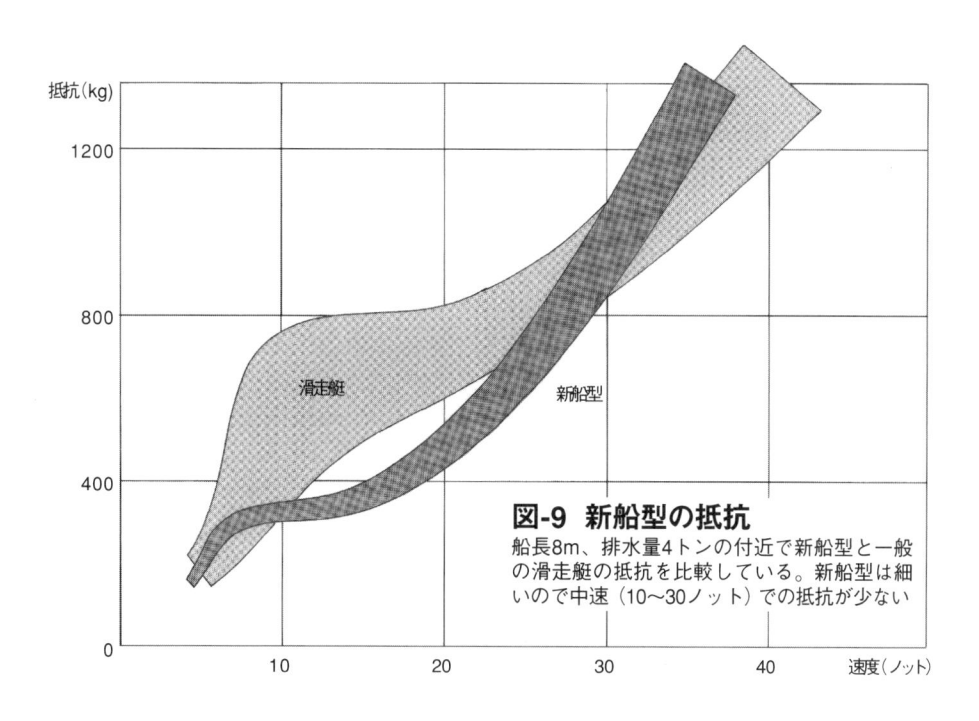

図-9　新船型の抵抗
船長8m、排水量4トンの付近で新船型と一般の滑走艇の抵抗を比較している。新船型は細いので中速（10〜30ノット）での抵抗が少ない

5）ブルーリボン

〈タイタニック号〉の昔から大西洋横断の船旅は欧米の人達の最高の夢であった。飛行機がまだ大西洋を飛ばない時代には、当然船が欧州とアメリカを結ぶ最速の手段である。吃水線長が長いほど排水量型の船は速いから、大型の豪華客船ほど最も豪華で、大きくて速いという全ての夢をかなえる資質を備えていた。

その最も華やかな夢を実現した船、大西洋横断日数の最も少ない船にはブルーリボンの栄光が与えられる習慣があって、これが最高の船としての称号になったのである。

ブルーリボンは新しい大きい船から船へと受け継がれ、戦前の超豪華客船、〈クイーン・メリー号〉、〈エリザベス二世号〉など7～8万トン級の客船が国の威信をかけて、処女航海にブルーリボンを競ったものであった。

戦後は飛行機が大西洋を横断するようになって、ブルーリボンは色あせたかに見えた。確かに超豪華客船がブルーリボンを競う習慣はなくなったが、この世で一番華やかなものとされたブルーリボンの称号は、船を愛するものの心からまだ消えてはいない。

最近は外洋レーサーのような、むしろ小さい船によって大西洋の横断日数を競う例が後を絶たない。小さい船といっても、長さ2～30mの高速滑走艇で、燃料の重さが船の重量より多いからスタートのときはノソノソ、ゴールはギンギンという走り方になる。

一時、ウエーブピアサーがブルーリボンに挑戦するという話を雑誌で読んだことがある。ドーバー海峡に就航する予定で商談の進んでいた51mの大型ウエーブピアサーが、回航運転の折にブルーリボンに挑戦するという話だったと思うが、船の契約が成立しなくて流れたように記憶している。

横山君はウエーブピアサーの船型を試験するうちに、その性能に大きな自信を持つようになり、25mのウエーブピアサー改良船型でブルーリボンを狙う計算をしてみたことがある。

42トンの船に70トンもの燃料を積んで、スタートは32ノット、ゴールでは47.5ノット、平均39ノットで3000海里を77時間で走りきる、という計算の結果が出ていた。

記録樹立の後、その船を150人乗りの高速客船に仕立てて、ジェットフォイル並の速度で運航するという後利用の計画まで考えていたが、実現の機会は遂に訪れなかった。

6）ハミルトン・アイランドにて

1988年5月、オーストラリアのブリスベーンで国際レジャー博覧会（EXPO 88）が開催された。我々は運輸、通産両省からの要請で堀内研の水中翼船「OR51」と「OU90」を展示した。私はその準備の状況をみるのと開会式に出席する目的でオーストラリアに出かけた。

ついでに、ブリスベーンの東南約150kmにある観光地、ハミルトン・アイランドに回ってウェーブピアサーの試乗をすることにした。ハミルトン・アイランドではアメリカズカップの観戦に使われていた〈タッシー・デビル2001〉を、その後チャーターして運航していたが、この年2月には新しい2000が納入されていたので、私はそれに乗るのがお目当てだった。

2000はハミルトン・アイランドから本土のシュートハーバーまで約1時間の航路に就航している。試乗当日、私は海の荒れることを祈った。しかし実際にはシュートハーバー往復の間、波は僅か30cmほどでスポンソンの先が水に潜ることさえなかった。残念ながらこの試乗からは船型的に何一つ得るところがなかった。

ただ1つびっくりしたことがある。シュートハーバーでの着岸、離岸の時、デッキに出てみていると、この船は真横に走るのである。バウスラスターもスターンスラスターもないこの船がどうして横へ進むのか狐につままれた気持ちだったが、よく考えるとあり得ることだった。

ウォータージェット推進のこの船は、右のジェットを右へ切ってバックに入れ、左のジェットを左に切って前進に入れると、二つのジェットの推力の合力は推力線の交点に真横に働くのである。舵の切り角度を変えると、その横向きの合力の位置は前後に移動する。それによって船の向きを調整してどんどん真横に進むことができる（図-10）。

こんな芸当は普通の船にはできないが、ウォータージェットを使っていて左右逆の舵が切れること、それにクレストランナーという極端に幅の広い船でジェットが左右に遠く離れていること、その2つの条件が揃うとこんな便利な動きが可能になるのである。

　面白いことを教わってこれは良かった。同じことはスターンドライブや船外機の場合にも可能になるので、後日クレストランナーを試作した時にも、また自分の船〈波照間〉にもこれを応用して、操船を思いきって楽にした。ただし〈波照間〉は幅が狭いので同じ訳にはいかない。やむを得ず船首にはバウスラスターを取りつけて同じ動きを可能にした。

　大きな船をシングルハンドで扱うのに、このような操船のできるのは大変なメリットである。しかしシングルハンドの経験の少ない人には特別のケースのように思えるらしく、この横歩きを勧めても余り手応えがない。桟橋側から風の吹く時には本当に有難いことだし、短時間の係留ならロープワークをしないで、推力だけで岸に押し付けて置くこともできる。大事なプレジャーボートの能力だと思うのに、なかなか理解が得られないのは残念なことだ。

7）実艇試験と「OR10」

　最小限の費用で最大の効果を上げる試作艇を作るのに、横山君は既成のボート「F-14」を本体に用い、スポンソンとしては一つの型から抜いた同型の2本を用意して、トラスフレーム（※1）で本体に取りつけるという作り方で、言わばバラックの実験艇を作り上げた（**図-11**）。本体が約4m、スポンソンの長さが5m、そしてエンジンは15馬力の船外機を2基スポンソンの後端に取りつけた。

　乗って見るとこれがとても良い。普通の滑走艇のような衝撃が全くなく、ジャンプしてもソフトな着水をするから、身体が極端に楽になる。1988年5月20日には社内の試乗会を行った。関係者以外まで多くの社員に乗ってもらったが、すこぶる評判は良い。多くの人が波の中でウェ

図-10　カタマランは真横に進む

記：カタマランにウォータージェット、船外機、船内機を2基付けて上記のように操舵すると船は真横に進む

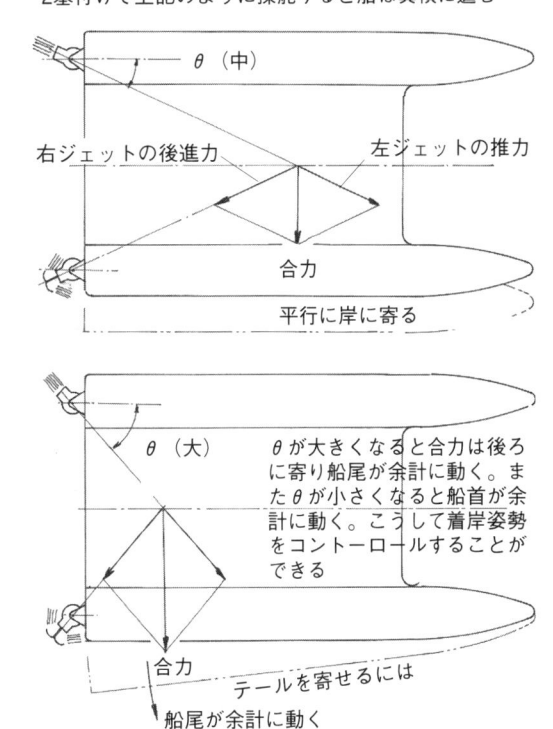

θが大きくなると合力は後ろに寄り船尾が余計に動く。またθが小さくなると船首が余計に動く。こうして着岸姿勢をコントロールすることができる

図-11　5mバラック艇

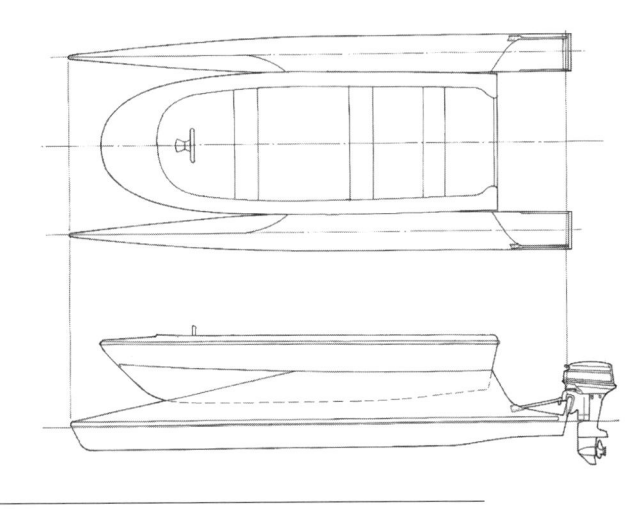

※1　棒材を使った最も合理的な軽構造．（例：橋脚、エッフェル塔）

図-12 バラックの試乗会

図-13 バラック3態

ーブピアスを楽しんでいた（図-12、13）。

難を言えば、スポンソン前端ですくい上げたしぶきをかぶる場合があること、もう一つは急旋回で内傾してくれず、むしろ外傾する点が今まで経験したボートと違っていた。しかし、これらはプロダクションまでに改良できるとみたのであろう、試乗者一同がこの船型の魅力を認めてくれて、ウェーブピアサー開発の機運は一気に高まった。

バラックの次は商品化設計である。ウェーブピアサータイプの商品として、どのような船がふさわしいのか、横山君とデザイナーの中川恵二君それに私でいろいろなレイアウトを描いてみた。16フィートから35フィートまで4機種のラインナップも計画した。その中にはランナバウト、フィッシングボート、クルーザーなどの絵が含まれていた。

その中からどう決まったのかその経過を覚えていないのだが、結局バラックとほぼ同じ大きさの5ｍ（≒16フィート）のミニクルーザーを作ることが決まった。そして開発番号も「OR10」と決まり、1988年初頭から試作が始まった。恐らく堀内研の小さな所帯には小さな船が似つかわしい、ということだったと思う。

この小さな船をクルーザーとしてまとめるには悩みが多かった。何しろ普通の船なら船底のあたりに床があるのに、この船は床が水面上高く上がっている。普通のカタマランならスポンソンの中を一部利用できる場合もあるのだがそれもできない。とすると、どうしても背の高いものになる。しかし、わずか16フィートの船で余りに腰高になったのでは不自然な形になって、デザイン的にまとめきれない。

一方、床が低いと波が中央船底を叩いて乗り心地が悪くなる。特に吃水線の面積の少ない船だから大勢乗るとすぐに沈んで中央船底が低くなりやすい。結局悩んだ揚句どちらかと言えば低めの中央船底の高さに落ち着いた。

この船に対して、横山君は抵抗をさらに減らし、かつ旋回の時に船の挙動が自然で、内傾もするように左右のスポンソンに非対称の意欲的なハルを設計した（図-14）。

一方デザイン担当の中川君はふっくらと可愛い、この船にぴったりのスタイルとカラーリングを作ってくれた。

1989年4月、「OR10」は完成して進水した（図-15）。丸々としたその姿とカラーリングは見たこともない可愛らしさで、中川デザインの傑作の一つであると思った。

乗ってみると、全体の感じはバラックとよく似ているのだが、やはり重くなった分、そして中央船底の低い分、乗り心地は悪くなっていた。しかし、普通の滑走艇と較べると全く違った乗心地を持っている。

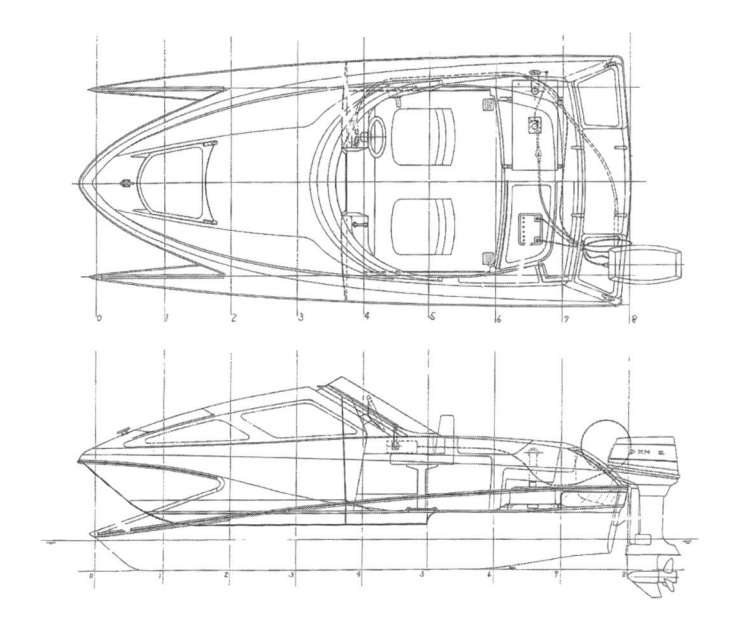

第13章　クレストランナー物語「OU32」

図-14 「OR10」 2図面

全長 ……………… 4.95m
全幅 ……………… 2.18m
軽荷排水量 ……… 600kg
エンジン ………… 50hpO/B×1
速力 ……………… 約25ノット

図-15 「OR10」カラーデザイン

図-16 〈波照間〉と走る「OR10」

201

ちょうど前年の暮れに進水した私の船〈波照間〉と共に浜名湖から英虞湾まで約160kmのクルージングを試みた（図-16）。「OR10」は16フィートの小型船である、1～2mの波の中の航海はこの小型船にとってかなり厳しいはずだった。しかし実際に走って見ると、問題点はあるが衝撃の柔らかいせいで、特に厳しいという印象は無かった。

ただ一つ気になる悪い癖がある。航海中数回だが追い波の急な斜面を滑り降りて次の急斜面にぶつかった時、それを滑らかに越えることができない。ちょうど〈スピリット・オブ・ビクトリア〉が事故を起こした時とよく似た状況で、突っ込んでしまうわけではないが急制動が掛かる。スプレーも盛大に前に飛び散るから決して良い状態ではない。

これは中央船底をもっと前まで張り出したり、中央船底をもう少し高くしたりすると緩和するのだろうが、出来上がった「OR10」にそのすべは無かった。

突っ込んだ時のスプレーや方向安定などの問題もあったが、これは横山君が小改造で直してくれた。しかし、この船型を採用したことで表面積、重量、そして原価が上がったことをカバーしてなおあり余る商品としての魅力があるのかどうか、ここは疑問が残っていた。16フィートのボートだと原価に占める船体の割合が大きく、艤装といえるほどのものは付いていない。したがって船体の原価の上昇がもろに売価に響くのである。

結局この船を売り出す腹は決まらず、さらに実験を続けることになった。

8）ハーカス氏との交渉

そのころ、我々は「OR10」などを商品化するためにハーカス氏と交渉を進めていた。前述のように〈タッシー・デビル2001〉と我々が開発しつつある船を比較すると速長比が違いすぎて、船型としては別物といってよい部分がある。極端にいえば、ハーカス氏の設計は排水量型だし、我々が開発しているのは滑走型である。その違いについては彼もよく理解していて、別物ということを認めていた。

そこの所は違うのだが、波を貫通するスポンソンと、遥か上に高く支えられた船室という組み合わせがハーカス氏のアイディアであることに変わりは無い。したがって我々としてはハーカス氏の特許や設計の権利の一部の使用を了解してもらうような契約を結ぼうとしたのである。

交渉は1987年7月から続いていたが、翌年の7月から8月にかけて彼が来日するに及んで、ほぼ契約の内容は決まった。ハーカス氏は小さなウエーブピアサーが十分な性能を持つとは考えていなかったせいだろう、20m以下のFRP船についてはヤマハ側からの提案を待つことになった。交渉の中心は〈タッシー・デビル2001〉などを含めた20mを超えるアルミ船及びFRP船の製造販売の取り扱いであり、その部分は具体的に決まっていった。

9）クレストランナー「OU93」

そのころ、ウエーブピアサーと一味違った我々の高速波貫通艇をウエーブピアサーと呼ぶのは好ましくないという社内の考え方で、我々のボートはクレストランナーという呼称を使うことになった。クレストとは波頭を意味する言葉で、ウエーブピアサーほど直接的にその性格を表す名前とは言えないが、そうかといってほかに適当な名前も見つからなかった。

OR10の原価構成の難しさに苦しんで、次なる商品計画の対象として我々は大型クルーザーの検討をした。大型のクルーザーともなると、艤装の比率が大きくなって、船体の原価が上がる影響は相対的に小さいものになる。そこで大きさに物いわせて圧倒的な乗り心地を実現することで、全体として高いコストパフォーマンスが望めるのではないか。我々はこう考えて長さ13m、総トン数20トンの大型クルーザーという目標に絞り込んだ（図-17、18）。

1988年当時はバブルの絶頂期でお金にゆとりがあった。一方ではヤマハ発動機が毎年ボートショーに夢のボートを展示する習慣が続いていた。結局マリン事業部と堀内研が協力して大型のクレストランナーを試作、ボートショーに展示する方針が決まった。

図-17「OU93」側面

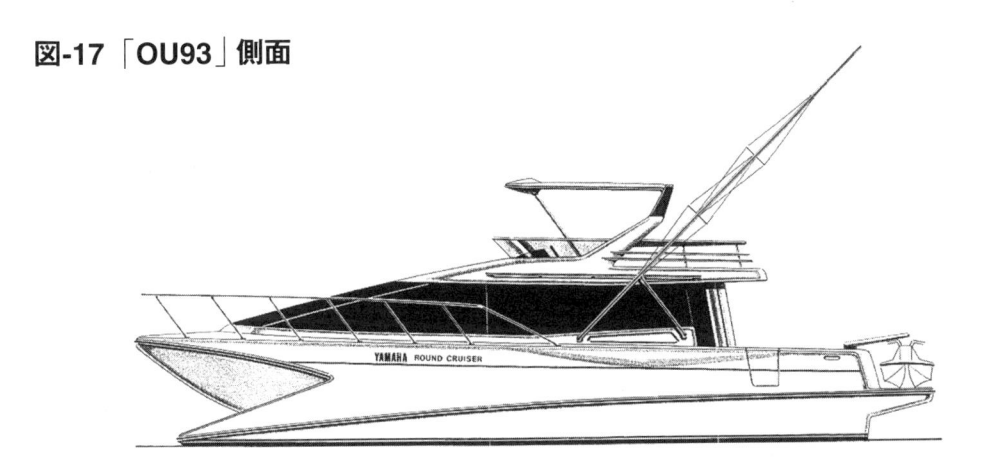

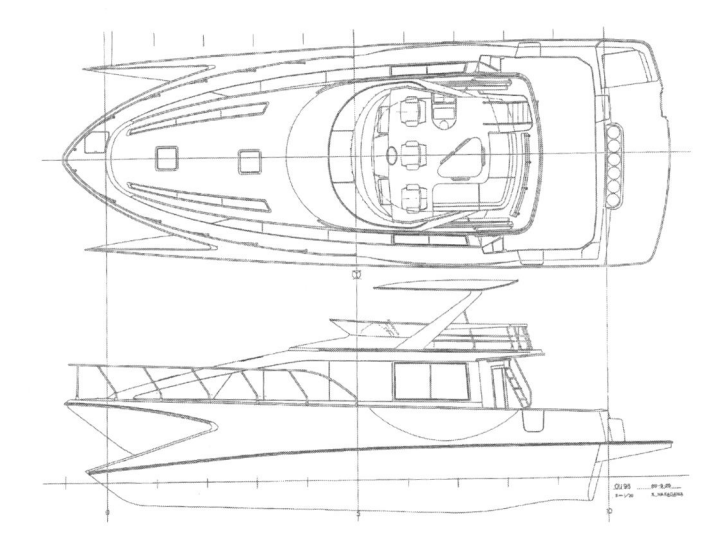

図-18「OU93」2図面

全長：…………14.6m
全幅：…………5.30m
重量：…………9.70トン
総トン数：………19トン
エンジン：…ボルボAQ740/290DP
最大馬力：………300hp×2
速力：…………約30ノット
定員：…………12名

　1989年6月、研究開発プロジェクト番号が「OU93」と決まり、年末に完成、1月にテストの上、2月のボートショーに参考出品することになった。費用は技術本部と堀内研究室が分担することが決まった。

　設計の方も横山君だけでは手不足なので、マリン事業部の方から船体と艤装のエキスパート里内和彦君と田面光晴君が参加してくれた。デザイン担当は従来通り中川恵二君である。優秀な設計メンバーが揃って開発は順調に進んだ。

　こうして「OU93」は出来上がった。4人の努力で船の仕上がりは立派なものであった。ボートショーに出品して大きな手応えを得た。しかし、新船型の大幅なコストアップにふさわしい性能が確保されているか、となると心にわだかまりが残っていた。

　「OU93」はその後性能確認のために伊豆の妻良へのクルージングに同行したり（図-19、20）、また1989年に日本舟艇工業会が開催したクルーザーラリーの下見のために大阪湾に近い由良の港まで単独クルージングをしてみた。私はその度に乗ったり、外からみてこの船の品定めをした。良い船だったからそれは楽しいクルージングだった。しかし、例のコストと性能の

図-19　波の中の「OU93」（A）

魅力のバランスとなると、自信を持って大丈夫、とは言いにくいものが残った。

10) その後

その後1990年以後はバブルが弾けて、船の売上げががた落ちになり、諸般の仕事がやりにくくなった。クレストランナーもご多分に漏れず、商品化の話が出にくくなって参考出品以後動きが止まってしまった。一方、1990年には40mのウェーブピアサーがオーストラリアから輸入されて伊豆に就航した。稲取港を起点にして周回クルーズを仕事にしていると聞いている。

横山君は90年の半ばになって、「OR10」の改良型の検討を始めた。しかし遂にそれを船として完成する機会は訪れなかった。

振り返って見ると、私には大きな反省が残った。「OR10」の悪い癖を我々はよく判っていたはずである。それなのに「OU93」の船型は「OR10」に多少の改良を加えたくらいで、基本的にはスケールアップした形で出来上がった。

今にして思えば残念で、しかもどうしてそうなったのか、よく思い出せない。私の気が抜けていて、そのまま行けと号令を下したのかも知れない。いずれにせよ「OU93」は「OR10」の良いところも悪い所もほとんどそのまま継承して造ることになった。

今いろいろの記録を読み直して見ると、ハーカス氏が〈スピリット・オブ・ビクトリア〉以後、〈タッシー・デビル2001〉の誕生までには実に丹念な水槽実験を繰り返している。特に波浪中の挙動についてはよくテストが行われており、ちょっとした改良で波浪中の運動が大幅に改良されたという報告もある（図-21）。

私達にはそこが抜け落ちてしまったようだ。特に追い波の挙動を見ながら船型の改良を続ける、その行程を省いてしまったことになる。

バラックの素晴らしい乗心地を知っているだけに、これは残念というほかはない。

ハーカス氏が事故の経験を100％生かしてウエーブピアサーを成功に導いたのに対して、我々は初めの成功に気を緩めてしまったらしい。

こうして考えて来ると、クレストランナーの素晴らしい未来を閉じてしまった責任は私にある。しかもその経過が思い出せないのが無念この上ない。死んだ子の年を数えても仕方がない。しかし、いつの日かもっと慎重に計画されたクレストランナーの素晴らしさにユーザーが酔う日を迎えたいものである。

図-20　波の中の「OU93」(B)

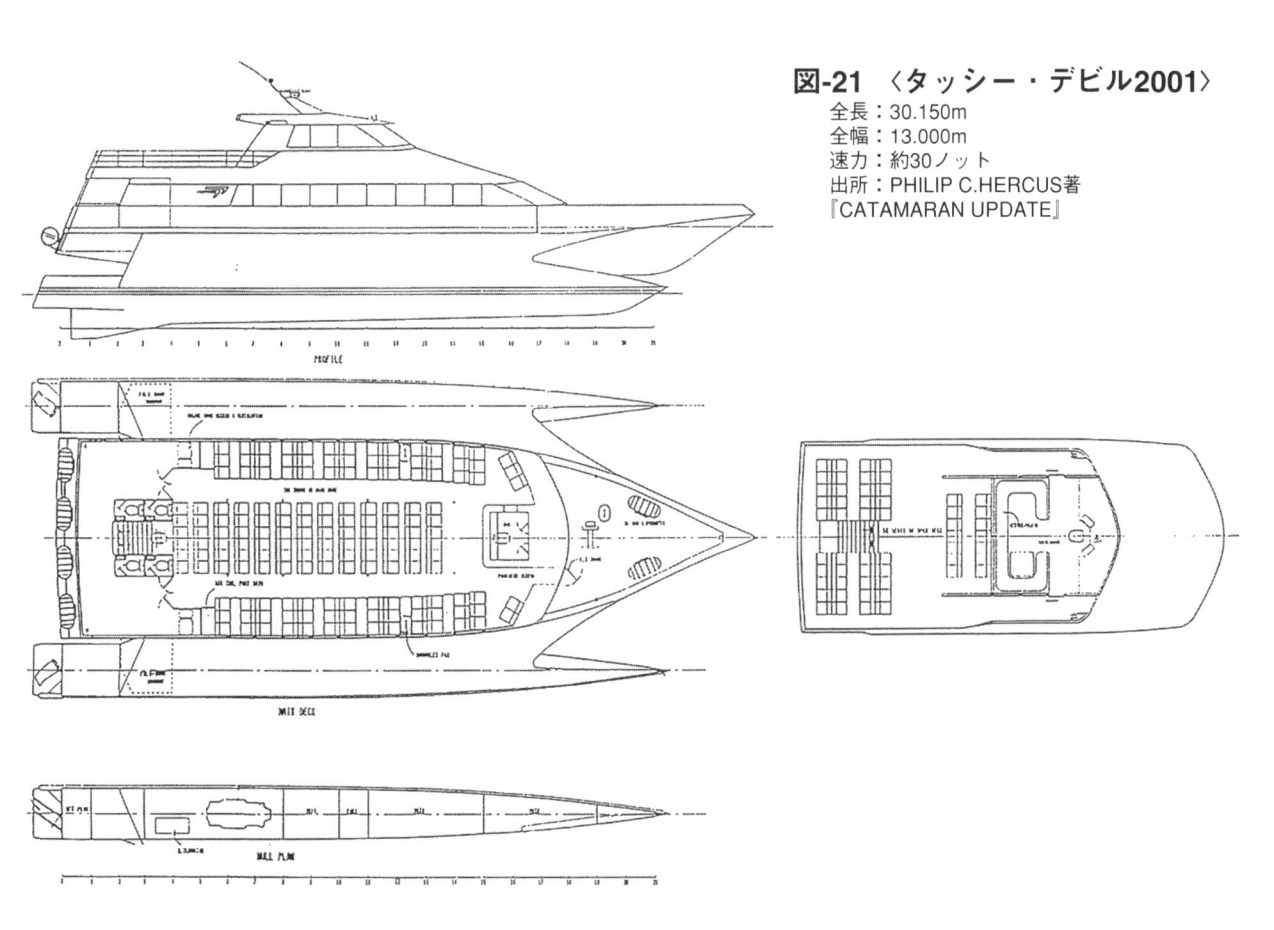

図-21　〈タッシー・デビル2001〉
全長：30.150m
全幅：13.000m
速力：約30ノット
出所：PHILIP C.HERCUS著
『CATAMARAN UPDATE』

14章

「パスポート17」と「フィッシャーマン22」

　1973年に襲った石油ショックはボート業界に壊滅的なパンチとなり、ボートショーも中止のやむなきに至った。
　その時、ヤマハ発動機は当時のユーザーの気持ちにマッチする船として「パスポート17」と「フィッシャーマン22」を生みだした。従来と同じサイズで重量が半分、馬力は3分の1、価格は半分以下という狙いは大いに当たって、さしものボート不況も間もなく克服することができた。この時の合理的な設計はその後の設計の基調となり、またプレジャー釣り船という全く新しい船種の大きな流れの源ともなったのである。

1) オイルショック

　1960年に始まったレクリエーショナルボーティングの大衆化は、1965年から急速な伸びを示す（図-1）。その中でヤマハ発動機はトップメーカーとして70～80％の市場占有率を保ち、ボート事業関係の採算も好転していった。

　ボートはデラックス化し、17フィート以上のボートはほとんど船外機ではなく、船内外機を搭載するモデルになった。中には15フィートの船内外機艇さえあったから、ボートの仕様はどちらかといえば米国の最上級艇のそれであった。特に72、73年はそういった船の出荷が増えて、売り上げは急激に増し、社内では初めてボート事業の採算の良さが注目されるようになったものである。

　ところが1973年のシーズンが終わった10月、第1次オイルショックが我々を襲った。自動車などの生活に必要な商品でもこのショックは大きく、売り上げの急減を招いたが、ボートはその点はるかに弱い。大量のガソリンをがぶ飲みするモーターボートはたちまちその矢面に立たされたから、前述のようなデラックスボートの販売については、我々自身が考え込んでしまった。

　ボート事業関係者全体が大きなショックを受けた結果、ついに翌1974年春のボートショーは中止に追い込まれたのである。戦後30年近く、奇跡といわれる急激な成長を遂げてきた日本経済も一気に失速して、この年は戦後初のマイナス成長の年となった。こうして暗い暗い1974年は暮れてゆく。

　こうした状況を受けて、私達はヤマハボート開発の進め方に、大きな方向転換を計画した。それまで大きく、重く、デラックスなモーターボートを主力製品としてきた我々は、ここで新しく三つの開発の方向を決めたのである。

　一つは軽量、低馬力、ローコストで実質的に使えるモーターボートの開発。二つ目はヨットへの重点移行である。さらに三番目としては、モーターセーラーの開発を進めることにした。

　1975年の春、ヤマハ発動機は早くも軽量モーターボート、「パスポート14」を発売した。また小型ディンギー、シーホッパー14を売り出して、ともに売り上げを伸ばしたほか、モーターセーラーグループの「MS-21」、「MS-24」を発売して、これも市場から好評裡に受け入れられた。またこの年は、沖縄の海洋博覧会にあたっ

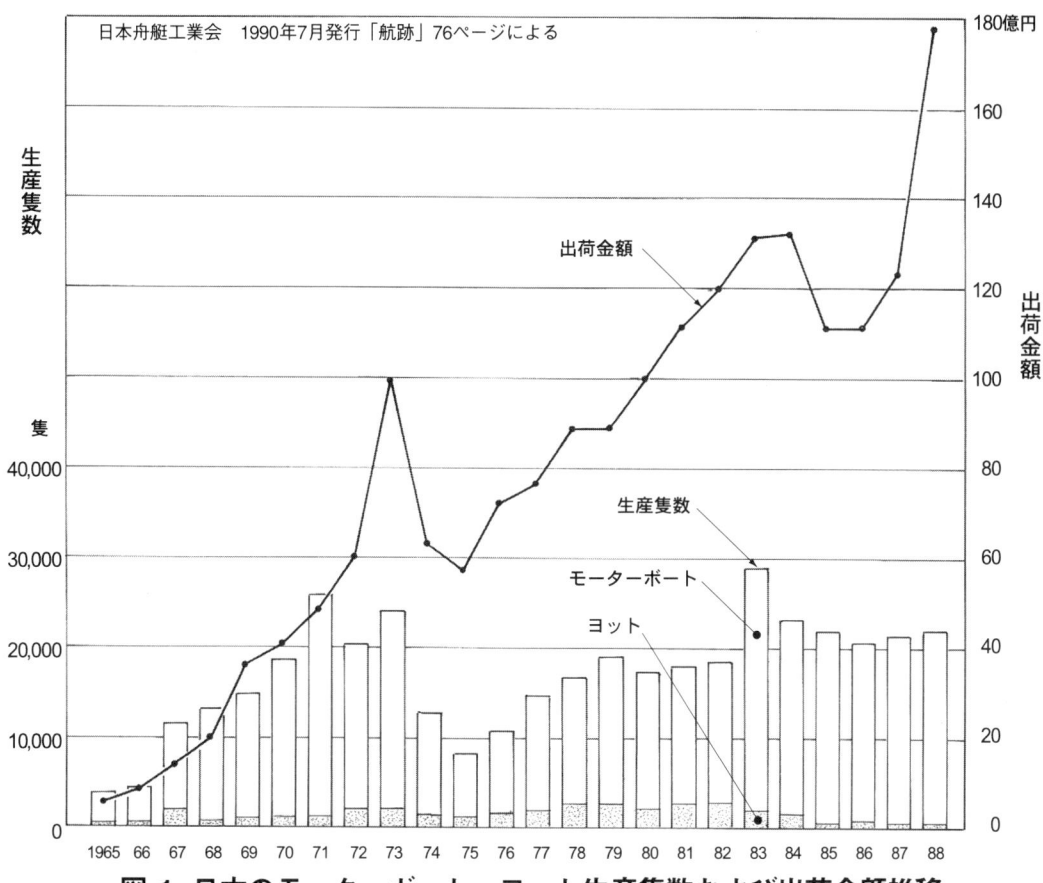

図-1 日本のモーターボート・ヨット生産隻数および出荷金額推移

(日本舟艇工業会 1990年7月発行「航跡」76ページによる)

て開催された太平洋横断シングルハンドヨットレースに〈ウイング・オブ・ヤマハ〉が優勝して、ヤマハ発動機のセールボート開発に賭ける意気込みを披露することができた。

こうして方向の転換はそれぞれに成功したが、いかんせんこれらはヤマハボートの売り上げの主体を継承するものではない。もう少し大きいモーターボートの分野で新しい時代によく合った商品がやはりどうしても欲しかったのである。

2) ハイフレックス船型

1961年ヤマハボートの売り出しのころに、我々は「ハイフレックス14」というモデルを出して、好評を得たことがある。この船は丸底と深いキールを組み合わせた、いわゆるハイフレックス船型を使っている（図-2）。図-3に見られる通り、チャインから下はすべて曲面であるためにそれ自体が形を保ち、強度を保っている。キール部は幅の狭い合板の蓋で溝を埋めて、強固な船の背骨を形成している。このような形状のために船底の上面がそのまま床の働きをしてくれて、特別に床板を設置する必要がない。さらにシートを取り付ける台が横方向に走っていて、これがキール、チャイン、船底の関係位置を固めて、強力なフレームの働きをする（図-4）。このように外板や構造の各部分が一人二役の活躍をしてくれるので、船底の補強材も床板も必要としない軽量でシンプルな構造の成立が可能になるのである。

さらにこの船型は、極端に運動性が良く、華やかな急旋回が得意だったから、開発したときに社長が驚いてハイフレックス（柔軟性が高い）と命名した経緯がある。深いキール、丸みを帯

図-2 「ハイフレックス14」（H-14）

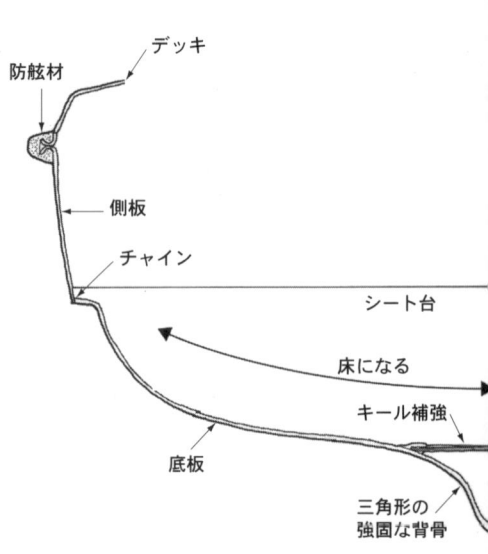

図-3 「ハイフレックス14」構造断面図

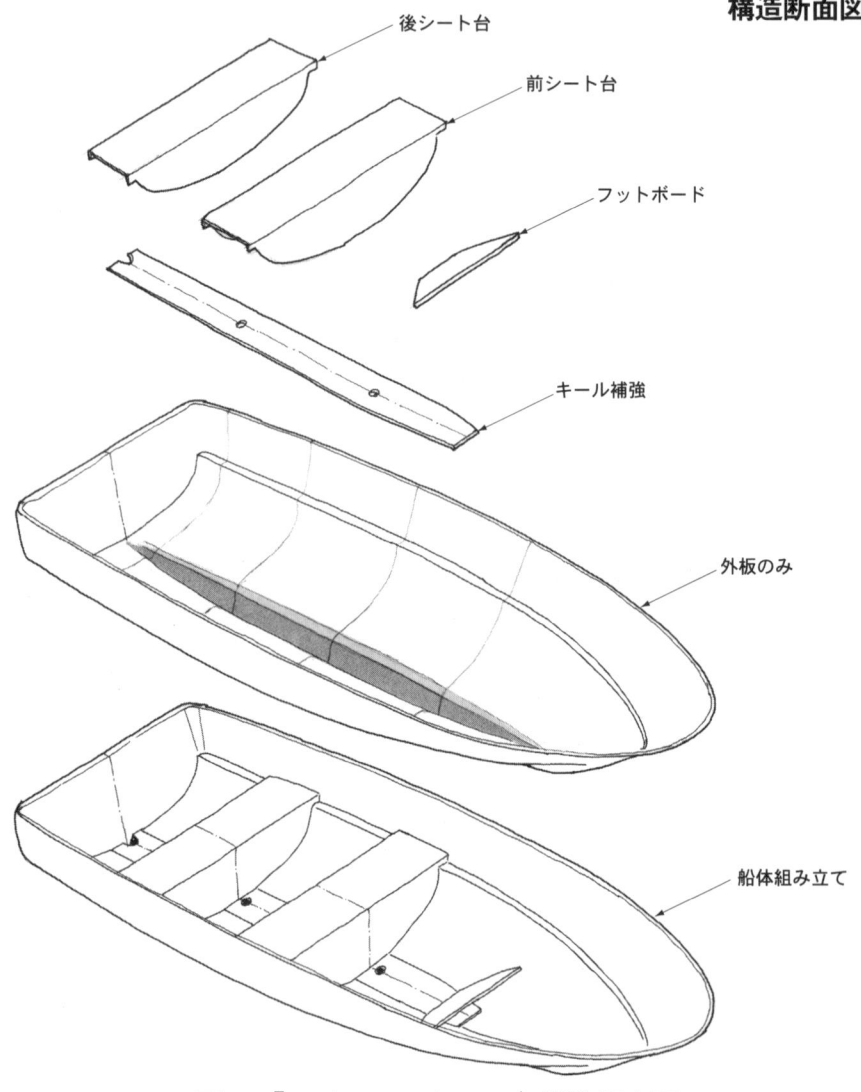

- デッキ
- 防舷材
- 側板
- チャイン
- シート台
- 床になる
- キール補強
- 底板
- 三角形の強固な背骨

- 後シート台
- 前シート台
- フットボード
- キール補強
- 外板のみ
- 船体組み立て

図-4 「ハイフレックス14」構造組立図

図-5 「パスポート14」(P-14)

全長 4.21m　全幅 1.68m　船体重量 170kg　馬力 25ps　最大馬力 40ps

図-6 「パスポート14NEW」(P-14)

全長 4.21m　全幅 1.67m　船体重量 178kg　馬力 25ps　最大馬力 40ps

びたビルジ(船底の外端部)、その上のチャイン幅と高さの絶妙な組み合わせがこの運動性を実現するのである。

　前述のように、1975年の春には、ハイフレックスの流れを継承した「パスポート14」を売り出した。オイルショックによって十数年途切れていたハイフレックスの流れを再び生かす時期が訪れたのである。技術担当の村井七生君とデザイン担当の中川恵二君は新しい狙いに沿って、使用上の価値が高く、最も軽量、ローコストに上がるレイアウトを計画してくれて、まずごくオーソドックスなモデル(図-5)を発表した。

　4年後に、彼らは同じ船体で非常に意欲的なデッキデザインの「パスポート14」の新艇を発表した。数少ない艤装の中で、手間がかかり金額の張る風防の枠をデッキと一体のFRPにすることによって、作りがシンプルでありながら丈夫で押し出しの良いスタイルが生まれたのである(図-6)。この船の名称「パスポート」には、初心者のボートユーザーに気楽に乗ってもらいたいという願望が込められている。それには軽く、安く、低馬力で十分に走る船体が欲しい。

　その中で我々は十数年ぶりでハイフレックス船型を再びよみがえらせることになった。そして、このあと10年ほどの間、こうしたハイフレックス船型の合理性を100%生かしたボートによって我々はオイルショックに続く暗い時代を切り抜けたのである。

3)「パスポート17」

　「パスポート14」を造っている過程で、私はハイフレックス型の船型と構造をもう少し大型の船にまで拡張できることに気が付いた。

　それまで16フィート以上の船型は当然ディープV船型でなければならなかった。しかし、それはそれまでの区切り方で、この時期もっと違う考え方もあるはずだった。

　その時、私は従来の17フィート(図-7)と同等の大きさで、重量が半分、そして必要な馬力は3分の1になるようなボートに成算がないも

図-7 「ストライプ17 スポーツクルーザー」（S-17 SCR）
全長 5.24m　全幅 2.14m　船体重量 550kg　空船重量 約870kg（空船重量は船体＋エンジン）
馬力 120〜140PS　最大馬力 170PS

のか探ってみた。

　重量が軽くなるとハンプ（※1）の抵抗が大きく減り、滑走しやすくなる。楽に滑走に入れることが、滑走艇の必要馬力の重要な目安なのである。

　当時の17フィート艇はみな船内外機を積んでいた。これは自動車用のエンジンを船内に据え、船外機のような推進装置につないだもので、当然船外機に比べて遥かに重い。従って船内外機を船外機に積みかえるだけで大幅に軽くなる。それもあって、馬力を3分の1にする目標は容易に達成できそうに思えてきた。

　当時、最大のヤマハ船外機は55馬力だったから、これを超える馬力が要るなら船内外機を積むしかない。さらに船内外機は輸入品だからどうしても割高になる。そのことも新計画の船の割安感に味方した。

　ハイフレックスの特長を十分に生かして17フィートの絵を描いてみると、デラックスではないが十分なボリュームと居住性を持ち、しかも船体重量が半分、必要馬力が3分の1というボートが成立する可能性のあることが具体的に見えてきた。

　考えてみれば、海外、特にヨーロッパではこういったシンプルな仕様の17フィート艇はすでに存在していて、ヤマハ艇が豪華版に向かい過ぎていたから、今度のシンプルな17フィート艇の軽さ安さが際立って見えたともいえる。

　1975年夏のある日、私はその絵を持って、本社のボート営業課長・村木昭司君を訪問した。そして前述の3つの狙い、すなわち従来の17フィート艇と大きさは同じで重さは半分、馬力は3分の1という船の可能性について説明した。

　村木君は大学時代に水上スキーの全日本選手権を取っている人だからボート全般に詳しく、特にボートを購入する客層の心情のよくわかる人だった。

　私は原価については何も言わなかったが、彼はボートが半値、そしてエンジンは3分の1の価格、いや船内外機と船外機の比較でもっと売値に差がつくと察してくれたに違いない。それなら同じ17フィートクルーザーを今までの半値より大分安く売れる、と踏んだことだろうと思う。彼はその場でこの船の開発に賛成してくれた。

　ボートの営業課長の賛成は心強い。それも船のよくわかった村木君に同意してもらって、私は心も軽く新居のボート工場へ戻った。

　それから開発開始までの曲折は残念ながらよく覚えていない。ただ さっそく、担当の村井七生君と打ち合わせに入ったことは記憶にある。村井、中川君のチームは、その前に似た思想の「パスポート14」をまとめたところだから、私の計画を共感をもって聞いてくれた。

　ハイフレックス船型の美点を100％生かして、床なし、船底補強なし、風防のサッシなしのシンプル極まる構造はスムースにまとまって、絵の上に魅力的な姿が見えてきた（図-8）。

　丸みを帯びた船底はキールで深く切れこんでいて、その溝に幅の狭い蓋がしてある。その上にフレームの働きをするシートの台が置かれた構造は「パスポート14」と同じである。

※1　ボートが増速して、滑走に入る手前の抵抗の山。船が大きくへさきを上げて抵抗の増加する時期である

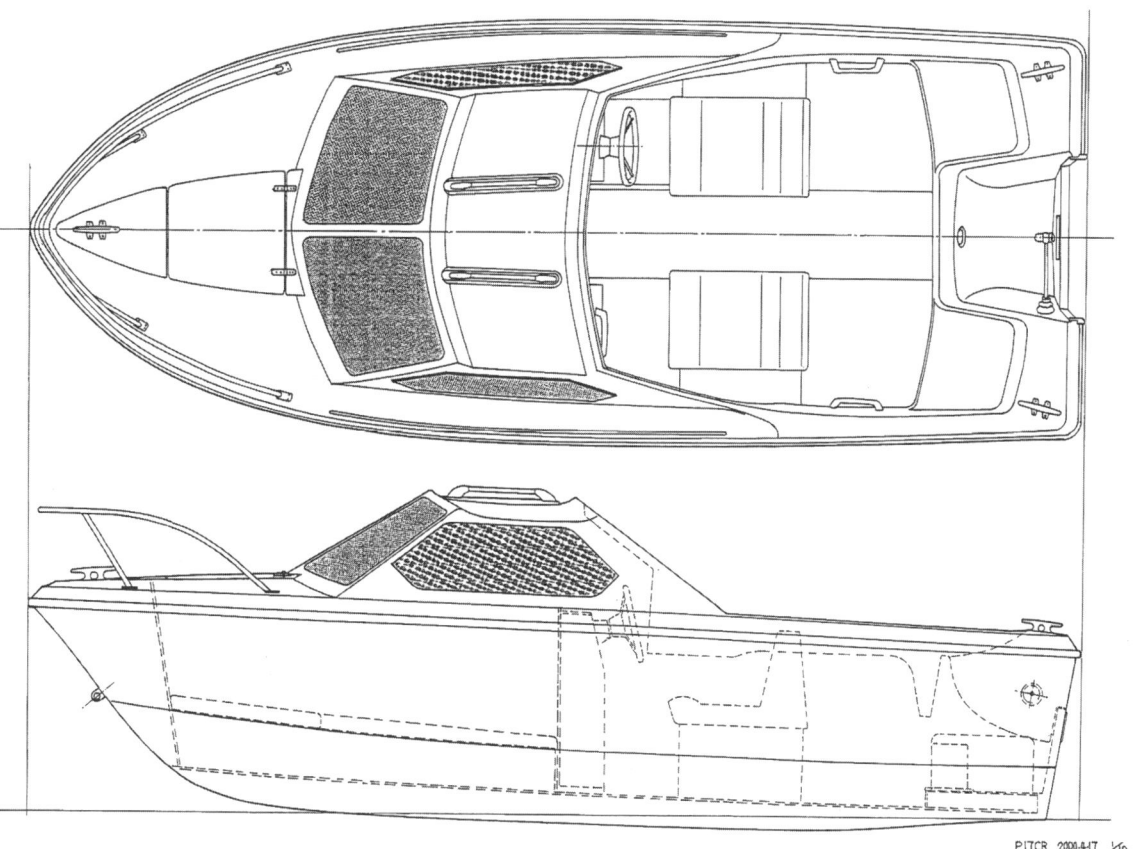

第14章 パスポート17とフィッシャーマン22

図-8 「パスポート17」(P-17CR) 一般配置図

図-9 「P-17CR」
全長 4.96m　全幅 1.99m　船体重量 350kg　空船重量 約430kg　馬力 55ps　定員 6名

図-10 「パスポート19」（P-19CR） 写真は船外機搭載艇
全長 5.88m　全幅 2.36m　船体重量 715kg　馬力 85〜115ps　最大馬力 140ps　定員 7名

　このときはクルーザータイプとオープンタイプを同時に計画したが、我々はクルーザーを主力に考えていた。当然キャビンがあり屋根がある。それらはデッキと一体に作られていて、ガラスの前窓や、アクリルの側面窓はその外側に直接糊づけされている。したがってガラスやアクリルはキャビンのFRPと協力して強度、剛性に寄与する構造になっている。

　当然、窓周辺部にはそれを許す剛性と強度が必要だが、ここは中川君が「パスポート14」の経験、そのほかを生かしてそつなく形を決めてくれた。結果は見事目標を達成して、我々自身が欲しいと思う魅力的な船に仕上がった（図-9）。（中川君は後にこの船を所有することになる）

　1976年11月、「パスポート17」が発売されるや、これは飛ぶように売れた。石油ショック以来沈み込んでいたボート事業部には再び活気が戻ってきた。村木君の営業的な腹積もりは見事に的中したのである。

　ヤマハ発動機は2匹目のどじょうを狙って1978年には「パスポート19」を発売した（図-10）。この船も同じく村井、中川ペアのデザインで船外機と船内外機の両仕様艇を発表したが、これだけ大きく、船内外機を搭載する重い大きなボートにハイフレックス船型のシンプルな構造を採用する度胸はさすがになく、ディープV船型を採用して、パスポートシリーズの後継ぎとした。

　このようにしてオイルショック後の日本のモーターボートの主流は「パスポート17」と「パスポート19」を中心にして流れて行く。中でも「パスポート17」は、正に消滅するかと思われたオイルショック後のモーターボートが再び息を吹き返して、大きな流れになって行く、その先達として貴重な一歩を踏み出してくれた。その意味でこの船は時代を作った船であり、その功績は実に大きかったと思う。

　再び図-1を見ていただきたい。「パスポート14、17、19」、「シーホッパー」、「モーターセーラー」と矢継ぎ早に出した新艇が、オイルショックで落ちた売上を再び押し上げる力になっている様子を見ていただけるのではあるまいか。

　日本におけるボートビジネスはいつも不安定で波乱に満ちている。私が経験したヤマハ発動機での36年間を振り返ってみても、本当に良かった時期は3回ほど、期間にして4〜5年しかない。そして良かった時期のあとは、ひどい苦渋の時期が訪れる。

　それだけに、悪い時期を脱出する商品を早く確実に生み出すことが、ビジネスを継続する上で非常に大切なことだったのである。今後とも日本でボートビジネスに携わる皆様に、このP-17やあとに出てくるF-22の話を参考にして、また訪れるであろう苦しい時期を切り抜ける役に立てていただきたいと思うのである。

図-11　F-22の船底

4）「フィッシャーマン22」（F-22）の開発

モーターボート勢が「P-14」に続く「P-17」、「P-19」で再起を遂げる姿を見て、釣り船の世界も変えられるはずと考えたのは、釣り師でデザイナーの大下　智君と、それまで和船、モーターボートの設計の多かったベテラン長谷川宏君である。

当時、プレジャーの釣り客にヤマハ発動機が供給していたのは、主として業務用に造られた和船であり、本当のプレジャーユースをねらって造られた釣り船は「FC-40」、「FC-33」など大型のディーゼル船に限られていた。

それはそれ、理由のあることで、当時の物品税は長さ8mを超えると30%、5mを超えると15%、5m未満は10%となっていたから、エンジン込みでこの比率でかかる税金は誰の目にもかなり高かった。一方、業務用の和船には物品税がかからなかった。したがってプレジャーの釣り客も業務用に造られた和船を購入する限り、物品税を払う必要がなかったのである。

その頃、既にプレジャーの釣りは大きな市場に育ちつつあり、それを目の当たりにしている大下君と長谷川君の二人は、やはりプレジャー釣りに特化したボートを造りたかった。機は熟していたのであろう。そこへ事業部長の荒田忠典さんからプレジャー用の釣り船を造れと指示が出て開発はスタートした。

私もかねがねそういった船を造りたいという大下君の夢を聞かされていたから、この計画の進行には大いに期待を抱いていた。二人はまず和船のハルをベースにしてハイフレックスタイプの新船型を作った（**図-11**）。

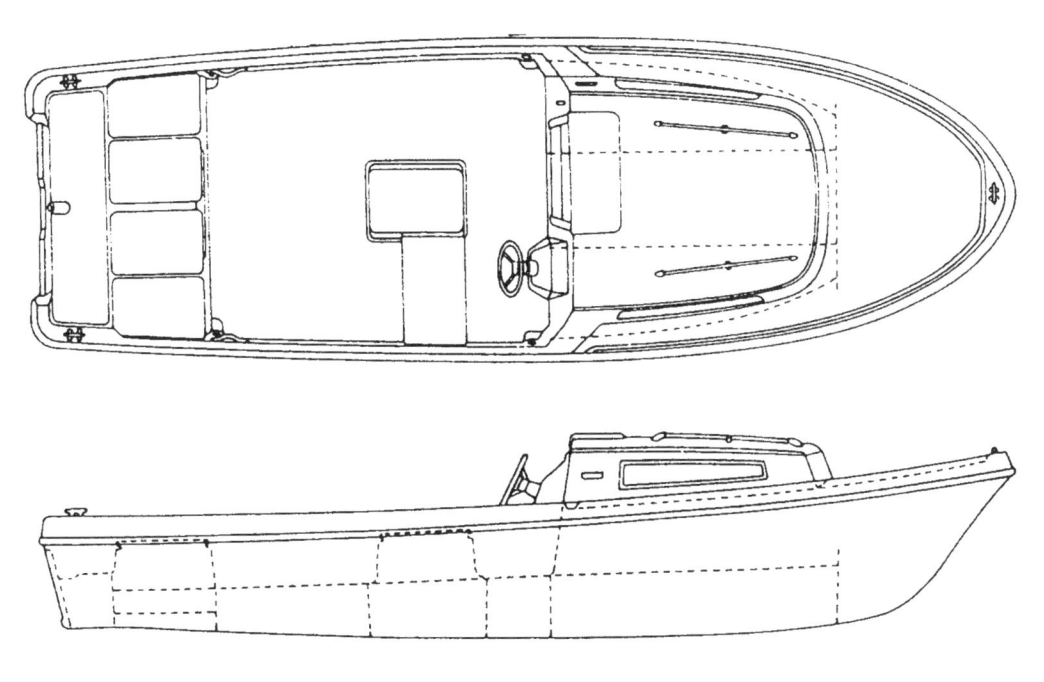

図-12　「F-22」の一般配置図

全長6.58m　全幅2.14m　船体重量520kg　馬力25ps×2または55ps

5)「F-22」の課題

それまでの和船船型は高速時の横滑り、風流れ、波乗りの固さに改善の余地があった。そこでハイフレックス船型の特徴である、深めのキールと丸みのある曲面を取り込んだ新しい船型で、プレジャー用釣り船としての課題を解決したのである。

船底面は湾曲して、ハイフレックスタイプの形状をしているが、キールは途中から後で2つに分れて、陸上に引き上げやすい和船の特徴を踏襲している。キャビンを付けて、そのために風圧面積が増加するのを見込んで、長谷川君はこのキールをスケグ付きの和船より深いものにして風流れの対策とした。

デッキにも数々の工夫を盛り込んだ。まずは仮眠用キャビン、それまでのキャビンは豪華にするのが当然であったが、釣り船のキャビンは仮眠とタックル置き場でよい。その分コックピットを広く取るコンセプトでレイアウトを見直した。

こうして潮待ちで2〜3人が休める小キャビンを持ち、長いオープンデッキでは広々と釣りを楽しめる。さらにコクピットの深さはこれも釣りにぴったりの、釣り人が理想とするレイアウトが次第に組み上がっていった（図-12）。

当時は、既に販売中の和船がデッキ張りの構造に移行していた。ボートカバーなしで係留しても雨で水船にならない、釣りのあとのデッキを水洗いして清潔を保つこともできる、いわゆるセルフベーリング（自動排水）構造である。これはそのまま踏襲して、そのデッキの延長でキャビンを造ってしまった。そのほかにも、トランサムを2段にして、船外機の1基掛けでも、2基掛けでもプロペラの深さがちょうど良くなるようにしたり（図-13）、プレジャー釣り用として特に釣った魚の鮮度を保つ丸い生け簀を設置したり（図-14）、ロッドホールダーを設け、デッキの使い勝手に細かく工夫をこらすなど、大下、長谷川両君の工夫が数多く盛り込まれた。

私はといえば、このプロジェクトに大きな興味と期待を寄せていたが、釣りはからきし駄目なので、もっぱら長谷川君にあと100kg軽くしろとしつこく言い続けた。

このぐらいシンプルな船になると、重量がほぼ材料費や工数と比例する傾向があるので、何とか原価が上がらないように、所期の目的を達成できるようにとの気持ちが強かったのである。

長谷川君はなかなか内容を見せてくれなかったが、確か70kgくらいの軽量化は実現してくれたと記憶している。軽量化と思い切った構造の合理化が功を奏して、発表当時の船体価格は95万円だったから、これは「P-19CR」の160万円、「P-17CR」の90万円と較べても割安感があった。「F-22」は今でいう価格破壊を達成したのである。

図-13 「F-22」の2段になったトランサム

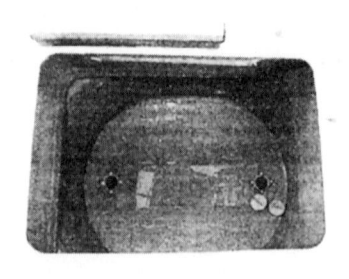

図-14 「F-22の円い生け簀」

図-15 「F-22」の側面

図-16 「F-22」の全容

図-17 「F-22」風防付き

6)「F-22」の成功

　F-22は、このようにしてねらい通り、軽く長い小キャビン付きの理想的なプレジャー用釣り船としてまとまってきた。船底がフラットだから、外洋の荒波をがんがん走る船ではないが、腰が強くて釣りやすい。また長さがあるからハンプをほとんど感じないで滑らかに滑走に入るし、乗心地も思いのほか良い（図-15、16）。

　前のキャビンは潮待ちに使える一方、1日を終わって、そこに釣り具を入れて鍵をかけて帰れる便利さは特にユーザーに喜ばれ、この船は初年度から300隻が売れた。ただ舵誌に「和船とモーターボートの合いの子」と書かれたように、いささかシンプルで素っ気無いところがあった。風防はないし、キャビンの入り口は差し板で蓋をしている。この辺はヨット的でもあった。

　このあまりに素朴だった「F-22」は、それから毎年ユーザーの希望を取り入れて改良され、「F-22-2」、「F-22Dx」を経て83年には風防の付いたモデルに生まれ変わる（図-17）。
　また81年にはより完成度の高い「F-24」が売り出された（図-18）。ここにいたって、日本のプレジャー釣り船の原型ができ上がったのである。

　「F-22」、「F-24」によってプレジャー釣り船の核心を探り当てたヤマハ発動機は、このボートを進化させる一方、より大きい機種、小さい機種に釣りボートの幅を広め、プレジャー釣りの客層の要望に応える日々になった。

　さらにはFR、UF、SFなどFの付く名前でグレードや使い途の違ったプレジャー釣り船をラインナップするに及んで、ヤマハの釣り船の種類は際限なく増えてゆく。

　他社もこの成功を見て、似たような船で後を

図-18 「F-24」 全長7.34m　全幅2.42m　船体重量830kg　馬力55ps×2または85ps　定員8名

追ったから、日本のボートビルダーはヤマハ発動機を筆頭にみなプレジャー釣り船のメーカーと化していくのである。このような大きな流れの先駆けとなった「F-22」は、全く新しい現代日本の釣り船の歴史を切り開いたボートとして、高く評価されるべきであると思うのである。

7）終わりに

　「パスポート17」にしろ、「フィッシャーマン22」にしろ、全く新しい思想で生み出された船種が新たな市場を開拓し、その係累を増やし、やがてそのシリーズが主力としての位置を占めるようになった。これはボートの世界において画期的な事件として歴史に残ることになろう。

　さらにはオイルショックで売り上げがた落ちになり、ボート事業が正に壊滅の危機に瀕したときに、「P17CR」、「F-22」など一連の新しい商品の開発によって事業は勢いを盛り返した。そして、再びボートビジネスが大いに伸びる中で核となったのである。

　当時の危機感、緊張感は大変なものであった。それだけに船の見通しのついてきた時の喜び、その船が市場に喜んで受け入れられた嬉しさ。そういった一連の事実を振り返って見ると、この一つ一つが私どもにとってまことに刺激的な経験であり、誇らしい実績なのである。

　この開発に関わった諸君の努力と素晴らしい実績に改めて賛辞を贈りたい。

15章

水車発電機の夢

　1980年頃、ヒマラヤ技術協力会の要請で、動力を使わないで渡し船を動かし、また川を遡る船の試みに成功したことがある。その時に使った水車は流れから動力を取り出す有効な手段だった。もしこれを急流に流せば、電気を起こし、水を汲むことができる、それはネパールで最も期待される技術である。そう思って実際に作って試した話である。

　ネパールの奥地で実施するには、船の材料も人の背で運べるサイズにしたいという。それならばと水車自身に浮力を持たせて船を省くことを考えた。その結果サイズは小さくなったが、それだけ技術的には難しくなって苦労もした。

1) ネパール用渡し舟の開発

　1979年夏、ヒマラヤ技術協力会の川喜田二郎会長がヤマハ発動機を訪れた。そして江口常務（当時）との会談の結果、ネパールの急流を横切る渡し船の開発に協力をすることが決まった。

　ネパールはヒマラヤ山脈に沿って東西に細長い国で、ガンジス川の上流に当たる3つの大河と数多くの支流が北から南に向かって流れている。国の最南部を除いて、深いV字の谷を刻みながら流れるそれらの急流によって東西方向の交通は遮断され、物資の流通も著しく阻害されている。その急流を横切って交通を確保するための渡し舟の模型実験が、東京工業大学の森教授、小川助手のもとで進められていた。ヤマハ発動機には、その実船を造って欲しいという依頼である。早速、私は東工大に伺って、実験の状況とその先の夢について話を聞いた。

　川喜田会長と森教授は自在研究所というグループを作って、自由な発想のもとに物を作る活動を進めておられ、ヒマラヤ技術協力会の仕事もその一環である。

　渡し舟は、図-1に見られるとおり、川幅の2倍ほどの長さのロープの一端を川岸に固定して、他端を船に固定する。そのロープと船の間の角度を操作して、船に当たる流れの方向を変えるのである。船は横からの流れに押されて対岸に渡り、角度を逆にするとまた帰って来るという着想で、これは模型実験でほぼその可能性が証明されていたし、私が見ても実現に問題はなさそうだった。一方、その先の夢の部分、これは動力を持たない船に、川を遡行し、また下る能力を与えようという案であって、これを遡行船と呼んでいた。これは面白い夢だが示されたスケッチはどれも実現の可能性は薄かった。

　私はこの部分に大いに興味を引かれた。もし渡し舟として川を横切るのが自由で、その上、川の遡りと下りができるなら、これは動力船と同じく面の自由度が得られることになる。水上スキーのようなスラロームもできるに違いない。

　さて、実船実験用の船としては、ヤマハ発動機のFRP和船の船型、構造が最適と考えられたので、生産中の数多くの和船の中から適当な機種を選ぶことにした。当時ボートの実験係のリーダーをやっていた柳原　序君は、ヨットの用

流れに対して30度傾けると船は川を渡る

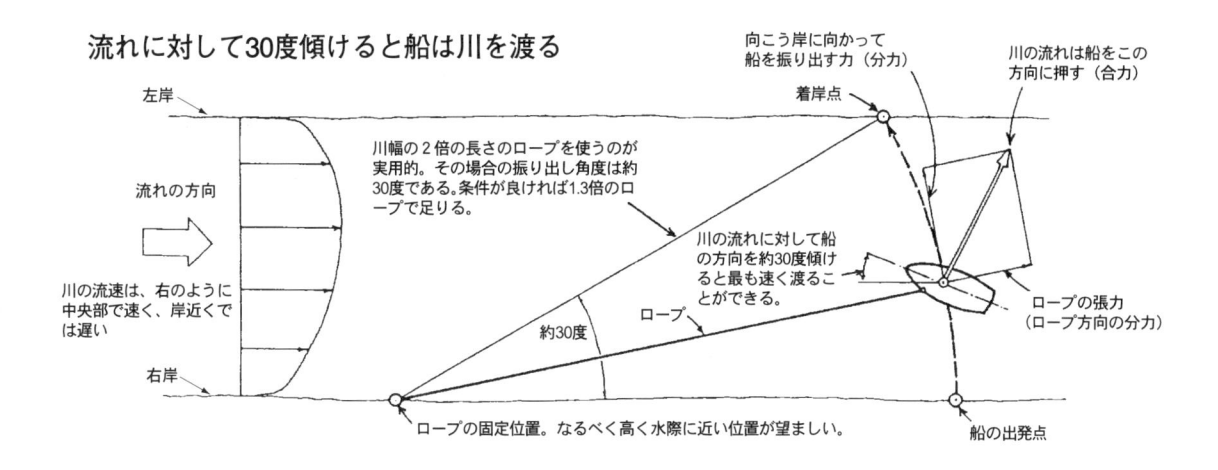

図中ラベル:
- 左岸
- 流れの方向
- 川の流速は、右のように中央部で速く、岸近くでは遅い
- 右岸
- 川幅の2倍の長さのロープを使うのが実用的。その場合の振り出し角度は約30度である。条件が良ければ1.3倍のロープで足りる。
- 川の流れに対して船の方向を約30度傾けると最も速く渡ることができる。
- 約30度
- ロープ
- ロープの固定位置。なるべく高く水際に近い位置が望ましい。
- 向こう岸に向かって船を振り出す力（分力）
- 着岸点
- 川の流れは船をこの方向に押す（合力）
- ロープの張力（ロープ方向の分力）
- 船の出発点

流れに対して船を傾ける3つの方法

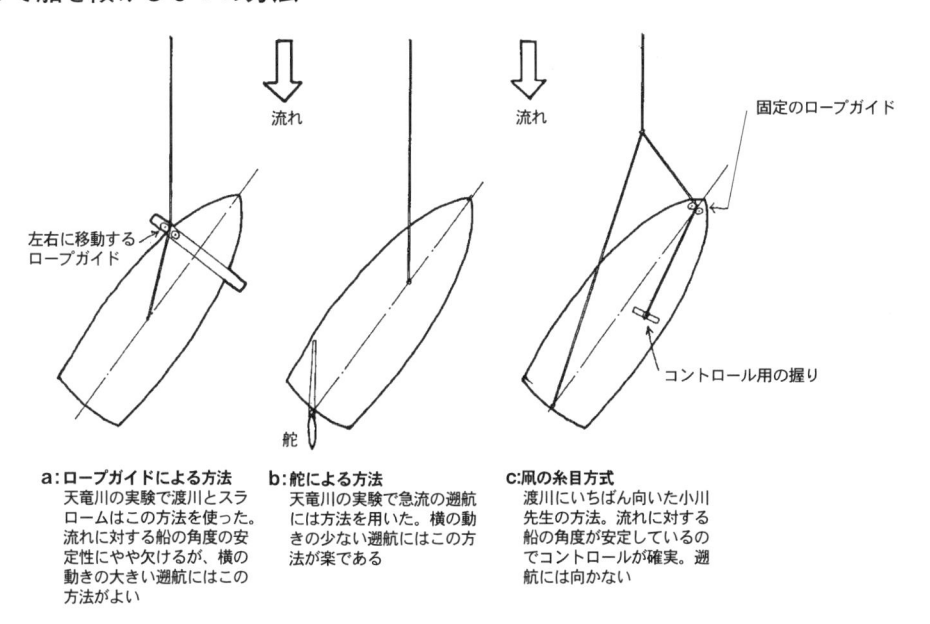

a: ロープガイドによる方法
天竜川の実験で渡川とスラロームはこの方法を使った。流れに対する船の角度の安定性にやや欠けるが、横の動きの大きい遡航にはこの方法がよい

（左右に移動するロープガイド）

b: 舵による方法
天竜川の実験で急流の遡航には方法を用いた。横の動きの少ない遡航にはこの方法が楽である

（舵）

c: 凧の糸目方式
渡川にいちばん向いた小川先生の方法。流れに対する船の角度が安定しているのでコントロールが確実。遡航には向かない

（固定のロープガイド／コントロール用の握り）

図-1　渡し船の原理

品を応用して、ボートとロープの角度をいろいろに変える装置を作り、それを手持ちの船に取りつけた上、モーターボートで曳航して、渡し舟として望んだとおりの動きができることを確認してくれた。川の流速と等しい速度で実験艇を曳航すると、川での挙動をそのままシミュレートできるのである。

遡行船の方は、実現可能な案がなかなかまとまらなかったが、公式実験の2週間前の朝になって布団の中でフッと思いついた。水流で水車を回し、その軸に取り付けたウインチドラムでロープを巻き取ると、川を遡ることが可能になる。ギヤも何も使わない、至極簡単な構造である。ロープの一端を上流に固定し、そのロープを鼓形のドラムに3回ほど巻いて、尻尾を船の後ろの水に流すと、流れがロープを引っ張ってくれて、ロープはしっかりドラムに押しつけられ、ちょうどヨットのウインチの場合のように

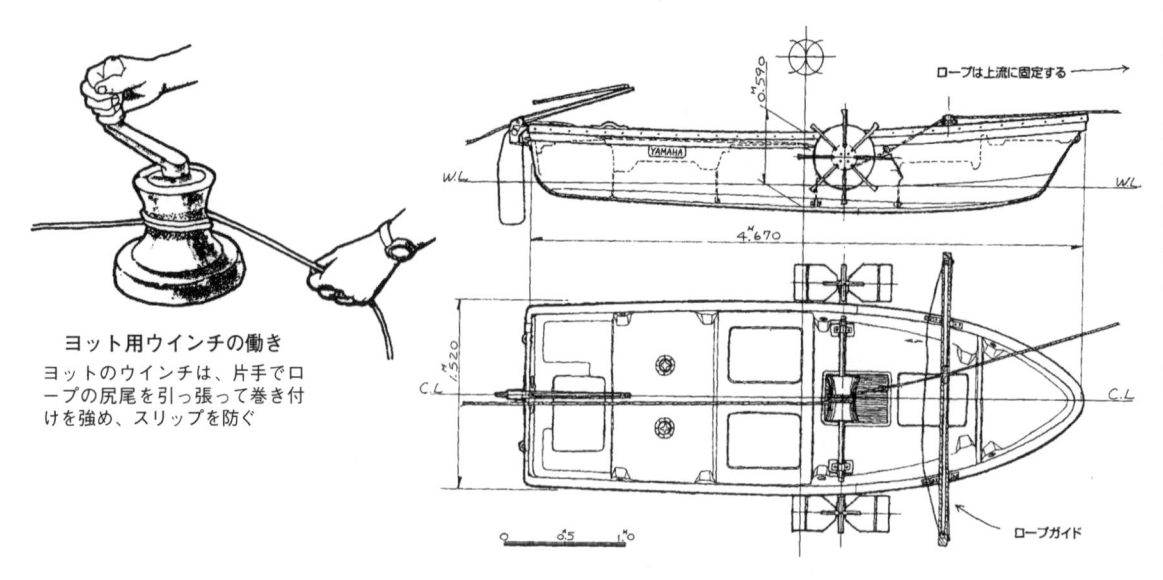

ヨット用ウインチの働き
ヨットのウインチは、片手でロープの尻尾を引っ張って巻き付けを強め、スリップを防ぐ

図-2 船、水車、巻き取りドラム

スリップしないで巻き取られる。それが川を遡る原理である（図-2）。

一方、乗り手がドラムの後ろでロープを持ち、ドラムとの間をたるませると、ロープの巻きは緩み、ドラムとの間でスリップを起こすから、船は遡るのを止め、逆に流れを下ることになる。早速、動力の計算をしてみると簡単な計算で効率の良いドラムの径が求められ、遡行速度も算出することができた。

私は取り急ぎ製作図を作り、水車一式を試作してもらうよう頼んだ。

一式が出来上がると、柳原君はそれを早速予定した和船に取り付けて実験用の船を完成した（図-2）。その船をモーターボートで曳航して、考えた通り遡行と下りが可能なこと、さらに横方向への移動も自由なことを実験で確認した。

私は水車の図面を出した後、何も手伝うことができなかったが、彼は、わずか2週間の間に公式実験用の船を試作し、その動きの確認まで終えてくれた。

1979年の11月、天竜川で自在研究所のメンバーや報道陣など10数名を集めて実験を行った。渡し舟としての性能も、遡行船としての性能も文句なしだった。水上スキーのようにジグザグのブイを浮かべてスラロームの実験まで成功したから、川岸は歓声に沸いた。2 m/sを超える急流の遡行はしぶきを上げてなかなか勇壮だった。

2) 水車（パドルホイール）の魅力

苦心の末、水車の使用を思いついたことに私はとても満足だった。何しろ1本の軸に頑丈な水車とウインチドラムを取りつけ、2ケ所を軸受けで支えただけの簡単極まる構造は無類に丈夫だった。川喜田先生は、アプロプリエートテクノロジー（適正技術―その場に合った技術）の必要性を当初から主張しておられた。ネパールにいきなり最新の技術を持ち込んでみても、それは根付かないのである。この面でも水車の構造は模範的に思えた。

もう1つ、船を動かしてみて気が付いたのは、ごみや流木が流れて来た場合、プロペラには巻きつくが、水車はそれらを車輪のように乗り越えてしまう。仮にプロペラに巻きついた場合の対策を考えてみると、水車のこの利点は実に大きく見えてくるのである。さらに、私はこの水車方式をもっと拡張して使えることに気が付いた。ウインチドラムの代りに発電機を置けば、遡行船が発電船に早変わりする。もしポンプを置けばポンプ船になる。

ネパールで必要とされる技術は、渡し舟のほかに、川の水を高みに汲み上げるポンプ、それと小規模な発電設備であって、それらは既にヒマラヤ技術協力会の活動として逐次実行に移さ

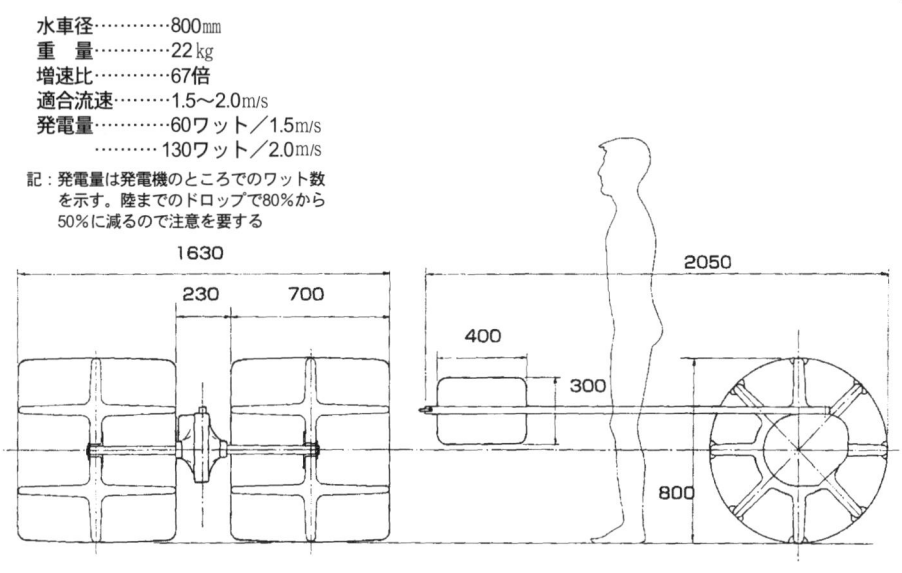

水車径............800mm
重　量............22kg
増速比............67倍
適合流速........1.5〜2.0m/s
発電量............60ワット／1.5m/s
　　　　........130ワット／2.0m/s

記：発電量は発電機のところでのワット数を示す。陸までのドロップで80%から50%に減るので注意を要する

図-3　柳原君の初期計画

1983.9.21 柳原君設計
2000.6.13 堀内トレース

れていた。その分野にも水車方式は貢献できるのかも知れない。

しかし、このことは私の胸にしまっておいた。ネパールでの新技術の実現には思いもよらない障害が待ちうけているようで、1つ1つを簡単に考えることはとても危険だった。

事実、渡し舟の実験はうまくいったかに見えたが、今度はその船を現地に運ぶのに、人の背によらねばならないというのである。また、渡し舟に牛や馬を乗せて運ぶことが大事だそうで、小さい船では使い物にならない。したがって出来合いの和船は持って行くには重すぎて、その上使うには小さ過ぎる。

結局我々は担いで運べる材料を運んで、現地で大きな船を作るための活動を天竜川の実験以来、断続的に10年間も続けたのである。したがって発電機やポンプの話を出すのは急がなかった。

3）堀内研究室

しかし、発電船やポンプ船のアイディアはいつか実現したいと思い続けていたのである。特に、水車や発電機に浮力を持たせれば船を省略できるのではないか、と考えてからこのプロジェクトはますます重要なものに思えてきた。

岸に固定したロープの先に、こんな水車発電機をつないで川に流すと、左右の水車の間に据えた発電機からロープ沿いの電線を通じて陸に電気がやって来る。ポンプも同様である。もしそのようなコンパクトな水車発電機ができれば、人の背で運べるから、船を現地で造るという問題もない。ネパールの勝手を知った柳原君は、このとき風車発電機の開発部門にいた。私は再び彼に相談した。幸い上司の了解が得られて、柳原君に船のない水車発電機の計画をしてもらうことができた。柳原君の計画書は詳細を極めていて、商品化の予測を含め非の打ちところがなかった（図-3）。

しかし水車の径が80cm、重さ22kgと大きいのが気になった。また、オートバイの発電機を利用できるように計画しているため、水車の回転を70倍にも増速しなければならない。その構造の複雑さも気になっていた。しかし全体の計画の基本はここで確立した。

1984年の1月、堀内研究室が発足した。研究室に期待されているのは、既成の組織では生み出しにくい新商品の開発と、それを生み出せる人材の育成だと考えていたから、その意味でこの研究室に良く合ったテーマを集め始めていた。また同時に、この研究室にふさわしい人材を社内に求めていた。

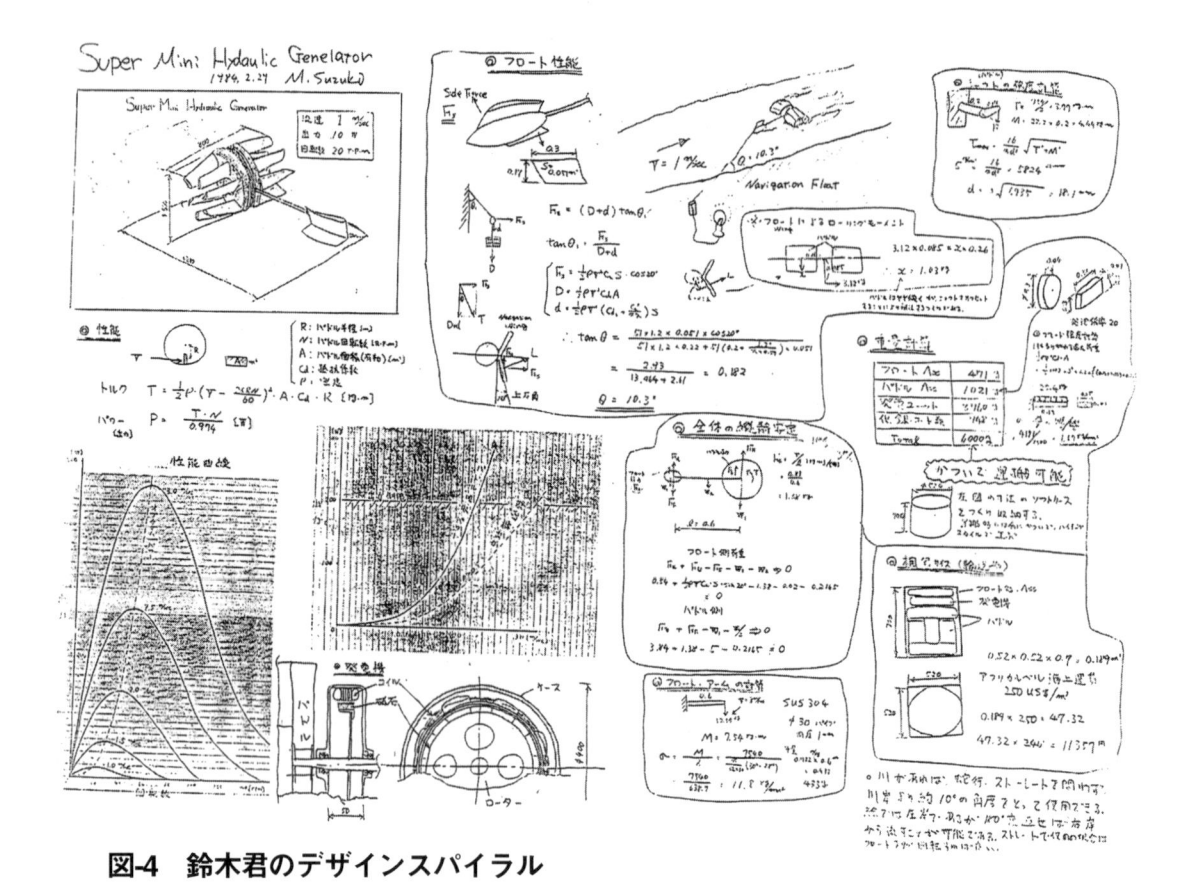

図-4 鈴木君のデザインスパイラル

　初めに入って来たのは、その前年に入社し、関連事業部に配属されて間もない鈴木正人君だった。鈴木君は日本大学工学部、航空工学科の卒業生で、在学中は鳥人間コンテストに関わり、自ら操縦して優勝した経験もある飛行機フリークである。木村秀政教授の後を継いだ航空工学科の内藤　晃教授からの話もあり、私が彼の入社のために社内で動いた経緯もある。鈴木君には弘人（ひろと）君という双子の兄弟がいて、1年先に入社していたから、我々は姓を呼ばず、正人君、弘人君と呼び分けていた。

　正人君が入社早々毛色の全く違った堀内研に配属されて、社内でつぶしが利かなくなることは心配したが、3～4年のうちに一般の技術部門に配置換えをすることで、社内のキャリアも整うことだろうと考えて堀内研の第1号になってもらった。

　私が本社で関わりを持ってきた仕事、ボート事業部で関係してきた仕事の中から、堀内研で実を結びやすい、あるいは推進しなければならないテーマを探すと、それは十指を超えた。その中から差し当たり正人君には、水車発電機を担当してもらうことにした。

　新しい水車発電機に期待した考え方は次のようなものであった。ひょいと担ぎ上げて、ポチャンと水に浮かべればそれだけで電気がもらえる。その電気の量は部屋に灯りを点けること、ラジオを聞くこと、それにできればテレビを見るというところまでで、10ワットからせいぜい30ワットもあれば、現在の生活を大幅に改善することができると考えていた。それには初期の計画よりは2回り小さく、できれば増速機なしの軽量なものが望ましかった。

　この年の5月からは、水中翼船「OR51」（第8章）の具体的な話が入ってきて、鈴木君は水中発電機と水中翼船の仕事を掛け持ちすることになった。「OR51」は相手のある仕事である、一方水車発電機は期間を区切らない仕事だから、どうしても切れ切れになって長びく傾向がある。

　その頃、正人君は水車発電機の全体計画を一枚の紙に書き出してくれた（図-4）。これは私の勧めるデザインスパイラルの第1段階で、プ

ロジェクトを成功させるために検討する必要のある要素を、ラフではあるが抜けなく織り込んで、性能の他、サイズ、重量、構造などから出来上がりのバランスまで全般の検討を済ませている。

続いて正人君はマリン事業部の試作の名人、服部正幸君とともに発電機を持たない水車の機能モデルを作って、その動力性能を計測した（図-5）。図-4で計画した浮力を持った水車を作り、実際に川に流して、その挙動と性能を知ろうとしたのである。そして結局この水車プロジェクトの始めから終わりまで、物作りはほとんど服部君の手に頼ることになった。

テストの場所は浜松からほど近い天竜川の上流、気田川の笹合キャンプ場の付近で行った。ここは流れの幅が狭く、水深と流速が都合が良かった。水車の発生出力を測るには、軸に付けた抵抗を変化させ、それと外から見て測った回転数でパワーを計算して、おおよその性能を知ることができた。

しかしこの機能モデルには、図-4の中央上の図で検討した沖出し装置（※1）を用意していなかった。したがって川の中央部の流れの急なところに水車を流すには、ウエットスーツを着て水中に入るとか、川の曲がりを利用して急流に水車を誘導したり、あげくには向こう岸までロープを張り、その中ほどから流すなど、苦心惨憺が続いて、沖出し装置の必要性が身に沁みたことではあった。

彼はここで思いがけない現象に出くわして、その面でも苦労をする。もともとこの水車は、ブレードや発電機ケースの容積で浮力を稼いで船体を省略する、という考え方で作られている。したがって、静止水面に浮かした水車がほどよい吃水になるよう浮力が調整されているのである。

図-5　水車の機能モデル
発電器の代わりにトルク計を付けてトルクを計り、回転数は岸から数えて水車のパワーを計算した。

※1 水車発電機を流すロープは岸に固縛するが、水車発電機は川の中央の急流に出て回って欲しい。中央、つまり沖に出すことを「沖出し」と呼び、装置を沖だし装置と呼ぶことにした。

ところが流れに水車が置かれると、水流でずっと深く沈んでしまう。理由は、前向きのブレードが強い下向きの水圧を受けて沈むこと、もう1つは水車の抵抗で前面の水位が盛り上がってこれも相対的に水車を沈めることになる。

このため、平水では直径の4分の1ほどしか水に浸かっていなかったはずの水車が、流れの中では軸のあたりまで沈んで、苦しげに回る。さらには方向安定も左右位置の安定も悪くなる。

当然曳航索には無駄な力がかかり、水車の効率もがた落ちになる。これは沖出し装置の必要性とともに機能モデル段階で得られた大きな教訓であった。

4）発電機

正人君も私も電気に関しては弱かったので、発電機本体の開発は森山工業の北野技術部長に相談していた。森山工業はヤマハ発動機の100％子会社で、モーターサイクルや船外機の電装の開発、製造を担当している。北野部長も、もとはヤマハ発動機の電装技術部の部長をしていた人で、当時から新技術に前向きなのを私はよく知っていた。北野部長は、オートバイの発電機を利用した初期の計画の悩みを理解して、増速機なし（水車と直結）の発電機を計画してくれた。

発電機は、直結にすると回転数が極端に低いので出力を大きくすることは容易ではない。また極数が増えて大柄の発電機になる傾向がある。そのあたりの考慮と可搬性をよくするために、新しい発電機は、初期の計画より二回りも小さい500ミリの水車を用い、総重量を10kg程度に抑えることにした。

北野部長と正人君は協力して発電機を作り上げた。ところが、いざ発電機に水車を取り付けて、モーターボートで水上を曳航してみると、何とまったく回らないのである。この発電機は36極、すなわち円板の回転子のまわりに36個の小さな永久磁石が並び、それぞれその外側には電線をコイル状に巻きつけた鉄芯が向かい合っている（図-6、7）。その鉄芯と永久磁石が引き合うので、回転子は回りたがらない。無理に回すと回転子が10度回って、次の組み合わせに移るが、このときにかなり大きなトルクを必要とするのである。これをコギングトルクと呼ぶことを私たちは初めて聞いた。

水車に受ける水圧で、このコギングトルクを乗り越えられない限り水車は回り始めない。だ

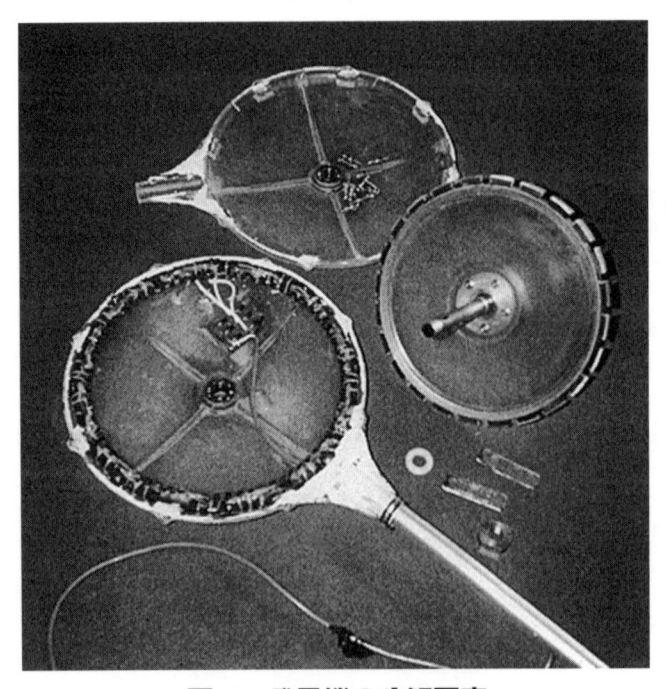

図-6　発電機の分解写真

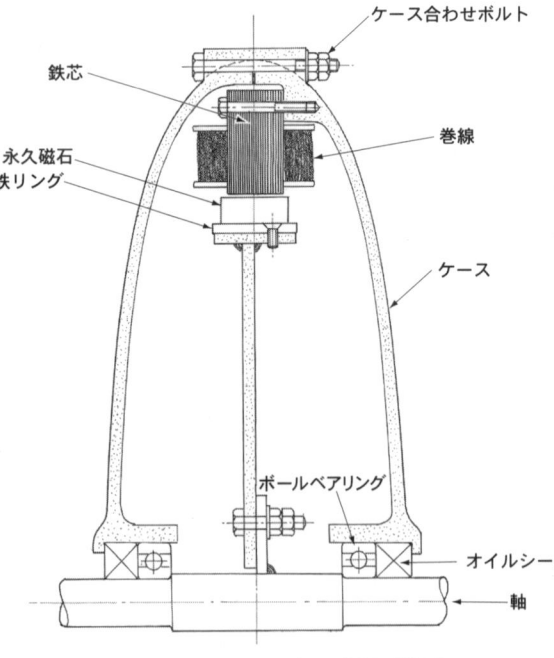

図-7　発電機の断面構造

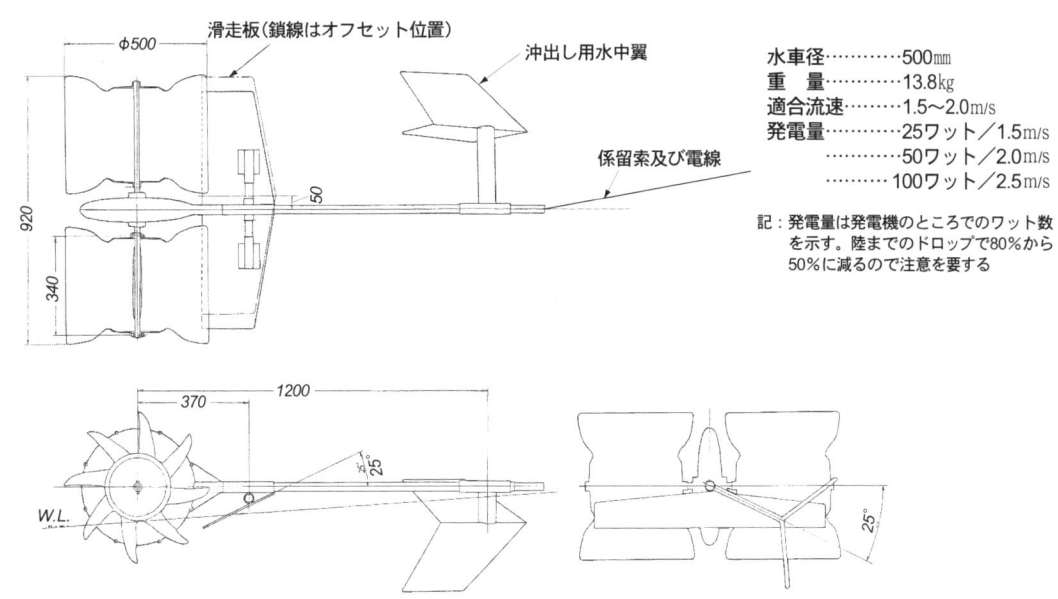

図-8　プロトタイプ「OR48」3面図

水車径··········500mm
重量············13.8kg
適合流速········1.5〜2.0m/s
発電量··········25ワット／1.5m/s
　　　···········50ワット／2.0m/s
　　　···········100ワット／2.5m/s

記：発電量は発電機のところでのワット数を示す。陸までのドロップで80％から50％に減るので注意を要する

が一度回り始めると、勢いで水車は順調に回り続けるのである。我々はこのとき仕方なく水車を手で回しておいて一応の計測は進めたが、実際には沖出しした水車を手で始動させることはできないから、こんなことでは実用性はない。我々は頭を抱えてしまった。

当時、ちょうど開発された超強力永久磁石「ネオジュウム」を採用したことが、コギングトルクを大きくした。そのころグラム当たり700円（※2）といわれた新材料を取り入れたのに、これがネックになるとは予想外のことで残念だった。直結の発電機の出力を少しでも大きくという願いも空しく、この事態となったのである。

北野部長は、この急場を永久磁石の形状と配置を変えることで切り抜けてくれた。磁石を斜めに配置することでコギングトルクを周方向に分散して、ピークをほぼ3分の1にまで減らすことができ、1.5 m/s以下で始動ができるようになったから、何とか実用上の問題は解消した。ぎりぎりの流速で始動しないときは、係留したロープを一瞬、グッと引くと何とか始動することもできた。

5）「OR48」（水車径500ミリ）の開発

1985年に入ると開発番号は「OR48」と決まった。正人君は発電機の改良と併行して、新しい浮力のあるブレード（羽根）と新しい発電機の水密ケースを開発していた（図-8）。

ブレードは厚みのある曲面で覆われた皮付きスチロフォームの成形品である。アルミニウム鋳物の型を作り、その型によってある程度の量産ができるよう考えていた。1台の左右それぞれに8枚ずつ、合計16枚のブレードが必要である。したがって1枚1枚作るのに手間がかかるようではどうにもならなかった。それらは独立していて、シャフトにはめ込んだコーンによって8つずつ束ねて締め上げ、シャフトに固定する構造になっていた（図-9）。

発電機の水密ケースは、木型からシリコンの雌型を起こし、その型に硬質ウレタンを真空下で注型して現物を作ることにして小規模の量産ができる型を準備した。これらの部品とコギングトルクの小さい発電機を組み合わせることによって、改良した発電機が組み立てられるはずだった。ただし、主要部品を作るのに忙殺されて、正人君は沖出し装置にはまったく手が出なかった。

そのころ、ボート事業部の外山功君はヤマハ和船の技術を世界25カ国に広め、ヤマハ船外機を組み合わせて、開発途上国の水産のレベルを上げる仕事をしていた。

彼の専門は化学で、入社のときから親しくしていたし、彼の仲人も務めたから、お互いに仕事の内容は理解していた。

外山君はコロンビア共和国のメデリン（麻薬

※2 当時普通に使われていた永久磁石はフェライトで、価格はグラム当たり約1円であった

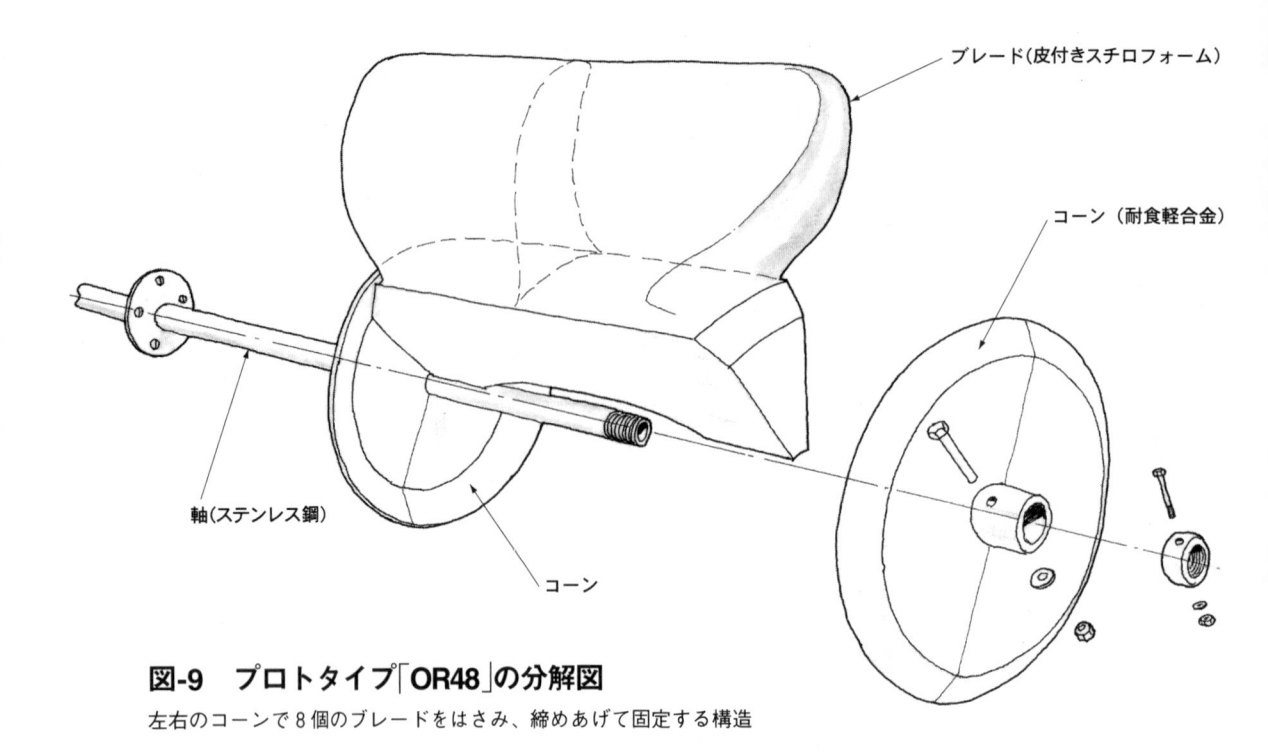

ブレード（皮付きスチロフォーム）

コーン（耐食軽合金）

軸（ステンレス鋼）

コーン

図-9　プロトタイプ「OR48」の分解図
左右のコーンで8個のブレードをはさみ、締めあげて固定する構造

で有名なコロンビア第2の都市）にあるヤマハボートのライセンス供与先のロンドニオ社にしばしば行ってボートの成型を教えるほか、小型で量産を要する芝刈り機などのFRP部品の成型技術も伝えて、ロンドニオ社の技術指南の立場にあった。その外山君が水車発電機をロンドニオ社に供給すべきだと考えたのも無理はない。コロンビアには大きな川がたくさん流れていて電気工事が難しく、都市部しか電気が行き渡っていなかった。スペイン系の豊かな農業経営者たちは発電機を入れて電気を使っていたが、インディオの人たちは一般に貧しく、ランプの生活を送っていた。

ここにもし5～20ワットの電気が入ると一気に夜は明るくなる。ロンドニオ社はそこに目をつけて、すでに京セラから太陽電池を仕入れて充電装置と組み合わせ、コロンビアで売る活動を始めていた。しかし太陽電池は高価でバッテリーがないと夜間役に立たない。そのうえ充電システムが必要だからメインテナンスも容易でない。それが普及の重い足かせとなっていた。その点水車発電機は単独で夜中でも発電するから、はるかに手離れが良い。

その辺の様子を知って外山君は水車発電機の方が普及すると見込んだから、ロンドニオ社と連絡を取り、やがて水車発電機の現場テストをコロンビアで実施するようロンドニオ社側と堀内研側に働きかけた。

1985年の3月に始まった話は急速にまとまって、7月の中旬にはコロンビアに水車発電機を持ち込んでテストをすることが本決まりとなった。作っている方はびっくり、7月に入ってからテストに入る予定だったから、正人君は予定を早めて死にもの狂いで水車発電機を組み立ててテストを始めた。ところが、そのテストがうまくいかない。例の水車が沈み込む問題は、水車のブレードの浮力を増して解決するはずだったが、それがまだ不足で思ったほどに浮いてくれない。

さらにそのことが、沖出し装置の邪魔をするうえに安定まで悪くしている。正人君はその対策として滑走板を水車の直前に取り付けて応急措置とした。滑走板とは前上がりの板で（図-8、10）、これが揚力を発生するとともに、水車に流入する流れの水面を下げて、水車の回転を円滑なものとした。さらに滑走板によって安定度も向上した。

ただ沖出し装置と滑走板の組み合せは微妙で、正人君は出発の直前まで調整を続けた揚げ句、ようやく目鼻をつけた。この間、私はほと

図-10　プロトタイプ「OR48」の外形

んど正人君を手伝うことができず、日々の様子を聞いてアドバイスする程度であったが、最終テストを見せてくれるというので天竜川の秋葉ダムの下流に出かけた。笹合キャンプ場でのテストでは流速1.5m/sしか得られなかったが、台風通過後の天竜川では2.5m/sの流れがあるというので多少の危険も感じたがテストを実行してもらった。ここで我々は2.5m/s、あるいはそれ以上の流れまで発電機が機能する様子を確認することができ、やっとの思いでコロンビアに向けて発電機を発送することができたのである。

6) コロンビアで

7月14日の朝、外山君と私、それに水車発電機の梱包は、同じ便でコロンビアの首都ボゴタに到着した。税官たちにとっては得体の知れないこの荷物の通関には3時間を要した。しかし、それを予期したロンドニオ社の2人が活躍してくれて、なんとか通関が終わった。私たちではどうにも処理できそうにない交渉だった。

翌7月15日、メデリンのロンドニオ本社でテストの準備を整えて、我々実験隊は4輪駆動車で出発した。メンバーは、ロンドニオ社の後継ぎのジョニー・ロンドニオ、それにマリオ・アランゴ、彼はウルトラライトプレーン（超軽飛行機）が大好きという技術開発担当のエンジニアである。それに我々2人の合計4名だった。

我々はマグダレナ川の流域でテストを予定していた。この日はロンドニオ社と関係のあるAIA社の所有するアンチオキア地区の川岸でテ

図-11 マグダレナ川のテスト場（左）とメンバー（上）
左から、ジョニー・ロンドニオ、マリオ・アランゴ、外山 功　撮影：堀内浩太郎

ストをした（図-11）。大きな川が狭まって、波立つ浅瀬に変わる直前に1.5m/sほどの流れを見つけて、水車発電機を流した（図-12）。水深2～3m、2～3cmの小波が立つ静かな水面だった。岸の立ち木の水面上3.6mの高さから曳航ロープを60m、その先に水車発電機を取り付けて流した。沖出しは良く効いて、岸から約20m離れた流れの中で回った。当初場所の選定などに手間取ったが、結局は首尾良く発電機は回り、12ボルト、約20ワットの電気を送ってきた。

この日の晩は昔スペイン人が作ったという古い町のスペイン風のホテルに泊まった。翌日再びAIA社の川岸に行ってこの日はロープを95mまで伸ばしてみた。沖出しは35mとなり、流速が増したのであろう、約35ワットを発生することができた。発送直前に慌てて仕上げた沖出しの水中翼と滑走板が思いのほかうまく働いて、現地で安定した計測ができたのは嬉しかった。

図-12 マグダレナ川でのテスト

正人君の土壇場の努力が実ったのである。

水車発電機が充分安定して電気を送ってくるので、この日はもっと水流の速いところを求めて移動した。ボロンボロの町にほど近い川岸で、流れが2.5m/sかそれ以上の良い場所を発見した。ここでは60mのロープを使って20ボルト、約80ワットの電力を発生することができた。

しかし2.5m/sを超える流れの中ではロープの張力が約35kgに達し、もし人が支えるとすると3人の力を要することになる。これは、水車発電機を稼動させる流速のほぼ上限と考えてよさそうだった。この流速で安定してテストが行えたことは喜ばしく、ロンドニオ社側にも我々にも大きな自信となったのである。水車発電機は現地で我々の期待に十分応える性能と安定感を示してくれた。成功裡に実験を終え、私に残る心配は耐久性と適合流速の選定であった。

16日の夕方、私どもはジョニーの父親と会う機会を得て、ジョニー親子に忌憚のない感想を聞いた。特に耐久性の目安として、私はオーバーホールの周期をどう選ぶかという形で答えを得ようとした。

ジョニーと父親は発電機の性能に十分満足していた。そしてオーバーホールの周期は3ヵ月でよいという、これは充分実現可能な範囲にあると私は思った。オーバーホール時の交換部品の金額がどのくらいになるか分からないのは不安だったが、それは発電機を作る我々の努力とユーザーの使い方次第なので、まずはこの目標を達成することに努力しようと思ったのである。もう1つ、このプロトタイプの場合、流速が1.5m/s以下だと発生するワット数は非常に小さくなる。また、手で助けてやらないと回り始めない。したがって、この機械は1.5〜2.0m/s用ということがいえる。2.5m/sの実績はあるが、これはマキシマムと考えた方がよい。この点についてジョニーの意見としては新たに1.0〜1.5m/s用のモデルが欲しいということであった。

7）第2プロトタイプ
（水車径650ミリ）

正人君は水中翼船の仕事に忙しかったが、その間に水車発電機のこともじっくり振り返ってくれた。特にオーバーホールピッチを3ヵ月とする耐久性と1.5m/s以下の流れで使える性能、そして市販を視野に入れてのコスト、それぞれが難問だった。

年が明けて1986年、水車サイズ、増速、重さ、発電容量、コスト、耐久性、浮力などの組み合わせを変えて数多くのケースを比較していくうちに、望む答えに近いところを探り当てることができた。それは650mm径の水車、フェライト

図-13　第2プロトタイプ3面図

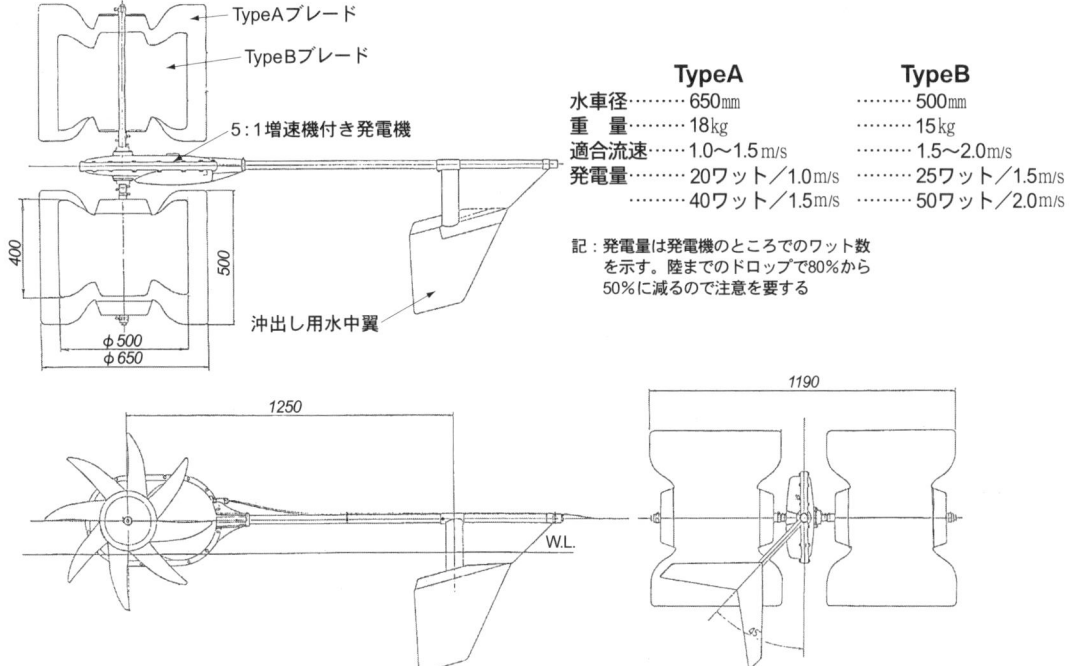

	TypeA	TypeB
水車径	650㎜	500㎜
重量	18kg	15kg
適合流速	1.0〜1.5m/s	1.5〜2.0m/s
発電量	20ワット／1.0m/s	25ワット／1.5m/s
	40ワット／1.5m/s	50ワット／2.0m/s

記：発電量は発電機のところでのワット数を示す。陸までのドロップで80％から50％に減るので注意を要する

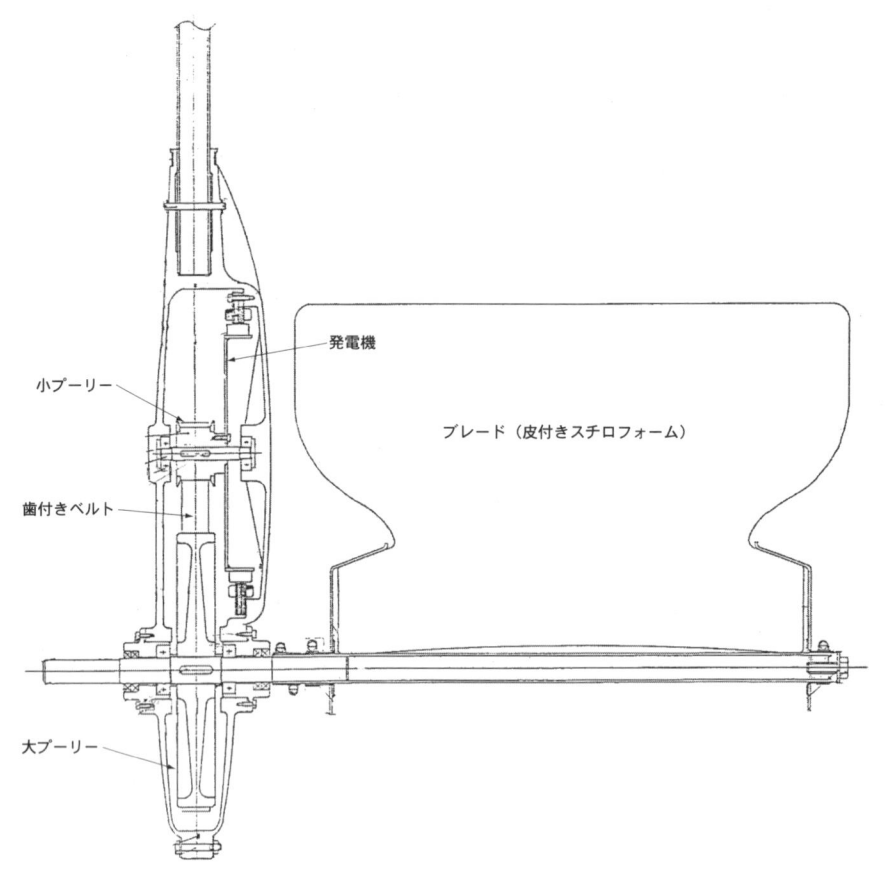

図-14　第2プロトタイプ発電機および贈速機断面

磁石の採用、歯付きベルトによる5倍増速という組み合せの発電機であった（図-13、14）。そして500ミリ径の水車のブレードに付けかえれば、流速1.5m/s～2.0m/sの流れで使うこともできる。彼はその方向で改めて設計を進めて水車径650ミリの第2プロトタイプを完成させ、コロンビアのテストから1年を経た1986年7月、再び気田川の笹合キャンプ場で耐久テストをスタートすることになる（図-15）。ここのキャンプ場には番小屋があって、おじさんが番をしている。小屋に電気は引いてなかったから、耐久テスト中の電気を夜は小屋の明かりに供給して喜ばれた。一方、当方は耐久試験中のトラブルを見張って、連絡してもらえるという、ありが

図-15　第2プロトタイプ　よく浮いて軽々と回っている。滑走板はいらなくなった

たい関係ができあがった。その交渉の場面を私は見ていないが、正人君のフレンドリーで明るい性格が交渉を良い方向に導いたものであろう。

それから1カ月半、水車発電機は順調に回った。9月中旬、キャンプ場の見張り小屋も夏休みの時期を終えて閉鎖されるということで、耐久テストは終了した。主要部の構造について1カ月半のテストで耐久性の見通しがほぼついたように思えた。そして3カ月のオーバーホール期間を確認するには、実際に生産するモデルで行う方がよい。

8）水車ポンプ

次はポンプの話である。耐久テストを終えて水車プロジェクトに割く時間は大分少なくなった。しかし水車ポンプの性能や可能性は確かめておきたい。そこで正人君に発電機の代わりにポンプを据えた試作を進めてもらった。ポンプはボートの排水などに使うダイヤフラムポンプ（※3）を2個、V型に配置した（図-16）。2つのポンプをV型に配置するのは、コギングトルクのピークを低くし、ポンプの抵抗を一様にするためである。そして水車の軸に固定したクランクおよびロッドでポンプを動かした。水車ポンプは1986年の暮れに完成して、天竜川で実験を行った結果は成功だった。図-17はそのときの正人君の嬉しそうな写真である。

この場合の流速は0.86m/sで揚程（※4）は1.3m、流量は毎分6.6リットルであった。そしてホースの口をつぶして圧力を上げると写真のように3m近くまで水は上がる。もし川の流速が1.5m/sあったとすると、揚程は2.3mに増し、流量は毎分11リットルに達する。また、ホースを細くして圧力を上げると揚程は5mを超える計

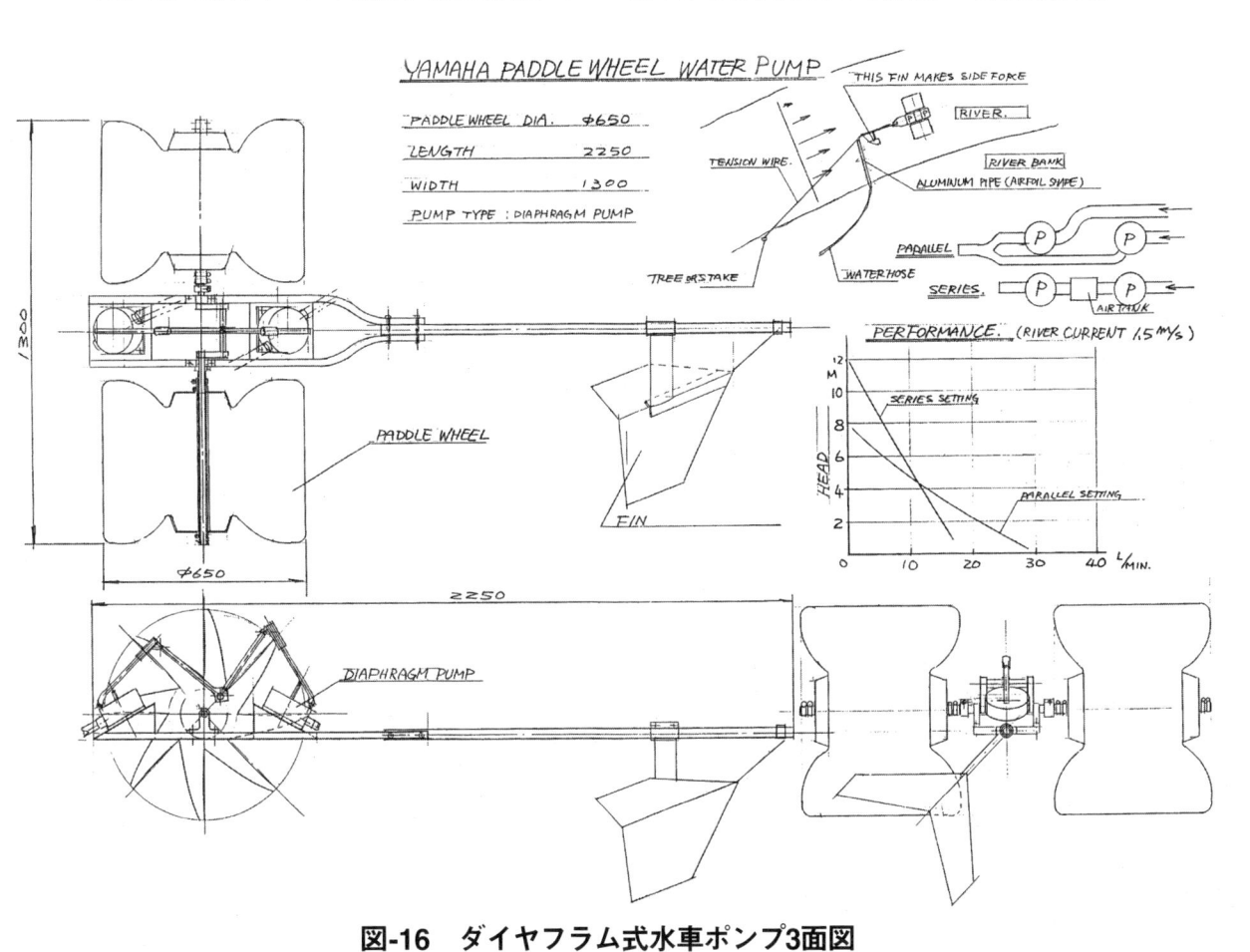

図-16　ダイヤフラム式水車ポンプ3面図

※3　レバーを動かすことでゴム膜を広く動かす流量の大きな手動ポンプで、ヨットのビルジ排水用に使われている
※4　ポンプが水を汲み上げることのできる高さ

図-17　ダイヤフラム式ポンプを試す正人君

算になる。

　この実験ではポンプの配管を並列にしたが、これを直列に変えると、水量は半分になるが最大の揚程は10mに近くなるはずである。

　その頃、正人君はオートバイのエンジン設計部門へ転出することになった。堀内研での活動はほぼ3年間であった。そして代わりに関連事業部から柳原　序君が堀内研に来てくれることになった。柳原君の堀内研での主な仕事はリーンマシンの開発（12章参照）であったが、これで時たま入るネパール関係の仕事も私と二人三脚で進められることになった。

9) ネパールにて

　1987年暮れに柳原君はネパールに出張して現地で渡し舟を造ることになった。川喜田先生と事前の打ち合わせをする中で、その機会に水車発電機と水車ポンプも持って行って、渡し舟とともにプレゼンテーションを実施して欲しいということになった。それらの使い方は図-18のように想定した。水車発電機の方は作ったままで特に問題がなかったが、水車ポンプをネパールで使うとなると、深い谷川から崖の上の住居まで水を揚げるケースが多く、それが可能な揚程が欲しい。水量は少なくともよいが、50mほどの揚程は欲しいのである。

　この場合、ダイヤフラム式のポンプでは揚程が少な過ぎる。一方、シリンダー型のポンプはシリンダーを細くして流量を下げると、揚程を増すことができる。柳原君が試算してみると、水車の動力から逆算して、川の1.0～1.5m/sの流速に対して、十分50mの揚程を得られることが分かった。柳原君は急きょ、内径22mmのシリンダーを2本V型に配置した高揚程のポンプを設計、試作した。水車は650mm径のものを流用した。そして1987年12月17日に天竜川の実験に成功。同月のネパール出張に何とか間に合わせたのである。

　そのレイアウトは、図-19でご理解頂けると思う。稼動中の写真は図-20に示している。この装置を揚程50mに相当する状態でテストした結果、川の流速1m/sで1.34リットル/分、1日では約2トンの水が汲み上げられるのである。これは10～20軒の集落の生活用水として十分な量であって、満足すべき成績であった（図-21）。

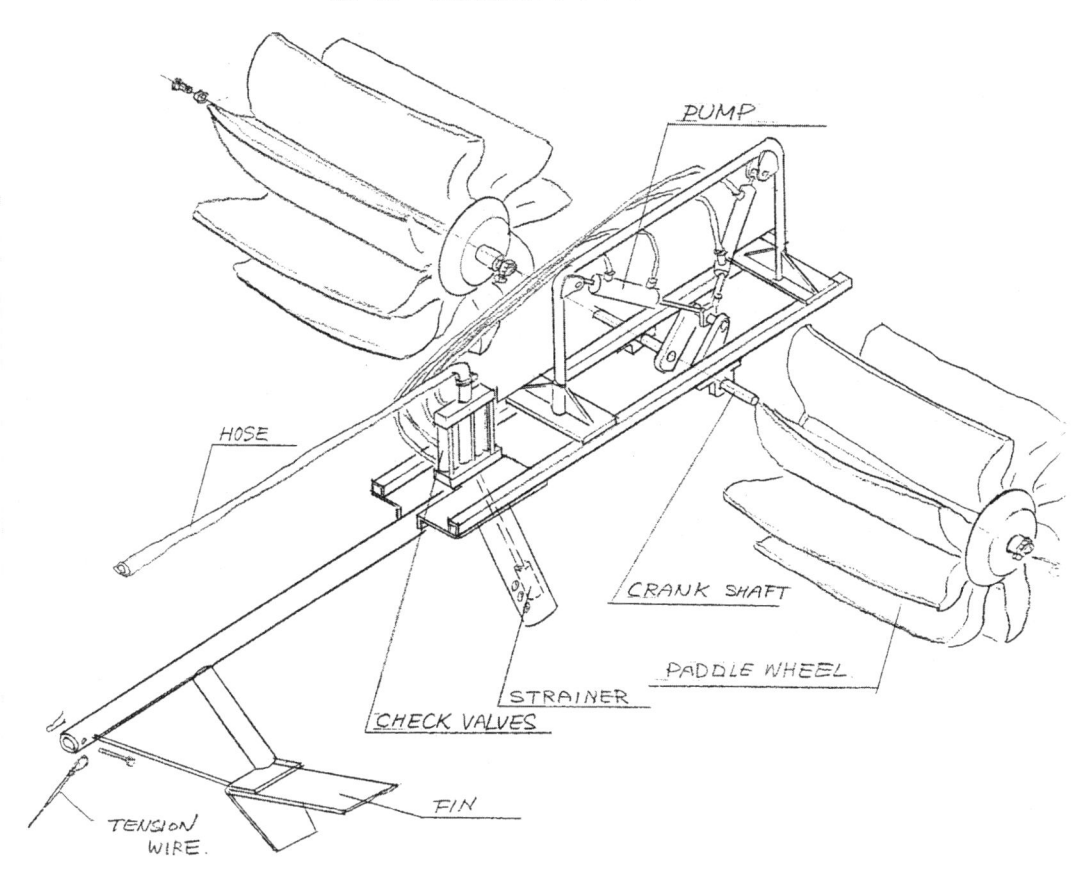

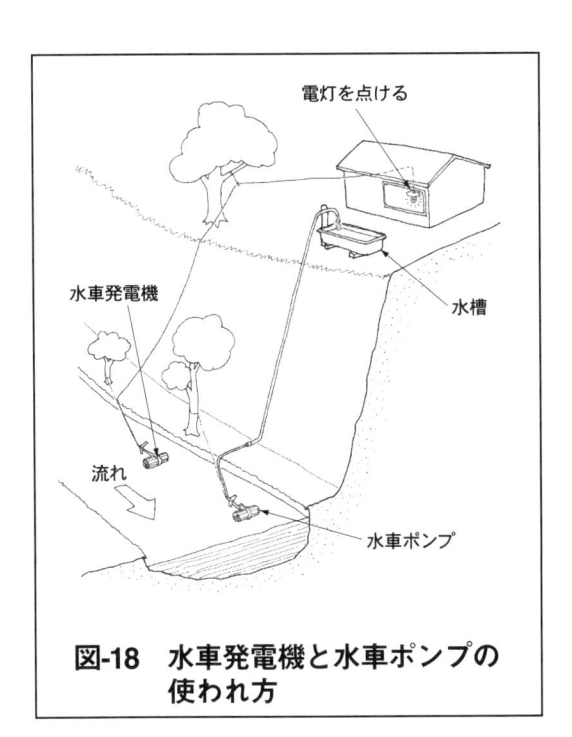

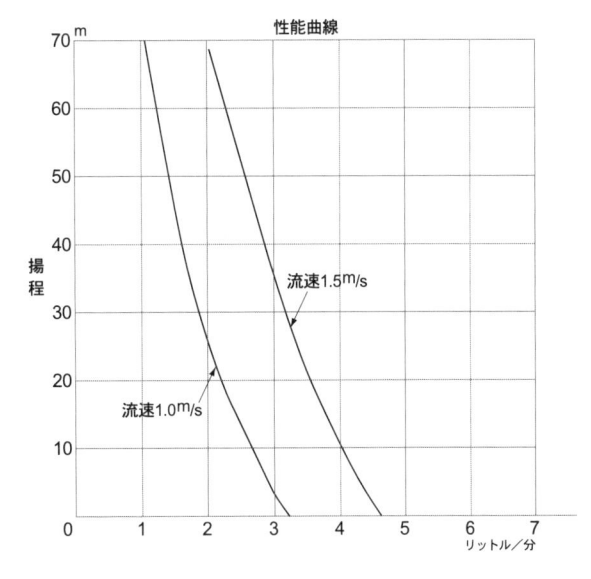

図-19 高揚程水車ポンプ

PUMP
HOSE
CRANK SHAFT
PADDLE WHEEL
STRAINER
CHECK VALVES
TENSION WIRE
FIN

図-18 水車発電機と水車ポンプの使われ方

電灯を点ける
水車発電機
水槽
流れ
水車ポンプ

性能曲線

揚程 (m) / リットル／分

流速1.5 m/s
流速1.0 m/s

233

図-20　試験中の高揚程水車ポンプ

図-21　高揚程水車ポンプの全体

ネパールにおける渡し舟、水車発電機、それに水車ポンプのデモンストレーションはそれぞれ成功裡に終了し、現地の王立科学技術院（略称ロナスト）に実証実験などその後のことを委託した。

年明けの１月には水車発電機、水車ポンプがネパールのテレビニュースに放映されて大いに関心を集めたという。さらに、水車発電機はそのまま現地に残して、灯りのなかったドライブインに電灯をつけた。そのお蔭でドライブインが繁盛したという報告がきている。残念ながら１カ月ほど使ったところで流木が発電機に衝突して一部が壊れた。現地で修理しようとしたが直しきれず、そのままになっているということである。

我々の努力はそれぞれに現地で評価され、期待された。しかし、その後の広がりはほとんど見ることができなかった。ネパールのために我々の工夫した技術には現地のロナストが対応して、その後の研究と普及の努力をすることになっていたが、余り進展はない。

我々の努力はロナストの報告書にはなるのだが、その後民間の業者が取り上げて事業化する、というところまでは残念ながら行き着かないのである。このような状況のもとで事業を根付かせるためには、まとまった投資で多くの場所に定着させ、後戻りのできない環境に持ち込むだけの腕力が必要なのかも知れない。

10）終わりに

ネパールの渡し船に始まった水車の世界はなかなか魅力的で奥深く、このクリーンで省エネ、かつクラシカルな道具が内蔵する良さをいろいろと知ることになった。

ネパールへの貢献は残念ながら思うように進まなかった。ネパールも日本も関係する組織の難しさがあって普及活動は伸び悩み、結局我々が現地に貢献できたとは思えない。一方営利会社である我々が自力で進めるには限度があった。

たまたま、外山君の博識と強引なリードで、ネパールに向けて考えていた夢がコロンビアに飛び火した。発展途上国の生活向上を願う外山君の意欲のたまものである。こちらはコマーシャルベースで物が考えられるので、我々なりに広がりを期待した。しかし機械の改良は進んだものの、商品化まで進むことはなかった。

我々は太陽電池の価格が画期的に下がる時代が来れば、動く部品の多い水車発電機は不利になることを予想していた。そのことが、商品化から腰を引かせる要素でもあった。

その後太陽電池の性能は上がり、コストは下がってきた。現在、米国のボート用品の通信販売のカタログを見ると、５ワットの太陽電池が100ドルほど、10ワットで150ドルほどで誰でも手に入る。しかし太陽電池は夜働かないし朝夕は弱く、雨や曇天では効果が少ない。平均して得られる電力は額面の10分の１くらいになってしまう。寿命の長いバッテリーと充電装置がないと夜に役に立たないのが、ネパールでもコロンビアでも大きな弱点になる。それを考えれば水車発電機の競争力は、まだ充分に残っているといえるだろう。

さらに、水車ポンプの方はネパールのような所ではほかに代わり得る物がなく、もし普及したとすれば末永くネパールで頼りになる機械だと思うのである。水車発電機も水車ポンプも、我々が、せっかく機械を持ち込みながら普及の機会を逸したのは、今考えると相応の努力が足らなかったように思えて残念である。今からでもODAなどで使ってもらえる状態を作り出すべきなのかも知れない。

13年前に水車発電機と水車ポンプの一連の研究は終わりを告げた。無駄な努力をした、といわれればそれまでだが、水車を極めたという満足感がある。沖出し装置や滑走板を効果的にする研究は、ちょうど飛行機を設計するようで面白かった。社会に出たばかりの正人君にとって、大きな勉強の機会になったことはそれ自体得がたい収穫だったと思う。

若い人には、是非こんなふうに夢中になって開発をする機会を作って上げたいものだと思う。それが役に立つことでも役に立たないことでも、本人の裁量で全力を尽くして成功を追求する。そのような機会を技術者の卵に作って上げること、それが夢のある技術者を育てる早道だと私は信じている。

16章
高速モーターセーラーの構想

　船体用の軽い材料があり、200馬力を超える軽い船外機がある時代に、モーターセーラーは遅いものという既成概念は捨てた方が良さそうだ。事実20ノットを超えるモーターセーラーがよく売れている。〈波照間〉もその思想だったが、手近なサイズ24フィートと30フィートでその実現を考えてみた。
　特に30フィートは新型マストとオートセーリングのシステムを搭載することにした。セーリングを学ぶのは面倒という人、作業を減らして楽をしたい人、限られた時間に良い水域でセーリングを楽しみたい人に、このような船がいずれ一般的になると思うのだがどうだろうか。

1）帆走と機走の性能比

　ヨット設計の先輩、横山晃さんは、帆走、機走のウエイトを50：50に振り分けたモーターセーラーは成功しないとよく言っておられた。最近のモーターセーラーは帆走性能を通常のヨット並みに満たし、大きなエンジンを積んで機走速力を3～4ノット上げているものが主流である。帆走と機走のウエイトは80：20というところだろうか。
　これまでの考え方では、機走性能を上げれば帆走性能が下がるということでトータルは100％を超えない表現をしていた。
　ところが1993年ごろ、ひときわ機走性能の高いマクレガー26という船が米国に現われた（図-1）。この船はそこそこの帆走性能を有するうえに、機走でも20ノットを超えるというから、10ノット前後だった従来のモーターセーラーとは一線を画するフネである。このフネがまた、世界中でよく売れていて、マクレガー社はほかの機種の生産をやめ、この機種に絞って増産に次ぐ増産を続けてきたと聞く（2000年現在年間生産数約1,000隻）。この船の魅力の中心は比べるもののない機走速力にあると思う。

そしてエンジン抜きで300万円を割る破格の安さが売れ行きを支えている。
　横山さんから話を聞いたころは、軽くてパワーのあるエンジンが手に入らなかったし、船体の材料も限られていて軽量化に限界があったから、トータル100％の中で帆走、機走の振り分けを選ぶ方法しかなかった。今なら大分様子が違う。軽量で高馬力の船外機が手に入るし、軽い船体を造る材料も構造もあるのだから、考え方を改めなければならないのである。試しにマクレガー26を私なりに評価してみると、あのサイズの船として、帆走が85％機走も60％はいけていると思うから、トータルは優に100％を突破している。帆走を重視することが、それほど機走の足枷となることもなく、機走のために大きめのエンジンを積んだことが極端に帆走性能をスポイルすることもない。
　このように、20ノット以上の高速と、ほどほどの帆走性能を手に入れた船を高速モーターセーラーと呼ぶことにしたい。設計が巧くなれば、そしてエンジンや船体の性能がさらに上がれば、機走、帆走の両方が限りなく100％に近づくに違いない。そして高速の機走は完全であって欲しいから、高速モーターセーラーの場合は機走、帆走の順で評価することとしたいのである。

第16章 高速モーターセーラーの構想

図-1 マクレガー26の帆走と機走（出所：マクレガー26カタログ）

主要目
全長：……………7.874m
水線長：…………7.010m
最大幅：…………2.388m
吃水：……………1.767m
エンジン：………5〜50馬力船外機
速力：……………20.73ノット
バラスト：………636kg
排水量：…………1150kg
セール面積：……26m²

2）機走と帆走を両立させる3つの方法

帆走は風まかせで数ノットの低速だから、排水量型の船型が適している。一方、高速を出すには滑走する必要があり、当然滑走型の船型が必要である。この2つの状況の両方に順応する船体が得られないことには、良い高速モーターセーラーにはならない。

ご承知の通り、ヨットの船底は船尾で水面付近まで上がっている。したがって走ったときにトランサム面（船の後端の切り立った面）は水に浸っていない。もし浸っているとその部分が渦を巻き起こして抵抗になるから「トランサムを引きずる」と言って嫌われる。船の性格を見るのに設計者はエリアカーブ（面積曲線）というものを使っている。船首から船尾までの吃水線から下の横断面面積の大きさを、順次並べて曲線でつないでみると、ヨットの場合ミドシップ（フネの前後方向の中央）で高く、前後端で零となる（図-2）。船尾で何がしかの高さがあると、それはトランサムを引きずることを示している。

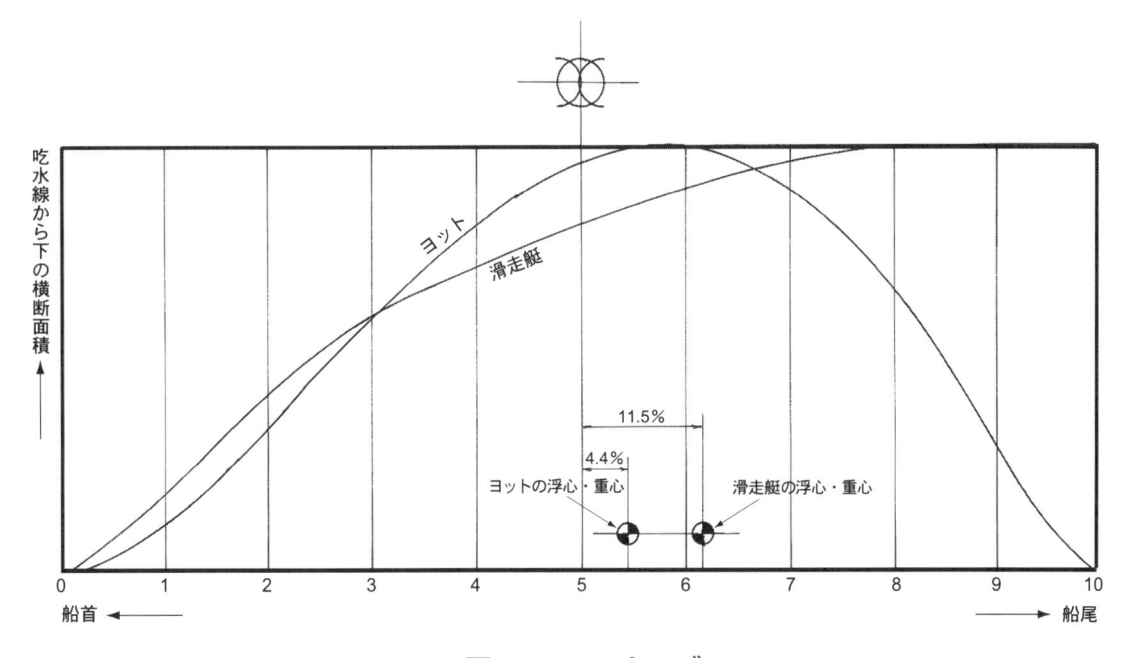

図-2 エリアカーブ
滑走艇はYAMAHA S-23CCR（1217kg）

図-3　MS-21の船尾

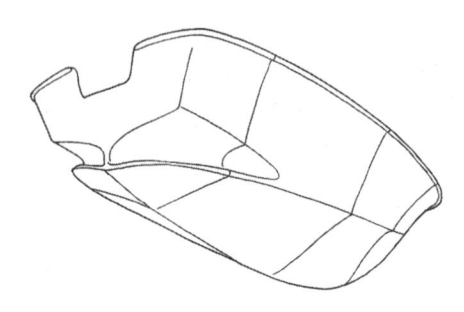

ビーバーテール型

図-4　帆走するMS-21

主要目
全長：………6.47m
水線長：……5.49m
全幅：………2.30m
吃水：………0.30m
　　（1.73mキール下げ時）
バラスト：…150kg
セール面積：13.9㎡

　一方、滑走艇のエリアカーブを同じように描いてみると、それは後ろへ行くほど高くなり後端でポツンと切れた形をしている（図-2）。ひどくトランサムを引きずる形だから、10ノット以下では抵抗がとても大きい。しかし高速で滑走すると、こちらの抵抗が遥かに少ないのである。両者の浮心（浮力の中心）はそれぞれエリアカーブの重心にあるから、図に見るとおり滑走艇の浮力の中心は排水量型に比べて遥かに後方に位置するのである。浮力の中心と重心の前後位置は一致するので、滑走艇の重心はヨットに比べて大分後ろ寄りになっている。

　こうしてみると、エリアカーブといい、重心位置といい、排水量型と滑走型の間には根本的な相違があって、それが高速モーターセーラーの存在を阻んできたのである。

フラット型

　ただこの2つの船型の溝を埋めて、1つの船型で低速と高速の両方の抵抗をほどほどに押さえ込む方法は皆無ではない。軽く、長い船はこの溝が浅いから、例えばマクレガー26の場合には、吃水線の長さに比較して軽量な船体を造り、バラストキールを省略することで、さらに軽くして機走時の滑走速度を上げ、一方帆走時には、船底に水を入れることでヨットとしての復元性を確保している。これは、高性能ディンギーが微風下で排水量型としての良い性能を持ちながら、強風下では滑走して速度を上げているのと、よく似たアプローチである。ただディンギーは水を入れる代わりに乗り手の体重移動を使う。身体を乗り出してのバランスやトラピーズなどによって大きな復元力を稼ぐとともに、重心の前後位置も滑走に最適な位置まで後退させている。このような方法による場合には、船底がフラットで特別な造作がないから、フラット型と呼ぶことにしよう。こうして、長さの割にフネを軽くして、高速、低速の両方に対応するフネを造り出すほかにも、船型の工夫で対応するやり方がいくつか試みられている。

ビーバーテール型

　ヤマハ発動機の青木繁光君が1975年に考え出した船型は図-3のような形状をしていて、船尾の下に舌のような、あるいはビーバーの尻尾のような部分が突き出している。これが滑走面を真直ぐ後ろに延ばしていて、この形で滑走も上手だし、低速での抵抗もヨットとあまり変わらなかった。この船型はビーバーテール型と呼ぶことにしよう。異様な形ではあるが、低速時のエリアカーブは前述のように前後端で零になる形状であるので抵抗は少ない。一方高速になると、船は浮き上がって船尾の複雑な面は水に触れなくなり、後端まで平らな底面だけで走るから水の流れは滑走型のそれと同じことになる。

　ヤマハ発動機では、この船型を使ったMS-21というフネを1976年に売り出した（図-4）。この船は、ヨットに近い帆走性能と55馬力の船外機による20ノットほどの機走速力が好評だったから、百数十隻が生産された。今でも中古市場ではよく目にする船で、これが恐らく量産された世界最初の高速モーターセーラーではなかったかと思う。

ステップ型

その10年後に私の考えた船型がある。これは私の船、〈波照間〉やその後生産されたフィロソファー45に応用したもので（**図-5**）、第1章にその記事がある。

この船は、滑走艇として理想的な船型と重心位置を持ちながら、帆走時でもトランサムを引きずらないで、ほどほどの水面下の形と重心位置を保つことを狙った船型である。機走帆走の性能比でいうと100%と30%といったところだろうか。この船型の狙いは**図-6**を見ることで理解していただけると思う。低速では船尾の後ろ上がりの斜面に沿って水が流れるから、エリアカーブは船尾で零に近く、途中のカーブはスムースではないが排水量型のそれに近い。こうしてトランサムを引きずらない形にすることで、低速時の抵抗を画期的に減らすことができたのである。この船型をステップ型と呼ぶことにしよう。

ステップ型の船が滑走すると、ステップから後ろの船尾の斜面は水から離れて、ステップの前の滑走面だけで走ることになる（**図-7**）。この場合滑走艇の船型をスポイルするものは何もない。さらには滑走面の後端が船尾より大分前

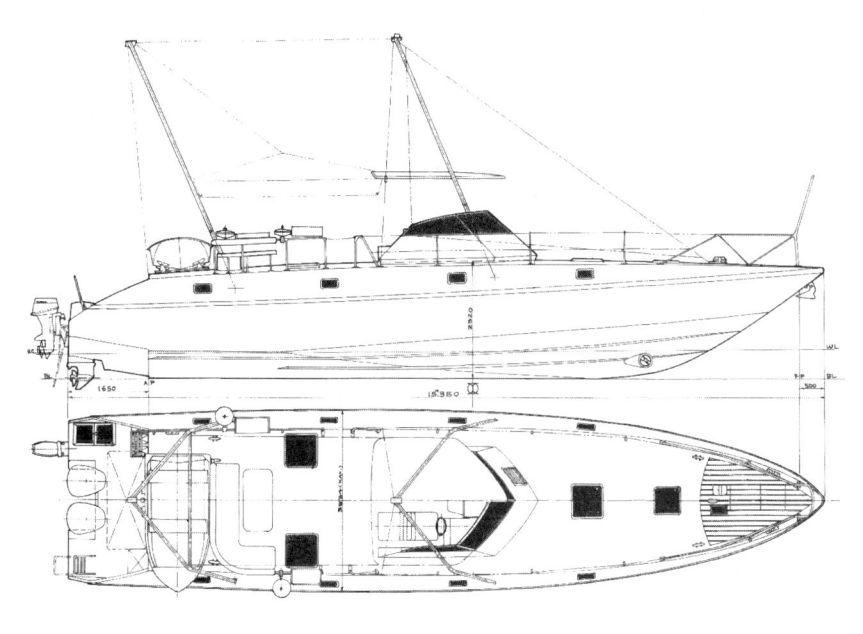

図-5 〈波照間〉

主要目

全　長：　　　　　　　15.350m
水線長：　　　　　　　14.830m
全　幅：　　　　　　　3.534m
エンジン：200馬力×2＋10馬力×1
機走速力：　　　　　　30.7ノット
　　　　　　　　（軽荷7.5トン）
帆走速力：　　　　　　5.6ノット
　　　　　（風5〜6m/s　10馬力半開）
セールエリア：　　　　10.78㎡

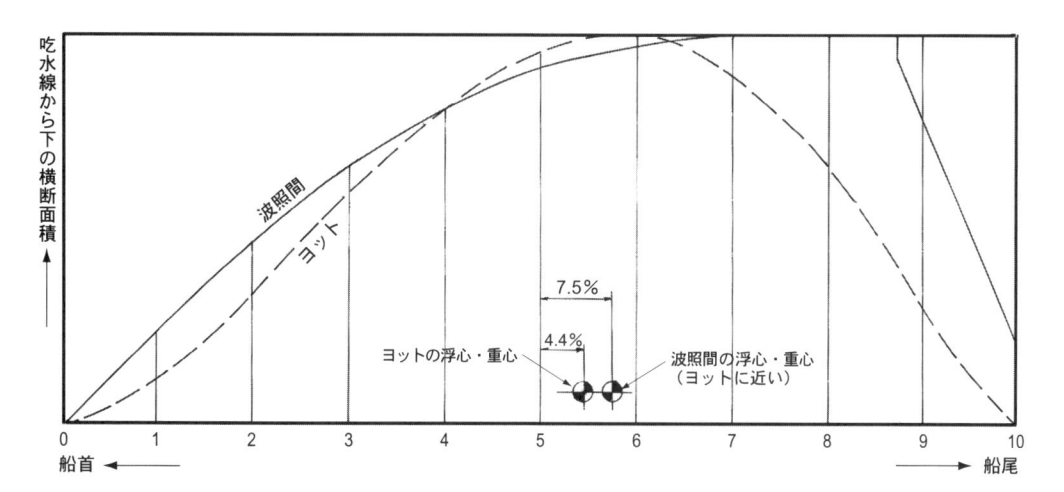

図-6 〈波照間〉とヨットのエリアカーブ

図-7　波照間の船尾の水の流れ

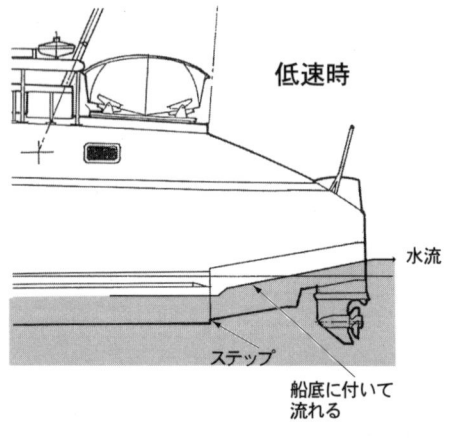

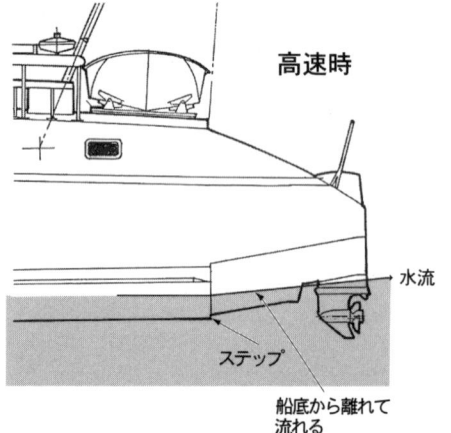

低速時

水流
ステップ
船底に付いて流れる

高速時

水流
ステップ
船底から離れて流れる

にあるので、相対的に重心位置が滑走面に対して後ろ寄りの良い位置に来て、滑走性能が100％発揮できる船型なのである。

　低速性能はどうだろう、エリアカーブがスムースでない分、ヨットの船型より抵抗が多いことはやむを得ない。その様子を図-8で見ていただこう。〈波照間〉（第1章参照）の船型を開発したときの水槽実験の成績と、同じ排水量と長さを持つ代表的なヨットの抵抗曲線を比較している。キール、舵、プロペラなどの付加物を外したカヌーボディーの抵抗を主に比較したのだが、そのほかに〈波照間〉の変形としてステップから後ろを取り外して、普通のモーターボートのようにトランサムを引きずる船型の抵抗も比較のために載せた。

　ヨットの方は平均的な抵抗曲線を幅を持って示している。また、このヨットにプロペラを取り付けた場合の抵抗曲線も追加して比較した。プロペラは普通の固定式で、折り畳み式のフォールディングプロペラではない。また、遊転（空回り）もさせない場合を示していて、その場合プロペラの抵抗がカヌーボディーの抵抗の

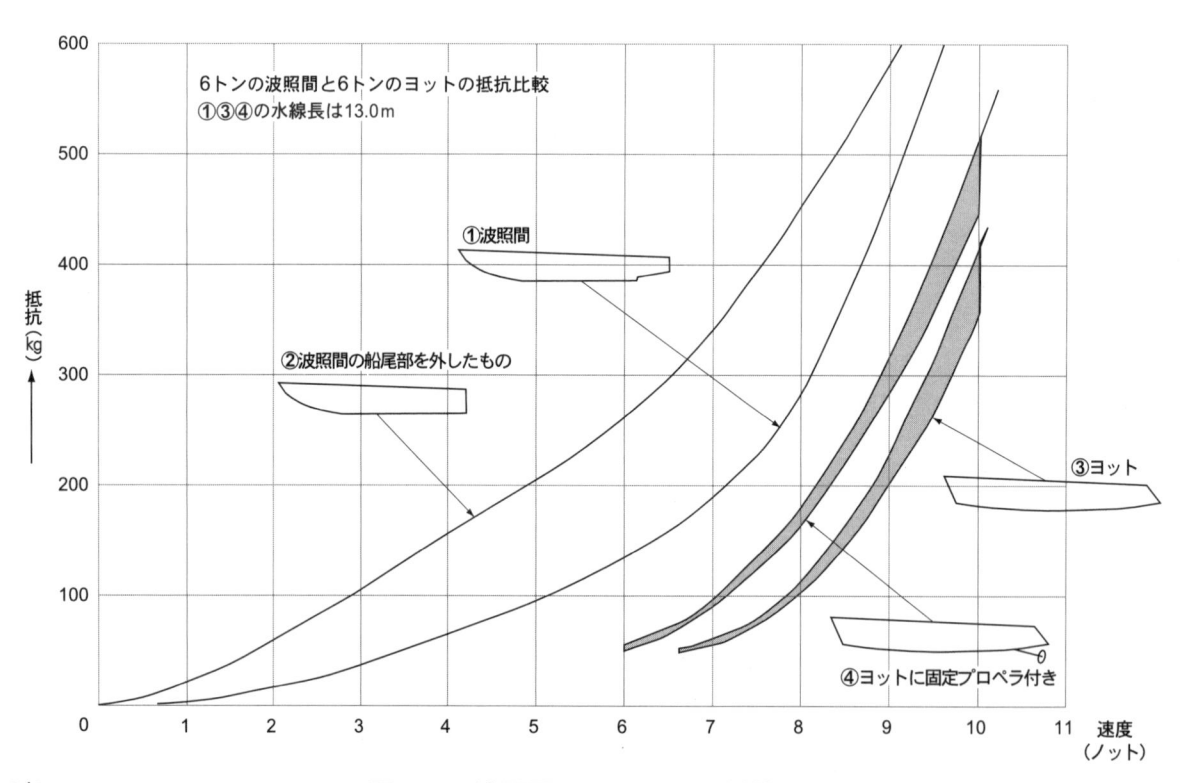

6トンの波照間と6トンのヨットの抵抗比較
①③④の水線長は13.0m

①波照間
②波照間の船尾部を外したもの
③ヨット
④ヨットに固定プロペラ付き

抵抗(kg)　速度(ノット)

図-8　〈波照間〉とヨットの抵抗比較

30%にも達している。図-8を見ると、〈波照間〉のステップから後ろの部分の利き目がよく分かる。5～6ノットではステップから後ろの部分の存在によって抵抗が半減するのである。一方、普通のプロペラを装備したヨットの抵抗は急増する。もしヨットに固定プロペラを2個取り付けた場合を想定すると、〈波照間〉の抵抗と大差がなくなるほどである。

ステップ型の船型は、スピードに応じて船底の形と重心位置が自動的に排水量型にも滑走型にも適応するので魅力がある。

3）「MS-24」と「MS-30」

私は1988年に〈波照間〉を進水させた。この船は30ノットの機走と帆走を両立させたが、長さが15.3mもあり、200馬力の船外機を2基積んでいるから、あまり一般的なボートとはいえない。今回はもっと普及しやすいサイズで2つのボートを考えてみることにした。

その1つは「MS-24」、「マクレガー26」よりわずかに小さくて、ほとんど同等のアコモデーション（居住設備）を持つ（図-9）。マリーナに預けるときの長さが8mに収まるので、例えば横浜ベイサイドマリーナに預けるとすれば、年間の保管料は42万円で済むという、経済的な負担の少ないボートである。国際商品とした場合も考えて、トレーラーで引けるサイズと帆装を選んだ（図-10）。

一方、MS-30はもう少しゆとりを持たせたサイズで、イージーセーリングからオートセーリングまでを視野に入れ、理想的な高速モーターセーラーのありようを追求したものである（図-11）。両艇とも機走を100％満たして、最高速度は25ノットないし30ノットまた、20ノット付近で余裕のある巡航ができることをベースにして、できる限り帆走の性能を満たすことを考えている。したがって狙った機走、帆走の性能比は100：80というところであろうか。

船型はともにステップ型で大型船外機を1基据える。もしバラストキールを露出して高速で機走すると、旋回したときに外側に倒れて危

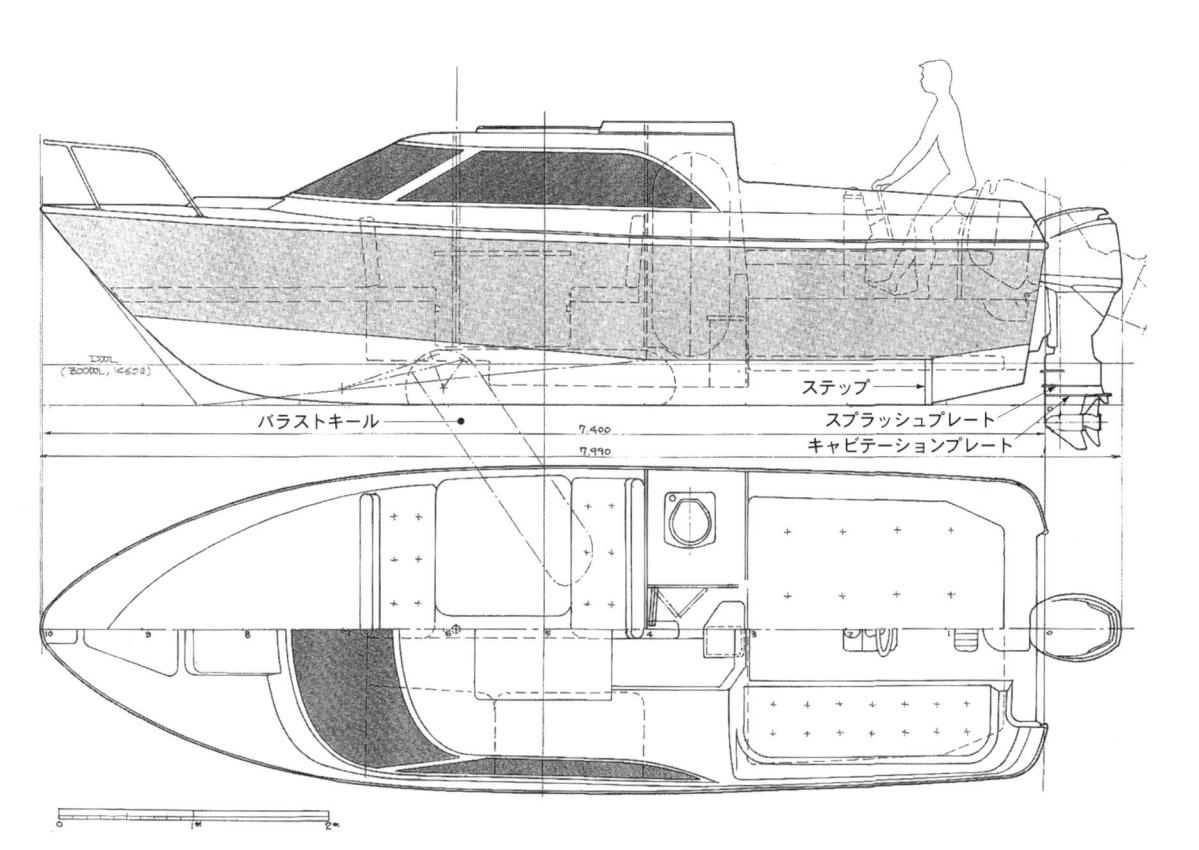

図-9 「MS-24」の一般配置図

図-10 「MS-24」の帆走図

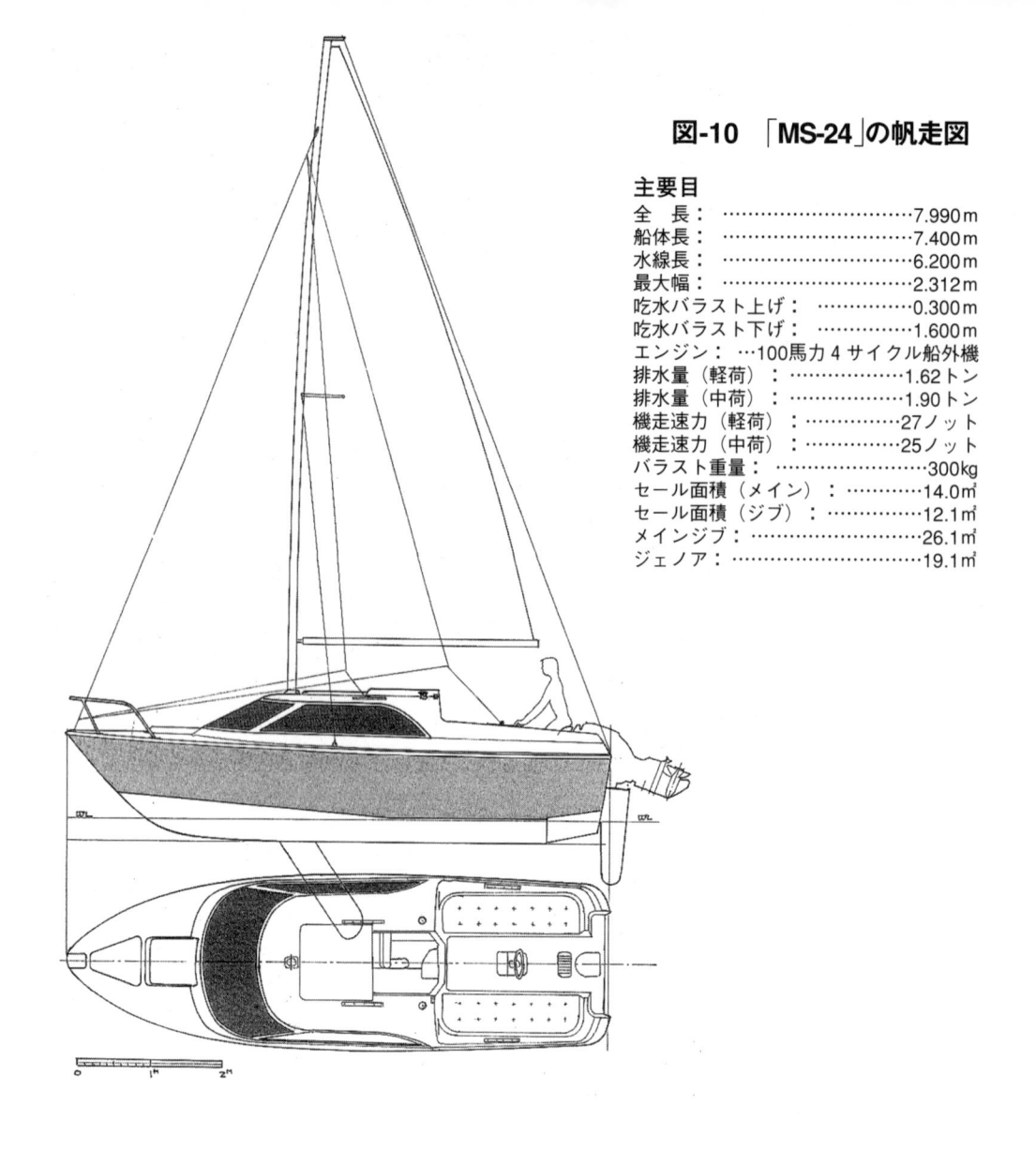

主要目
全　　長：……………………7.990m
船体長：……………………7.400m
水線長：……………………6.200m
最大幅：……………………2.312m
吃水バラスト上げ：……………0.300m
吃水バラスト下げ：……………1.600m
エンジン：…100馬力4サイクル船外機
排水量（軽荷）：……………1.62トン
排水量（中荷）：……………1.90トン
機走速力（軽荷）：……………27ノット
機走速力（中荷）：……………25ノット
バラスト重量：………………300kg
セール面積（メイン）：………14.0㎡
セール面積（ジブ）：…………12.1㎡
メインジブ：…………………26.1㎡
ジェノア：……………………19.1㎡

いから、どうしても引き込む必要がある。「マクレガー26」の場合、軽いセンターボードを使用し、復元性は船底に海水を入れて保っていたが、今度の2艇はいずれも可動式のバラストキールを使って船底に水は入れないことにする。バラストキールはそれぞれ300kgと600kgあり、滑走時の重さがそれだけ加わって不利になるが、そこはエンジンの馬力でカバーする。一方、帆走時にはバラストの重心が低い分、水を入れるよりバラストが軽く、その分スピードが出る。バラストキールは電動油圧で動かす。ただ、引き込んだ状態で高速を出すので、波の衝撃でキールが下がらないよう丈夫な機械的なストッパーを用意する必要がある。レイアウトは図面で見ていただく通りで、「MS-24」は前述のように

「マクレガー26」とよく似ており、「MS-30」の方は一般的な30フィート級のヨットに近い。

4）船型

「MS-24」の船型は前述の分類によるとステップ型で（図-12）、ステップから前の船型は私の推奨する二相船型である（図-13）。滑走しているときの水面下の船底勾配は約20度で、捩じれのない理想的な滑走面を保っている。水面から上は船底勾配が約40度と大きく、波の衝撃を和らげる。したがって理想的な滑走性能と乗心地の両立する船型である。

ステップから後ろは、前述の通り水面付近ま

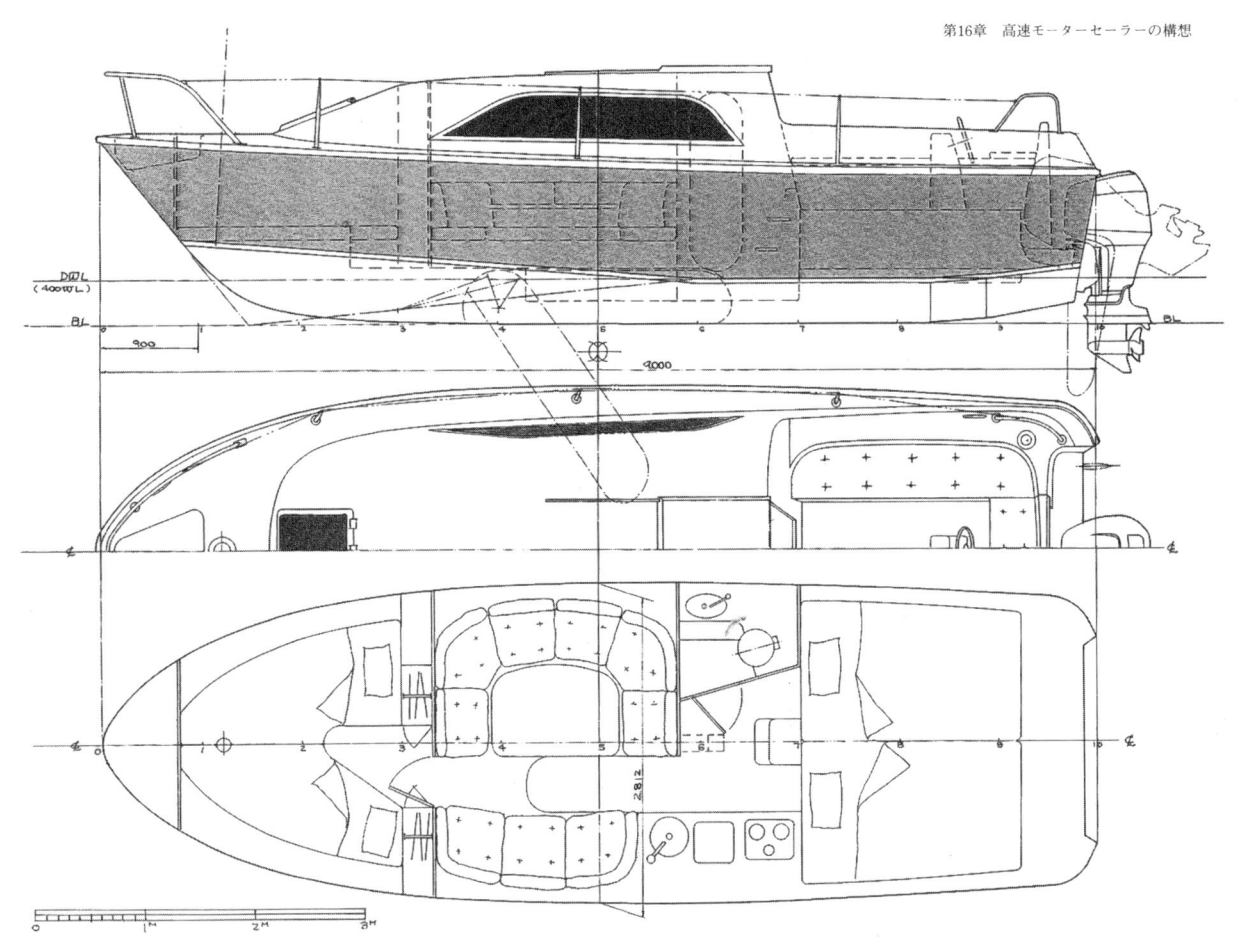

図-11 「MS-30」の一般配置図

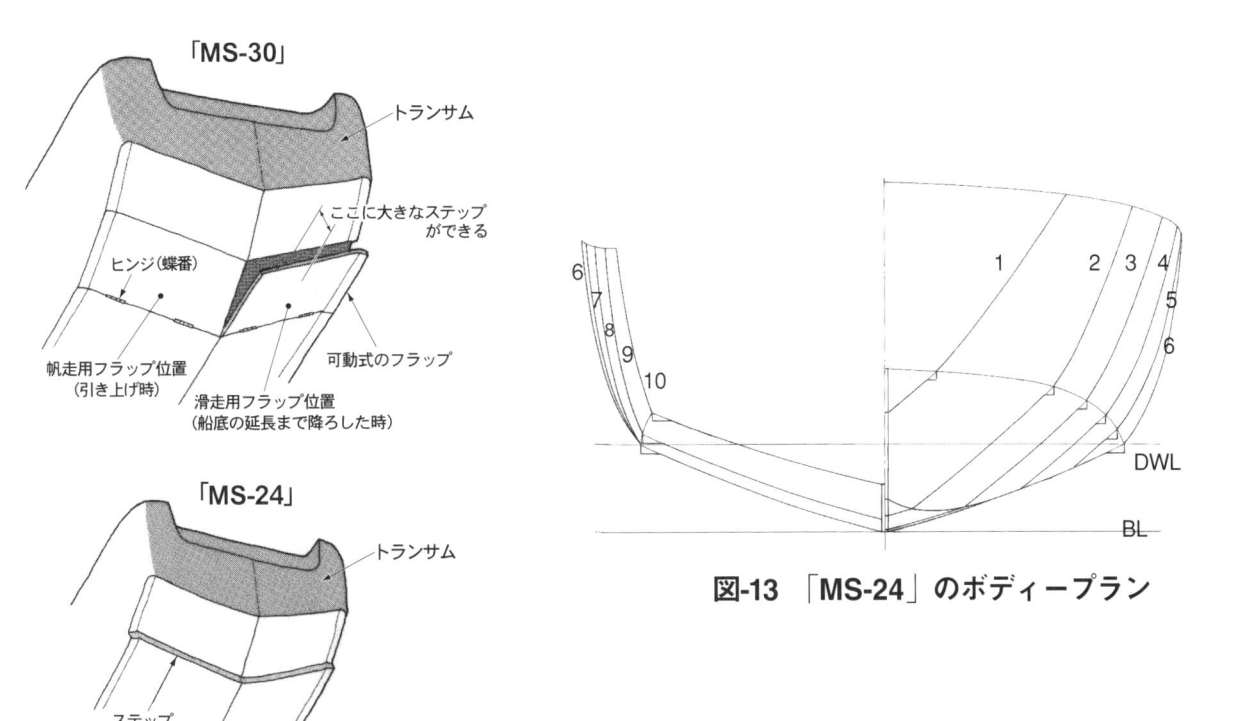

図-12 ステップとフラップ

「MS-30」
- トランサム
- ここに大きなステップができる
- ヒンジ(蝶番)
- 帆走用フラップ位置(引き上げ時)
- 滑走用フラップ位置(船底の延長まで降ろした時)
- 可動式のフラップ

「MS-24」
- トランサム
- ステップ

図-13 「MS-24」のボディープラン

主要目

全長： …………………9.000m
水線長： …………………8.231m
最大幅： …………………2.812m
吃水： …………………0.400m/2.000m
　　　　（バラスト上げ時／バラスト下げ時）
エンジン： …………200馬力船外機（Y-Z200N）
排水量： …………………2.415トン（軽荷）
排水量： …………………3.126トン（計画　DWL）
機走速力： …………………30.0ノット（軽荷）
機走速力： …………………27.0ノット（計画）
バラスト： …………………600kg
セール面積： …………………35.0㎡

図-14　「MS-30」の帆装図

で直線的に上がる傾斜面となっている。滑走面の後端のステップと船外機のロワーユニット（水に入る部分）の間が離れているので、滑走中の縦安定が良く、船首を上げて高速向きの姿勢を取るときに都合がよい。船外機のセッティングを高くできるので、停泊時チルトアップすると船外機が完全に水から上がるので汚れの付く心配がない。

ただ、15〜20ノットの中速では船外機のスプラッシュプレート（図-9、キャビテーションプレートの上にあるしぶきよけ）から上の部分に水がかかり、しぶきを上げるので、これに対する配慮が必要である。船型はチャインから上の側板を丸く外に張り出していて（図-13）ヨット的な外観である。この部分は大傾斜の時の復原力を稼ぐとともに、ヒール時のトランサムの引きずりをなくし、船内の容積を大きくしている。

「MS-30」は帆走時の抵抗をさらに減らす工夫をしている。普通、大型のモーターボートには、トランサムの左右下端にトリムタブという可動式のフラップを取り付けていることが多い。この角度を変えることによって、滑走に入りやすくしたり、向かい波の乗心地を良くしたり、横風による船の横傾斜を修正するなど、走りの質を大幅に向上することができるから、大型モーターボートにとっては必需品だと言ってもよい。

「MS-30」は、このトリムタブのシステムをそのまま流用して滑走の質を上げるとともに、

低速時の抵抗をさらに減らそうと思うのである。図-11、12を見ていただくと、低速で走るときには後部船底にステップがない。そして、船底が2カ所で折れていて、前の折れ目はMS-24よりずっと前の方にある。この2つの折れ目の間が可動式のフラップの下面なのである。前の折れ目がヒンジになっていて後ろを下げ、フラップ面を船底の延長の位置にすると、フラップの後縁は大きなステップとなって滑走用の船型になる。フラップを上げた状態は帆走用で、船底が前の方からなだらかに上がってトランサムに達する。

したがって、ステップがないこと、折れが2つに分かれてそれぞれの折れ角度が半分になっていること、それに折れ初めの位置が「MS-24」より大分前進していることの3つの改良によりエリアカーブの形が良くなって、帆走時の抵抗はかなり改善されることだろう。

この船型はまだ模型テストを行っていないので、どこまで抵抗が減るか分からないが、今後時間をかけて改良を続けるのを楽しみにしている。フォールディングプロペラを使ったヨットには及ぶべくもないが、「MS-30」は帆走時にエンジンを上げてしまうので（図-14）、プロペラの抵抗はもともと受けない。したがっていずれは固定プロペラを付けたヨットと同等ぐらいの抵抗までは減らせるのではないかと期待している。

◢ 5) エンジンと機走

「MS-24」も「MS-30」も機走は文句なしに良いものにしたい。最高速度、乗り心地、凌波性ともモーターボートに勝るとも劣らないものにできるはずである。モーターセーラーを滑走させるには軽くて大馬力のエンジンがいる。幸いなことに最近は米国の排ガス規制に追い立てられて、4サイクルや直噴（※1）の2サイクルで、排気ガスがきれいでしかも燃費が大幅に改善された大型船外機が、日米で続々と発表されている。

こういった技術革新の成果を利用しない手はない。「MS-24」には100～120馬力の4サイクル船外機を1基、「MS-30」には200～250馬力の最新の船外機を搭載することを考えている。それによって軽荷では30ノット、重い状態でも25ノット程度の最高速度が得られることになるだろう。巡航速度を約20ノットとすると、波を乗り切るのに十分な余裕があり、長距離のクルージングにも不安はない。

船外機が大きいので、航続距離はやや短い。ただ最近の船外機は燃費が画期的に良くなっているので、「MS-30」でも300リットルの燃料で400～500kmの航続距離は確保できると思う。「MS-30」の場合、大きな船外機の隣に8馬力程度の低速で推力の大きい船外機（※2）を配置したいと考えている。もしそれができれば、低速で抵抗の少ない船型の強みを100％活かせる。その船外機で7ノットくらい出すことができるし、速度を5～6ノットに落とせば300リットルの燃料で2,000kmもの航続距離が得られる。トローリングには最適だし大型船外機による航続距離の短さを補って、使い方の幅を広げることができるだろう。

ただトランサムには大型船外機、小型船外機、それにツインラダーが並んで、その1つ1つが皆チルトアップし、操舵するので、コントロール装置の立体的な取り合いが難しい。小型船外機は操舵をやめて、舵と併用することになるかも知れない。これは現物で工夫を重ねないと成功がおぼつかないので、今のところ夢として取っておきたい。

◢ 6) マスト、帆装、帆走

「MS-24」の帆装は普通のスループ（※3）で、「マクレガー26」と構成も性能も良く似たものになると思う。トレーラーで引くときには、1人でマストを倒して、デッキに固縛しなければならないとすると、マストや部品の軽いこの構成になってしまう。

それにしても「マクレガー26」はよく考えられた船で、参考にさせてもらうことが多かった。

「MS-30」の方には、イージーセーリングからオートセーリングまで頭に置いて、未来志向のマストを搭載することにした。高速モー

※1　シリンダー内に直接燃料を噴射して効率の良い燃焼ときれいな排ガスを実現する方式
※2　ヤマハFT8Dは減速比が2.92で、静止最大推力が108kg、電動チルト付きを選ぶことができる
※3　1本のマストと主帆、三角帆で構成される標準的な帆装

セーラーの機走にとって邪魔になるものが2つある。1つはバラストキールでこれは前に述べた通り完全に船内に引き込まなければならない。もう1つはマストおよびリギン（マストを支えるワイヤー類）である。機走に移るからといってマストを急に折りたたむ訳にはいかない。立てたままで走ると、結構これが邪魔な存在なのである。

昔、「MS-21」で走っているときの経験では、20ノットを超えるとリギンが風切り音を立てる。それに向かい風のブローが来ると、マストトップの空気抵抗でバウが上がり気味になる。したがって向かい風で滑走に入るのは苦しい。艇速20ノットと向かい風8m/sが重なると相対風速が18m/sにもなって、これはきつい訳である。しかし機走を快適にするには、この問題とまともに取り組んで解決せねばならない。

その解決策として、「MS-30」のマストはリギンのないセルフスタンディングマストにした。こういったマストには前例がある。古くは、ウイッシュボーンブーム（※4）付きの太いマストを2本立てた米国のフリーダムシリーズがある。この船はイージーセーリングと高性能でよく売れた船である。最近では、ニュージャパンヨットの瓜生社長とグループ・フィノの合作といわれるルー・ド・メール23の太い円断面の回転マストがある。今回はルー・ド・メールをお手本にさせて頂いた（図-15）。

このマストは円断面で、そしてリギンがないからマスト自体は大分太く、このマストにセールを巻き取ることでリーフ（縮帆）とセールの片付けが両方できる。メインシートとファーリングロープ（※5）だけでセールのコントロールができるイージーセーリングの1つの典型であろう。舵誌「タダミのマイフェバリットボート」でお馴染みの高橋唯美さんの船評（舵誌1999年5月号）はべた褒めで、リギンがないから釣りにも理想的な船だそうである。

ルー・ド・メールは最高速12ノットだから問題ないだろうが、太い円断面マストはもし20ノット以上で機走するとやはり空気抵抗が大きいことだろう。そこで私はこの断面を流線型にすることにした。カーボンファイバーの回転マストを1本もので流線型断面に作るのは容易でない。どうも成型に自信がないので、まずはデッキから上は流線型、デッキの下は円断面という2本継ぎの構造で考えることにした。

私は漕艇のオールの空気抵抗を減らす研究をしたことがあるので（第3章）、その資料を図-16で見ていただこう。スピードによって抵抗係数の変化する様子が分かる。スピードの速いときは厚比（※6）50％で大きく抵抗が減るが、スピードが遅いときには空気の粘性の影響が大きいために厚比を25％にしないと十分な効果が得られない。

さらに風洞実験の結果（図-17）によれば、直径5cm、長さ70cmの丸棒（オールの一部）を立てて5m/sの風を当てると、150グラムの空

図-15 ルー・ド・メールの帆走（右）と機走
出所：KAZI誌97年12月号

主要目
全長：7.05m
全幅：2.50m
船体重量：1,800kg
バラスト重量：400kg
総トン数：＜5GT
セール面積：26.0㎡
機走速力：12ノット（最高）

※4　ウインドサーフィンの乗り手が掴まっている環状の帆展開フレーム
※5　主帆のコントロールロープと帆の巻き取りロープ
※6　流線型断面の長さに対する厚さの比率

第16章 高速モーターセーラーの構想

図-16 オールとシャフトの厚比、風速と抵抗係数

アメリカズカップの日本艇のために行った風洞実験で得られた「マストを支えるロッド類の抵抗測定結果」をオールの整形の寸法に引き直したものである

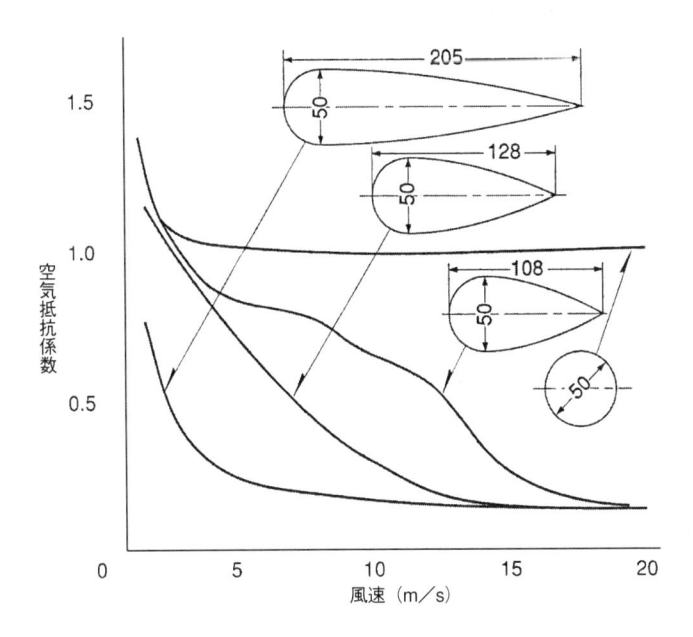

図-17 オールのシャフトに流線型覆いを付けた効果

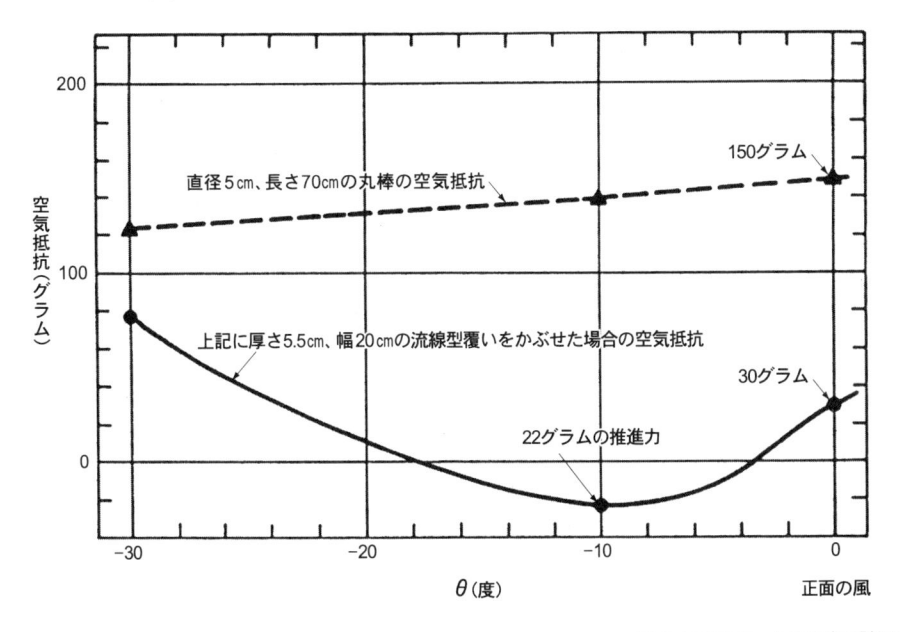

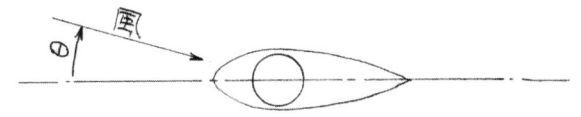

- 直径5cm、長さ70cmの丸棒の空気抵抗 … 150グラム
- 上記に厚さ5.5cm、幅20cmの流線型覆いをかぶせた場合の空気抵抗 … 30グラム
- 22グラムの推進力

記：上記は30km/hの風速で計測した結果である。この風速は艇速（20km/h）とオールを水から出して、次に入れるまで空中を進行方向へ動かす速度を加え合わせたものである。

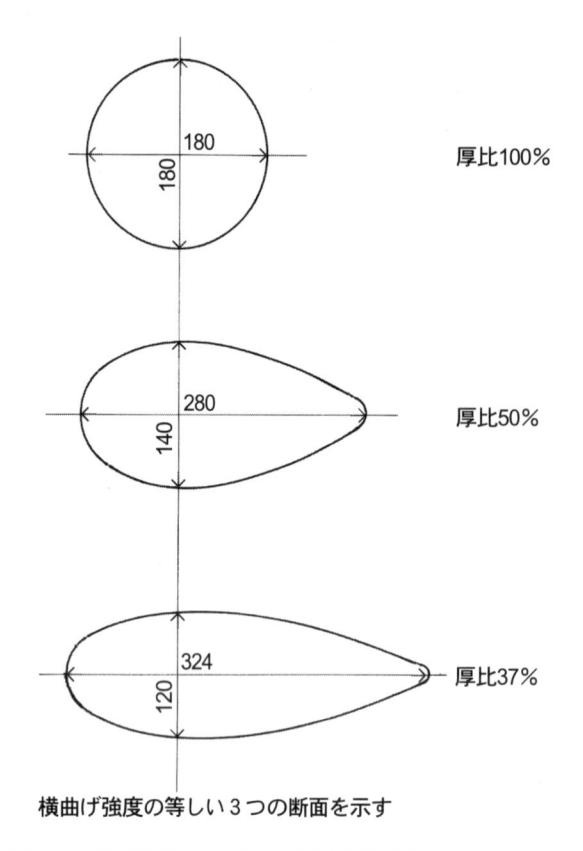

横曲げ強度の等しい３つの断面を示す

図-18 円断面マストと流線型断面マスト

気抵抗があるのに、厚比25％の流線型カバーをかけると抵抗は30グラムと５分の１になる。そしてもし空気の流れの方向が流線型の正面から10度ずれた、いわば横風成分の入った場合には何と抵抗は消え、逆に22グラムの推力が発生する。この結果は風速が8.3m/s（17ノット）のときのもので、今回の場合は艇速が10〜15m/s（20ノット〜30ノット）、それに向かい風が加わる高速の場合なので、もう少し断面の長さを減じても抵抗は十分少ないのである。

流線型断面にした場合、同じ強度を与えるとすれば円断面より厚さを減らせるので、円断面なら根元で直径180ミリの所を、厚比50％の140×280ミリの流線型にするか、37％の120×324ミリにするか迷っている（図-18）。

この場合のマストの抵抗を見積もってみると、相対風速30ノットの場合、円断面に対して厚比50％の流線型断面は抵抗が17％、厚比37％の断面は６％まで減ってしまう。そして横風が入ると抵抗はさらに減って、わずかながら推力さえ得られる。さらにリギンが一切ないのだから、このことによって機走中のマストの悪影響は解消できると思う。しかし、停泊中のマストの抵抗は気になる。幅が30cm以上もあるマストに横風が当たるとヒールモーメントは馬鹿になるまい。特にバラストキールを引き上げているときには横風で大分揺れが大きそうだ。方向安定板を取りつけて、マストが何時も風の方向を向くようにすることも考えてみたが、それもメカが複雑でうまくいくかどうか試してみないと分からない。したがって今の時点では無難な厚比50％の断面で考えることにした。この太いマストに発泡材を充填しておくと、浮力が200kg近くあって、とても頼もしい。マストの浮力は、傾斜角120度から140度で復元力を大幅に増すので、復元力喪失角度は160度に達する。普通135度を超えれば良い方なので、これは安全性のうえで素晴らしいことで、短時間でも逆さの状態で止まることはあり得ない。

マストの回転は電動で行いたい。左右への自由な回転と角度の微妙な調整がしたいからである。操縦席へロープをリードする面倒もない。そしてもし電動が利かなくなった場合にはバウデッキまで行って操作をすることで良いと思う。メインシートの出し入れも電動ウインチを使いたい。運転席のペダルでコントロールする方式が良い。セーリング中の電気の使用は多いが、大型船外機の発電機は500ワットもあるし、バッテリーも大きい。それに太陽電池を利用するようにしたい。船を使っていないときに充電してくれるからバッテリーの持ちが良くなるし、充電の心配をすることがほとんどない。

次にセーリング時のマストのコントロールについて考えてみよう。ものぐさのセーリングは図−19のごとくマストを前に向けたまま走る。

進行方向 ←

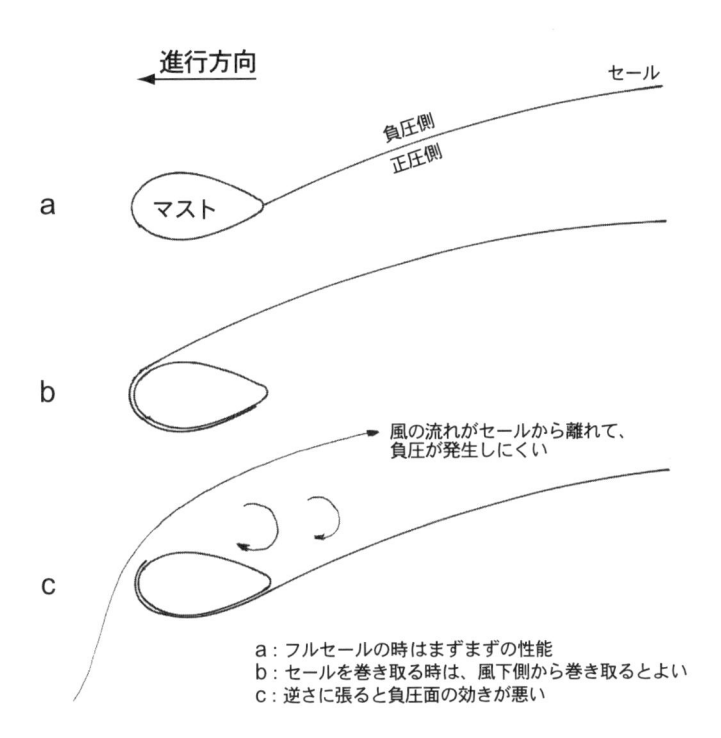

セール
負圧側
正圧側

a　マスト

b

c
風の流れがセールから離れて、負圧が発生しにくい

a：フルセールの時はまずまずの性能
b：セールを巻き取る時は、風下側から巻き取るとよい
c：逆さに張ると負圧面の効きが悪い

図-19　ものぐさのセーリング
（マストは前を向いたまま）

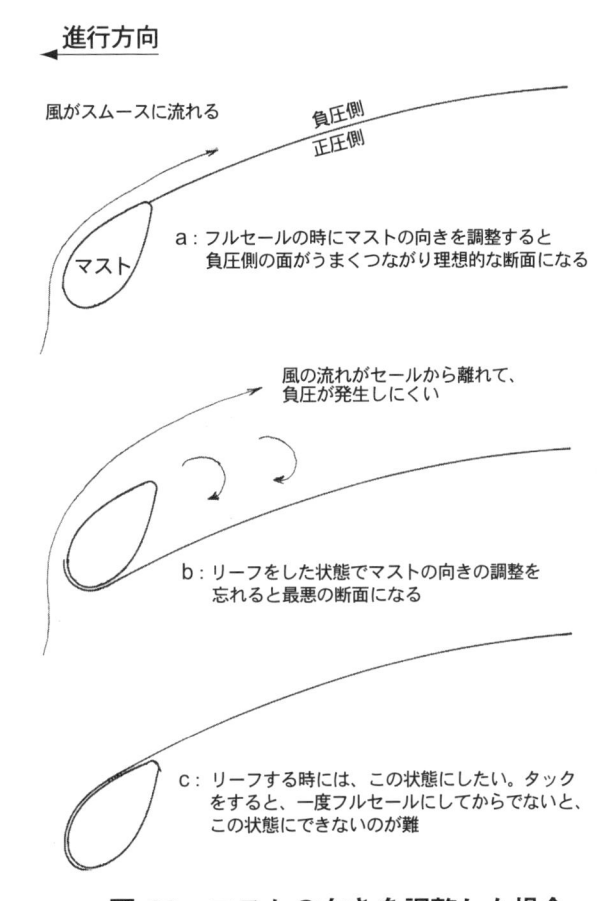

進行方向 ←

風がスムースに流れる
負圧側
正圧側

マスト

a：フルセールの時にマストの向きを調整すると負圧側の面がうまくつながり理想的な断面になる

風の流れがセールから離れて、負圧が発生しにくい

b：リーフをした状態でマストの向きの調整を忘れると最悪の断面になる

c：リーフする時には、この状態にしたい。タックをすると、一度フルセールにしてからでないと、この状態にできないのが難

図-20　マストの向きを調整した場合

リーフしてマストが風下になったケースは余り感心しないが、(図-19c) 気にしないときはこのままで良いだろう。一方、セールの向きに合わせてマストを調整したとき (図-20)、この場合の性能は素晴らしいものがあるだろう。参考に図-21を見ていただきたい。マストがいかにセールの性能をスポイルするかが良く分かる。そしてMS-30は、マストの向きを調整することによって、図-21のaに近い性能が得られるものと考えている。それは船型のマイナスを大幅に取り返してくれるのではなかろうか。た

だ、リーフ状態で両タック（左右からの風）にこの状態を保とうとすると、一度フルセールにして、もう一度逆回しでセールを巻き取らなくてはならない。これがいささか面倒である。

7) イージーセーリング

私の考えるモーターセーラーのセーリングは、レースをしたり、荒天下をグアムまで頑張るようなものではない。恰好のセーリング日和

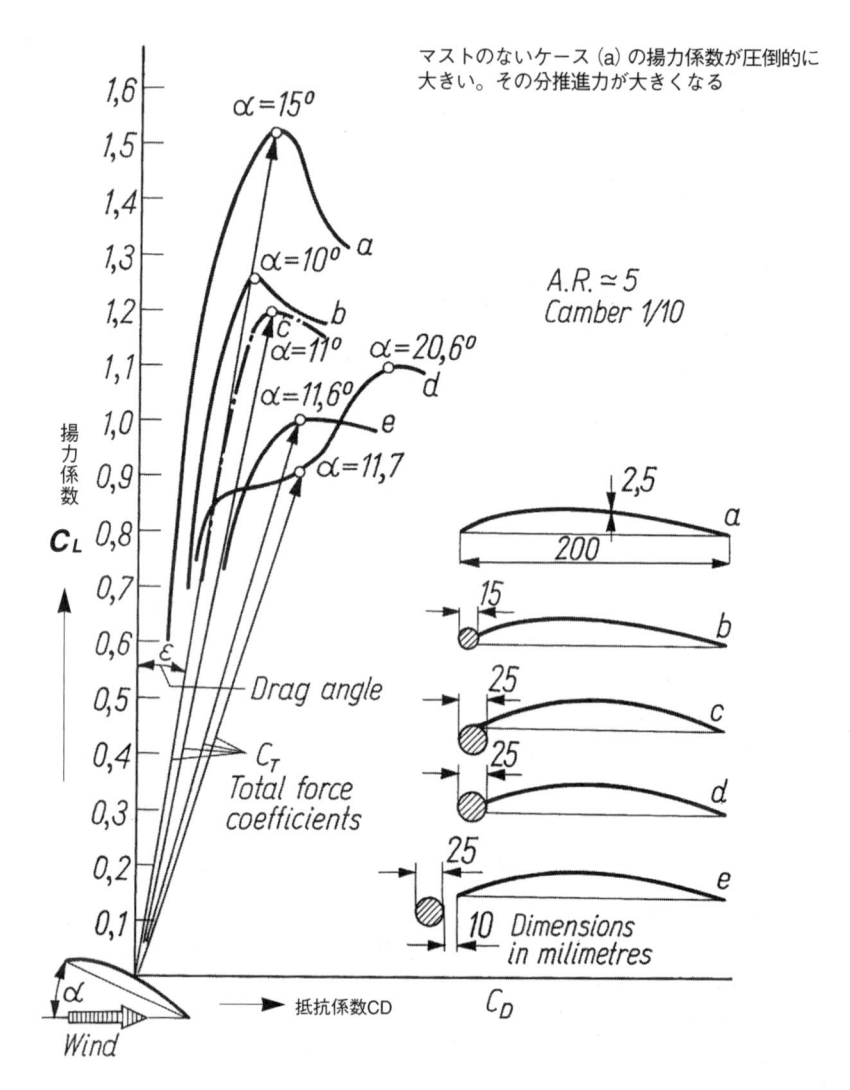

図-21 マストとセール性能の関係
出所：Sailing Theory and Practice　C.A.MARCHAJ

に食事や釣りをしながら人生のもっとも快適な部分を楽しむためのものである。それが多くのユーザーの望みであると思う。モーターボートは残念ながらそういった楽しみが思うようにできない。昔、「ヤマハ30C」で帆走した後はセールを外していた。ジブとメインを畳むその面倒が、年のせいかとてもやっていられなかった。その後ローラーリーフを付け、メインセールをブーム上で畳めるようになって、事態は急速に良くなった。私はティラーの付け根にオートパイロットと手動操舵の切り替え装置を付けて、ティラーの先を持ち上げてバックステイに吊ると自動的に手動操舵の縁が切れてオートパイロットが利くように、またティラーを落として普通の位置に戻すとオートパイロットが外れて手動に切り替わるようにした。普段はティラーが上がっているので、コクピットが思いきって広く使えてありがたいし、着岸する時にあわてて切りかえる仕事がなくなってこれは実に便利だった。

1991年には、オートセーリングシステムと称して、「フィロソファー」にボタン1つでセーリングができる装置を付けて、ボートショーに展示したこともある。簡単に説明するとフィロソファーにはセンターボードやキールがないから、まず帆走用の10馬力の船外機を半速で回して、約3.5ノットで前進させる。そうしておいて風上から45度以上落とした方向に船首を向けてキースイッチをオンにすると巻き取ってあったセールが出てきて、自動的に風向、風速にふさわしいセール面積とセールの開きに落ち着くのである。

一方、MS30はバラストキールがあるから、乗り手は横乃至追いの風を受けてキースイッチをオンにするだけでセーリングに入れる。その後は行き足が付くのを待って、風上から左右45度の範囲以外に向けて帆走することができる。すなわち、舵だけでセーリングを続けることができるのである。このとき考え方はすでに完成していたと思う。残念ながらロープの巻き取り装置の能力が十分でなかったために、セーリングのできる風速の範囲が限られていて商品化までいけなかった。しかしこれはメカの問題で、時間をかければ当然解決できる課題である。したがって早晩、実用化される装置であると思っている。

ヨットには乗りたいが、今さらセーリングの勉強をするのは嫌だ、というお年寄りは少なくない。その人たちを見ていると、「MS-30」のような船なら乗る気になるのではないか。それにモーターボートユーザーの将来の夢のボートとしてもふさわしいと思うのである。セーリングの面白いところを失うと心配する人があるが、セーリングの技術を楽しみたい人は今までの船に乗ればよい。その人たちもやがて年を取って、大きなヨットに楽に乗りたいということになると思う。気象条件の悪いとき、それは潔く機走をすればよい。そういった狙いの船として私は機走性能が十分頼りになる100％、帆走性能80％くらい、そしてイージーセーリングを十分達成した。できればオートセーリングの可能な船が当面の目標と思っているのである。

8）まとめ

1996年、ヤマハ発動機を70歳で退職したときに、いくつかのボートをその後の夢として描いた。高速モーターセーラーはその1つで、自分の乗る船として考えてきた。

「MS-24」は経済的に楽な船である。一方の「MS-30」は末永く楽しむ船として、すべての夢を乗せている。どちらにしようか？ その迷いが2隻の船になって表れた訳で、これからも少しずつ考え続けるつもりである。

「フィロソファー」のときには10年も考えて造った。今度も設計することを楽しむつもりだから、本当に造るかどうか、どちらを作るのかも今後の問題である。長いこと考えていると、その間にグッドアイデアが浮かび、機材の進歩もある。エンジンの技術開発も進む、材料も変わる。それぞれを折り込んで船を育て、完成度を高めることがこれからの尽きぬ楽しみなのである。

17章

ソーラーボート「OR55」

　アメリカでは電動ボートがハーバー内や港内、河川などによく使われていると聞く。5～6ノット以下という低速が許されるなら、思い切って静かだし、そのレイアウトからいっても優雅な船である。一方、太陽電池のコストがだいぶ下がり、そして20年も使えるという。それなら電気ボートに太陽電池を付ければ、20年間燃料補給無しで走れる船ができると考えていた。たまたまそこへ毎日短時間ダムを見回るという船の引き合いがあったから、堀内研究室で試作を引き受け、ボートショーのテーマボートとした。

1）きっかけ

　1991年6月、ヤマハ発動機、東京事務所の原田雅範君から業務連絡が入った。建設省の荒川調整池用監視船を開発して欲しいという要請である。首都圏に近い都市の用水を管理する船として、特に無公害船であることが要求されていた。この要請は村越企画部長と環境担当の佐藤課長の手で検討され、会社として取り組むことが決まった。当時私はマリン本部長を務めていたが、船が特殊なので、開発を堀内研究室で引き受け、柳原　序君に担当してもらうことにした。

　公害問題の厳しくなったころだから、営業はこの種の要望が建設省所管のダム、遊水池及び水資源開発公団所管のダム湖などに波及するとみて、積極的に注文を取ろうとしていた。
要求性能の主なものは次の通りである。
定員：5～6名
作業：監視、見回りのみ
速力：片道4km程度を30分程度で見回りたいので約5ノット
外形：ロケーションにマッチしたもの

　3カ月後に第1次案を提出すること、また予算を1992年に取り、調整池の湛水が終わる2年後の1993年に就航が予定されていた。私はこの命題を時宜を得た良いテーマだと思い、柳原君と業務連絡に沿って構想を練った。

2）電動ボートの前例

　当時、すでに英国の運河では電動ボートが使われていた。まずその例を見て頂こう。図-1は〈サラダ・デイズ〉、FRPハルに、凝った細工のチークデッキとハウスを載せて、1900年代のデザインを模している。その時代には恐らく富豪が運転手付きのこうした船に家族や友人を誘って、英国の美しい運河の巡航を楽しんだものだろう。それが今再現されたのだが、船体は木からFRPに変わってメインテナンスフリーに、動力は電動モーターになって静かに走る。外見こそ昔と変わらないが、中身は大幅に進歩して、プラスチックとチーク、それに電動の素晴らしい組み合わせである。

　英国には古来、運河が多い。昔、物流に大活躍した運河が今は重要な船遊びのコースになっている。一度その運河の地図を見たときには驚いた。まるで網の目のような運河網が英国中に張り巡らされて、運河沿いに行けないところな

図-1 〈サラダ・デイズ〉
出所　RIVER BOAT誌 A MOTORBOAT MONTHLY PUBLICATION, AUGUST 1991

どないように見える。その地図はあたかも英国がばらばらに割れたかわらけのように描かれていた。それらの運河はテムズ川とも接続していて、要所要所の閘門（※1）を自分の手で開閉しながら水位の高いところにも低いところにも行けるのである。

特にナローボートと称する幅が狭くて細長い、電車のようなプロポーションを持った運河専用のクルーザーを家族で安く借りて、運河沿いに数日から数週間のクルージングを楽しむ、ということがごく普通の遊びとして生活にとけ込んでいる。イギリスのボートショーに行けば、こうしたチャーターボートの業者やパンフレットなどに嫌でもお目にかかる。私はごく一部しか見たことがないが、運河沿いの風景が自然を残して素晴らしい。英国には運河を愛し、自然を残すとともに保全、復旧などに力を合わせる団体が多数あるという。さらには孤立した運河をネットワークにつないで、クルージングのコースを広げ、楽しみを大きくしようと努力する団体もあるらしい。そういった運河だけの楽しみの船として、音の出ない、クリーンな電動船はまさに打ってつけと言えよう。

〈サラダ・デイズ〉のほかに、もう少し親しみやすい電動船もある（図-2）。こちらは21フィートの電動チャーターランチ〈アマデウスⅡ〉である。キャビアのカナッペとシャンペンを味わいながら、2夫婦で運河を大いに楽しんでいる様子である。この船もエドワード7世時代のスタイルというから、電動船にはクラシックスタイルが似合うものらしい。サイドカーテンと全長のオーニングを付ければ冬も楽しめるそうだ。

図-2 〈アマデウスⅡ〉
出所　RIVER BOAT誌
A MOTORBOAT MONTHLY PUBLICATION, AUGUST 1991

※1　二枚組になった水門の間に船を入れ、行きたい方の水門を少し開けて水位を揃え出てゆくことで、水位の違う水面に移るシステム

図-3 「ダッフィ18」

　アメリカの例もある。こちらは日本に輸入された「ダッフィ18」(図-3)、18フィート8人乗りの電動ボートである。〈アマデウスⅡ〉と比べてみるとよく似ている。排水量型の船型で、同程度のスピード、ほぼ同じような使い道を想定すると、良くできた船なら同じようなレイアウトになるのは自然なのだろう。私たちの船も考えるほどに似たような船になってきた。

　我々の場合、太陽電池とバッテリーを組み合わせて走ることを考えた。その点は上記の船と大きく異なるのだが、〈アマデウスⅡ〉や「ダッフィ18」のようなオーニングは太陽電池の搭載にむしろ好都合で特に形を変える必要もない。

　「ダッフィ18」タイプの船はアメリカでマリーナ回りなど、ゆったりしたボート遊びに使われているのを見たことがある。直射日光を遮り、水面を渡ってきた涼風に肌をさらす、いかにも気持ち良さそうなレイアウトである。この種の船は電動モーターで推進するから音は低い。船首波の巻く音がチョロチョロと小さく聞こえる程度で静かに走る。もちろんトランサムで巻く波音もない生粋の排水量型ボートである。そのスピードに合わせて、クラシックな形に整えてあるから、なかなか優雅な風情で写真を見ているうちに乗ってみたくなる。特に紳士と淑女が食事を楽しみ、岸の豪邸を眺めながら音もなく水路を進む姿、これは絵になる。

　電動ボートは日本でも使われた実績がある、ただこちらは使い方がまったく違っている。遊園地の貸しボートとして、囲われた小さな水面をぐるぐる回る乗り方で、船も2人乗り程度の小さなものだ。公の水面に出る場合には免許や検査のいる動力船に分類されるので、貸しボートとしては成り立たない。したがって運行が私有の小さな水面に限定されるのである。そして電動ボートについていつも言われるのが充電の面倒さである。数あるボートを1隻1隻桟橋に持ってきて、長時間の充電をするのは確かに面倒な作業に違いない。特に風の強い日などは泣かされることだろう。バッテリーは過放電をするとすぐ駄目になる。重い大きいバッテリーを船から揚げたり降ろしたりする肉体労働も大変なら、経済的な負担も馬鹿にならない。だから充電の負担を最小限にしなければ、実用価値は大幅に減殺される。欧米の使い方の中でも、恵まれた人は愛する1隻を自宅の桟橋につないで、舫いを取るときに同時に充電用の電線を接続すれば何の面倒もない。この場合、充電は負担にならないといってよい。ただそういう桟橋のある裕福な家はごく限られている。恵まれた環境にない人が電動ボートを使おうとすると、日本の貸しボートと同じように、面倒な思いをすることだろう。それが電動ボートの普及を妨げているのだと思う。

3）太陽電池の利用

調整池の監視船の話がくる3年ほど前に私の船〈波照間〉が進水して、そのバッテリーの保全のために小さな太陽電池を使っていた。その気楽なこと、バッテリーの揚げ降ろしはなくなり、充電のレベルを心配することもなくなって、遂にはバッテリーのことは忘れていられるようになった。その後、バウスラスター（※2）を搭載する段階になって、電源の確保に悩み、結局200アンペアも使う動力のバッテリーを船首に積み、わずか6ワットの太陽電池で充電してこと足りたから、太陽電池の有難みを満喫することとなった。

したがって電動ボートの充電にも太陽電池を使いたかったが、貸しボートのように稼働時間の長いものは、太陽電池の充電が追いつかないから使えない。そんなところへ調整池の監視船はちょうど良い話である。1日の稼働時間が短いので、太陽電池を生かすにはピッタリの船だった。

柳原君はまず東京地方の日照の統計を調べて、船に積める太陽電池でどれほどの電力が得られるものかを調べた。その結果が図-4にある。55ワットの太陽電池10枚を水平に並べたとして、1日あたりの取得電力は5月が最高の2443w/h、12月が最低の989w/hである。

当時から、太陽電池は20年持つと言われていた。バッテリーの方はそうは持たないが、使用感覚としては、20年間燃料補給なしで走り続けてくれる船ができる。水を汚染せず、音も立てず粛々と走る、風景にとけ込む優雅な姿なら、これは素晴らしい。

4）見回り船の計画

監視船というと、いかにもいかめしい名前で、優雅な船には似つかわしくないと思っていた。そのせいか私たちの中ではダムの見回り船と呼んでいたように思う。この船の開発番号は「OR55」と決まった。

低馬力のモーターで走るために、船型は排水量型になる。一方、小船ゆえに腰の強い船型が必要だ。そうなると頭に浮かぶのはローボート

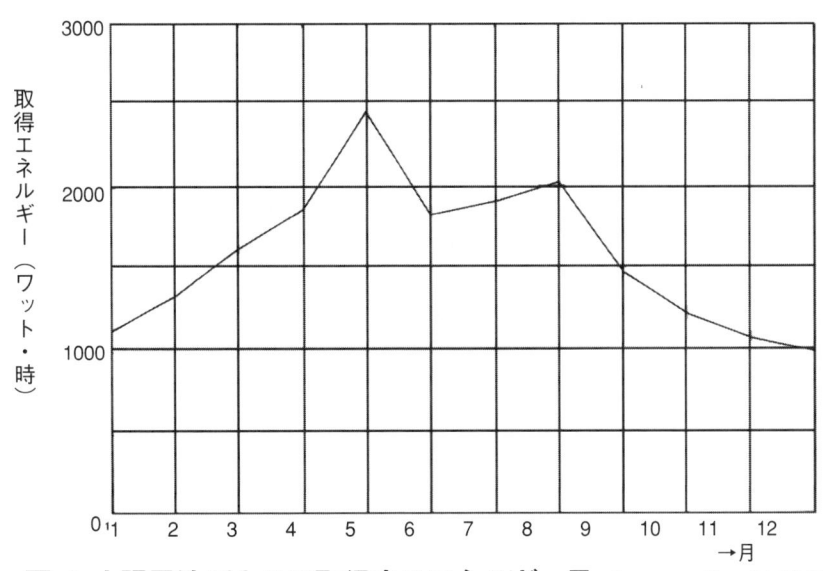

図-4　太陽電池が1日に取得するエネルギー量（55W×10枚、水平設置、東京）

※2　離着岸時に船首を横に振るための電動推進器

図-5 ローボート

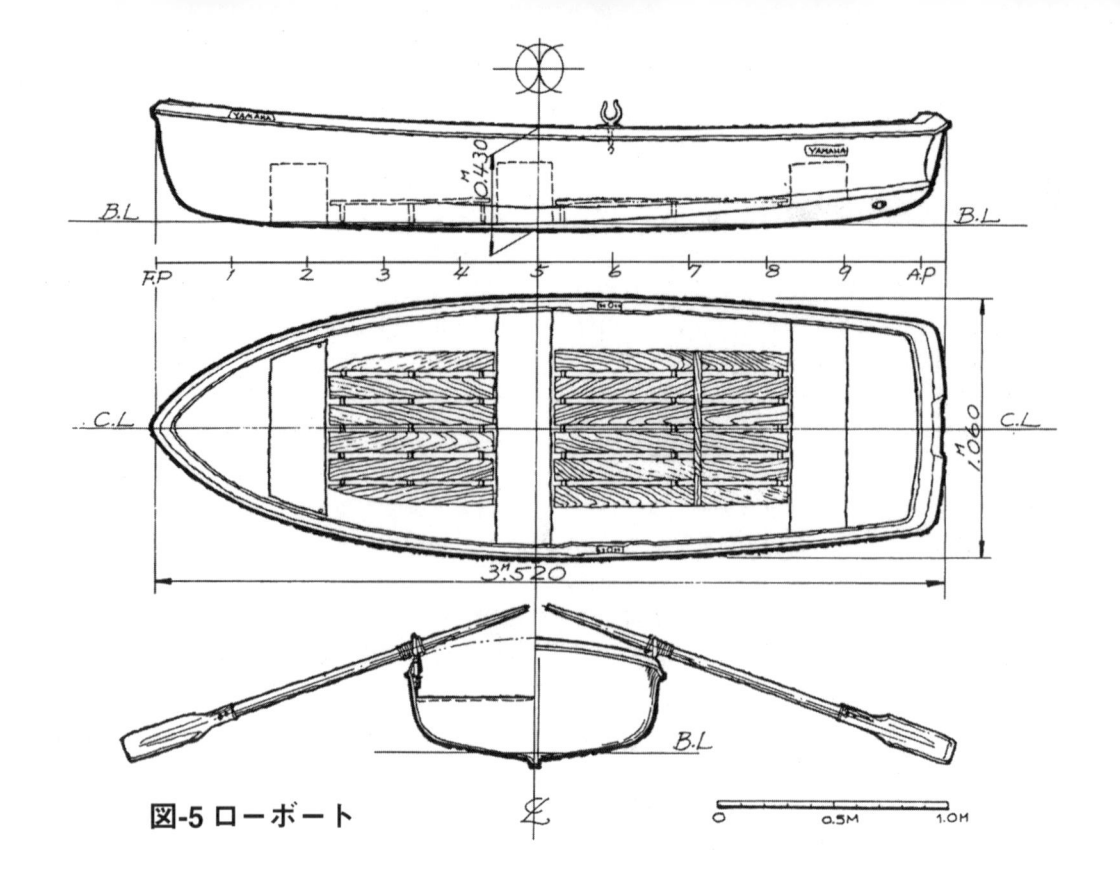

の船型である（図-5）。1960年頃、ローボートの重さが50～60kgで、しかも腰の強い船を得るために随分苦労をした経験がある。そのとき、結局行き着いたのはディンギーの船型だった。

ディンギーのトランサムは広く取ってあるが、そこは水面上にある。傾斜するとすぐに後まで側板が水に着いて、幅の広い船体の腰の強さが現れてくる。その形を応用したのがローボートなのである。ヤマハ発動機ではこのローボートを6～7万隻も作ったから、どこの遊園池でも見る機会があると思う。

我々はローボートの船型を出発点として船型を絞り込んでいった。シアー（側面から見て、舷が前後でそり上がった形）の付いた、おっとりした姿である（図-6）。もう1つ、船の大きさのわりに動力が小さいので、風で動きが取れなくなったり、離着岸が難しくなったりすることのないように、キールを下に張り出してスケグにつなげた。後部では特に面積を大きくして方向安定を良くし、風流れを抑えるようにした（図-7）。

並行して進めてきた水槽実験の結果、4ノッ

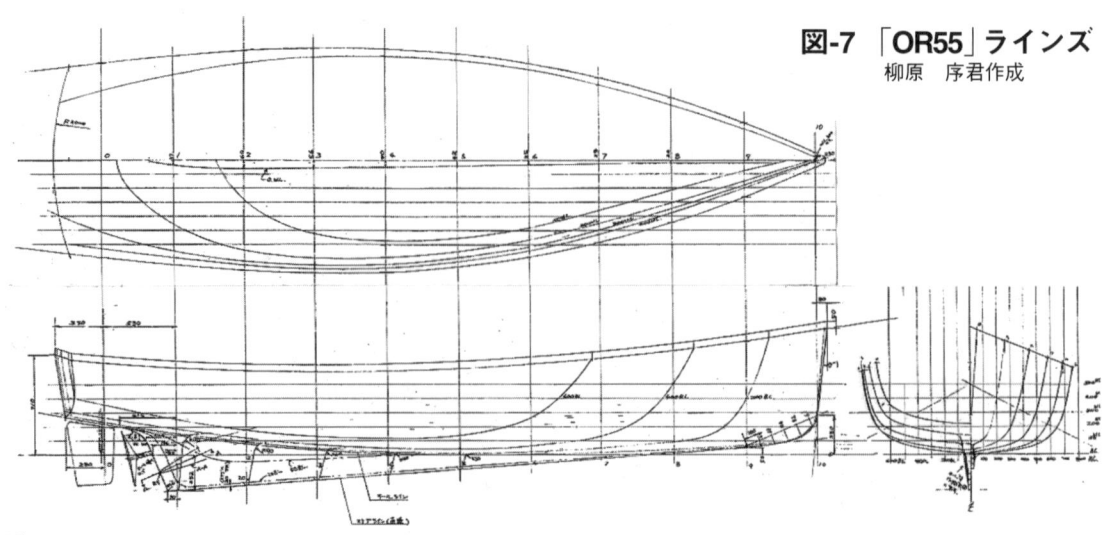

図-7 「OR55」ラインズ
柳原　序君作成

第17章 ソーラーボートOR55

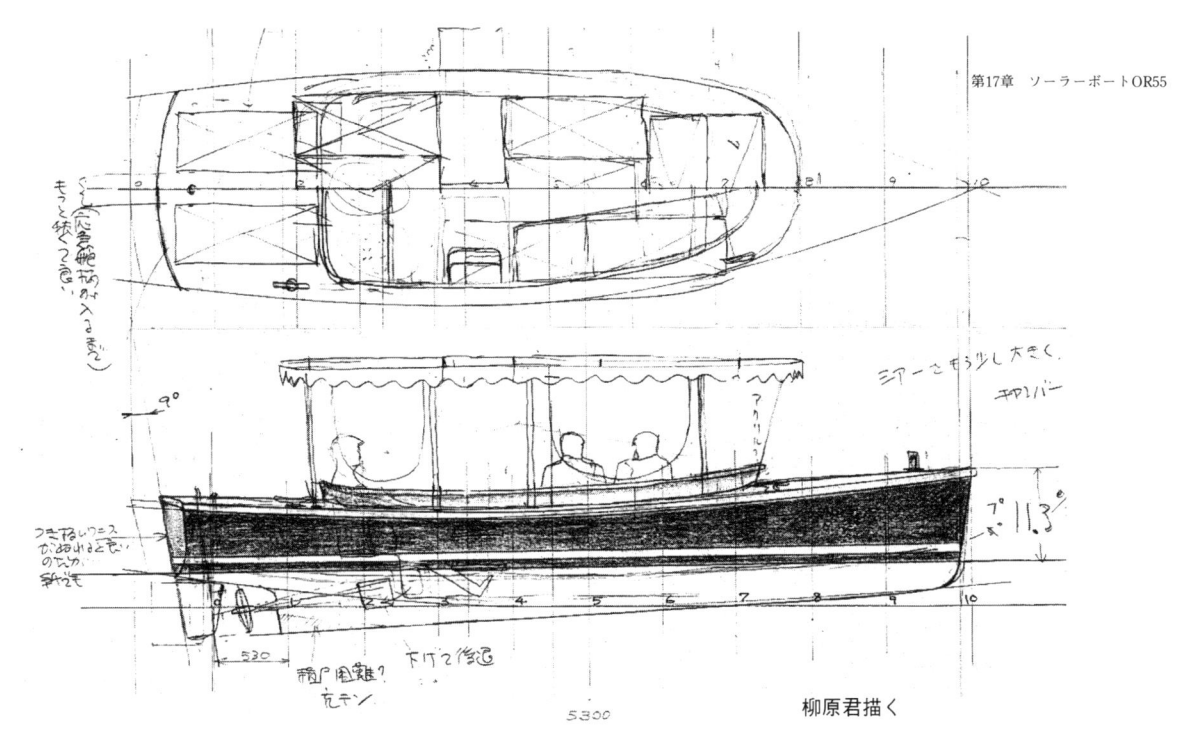

図-6a 計画図

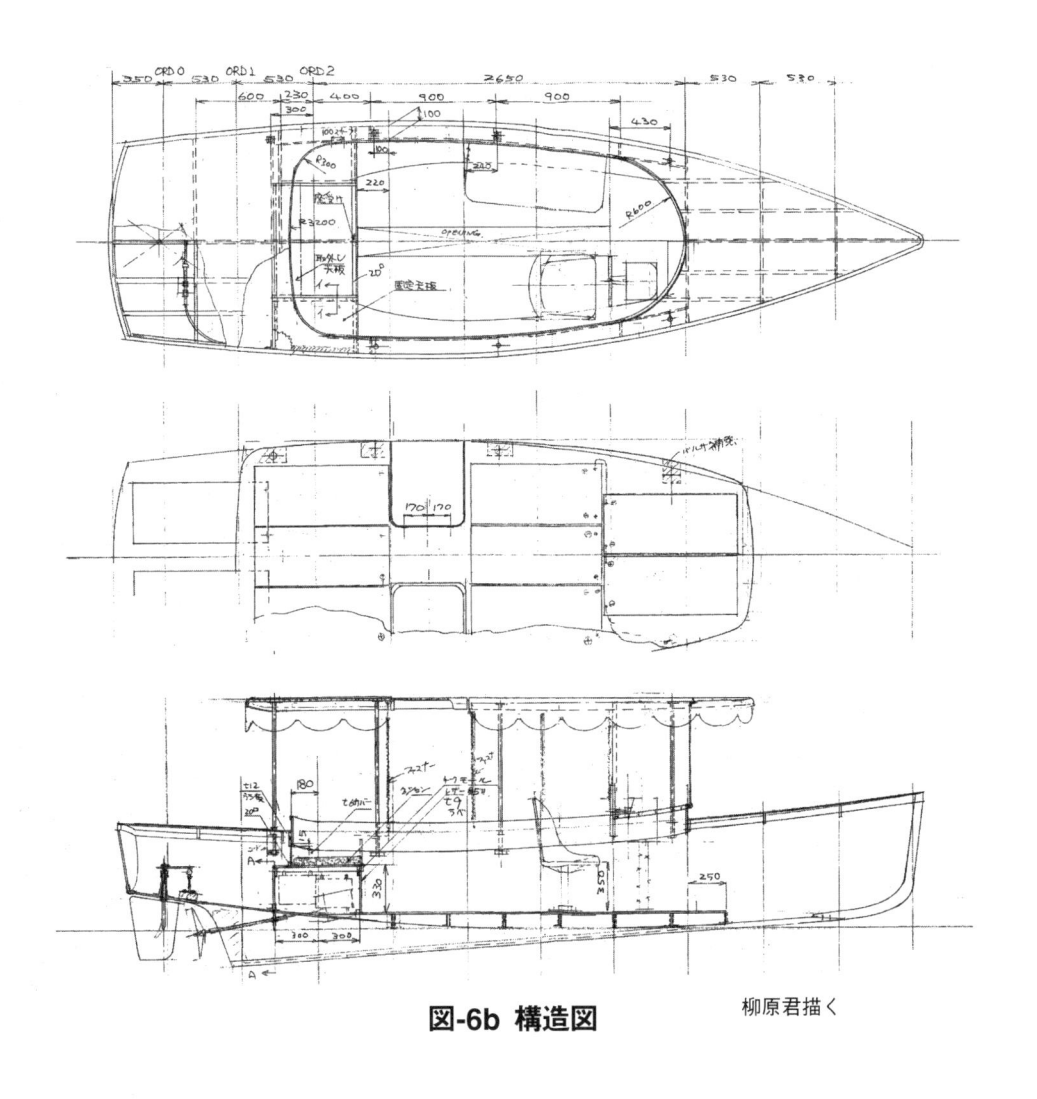

柳原君描く

図-6b 構造図

柳原君描く

257

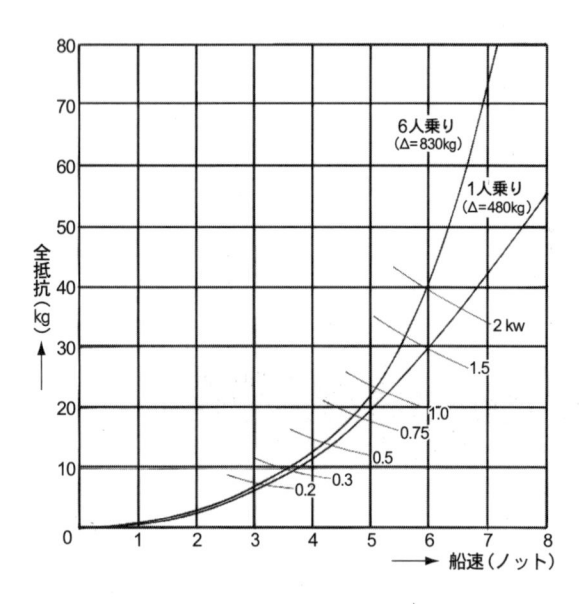

図-8 抵抗と必要軸出力
6人乗り、1人乗りの場合の抵抗とそれぞれの状態、速度に必要なモーターの軸出力を示す。ただし、プロペラ効率は60％としている

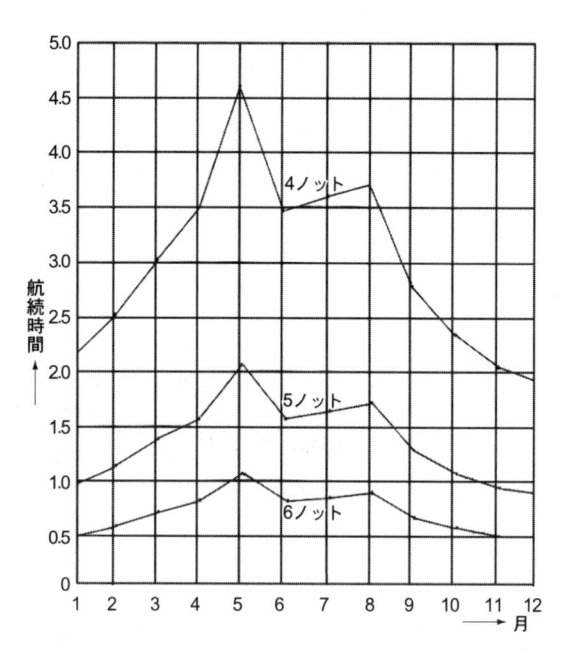

図-9 1日に走航可能な時間と速度の関係を月毎に示す

ト、5ノット、6ノットで走るときに必要なモーターの出力はそれぞれ0.4kw、0.9kw、1.75kwであることが分かっていたから（図-8）、それぞれの速度で走った場合に1日何時間走れるかは求められる。その結果が図-9に示されている。

モーターは、ヤマハ発動機が米国用ゴルフカーに使用しているGE製の2kwのものを使おうとしたが、なかなか思う仕様のものが手に入らない。結局これは諦めて、ヤマハの電装技術の方で開発の進んでいた120ボルト、最大2kw/1000rpmのモーターを使った。

プロペラはかもめプロペラの既製品を使い、太陽電池としては、シャープのNT774という既製品のモジュールを使うことにした。950×420mm、55ワットのものが13万円、それが10枚で合計130万円で、原価の中の少なからぬ部分を占める。したがって、ソーラーボートとともに、太陽電池を積まない電動ボートも商品として同時に考えておく必要がありそうだった。

この船を気楽に放置できる船とするにはコックピットに全天候のカバーをかけ、屋根の上には太陽電池を並べなければならない。こうして形を整えて行くと、前述の欧米の電動ボートと似たような形になる。ただ屋根に太陽電池が並んでいることで、性能や使い勝手はまったく違ったものになっているはずだった。

ボートショーを目前にして、試走試験が行われた。3名が乗船して8m/sという強風の中、速度、電力消費、操縦性などが計測された。6ノットの最高速力、5ノット、4ノットでの消費電力もほぼ柳原君の計画通りであることが確認された。大きなスケグが効いて、風の中の取り回しも良く、排水量型の船としての完成度は高かった（図-10）。要求性能では、1日に30分走るという話だったが、4ノットで走るなら、例え毎日2時間ずつ走っても充電の時間は十分にある。5ノットでも1時間は走れる。もちろん曇りの日も雨の日もあるが、それをならして1年中充電をしないで済むことも柳原君は確認した。

ただ12月だけは少し及ばないので、その分スピードを落とす必要がある。いずれにせよ建設省の要求を十分満たすものであった。

図-10 ソーラーボート「OR55」 主要目

全長：	5.73m
全幅：	1.60m
深さ：	0.65m
定員：	6名
軽荷排水量：	410kg
満載排水量：	830kg
最大速力：	約6ノット
巡航速力：	約5ノット
主機：	直流電動モーター36V
モーター定格出力：	2.2KW/2450RPM
プロペラ：	380φ×260P×2
	展開面積比 23%
プロペラ回転数：	700RPM
太陽電池出力：	550W
減速比：	1/2.5（ベルト）

5) 1992年の東京ボートショー

〈サラダ・デイズ〉のように「OR55」も見かけが重要である。スピードは遅くても造りが良くて、思わず乗りたくなるような魅力が欲しい。試走を終えた船はチーク張りのデッキと真紅の船体をぴかぴかに磨き上げた。いつもFRPの型ばかりで役不足をかこっていた試作工場の腕利きが、腕によりをかけて、この船を見事な木船の造りに仕上げてくれた。

当時、ヤマハ発動機は毎年テーマを決めてボートショーのときに意欲的な作品を提示し続けていた。この年のヒロインは、このソーラーボート「OR55」であった（図-11）。展示、仕上がりともそれに相応しい出来上がりで、私は大いに満足した。それまでスポーティーな船の展示が多かったヤマハ発動機のブースは、この年に限りおっとりと静かな船を中心に据えていた。幸い形もコンセプトも好感を持って迎えられ、展示中の反響は静かだが、確実に聞こえて来た。建設省の話が継続しているほか、潮来町の運河遊覧船として使いたいので、あやめ祭りのときに展示運航してほしいとか、ゴルフ場に橋を架ける代わりに、この船を使いたいとか、大阪の花の万

図-11 東京ボートショーで人気を呼んだソーラーボート「OR55」

博の折に池の清掃用としてソーラーボートを使いたいとか、それぞれアイデアを盛った話に目を白黒させたものである。しかしそれでも個人用に使いたいという話は遂に聞かなかった。これも日本の特異な事情なのであろうか。

6）騒音、そのほか

ボートショーの展示は良かったが、この船には重大な問題点が試走のときに指摘されていた。ほとんど音のしないはずの電動ソーラーボートが、がたがた騒がしいのである。その音は軸系もしくはプロペラから出ていて、静粛を売り物にしたいこの船を台無しにしていた。ボートショーが終わって、本格的に音の調査が始まった。2翼のプロペラがいけない、チップクリアランス（プロペラと船体の間の隙間）が少ない、といった指摘があったが、柳原君は結局16ミリ径のシャフトを22ミリ径に換えるほか、細かい対策を積み上げて解決した。

モーター及びコントローラーも電装技術の開発途上のものを使っていたが、電圧が高いので感電が心配だったし、コストも分からなかったので、ゴルフカーや電動ボートに一般的に使われているGE製の36ボルト、2.2kw/2,450rpmのものに変え、ベルトドライブで回転を1/2.5に減速して、プロペラを駆動した。そして、オーニングの不具合点なども直して、「OR55」は完成した。

7）その後

潮来町の商工会議所青年部の、全国に先駆けて斬新な船を造りたい、櫓船に代わる自然に優しい動力付きボートを導入したいという方針に従って、1992年6月には潮来あやめ祭りの最中に「OR55」を持ち込み、約2kmの距離を実際に運航して、ソーラーボートの適性を調べた。

1992年のボートショー以後元気だった商談が、夏を過ぎて思うように進まなくなった。潮来町の場合も昔からの櫓船のような形を残したいとか、定員12名程度の大きなものが欲しいとか要求が出ているうちに、「OR55」の話は立ち消えになった。そして、建設省の無公害監視船の話も、建設省としては進めたかったようだが、遂に予算が付かなくてお流れになった。この頃から、バブル崩壊の影響はますます深刻さを増したのであろうか、今まで元気の良かったほかの商談もだんだん力がなくなってきた。それでもヤマハ発動機では新時代の商品として、ソーラーボートを定着させるべくシリーズを開発して、広く販路を開拓する計画を立てるなど大きな努力を払ってきたのだが、力尽きてソーラーボートの商品化は夢となってしまった。唯一実現したのが大阪の花博会場に納めた清掃船である。これも小さな池には小さな派手な船を、ということで「OR55」とはならず、船長5mの双胴船「OR10」（図-12、13章参照）に太陽電池を並べた屋根を取り付けて一隻だけ納船した。

ソーラーボート「OR55」は、その後1995年になって柳原君とボート事業部設計の清水君がもう1度手を入れて、以来毎年中部電力の催しに参加するとともに、ソーラー＆人力ボートレースのときには試乗艇とプレスボートを務めて活躍している。そういったときに絶賛して下さる方が多く、この船の魅力を理解してもらえることを喜んではいるが、残念ながら日本ではなかなか普及が難しく、商売にも結び付かないものらしい。

8）将来への夢

こうして改めてこのボートを思い出してみると、この魅力的なボートはもっと使われてよい船のように思えてならない。前にも書いた通り、20年間燃料補給なし、日常のメンテもほとんどなしで走ることができる。数年に1度はバッテリーを交換する必要はあるかも知れないが、まことに安心して使える船なのである。

この先のソーラーボートの楽しみを思い描いてみよう。自宅の船着き場でコードをつなぐだけの充電設備を桟橋に持つ恵まれた人たちは電動ボートでこと足りるかも知れない。しかしそれはごく限られた人たちであって、残りの大多数の電動ボートに魅力を感じる人は太陽電池を

搭載することで幸せになることができる。ダムの見回り用のソーラーボートは1日の運航時間を制限することでノーメンテの船になったが、プレジャー用などウイークエンドユーザーの場合にも、平日に充電、ウイークエンドに放電という長いサイクルでノーメンテが実現できる。

例えば、週末ごとにほとんどバッテリーを一杯まで使っても次の週末までには回復するのである。「OR55」の場合、バッテリーを一杯に使えば、5ノットで5時間、4ノットでは11時間も走れる、とすれば週末の航続時間の制限はほとんどないに等しい。

現在はバッテリーの電気がどのくらい使われたかを表示するメーターがないので不便だが、電圧計を取り付けて、電圧で電気の残りを読むと大分助けになる。さらに最近のデジタルビデオを見ると、バッテリーの充放電状態が実に正確に表示される。今後はソーラーボートの場合も残存航続時間や太陽エネルギーの蓄積状態が自動車やボートの燃料ゲージ以上に正確に見られるようになると思う。

そういったメーターが得られるという前提があれば、充電、放電の様子が手に取るように分かって安心して走れるし、ユーザーの使い道に合わせて太陽電池の搭載枚数も、バッテリーの個数も細かく調整して予算に合わせ、あるいは追加搭載して性能を上げるなど自由自在な組み合わせが可能になる。用途の幅を広げるとともに経済的な負担を最小限に留めることができよう。

釣り船にソーラーボートはどうだろう。浜名湖では、数多くの釣り船がずらりと並んで岸に係留されている。高さの違う岸壁から船の舳先に乗り移るだけでもかなり難儀に違いない。燃料やバッテリーを持って乗り移るならなおさらだ。そこがノーメンテのソーラーボートならどんなによいだろう。

若い人たちなら、すぐスピードの不足を言いそうだが、年寄りの湖内の釣りには不足がなさそうだ。問題は価格だろうが、今の年寄りの人たちは金持ちだそうで、理想的な釣り船になら投資するのに躊躇はなかろう。だとするとこれから先、年とともに期待される船になるかも知れない。いや是非そうあって欲しいものだ。ひところ、ソーラーボートに情熱を注いだものとして、今後の発展を祈り、楽しみとしたい。

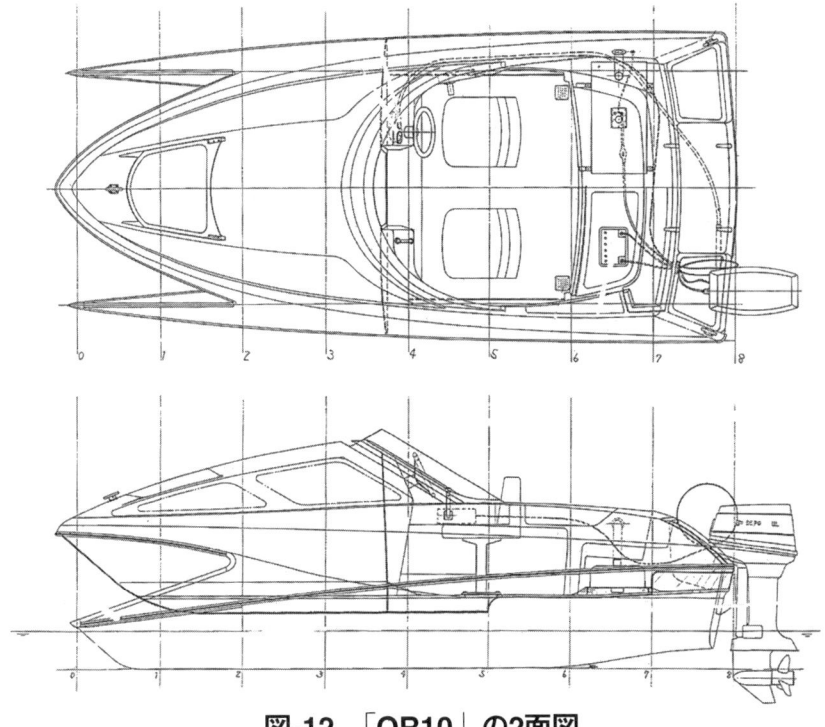

図-12　「OR10」の2面図

18章

「ツインダックス」の快走

　「ツインダックス」の構想（第2章）を読んだ東大の大学院学生が卒業研究のテーマとしてこのプロジェクトを取り上げ、ラジコン模型の水中翼ヨットを強風の浜名湖で疾走させた。その次の学生は実船を作って3m/sの風で翼走させた。左右の船体にそれぞれ独立の縦安定を仕込んだ、捻れ自由のカタマランレイアウトの成功である。しかし二人とも試行錯誤の繰り返しで、研究の発表直前に成功するという際どい卒業であった。難しいテーマであっただけに喜びもひとしおで、小生も心の底からほっとしたものである。
　今後は、より広い風速範囲で快適な高速帆走を楽しめる船に育てたいと思っている。

1）構想の概要

　最近は水中翼を付けた人力ボートが20ノット近い速度で走っている。排水量型のボートに比べて、高速での抵抗は実に数分の1なのである。それを見ているうちに、これをヨットに応用できないかと思うようになった。そして、こんな船を2隻横並びにして、それぞれがピッチングフリーになるように連結したら、セールに受ける大きなヒールモーメント（横傾斜モーメント）を左右の船体がそれぞれ姿勢を変えて受け止めるに違いないと考えた。それがこの構想の発端である（第2章）。従って図-1に示す連結軸のまわりに両船体が自由にピッチングできるよう、後ろのビームは両端をピンで止め、かつ伸縮自在の構造とした。
　各船体は人力ボート同様それぞれ独立に浮上高さと縦安定を保つ能力がある。センサーは水面を探る滑走板で、センサーから前翼までは一体で横軸周りに回転できる構造であるから、水面に対して船首が高くなり過ぎると、相対的にセンサーは下がり、前翼の迎え角は減り、揚力が減って船首は下がる。下がり過ぎると逆に迎え角は増え、揚力が増して船首を上げる。
　この働きによって、水面から船首までの高さは時速10km以上で常に一定に保たれる。一方主翼は船体に固定されているから、船首が浮き上がると迎え角が増し、全体に浮上する。速度が上がると揚力が余って後ろが上がる結果、迎え角が減ってある高さで釣り合って安定するのである。
　こうして、すでに完成の域に達している人力水中翼船の性能と安定の技術を取り込んで高性能ヨットを造ろうという意図で、このプロジェクトはスタートした。
　この船は特に効率の良い全没型の水中翼を用いていること、それにスキッパー（乗り手）がヒールモーメントをバランスして左右水中翼の負担を均等にできるから、小さい翼面積で翼走に入ることができる。そして小さい水中翼の抵抗が少ない分、高速翼走に有利なのである。

2）犬飼泰彦君

　1998年の3月、東京大学生産技術研究所（略して生研）の木下健教授から電話がきた。卒業

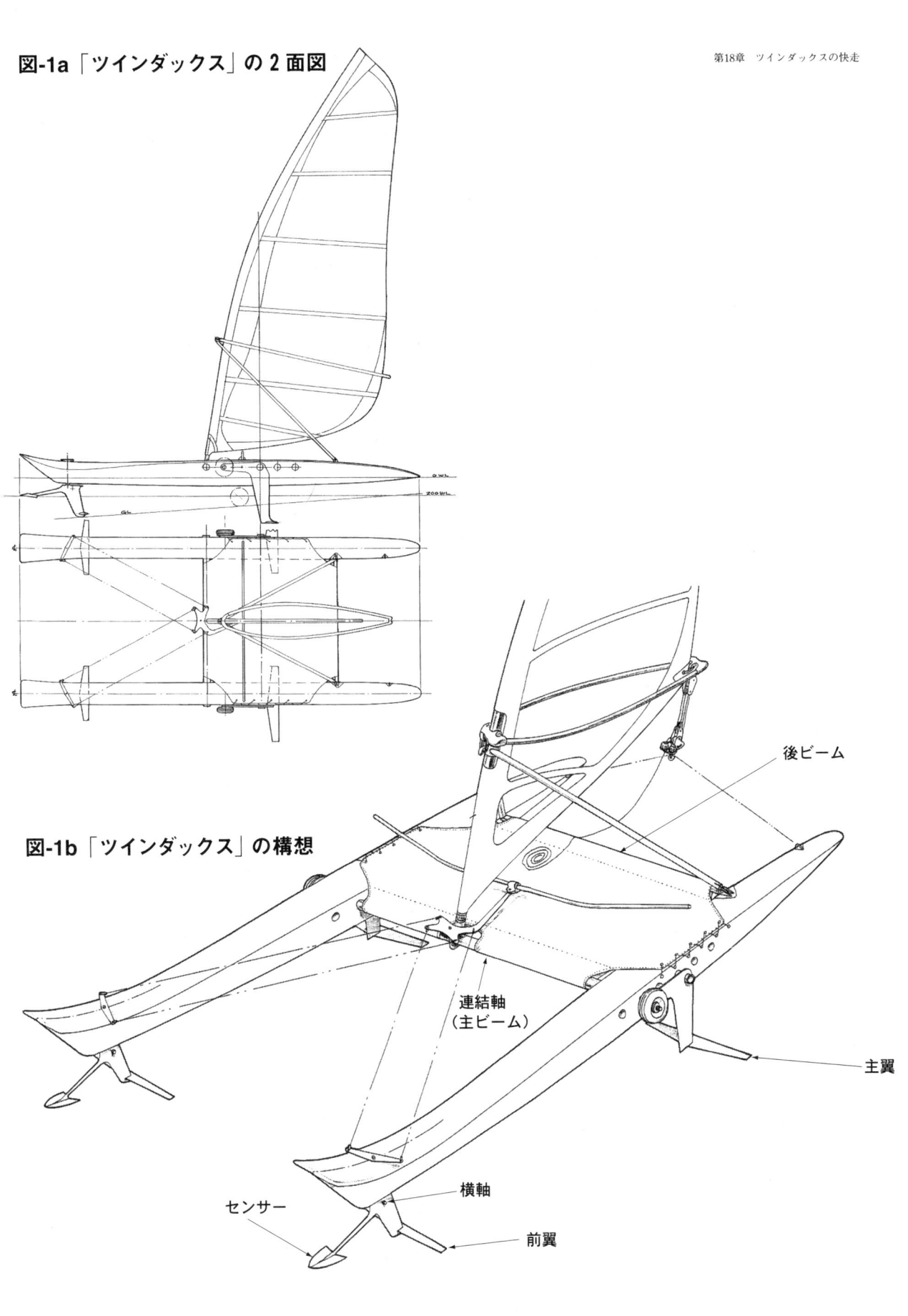

図-1a「ツインダックス」の2面図

図-1b「ツインダックス」の構想

後ビーム
連結軸
（主ビーム）
主翼
センサー
横軸
前翼

263

研究としてボートを造りたい学生がいるので相談にのって欲しい、というのである。

ボートに興味のある学生がいるというのは嬉しいことだから、さっそく、その学生の話を聞くことにした。4月2日、鎌倉の拙宅にその人、犬飼泰彦君がやってきた。彼の夢を聞くと、シーホッパー(※1)並みに滑走する折り畳みセールボートを造って、世界各地にそれを持ち歩いてセーリングをしてみたいという。彼はすでにセーリングの経験を持っていた。

私の子供のころ、クレッパーのファルトボートでセーリングをした経験があるので、その話をした。また、ファルトボートやカヌー型のセールボート、「アクアミューズ」を設計した横山一郎君によく意見を聞くことを勧めたうえで、論文の構成について話し合った。犬飼君は夢に描いたのと似たような船が、すでにあることを知って、がっかりしているように見えた。

7月に入っても連絡がないので、彼の卒研のボートがどうなったか気になって、電話をしてみた。案の定、彼は折り畳みセールボートに魅力を失ったらしく方向を失っていた。それから私なりに彼の希望に沿ったプロジェクトを考えてみたが、良いアイデアが無いままに、私は「ツインダックスの構想」(第2章)の別刷りを送って興味があるならテーマにしてみないかと誘ってみた。

3日後に彼から電話があった。別刷りを読んで興奮した、是非やってみたいというのである。その後、木下教授も了承したから、思わぬことで「ツインダックス」の研究がスタートすることになった。そうと決まってから、およそ物を作ったことのない犬飼君がこのプロジェクトを成功させるのに、どんな手順が良いかといろいろ考え始めた。

水中翼船の離水には翼角の微妙な調整がいる。刻々と姿勢が変わる離水の過渡的な状態でのバランスが特に難しい。まして水中翼セールボートの例を海外で見ると、ライフワークとして取り組むほどに皆苦労をしている。だから犬飼君のテーマとしては、ひとまず模型ボートを帆走させるところまでで区切るのが妥当と考えた。

このプロジェクトには翼理論のほか、離水の過渡現象や失速、ベンチレーション（水中翼の空気吸い込みによって揚力を失う現象）など普段、我々の身近にはない様々な現象を理解しておかないと思わぬ罠にはまる。だからそれらをかい潜って安定した翼走を成功させるとなると、机上の理解だけではとても及ばない。

3）重り型試験水槽

そういった総体的な理解のためには、早いピッチで数多くの水槽実験をこなしながら改良を進めるのが早道である。ありがたいことに、「ツインダックス」は、スキッパーがセールのヒールモーメント（ヨットを傾かせる力）をバランスすることのできるレイアウトだから、左右の水中翼の負担を同じにして走るケースは多い。したがって左右対称の模型試験がうまくいけば、帆走状態のかなりの部分の見通しがつく。

だから、実験で早期に見通しを付け、考え方に大きな誤りのないことを確認するには、小さな水槽で小さな模型を走らせる実験が一番効果的であることを確信した。私は小さな水槽にはかなり経験がある。横浜ヨットに勤めていた時には一時、水槽実験の担当だった（図-2a）。

この水槽は戦時中、飛行艇の実験用に作られたもので、精度は良くないが、小さな模型で高速域の実験ができるよう考えてあった。25m離れて設置した直径200mmの2つのプーリーに、直径0.3mmのエンドレスのワイヤーをかけ、そのワイヤーの1カ所に取り付けた糸で模型を引っ張る。その片方のプーリーには直径40mmの小さなプーリーが抱かせてあって、その小プーリーに巻き付けた糸を天井の滑車を介して釣り下げた重りで引くと、模型船は重りの1／5の力で加速される。

十分加速して、もう速度が上がらなくなったときには、船の抵抗が重りの重さの1／5と釣り合って等しくなる。したがって重りを変えてスピードを測っておくと、模型船のスピードと抵抗の関係を示すカーブを描くことができる（図-3）。ただ速い船の場合、短い水路では十分加速し切れない。その場合には加速の初期だけプーリーを駆動する別の重りを用意して、加

※1　ヤマハ発動機の14フィートディンギー

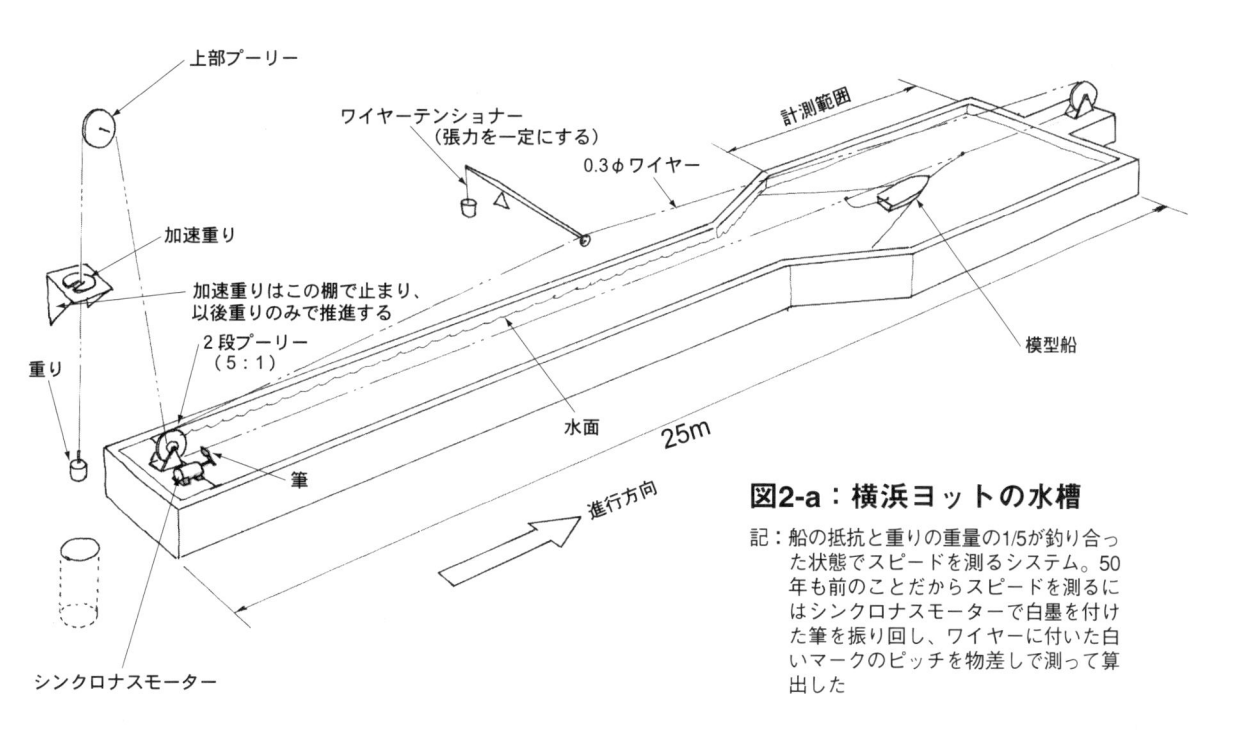

第18章 ツインダックスの快走

図2-a：横浜ヨットの水槽

記：船の抵抗と重りの重量の1/5が釣り合った状態でスピードを測るシステム。50年も前のことだからスピードを測るにはシンクロナスモーターで白墨を付けた筆を振り回し、ワイヤーに付いた白いマークのピッチを物差しで測って算出した

図2-b 1／5模型の試験装置

記：1/3模型の試験装置もほぼ同じ構造である。この場合、両端の滑車を別々に設置し、糸を巻き取り式にしたところが、昔と違う。図2-aと進行方向が逆の絵である

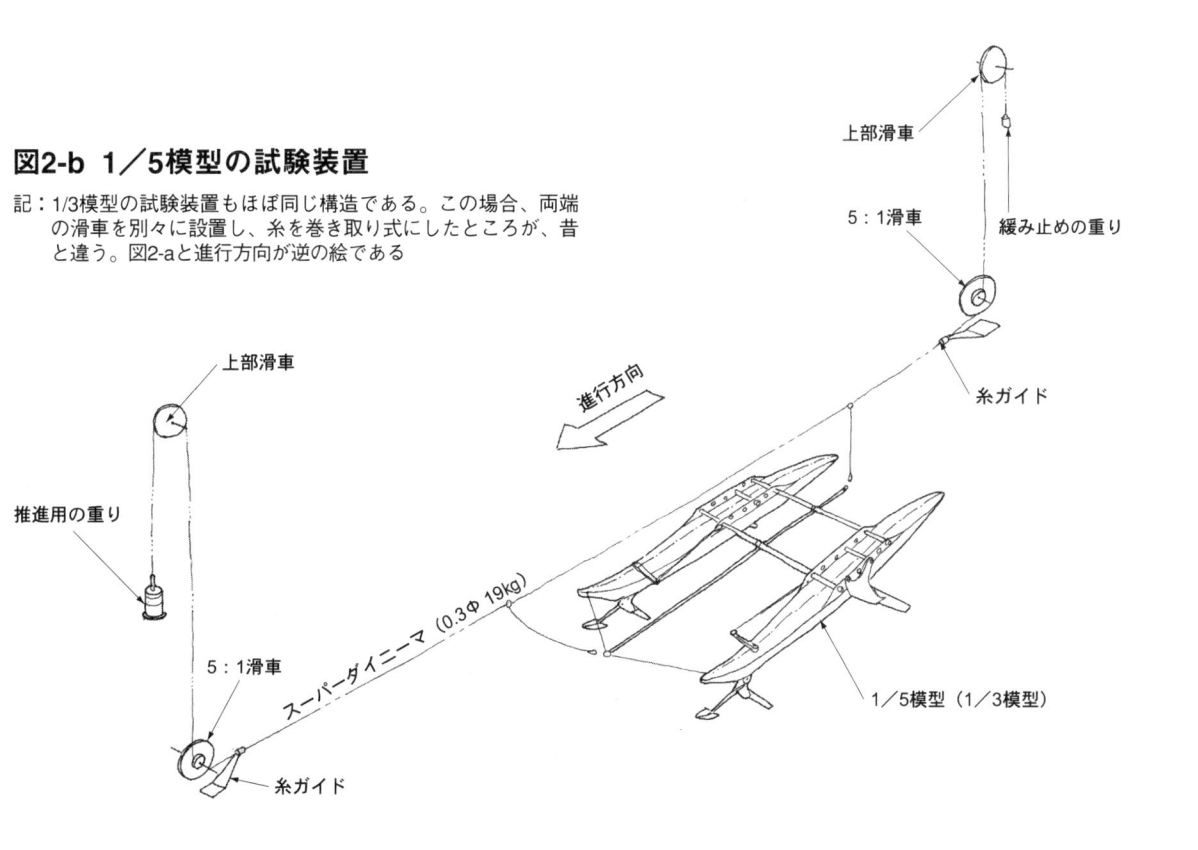

265

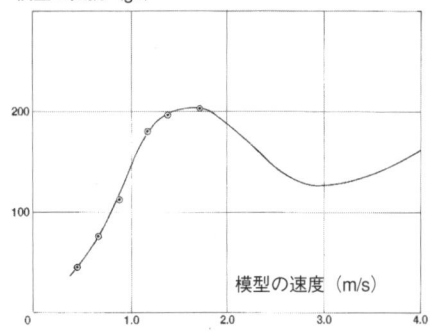

図-3：1／5模型の抵抗曲線
（排水量：1.13kg、2〜3.0m/sは推測、3.0m/s以上は一部手や加速重りで加速することによって測ることができる。）

速に必要な距離を減らすことができる（図-2a左端）。

後にヤマハ発動機に移ってから、この水槽の発展型を作って、これが新船型の開発に大いに活躍した。したがって今回は3回目の重り型試験水槽である。生研の中で適当な水溜まりを探したら、10mほどの防火水槽があって、ここに実験装置を設置して離水の実験をすることにした（図-2b）。

この実験の場合、離水性能の改良が狙いだから、スピードも抵抗も余り精度はいらない。一方加速の経過はじっくり観察したいので、加速用の重りはなしにして模型の大きさは1／5と決めた。そうすると約7mの実走行距離で翼走に移るまでの経過が観察できるはずだった。ワイヤーの代わりに伸びの少ない特殊な釣り糸「スーパーダイニーマ」を使い、また糸をエンドレスではなく巻き取り式にして糸のテンションを小さくできたのが、この移動式の実験装置にはありがたかった。

もしこの軽くてしなやかな糸が使えなかったら、この水槽は成り立たなかったかも知れない。スピードの計測には自転車のスピードメーターをプーリーに取り付けて使った。

私が図面を描き、実験装置は生研の試作室で作ってもらい、また模型は犬飼君が自分で作って実験に入った。当初犬飼君はカタマランの片方の船体を造るのに2カ月もかかって心配したが、もう1つの船体を造るときには僅か4時間ほどしかかからなかった。物作りに慣れる早さには一驚したものである。

横浜ヨットやヤマハ発動機の水槽は屋内の常設だった。ところが今度は屋外、そして落ち葉の季節である。さらに毎日実験装置を撤収しなければならない環境である。落ち葉が引っかかったら絶対に翼走に入れないから、朝は30分もかけて水面の落ち葉を拾い、それから実験装置を設置する。犬飼君の苦労は一通りではなかった。

でも実験の方はまずまず順調だった。糸がプーリーから外れたりするトラブルは日常だったが、まもなく翼走に入る要領がつかめて、たかだか2〜3mの距離だが可愛く浮き上がって走る（図-4）。主翼の翼弦（前後方向の翼の幅）が約2cmと小さいから、揚力係数は実船の半

図-4：1／5模型の翼走

分しか出ない、また抵抗も大きいから性能はあまり良くない。離水するときの抵抗が総重量の20％近くある。でもこれは模型が小さいから翼型の性能が出ないので仕方ない。しかし離水の実験はほぼ満足できるレベルに達していた。

4）帆走模型

犬飼君の目標はラジコンで模型船を帆走させることにある。さて犬飼君が帆走模型の計画に入ってみると、ラジコンのサーボモーターやバッテリーの重量が意外に大きい。さらに、この実験ではスキッパーの体重に相当する大きな移動バラストを積まなければならない。それらを載せて、総重量を実船に合わせようとすると1／5の模型ではどうしても無理なことがはっきりしてきた。

この船は当初からスキッパーの体重移動によって左右水中翼の負担を均等にすることで高性能を目論んでいたから、移動バラストは必須条件であった。1999年6月になって犬飼君は改めて種々の縮尺の模型について重量の可能性を探ってくれた。その中で縮尺は1／3が良かった。今度は犬飼君が図面を描いて、製作にかかった。

軽量化のためには、ハル（船体）を軽くするしかない。1／5模型のときにはソリッド（中実）のバルサ材を使ったが、今度は2mmのバルサ板を10mm幅に切ってフレームに縦張りにする、ストリッププランキング法によった。そうして外板が2mmのバルサという圧倒的に軽いハルができて、何とか実船の挙動をシミュレートする模型の見通しが立ってきた。犬飼君は今度の模型を1カ月ほどで作ってしまった。

ラジコンの操縦系統は舵、メインシート、バラストの横移動の3つである。バラストの前後方向の移動も、実物並みとするには欲しいところだが、総重量の半ばに近い2kgの重りを縦にも横にも動かすのは難しく、あきらめるしかなかった。

このころから犬飼君の1年下の大学院生、加納裕真君が手伝ってくれるようになった。加納君は理科大から東大の大学院に入った人で、どうしても船を造りたいという希望を持ってい

図-5：初期の1／3模型
船体がねじれる構造になっていない

た。加納君は主として水中翼の製作を担当したほか、実験を手伝ったから犬飼君の有力な右腕となった。

1／3模型というと、長さが1.5mになる。その模型を例の防火水槽の実験装置で引くことはあきらめていた。船が長いので実走距離は5mとちょっと、その中に翼走までの距離のほか、ブレーキングと多少の余裕を残すことは絶望的だった。ところが、ひょんなことから生研内にもう1つ水槽のあることが分かった。木下教授と犬飼君の会話の中で飛び出したのである。犬飼君はその存在を知らず、木下教授は知っていたが使えないと思っていた。

この水槽は屋内にあって、1m×20m、実走距離は約10mで、周りにごちゃごちゃした物があって邪魔だが使えないことはない。何しろ落ち葉もなく、装置を常設した水槽で計測ができるのはありがたかった。犬飼君はこの水槽用に再び実験装置を作った。試験を始めて見ると模型の寸法が大きくなった分、性能も上がり、精度も出た。ここの実験で翼角と挙動の関係も掴

図-6　浜名湖の1／3模型
一番前にあるアルミパイプ（横置き）を軸にして左右の船体が振れる構造になっている。後ろのレールの四角い固まりは2kgの真鍮の重りで、乗り手の代わりのバランスウェイトとして、リモコンで左右に移動する

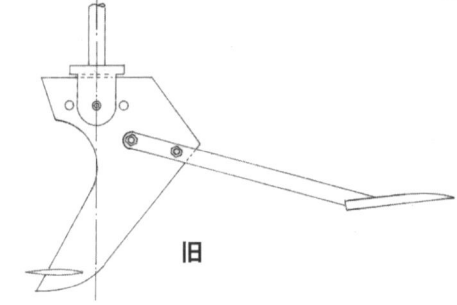

図-7　新旧前ストラット比較
下が旧、上の新型は舵軸に対して舵面積が後ろに寄っている

めて、翼走に自信が生まれてきた。

さて、その次はいよいよ帆走テストである。テスト場として、不忍池とか海とか戸田漕艇場とか近場を探したが、伴走艇がいるとなるとなかなか腹が決まらない。そのうち木下教授が話を通して、模型試験は運輸省船舶技術研究所（船研）で50m角の角水槽を使わして頂けることになった。

8月初旬にはここへ通って船を浮かべたが（図-5）、具合いの悪い点が続出した。まずあちこち壊れる、舵が思うように切れない、セールの風圧中心位置が悪いかと思っていろいろ変えても直らない。ラジコンで思うように各部が動かない。

無理もない、犬飼君は生まれて初めてのラジコンである。それに伴走艇のローボートを漕ぐ加納君のたどたどしいこと、漕ぎ方は私が教えられるが、ラジコンの方は皆素人で腕が悪いのかメカが悪いのかも分からない。

さらには、とても翼走する気配がないので風速を計ってみると、良いときで2～3m／sしかない、翼走には4m／sいるからこれでは無理だ。結局建物に囲まれたこの水面で4m／sを期待する方がどだい無理、たとえ吹いても風が回って翼走が続けられる状態にならないであろうことにやっと気が付いた。これで決心がつ

図-8　曳航テスト

いて、遠い浜名湖へ出かけることにした。浜名湖なら十分広い水面で当然風は吹くし、小生の船を置いているヤマハマリーナを基地とすれば、伴走艇も頼みやすい。

9月19日には3人で浜名湖の第1回テストに行ったが、このときも結果はさんざんだった（図-6）。やはり舵が利かない、壊れる、突っ込む、転覆する。ブローで片足が上がることはあるが一瞬だけ。でも良いこともあった。マストトップに付けたフロートのお陰で、転覆しても110度まで、その姿勢なら電気関係の乗ったデッキ中央部は水に濡れる心配がない。寂しい話だがそんなことでも嬉しかった。

このころになってやっと気が付いた。舵の切れない原因は前脚のオーバーバランスだった（図-7）。舵軸より前の側面積が大きいために、舵が右か左に切れてしまう現象である。そのため舵を動かすロッドに大きい荷重が加わって曲がってしまい、思うように舵が切れないのである。私が気楽に書いた1／5模型の図面の欠点が水槽実験では表面に出なかったのに1／3模型の帆走に移って急に表面に出てきたのである。こんな初歩的な誤りをした自分が恥ずかしい。

その後、犬飼君が前のストラット（水中翼を支える脚）を設計し直して、舵はまともに切れるようになった。数々の不具合点を直して、やっと各部が動くようになってきた。10月26日には再び浜名湖に出かけてテスト、このときは前回と比べて段違いに完成度が上がっていた。2〜4m/sの風で、時折離水できるほどの風が吹く。ところが風上側の船体は上がるが全体の離水はない。

バラストの移動が思うようにできないこと、犬飼君の操縦がまだ未熟で、折角上がり掛けたところで急に舵を切ってしまったりする。良い風が吹くのはたまだから、翼走に入れそうで入れないままに終わりになった。翌日は嵐だと聞いて、粘っても無駄とあきらめて引き上げた。

再び体制を整えて11月10、11日をテストの日に当てた。犬飼君の論文を仕上げる期間が苦しくなって、これが最後の機会になると思われたから、是非このテストで安定した翼走のビデオを撮りたかった。ところが浜名湖に行ってみると風がない。2m/sほどの風で、これでは翼走するわけがない。やむなく曳航をして安定度を高めることに全力を注いだ（図-8）。曳航でようやく高速まで安定して翼走するようになったが、最後は左右の水中翼がストラットから外れて終わりになった。

もう論文の方に集中しないとまとまらない。1999年11月には運動方程式を立てて安定性解析を進め、12月には回流水槽で水中翼の性能を実測する予定がある。帰ったら犬飼君は全力で論文にかかり、論文の見通しの付いたところでもう1度だけ、浜名湖での挑戦をすることにした。彼の卒業研究の発表は2000年2月14日、その直前で論文提出後の2月11、12日なら何とかなる。

その日、私は風邪をひいて行けなくなった。犬飼君は助手の加納君と2人で出かけ、私はマリーナの従業員に伴走艇の運転を頼んだうえで、気にしながら家で寝ていた。12日の午後になって犬飼君から勢い込んだ電話が来た。5m／s以上の風の中、かなりのラフコンディションをものともせず非常に安定して翼走を続けることができたという（図-9）。万歳だった。これで犬飼君は卒業できる。

ただ最後にラジコンの受信機の電池が切れてノーコントロールになり、翼走したまま伴走艇に突っ込んできて大破したという。しかし良いビデオが撮れて目的は達成したから、船の壊れ

図-9　1/3模型の帆走成功

たのはもうどうでもよい。最後の最後に成功することができて本当にほっとした。

2月14日の卒業研究の発表には教授連が強い関心を持ってくれて、大変楽しい発表になったという。やはりビデオには大きな説得力があったようだ。

こういった忙しさだったから、数値的な計測はほとんどできていない。多少は切り上がれること、翼走したままジャイブができることが分かった程度で、タックは苦手である。

5）犬飼論文

卒業研究のために、犬飼君は帆走に使った水中翼の性能を東大・千葉の回流水槽で計測した。また「ツインダックス」をモデル化して、9次元連立方程式を立てて、釣り合いの方程式を解いた。「ツインダックス」は左右の船体がそれぞれ独立にピッチフリーの構造となっていて、それぞれが受けた荷重をその姿勢変化によって支える構成としている。そして、風上側の主翼にマイナスの揚力が作用するように船体がねじれるため、強風に耐えられることが理論的にも明らかになった。

その計算の上では、15m/s以上の強風の中でも走行可能である。一方、船体のねじれを許さないモデルを計算すると、風速が7m/sを超えると、ハイトセンサーが水面から飛び出して翼走不能になる。こうして、広い風速範囲で翼走するためには、船体のねじれる構造の不可欠なことが証明された。

犬飼君は、大変愉快な結末で卒業して、IHIに就職した。彼が「ツインダックス」の模型の帆走に成功するまでに学んだことは得難い大きなものだったと思う。

また5分の1模型を参考にして設計した3分の1模型が強度不足でよく壊れたが、骨身にしみて強度計算や性能計算を真面目にやったら、問題はぴたりと収まった。こういった実際の経験は貴重である。その後も彼の「ツインダックス」に対する愛情は続いて、実艇のテストには毎回顔を出して、そのあとの成功に貢献してくれたのは大変ありがたかった。

6）実艇の製作

犬飼君の卒業したあと、それまで手伝っていた加納君が跡を継いで、実艇を造ることになった。ただ、まったくの素人が1年のうちに人が乗れる船を造り、難しい水中翼船をうまく走らせて、その結果を卒業研究にまとめるというのは、大変に厳しいプロジェクトである。

さらに犬飼君が模型に2年かけたのに、加納君は実艇を1年で仕上げようというのである。犬飼君の最後の仕上げが時間との戦いだったのを目の当たりにした彼としては、立ち上がりからスパートをかけたい気持ちだったのはよく分かる。犬飼君の卒業研究の発表が終わった直後から彼の気持ちははやっていた。

「ツインダックス」は当初からACM（先進複合材）を駆使した超軽量の構造で試作することを考えていた。思い切って軽く造ることが、この船のポテンシャルを全部確認するうえで重要と考えたからである。重くした実験はいつでもできる。したがって、後日商品として出すときには、性能とコストの両方をにらんでその兼ね合いでふさわしい材料を決めることが大切だろう。

ACMの船を物作りの経験のない加納君が実際に作るのが容易でないことはよく分かっていた。しかし、彼には半年間犬飼君を手伝った経験がある。船が実際に走る場面で、どんな問題が起こるのか、それに対してどう対応したのかを学んだ経験は貴重なもので、それが船を造るうえでの姿勢として、また知識として役に立つことを期待した。

実艇の構造を決める第一歩は船体の外板をどうして作るかである。最も軽く作れる構造としては、ヤマハ発動機でシングルスカルを造るのに使った極限のACM構造がある。

1990年ごろ、堀内研究室の本山 孝君の開発した工法で、一方向に引き揃えたカーボン繊維のプレプレーグ（※2）を2枚ずつ3～4㎜厚のアクリル樹脂発泡材の両面に貼ったもので、1㎡の重さが700gと圧倒的に軽い。プレプレーグは0.05㎜厚のものを特注して、繊維の方向を強度、剛性の必要な方向に向けて（配向）積層

※2 繊維に樹脂を含浸させて作業がしやすいように半分硬化させたもの。柔軟性があり、型に張り付けて真空パックなどで圧力と熱をかけながら硬化させると、硬化して高性能な構造ができる。ACMの代表的な工法である。

するのだが、手間がかかるし、硬化炉が必要で、もともと航空機を造る手順である。その設備から加納君が作るのでは間に合わないから、この方法は当初からあきらめた。

もう1つ大変現実的な方法としては、鎌倉・七里ヶ浜の金井さんが高性能木製シーカヤックに使っておられる方法がある。並べた仮フレームに、3mm厚の船用合板を幅10～15mmに裂いたストリップを並べて貼り、人が乗るところなど要所だけ内側からFRPを積層して補強する、いわゆるストリッププランキングの超軽量版である。これだと1㎡の重さが1.6kgくらいに上がるから、本山サンドイッチにはかなわぬまでもかなり軽い。普通の6mm合板で貼ったとすると1㎡の重さが4.2kgにもなるのだから、金井さんの手に入れている合板の比重が非常に軽いことが効いているのである。

そうは言っても1.6kgと0.7kgの差は少なくないから迷う。そこでジーエイチクラフトに伺って相談することにした。ジーエイチクラフトは、レースカーボディ、人力ボートやソーラーカーの開発などに経験が深く、2000年のアメリカズカップのヨットの設計製作を手がけたし、その後は宇宙往還機「Hope-X」の機体を作っているCFRP技術の最先端企業である。

2月25日、加納君と犬飼君、CFRPに興味を持った金井さん、アトランタ五輪の漕艇用新兵器をともに開発した木下研究室の小林君、それに私の5名でジーエイチクラフトを訪問して、船体の造り方について意見を伺った。

社長の木村 学さん、技術担当役員の鵜沢 潔さんが一部始終を聞いて下さって、木村社長の出された結論は4mmのバルサのストリッププランキングでコアー（芯材）を作り、その両面にカーボンの薄いクロスを貼るサンドイッチ構造であった（図-10）。これなら硬化炉はいらないし、プレプレーグの特注もない。ただ表面の仕上げには自信がなかった。相談の結果、実際の加工のときには、ジーエイチクラフトに船を持ち込んで指導を受けながら造らせてもらうということになって安心した。

しかしこの方法でも金井方式に比べると手間や期間がかかり、ジーエイチクラフトのある御殿場まで船体を運ぶ手間がいる。それもバルサ

図-10 4mmのバルサ材を張り合わせて作った芯材（コア）
この両面にカーボンファイバーを貼って船体が完成する

だけの、ひ弱な芯材だけの船体の輸送にはがっちりした専用の箱も必要になる。

私は特に期間の問題が心配だった。木村構造にするか、金井構造にするかの判断は、加納君の決心の問題でもあるので彼に任せた。そしてその判断材料の1つとして、テストピースを金井さんのところで作って頂くことになった。金井さんはご自分の船をどちらの構造で造ろうか考えておられるところだったので、ありがたいことにテストピースの製作を引き受けて下さった。

テストピースができ上がったのは3月も半ばだったと思う。17日には金井さんの工場に加納君と伺って結果を聞いた。木村構造は1㎡当たり1.17kg、超軽量の本山構造と金井構造のちょうど中間だった。テストピースの話を聞きながら考えるうち、加納君は木村構造を選んだ。これから苦労するな、と私は思ったが、何も言わなかった。金井さんは逆に金井構造で手堅く造るという選択をされた。

それからが遅々として進まなかった。加納君は5、6、7月をほとんど就職活動に費やした。結局7月に入って三菱重工に決まったが、試験

とか見学、面接で「ツインダックス」を考える暇もなかったようだ。

　加納君はストリッププランキングが初めてである。フレームの通りを出す（外板面がスムーズになるよう、フレームの輪郭を整えること）のが特に難しかった。最初の私の説明が十分ではなかったので、途中様子を電話で聞きながら直してもらうなど、行きつ戻りつがあった。

　結局バルサのストリッププランキングを一応終えて、ジーエイチクラフトに持ち込んだのは7月も下旬に入っていた。ハルの積層までに半年が過ぎてしまった。水中翼ヨットの部品点数は少なくない。特に水中翼とストラットは大物で、前後左右4カ所あり、工作精度が要求されるし、加納君の慣れない加工も多い。このまま進めば船の完成が大幅に遅れることは目に見えていた。

　私は腹を決めて、水中翼とストラットの製作を元のヤマハ発動機の仲間で木型屋をやっている津ヶ谷康夫君に頼もうと思った。アメリカズカップボートの舵の型なども手掛けた翼の名人である。電話で聞いてみると引き受けてくれるという。喜んで彼向きの説明書と図面を作って送った。疑問点を電話で話し合ってから8月28日に津ヶ谷君の工場に行って細かく打ち合わせ、9月末に納品してもらえることになった。加納君の作業から水中翼が抜けたことで、何とか予定が立ってほっとした。これ以上あまり加納君に負担を掛けなければ11月の初めには船を浮かべられそうだ。

　トランポリン（キャンバス製のデッキ）はノースセールの菊池社長にお願いした。菊池さんはアメリカズカップの日本チームのオペレーションディレクターとして忙しかったので8月初旬になって初めてお願いをして、快く引き受けて頂いた。

7）各部の名称

　これから先は図-11によって各部の名前を一通り見ておいて頂くと読みやすくなると思う。図中「主ビーム」は使い場所によって「連結軸」とすることもある。

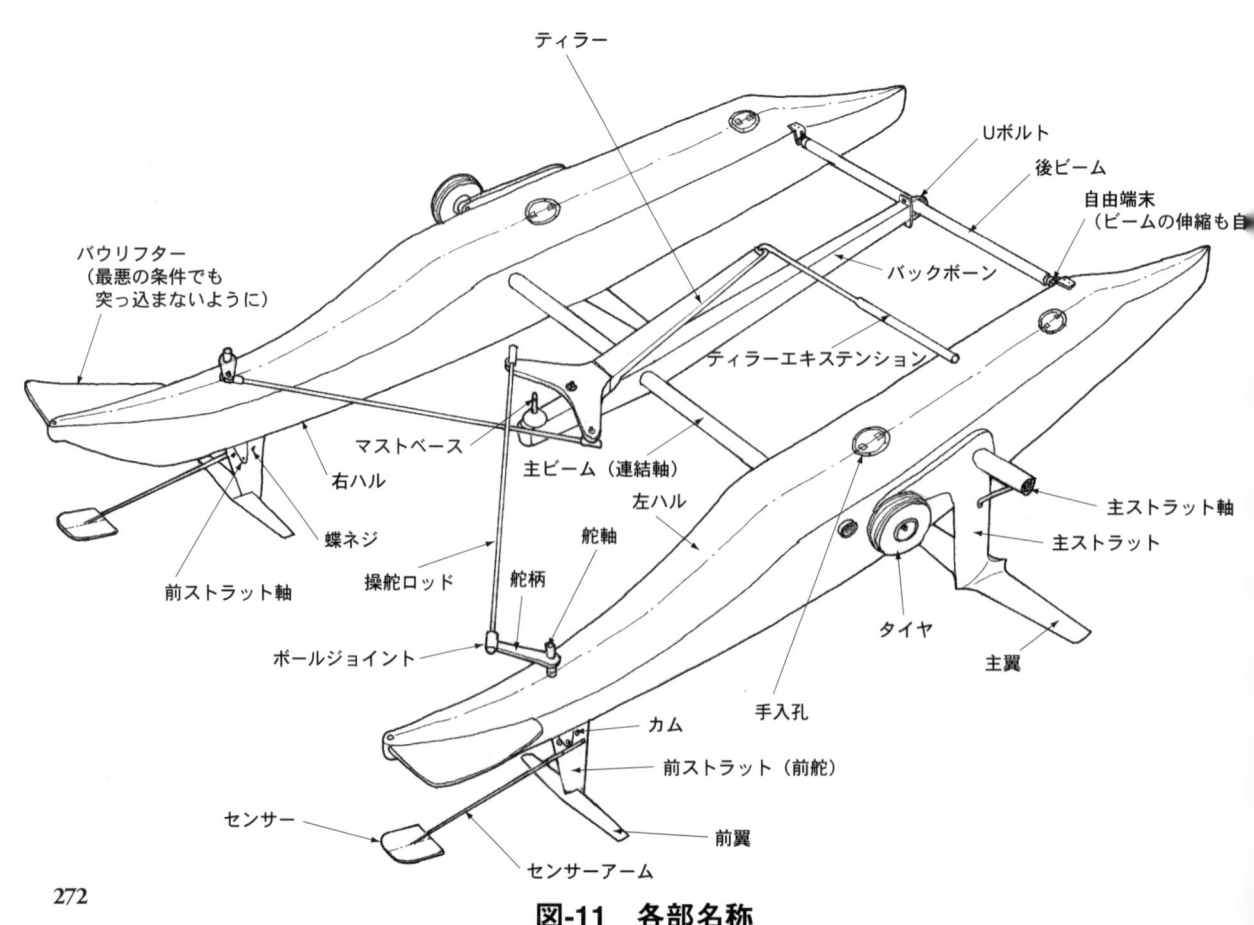

図-11　各部名称

8）進水の準備

部品のうちの大物の見通しが付くと、私はいよいよ進水の心配をしなければならない。前進基地は鎌倉、材木座でウインドサーフィンスクール「セブンシーズ」を経営している新嶋光晴社長にお願いした。

「ツインダックス」のセールは高速で良い性能が欲しいので、既成のウインドサーフィン用セールをそのまま使うことにした。早い時期に6.4㎡と10.5㎡のセールを新嶋さんの店から購入して、組み立て方を習い、マストの立て方についても相談に乗ってもらうなど、関係は深まっていた。セブンシーズから水際までは約150mの距離があり、途中には坂とかなりの凸凹がある。ツインダックスは1人で船を出せるよう主翼を後ろに跳ね上げることでタイヤが下に降りて、そのタイヤで移動できるよう考えてあった（図-12）。直径が200mmで、プラスチックハブが付いた空気入りのタイヤである。元来はカヌーやディンギーの運搬に使うカートに付いていたタイヤで、ベアリングがないから水にザブザブ浸けることができる。

前のストラットには車輪はないが、その代わりに水中翼の下にスケグ（ひれ）が付いていて、ここで地面に置くことができる（図-13）。

しかし、この移動装置は平らなマリーナのコンクリートとスロープを前提としたもので、水中翼と地面との隙間が10cmくらいしかない。だからセブンシーズから海までの間の凸凹は一寸その想定を超えていた。悩んだあげく、もう1つ別に運搬用の船台を作った。

図-12 主水中翼を後ろに跳ね上げるとタイヤが降りて運搬しやすい。水中翼にひっかけたゴム草履はつまずき防止のため

図-13　前ストラット
三角の金具下端のボルトを軸として、水中翼、ストラット、センサーが一体で回転する。三角の金具の前後にはカムがあって向こう側の蝶ネジをゆるめると回転の範囲が調節できる。翼の下にはスケグが付いているのだが、小さいのでこの写真では見えない

9）ストラットストッパー

もう1つの心配は水中翼の翼角（取付角）の調整である。模型の実験のときには何時もこれで悩んでいた。0.5度以内の精度で翼角を調整したいというのに、翼断面の迎角はとても測りに

くい。翼とストラットの取り付け角度自体怪しいし、ときにはその接着がもぎ取れて、付け直すこともある。その疑心暗鬼で悩むうちに無駄な時間が過ぎてゆく。

実艇を造るにあたってストラットから水中翼がもぎ取れるようなことがあれば、これは当分テストがストップになり、ひいては加納君の卒業がお預け、ということにもなりかねないから、ここは必要以上に固めた。そのために抵抗が大きくなったが、丈夫さには代えられなかった。

ではどうやって回転するストラットを固定するか、調整するか、さらには主翼を後に跳ね上げた位置で止めるにはどうするか、そして主翼がもし大きな障害物に衝突したとき、破壊を最小限に食い止めるにはどうするか。特に翼角の調整はどうしても船を水に浮かべたままでできるようにしたかった。これだけの課題が、翼角の固定装置1つに全部かかってくる。

あまりに難しくて先延ばしにしてきたのだが、8月を目前にすると、もう解決せざるを得なかった。デッキとハルを合わせるときも迫っている。船体側の取り付け点の補強は合わせたあとでは十分にできない。

早朝の床の中で4〜5日悩んだあげく、すべての調整を一気に解決する案がひらめいた。早速、起き出して作図をしてみると見込みがある。詳細図を描いて8月3日には出図することができた。

ストラットストッパーと名付けたその金具は、僅か100gほどの簡単なものである（**図-14**）。

2つ折りで25cmほどのそれの両端を、一方は船体に、もう一方はストラットのアームに取り付けた端板に取り付ける。端板は四角いアルミ板で3列に合計23個の孔が空いているので、孔を選ぶといろいろな調整ができる。

水中翼を下に降ろして翼走の位置にすると、ストラットストッパー（略してストッパー）が上に延び切ったところで止まる。2つ折りのストッパーの関節にはスプリングが入っていて、一直線を少し超えて動きが止まるようになっているから、ストッパーの中ほどを指で押して上に折らない限り、水中翼の位置はがっちりと固定される。ストッパーを上に折って、水中翼を後ろに跳ね上げると、一度曲がったストッパーは再び下に延びきって、その位置でがっちりと水中翼、タイヤの位置を固定する。

これからが自慢なのだが、例の端板には孔が3列空いている。その内どの列を選ぶかで、跳ね上げた水中翼と船体の間の隙間を調整することができる。タイヤで移動するときには前後の水中翼が地面に触れないよう注意がいる。触れないよう主翼をできるだけ高く跳ね上げること

図-14 ストラットストッパー
白い四角い孔の開いている板が端板、端板と船体をつなぐ左あがりの金具がストラットストッパー。その中央の丸いワッシャーのあるところを上に押し上げるとストラットストッパーが2つ折りになり、水中翼が降りてくる

は重要な調整なのである。

また、一列のうちどの孔を選ぶかで主翼の翼角の調整ができる。1つ隣りの孔を選ぶと、翼角が1度ずつ変わる仕組みになっている。したがって陸上で正確に翼角を測り、また船体と跳ね上げた水中翼の間隔を測っておくことで、例えばA列4番の孔といった具合に翼角と跳ね上げ高さを指定することができる。かつ、水上で左右2本のボルトを抜き替えるだけでその調整が可能になったのである。

もう1つ、走行中に水中翼をぶつけた場合の対策として、ストッパーを厚さ1.6mmの耐蝕アルミ板で作っておいた。水中翼がぶつかったときには、ストッパーに圧縮がかかるから、ストッパーは挫屈して、水中翼は後ろへ逃げる。それによって船体の破損を免れ、水中翼の破損も最小限にしようというわけである。

この際のアルミ板の厚みをどう選ぶか、強すぎると船体の取り付け点を痛めるし、弱いと、高速で水中翼が畳んでしまう。悩んだあげくの選択がどうであったか、それはあとで述べるが結果的にはほぼ良いところに収まった。

翼角の固定、調整、跳ね上げの固定、同調整、破壊防止の5つの機能がこのストッパー1つで満たされたのである。その後、忙しさに紛れて忘れていたが、東京大学生産研究所で船全体を組み立てた折、加納君と犬飼君がこのストッパーの働きを面白がり、なおかつ、感心してくれた。そのときは改めて嬉しかったものである。浜までの移動には結局、用意した船台を使わず、船体に付いた車で浜まで往復した。注意すれば凸凹のところも行けたし、人数の多いときにはひょいと持ち上げて凸凹を越える。結局この自動車飛び出し車輪は大正解だった。

10) 11月の帆走テスト

セブンシーズは週末が忙しいので、試走の日は11月14日の火曜日から17日の金曜日までと決まった。加納君はその前に10日ほどの余裕を取ったつもりだったが、直前になると後から後から仕事が増えて、ほとんど寝ないで船を材木座に運ぶことになった。

図-15 車に積んだ状態
車はマツダデミオ（長さ3.5m）

加納君は彼のマツダデミオの屋根に2本の船体とセール一式を積み、後部車室に水中翼などの部品、工具類を積んでセブンシーズに現れた（図-15）。大量の工具、機材はもう1台の車で運んだものの、ほぼ船一隻のすべてを彼の小さな車で運べたことになる。「ツインダックス」の最初の考え方として、乗用車1台で船をマリーナまで運び、マリーナで組み立てたら1人で水に降ろせるようにしたかった。それがほぼ実現したように見えた。ただ後部ドアのない車に主翼とストラットの2セットが入るのかどうか、これは試みてない。

11月14日は組み立てに追われた。まだ工事が残っているし、加納君以外は材料や工具の置き場所がよく分からないので結局15日の昼まで船造りが続いた。15日午後、風がないのでセールを付けずにモーターボートで曳航してみることにした。「ツインダックス」にはその日来てくれた犬飼君が乗り、ロープにバネ秤を付けて曳航した。新島さんが曳航艇のスロットルを上げると、「ツインダックス」は簡単に翼走した。

模型試験で翼走するのに悪戦苦闘したことを振り返ると何のことはない。バネ秤の読みはハンプ（翼走に移る前の抵抗の山）で13～15kg、ハンプをすぎれば8kg前後に落ち着く。そしてスピードを上げるとまた15kgに達する。

船の重さが57.5kg、犬飼君の体重が60kgだったから、総重量に対する抵抗の割合はハンプで12%、滑走直後は7%である。5分の1の模型がハンプで20%、3分の1模型が16%近くあったのに比べて大きな進歩である。ただ、優秀な

人力ボートの抵抗は20ノットまで5～6％だから、それに比べると改良の余地は少なからず残っている。

曳航翼走の成功は大いに我々を喜ばせた。3分の1模型のテストでも曳航翼走が落ち着いたその次には帆走翼走の成功があった。私たちは翌日見事帆走で翼走するであろうことを信じて疑わなかった。翌16日、良い風が吹いていた。この日は新島さんがテストパイロットを引き受けてくれた。ここは新島さんのホームグラウンドである。海の深さ、漁網、風のむらまで知らないことはなかった。彼はウインドサーファーとして日本のトップに立った人である。当時ヤマハ発動機でウインドサーフィンの開発をしていた彼の腕前を私はよく知っていた。

風は良いから簡単に風上側の船体は翼走の姿勢になる。しかし風下側の船体はまったく浮かない（図-16）。むしろバウを突っ込んだ姿勢のままである。材木座の東端から由比ヶ浜の西まで幾度か往復するが、そのパターンは変わらない。

一度新島さんが思い切って船首を風下に向けたとき、突然翼走を始めたが、このときは急に舵を切ってしまったらしく翼走は続かなかった。それっきり翼角を変えてみても何をしても症状は同じである。模型がうまく翼走したのに何かおかしい。

まず気付いたのは、模型に比べて左右の船体を貫通している主ビーム（連結軸）から水中翼の取り付け位置までの水平距離が遠いことだった。主ビーム後部に大きな揚力が加われば当然バウは突っ込んでしまう。水中翼の取り付け位置は前後3ヵ所作ってある。この日はその真ん中を使ったから、もう15cm前に移動することはできる。だがそれでも足らないだろう。模型に合わせるには主ビームの位置も後ろに下げないと追いつかない。私は愕然とした。

ビームにしろ、主翼にしろ、取り付け点はこの船の一番力のかかるところだから、それだけ気を付けて作ってある。それを移動するとしたら、船体を大きく切開してやるしかない。だがそれをやれば多分どこかが弱くなる。一方、それをやらない限りあのバウの突っ込みは直らない。

すべてがレイアウトを描いた私の責任だった。申し訳なかったが、このままでは見込みがない。船を持ち帰って大工事をしない限りこの先はない。そう考えて17日には分解して引き上げることにした。この日はしょぼしょぼと雨が降って何とも情けない日になった。船を積んだ車を送りだして、自分の家に帰るとき突然気が付いた。それまで何となく左右の船体のトリム（前後の傾斜）が同じになるという前提で考えていた。模型試験の期間が長かったから、つい左右対称の状態を考える癖がついていたのかも知れない。

図-16　風下のバウが上がらない
左右船体の間にトランポリンを張った構造だと、風上のバウがむやみに上がり、風下のバウは上がらない

模型の場合

第18章　ツインダックスの快走

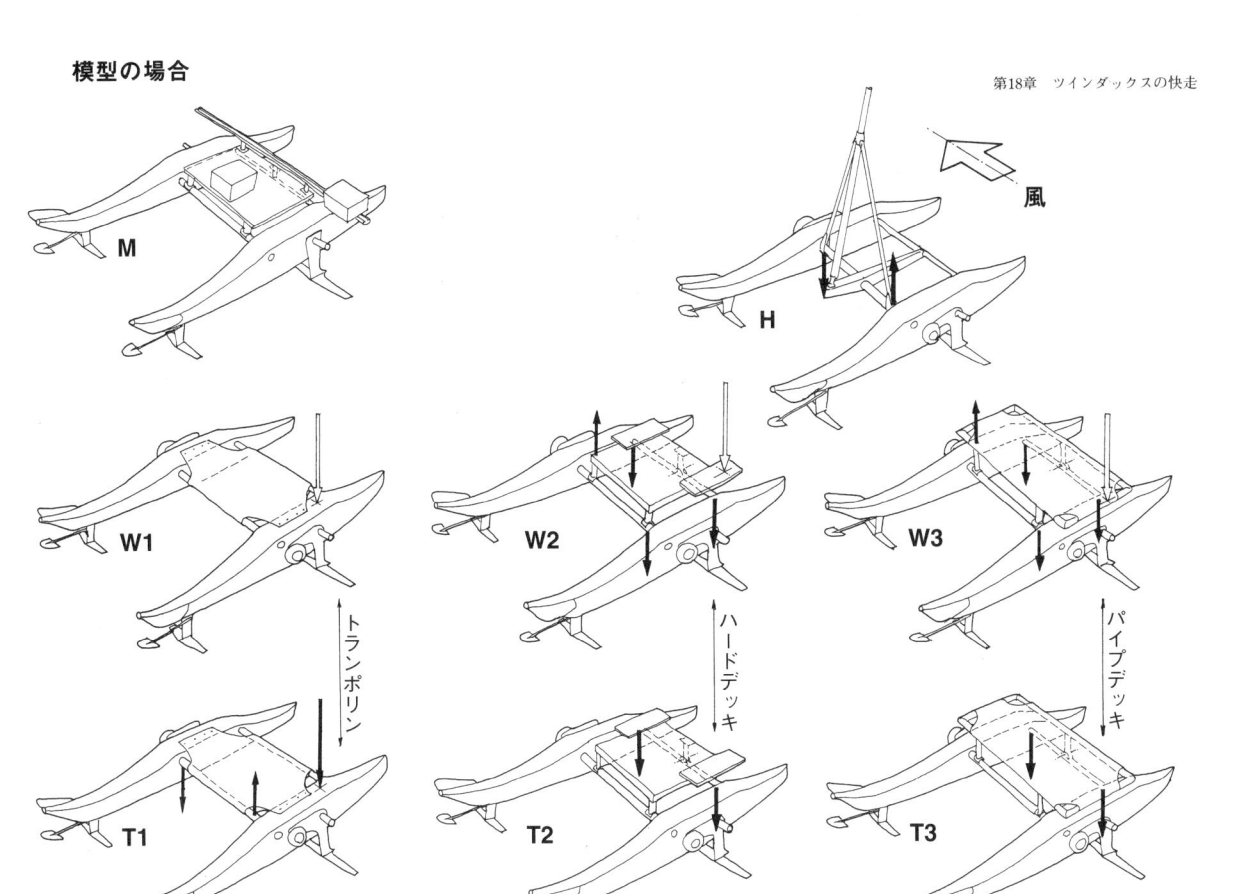

図-17　左右の船体に掛かる力

風圧を受けて船体に生ずるヒールモーメントと、乗り手の体重によるバランスモーメントがちょうど釣り合うことを前提として、左右の船体にかかる力を明らかにする

上右の図（H）はセールによるヒールモーメントが主ビームの両端に伝わる様子を示している。一方、中段のW1,W2,W3はそれぞれ乗り手の体重が船体に及ぼす力を示している。トランポリンの場合には体重が直接船体にかかっており（W1）、ハードデッキおよびパイプデッキの場合には、バランスモーメントがデッキを経由して主ビームに伝わっている。さらにデッキ後端は後ビームの中央で支えられているので、体重が左右の船体に等しくかかっている（W2,W3）

今、船体にかかるセールの力Hと、体重による力W1,W2,W3を重ね合わせて、T1,T2,T3によって最終的な船体にかかる力を見ることができる。T1は体重が総て風上側の船尾寄りにかかるので船首を上げ、風下側は船尾を押さえる力がないので突っ込む。T2,T3の場合にはヒールモーメントとバランスモーメントが主ビーム上で相殺される。そのため左右船体にかかる力は全く同じになる。3分の1模型（M）の場合も同じように考えることができる

　だが現実に昨日のツインダックスは風下側の船体だけが突っ込んでいた。風上側のバウは逆に上がり過ぎる。これは左右のハルの主ビーム周りの釣り合いを別個に考えるべきで、今までそれをしなかったのはどうかしている。17日、18日は必死になって、左右船体の釣り合いをそれぞれに計算し、改造のめどを立てようとした。また一度は翼走に入れたのだから、改造しないで事態を大幅に改善できないかを考えた。主翼を一段前に出すこと、風下側のハルの後端に5kg程度の重りを取り付けること、メインシートを後ビームの中央から取っているのを風上側の船体から取ること、などの対策を重ねると相当

に改善できる。これなら17日にもう一度この状態を試すべきであった、と早合点を後悔したりもした。

　19日からは3分の1模型について風上風下のハルの主ビーム周りの釣り合いを計算してみた。それと実艇の比較で、主翼取り付け位置がどのくらい悪いことをしているのかが明らかになると思ったのである。

　ところがそれをやってみて初めて気が付いた。模型船にはトランポリンを使ってない。ねじれ剛性の高いハードデッキを主ビームに取り付けている（図-17）。バランスウエイトのレールもそのデッキに載せているからウエイトによ

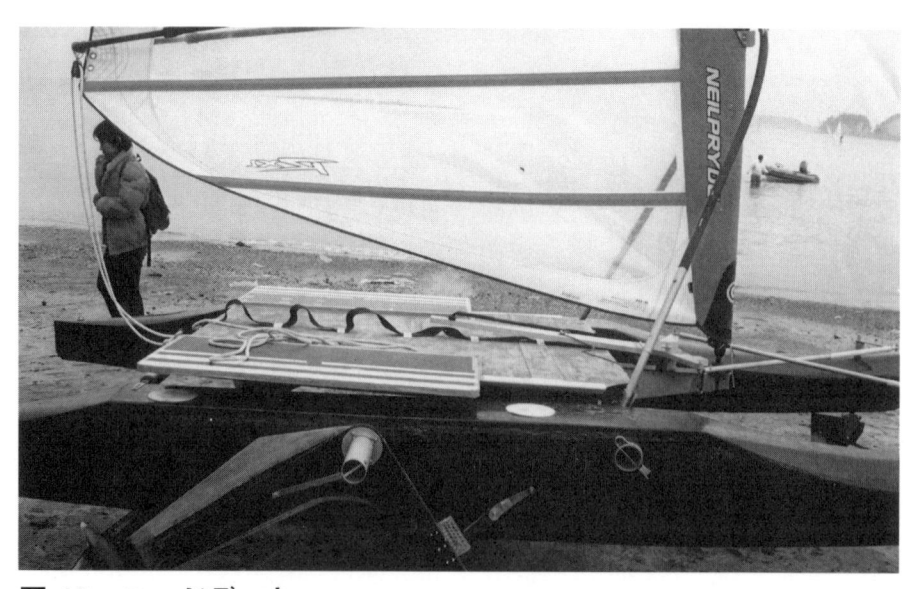

図-18　ハードデッキ
左右船体の間に入る幅で厚さ5cmの箱形のデッキを連結パイプに取り付けた。また、幅の不足を補うため左右にデッキエクステンションを付けた

　るバランスモーメントは主ビームに伝わり、セールから来るヒールモーメントと主ビームの上で直接釣り合う。

　ハードデッキの後ろ側は後ビームの中央で支えているので、バランスウエイトの重みは左右船体に均等に分配される。したがってセールの横倒しモーメントとバランスウエイトの張り出しによる復元モーメントがちょうど釣り合ったときのことを考えると、左右のハルにはトリム方向にまったく同じ力が働いていたのである。

　ところが今の船はそうではない。左右ハルの間にはトランポリンが張ってあって、スキッパーは風上側のハルに直接乗るから、風下側のハルの後ろを体重が押し下げない。当然テールを上げ、バウはセールのヒールモーメントを直接喰らって突っ込むのである。

　実に基本的なことで、安易にトランポリンを使ったため、模型の釣り合いからまったく離れてしまったのである。これにはまた愕然とした。どうして模型の通りにやることを考えなかったのだろう。しかしこれこそ構想のときからのレイアウトだったのである。

　もう主翼の前後位置など些細な問題になった。あとはどうして模型の状態に合わせるかである。早速模型と同じように主ビームに取り付けるハードデッキを考えてみた。ねじり剛性の高いことが必要だから、厚さ50mmの箱型断面とし、金井さんの扱っている3mmのマリングレード合板を使うことで計画してみた（図-18）。箱だけで重さは10kgを超える。それでもこれはやらざるを得なかった。

　20日になって、その計算書を加納君と犬飼君に送って至急検討してくれるよう頼んだ。間もなく2人からは同感である旨の返事が来た。この変更はトランポリンの代わりに新しいハードデッキを取り付けることで完成する。だからハルを切開することもなく、はるかに楽で、しかも結果が保証されていると思った。何とか早いうちに試して結果を出したかった。加納君は次のテストを12月の11日から15日までと決めた。

11）帆走成功

　20日間あった準備期間があっという間に過ぎて、ハードデッキの塗装はテストの前夜に終了し、左右のエクステンションデッキやフットベルトはまだ付いていない状態で12月11日に船がセブンシーズに到着した。組み立ては慣れて早かったが、まだ造るところが結構残っていた。

　12、13日と新島さんがほかの仕事で忙しく、慶応大学ヨット部の高市君がテストパイロットとして乗ってくれることになった。12日は風が

ないので仕方なく高市君を乗せて曳航試験を繰り返した。主翼の位置を前に移して走り出したがどうもおかしい。よほど前に乗らないと前翼が浮いて舵が利かなくなる。

午後には主翼を一番後ろに移して船を出した。これも安定しない。翼走に移ってからすぐにバウが落ちてしまう。見ているとセンサーの揚力が足らないように見える。前翼と前ストラットの接合部は正面に平らなところがあって、どうも抵抗が大きそうだった。ここに大きな抵抗があると、当然センサーの負担が大きくなって沈むから、私はその前に小さな整形を取り付けて様子を見ることにした（図-19）。

13日には11月と同じ中央の位置に主翼の取り付けを戻して曳航した。これが一番安定する。しかし、前翼がストンと落ちる傾向がある。前翼の整形は効いていないようだった。見ていると曳き波に入って船首を振られて大きな舵を引いたときに落ちる傾向がある。それも右だけが落ちる。思い当たったのは舵を切り過ぎて、ストラットの負圧面に空気が入り、それが前翼の上面まで達して前翼が揚力を失う、いわゆるベンチレーションだった。私は1mm厚のCFRP板を切り抜いて、船外機のキャビテーションプレートに似た形を作った。それをストラットの下の方、前翼から50mm上がったところに取り付けた（図-19）。前翼の空気の吸い込みをここで止めようというのである。

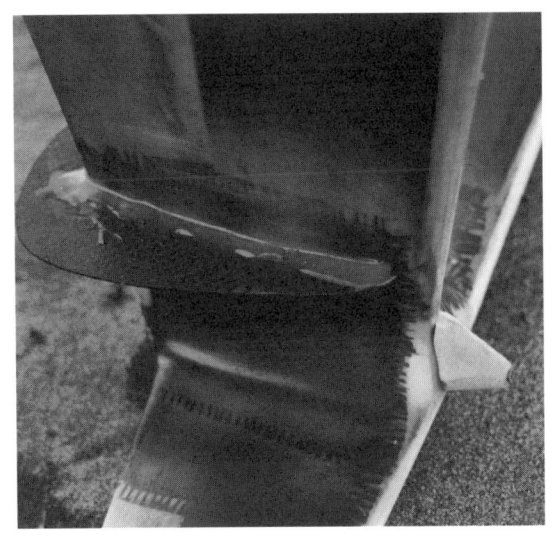

図-19　ノーズの整形（右端）**とキャビテーションプレート**（左側水平板）

そんなはずはない。十分検討したはずと思いながら舵の動きを改めて見てハッとした。加納君に図面を持ってきてもらった。見ると図面と違う。舵柄とティラーの間の連結ロッドが図面ではクロスしている（図-11）のに現物はクロスしていない（図-16）。舵の切れ方が逆になっているのだから、これではまったく駄目だ。それにしても関係者全員が11月と12月、合わせて7日間も船に付き切りでいて、どうして気が付かなかったのだろう。これには慌てた。前がストン

午後、これで走って見ると右船体が落ちることはなくなったが、代わりに左船体が落ちる。キャビテーションプレートの効果があったのだろう。しかし、左右の差は僅かだから、右が良くなれば左が落ちるのは当然かも知れない。

しかし、どうしてこんなに落ちやすいのか、それはまったく分からなかった。船を片づけているとき、犬飼君が突然言い出した。「この船の舵は、旋回するときに内側になる方の舵角が大きく切れるはずなのにそうなっていない」というのである。

図-20　操舵用連結ロッドがクロスしている
（図-16ではクロスしていない）　左右ロッドの前の白いところはモップの柄である

と落ちるのも、このために片方の舵角が極端に大きくなるからに違いない。

早速、直そうとしたが、ロッドの長さが200mm足りないので何か適当なパイプで延長しないと正規のつなぎ方はできない。セブンシーズの廃棄物の中から何本かのパイプを見つけたがなかなか径が合わない。そのうち捨ててあったモップの柄を当ててみたらこれがピッタリ、喜び勇んでそれをつなぎにしてロッドを長くした（図-20）。

当初からヨットの舵と感覚を同じにするために、舵柄のエクステンションを引くと風下へ、押すと風上へ船が曲がるように設計してあったのに、それが逆だったのである。それまで乗った人がどんなに乗りにくかったことか。またこれで前が落ちる問題も解決するに違いない。14日も高市君が乗ってくれた。この日も風が弱かったから、舵を直した「ツインダックス」が曳航で完璧に走ることだけを期待していた。しかし、船を浮かべた頃になって少し風が良くなった。曳航を止めて伴走していると船首が持ち上がることがある。

風速は3m/s、それに少しブローが入ったとき、「ツインダックス」は突然翼走を始めた。加納君が感極まって嬉しそうに叫ぶ（図-21、22）。風下側の船体が水を離れるまで盛んに身体をあおっていた高市君が、翼走してしまうとすっかりリラックスしてただ座っている。約10km/hで翼走に入り、たちまちスピードを上げて15km/hから20km/hで走る。ブローが止んでもなお翼走は続く。時折すっかり風が落ちて、テールを少し水に浸けるが、高市君があおるとまた走り出す。結局この軽風の中を3分間、1kmほど翼走した。この間、加納君はビデオを回し続けた。翼走の十分な証拠が揃った。加納君の卒業もうまくいくはずだ。

高市君に聞くと、舵の取り方が直って、もう違和感はなく、舵利きも申し分ないという。考えてみれば、それまでがあまりにひどかった。もちろん、ストンと落ちる現象も消えた。ヘル

図-21 最初の翼走（1）　　　**図-22 最初の翼走（2）**

ムが変わっていて、離水するまではウェザーヘルム（風上に曲がる）、そして翼走に移るとリーヘルム（風下に曲がる）になるという。翼走時のリーヘルムの方はマストレーキを大きくすることで簡単に対応できるはずだ。ウェザーヘルムの方はそれでどうなるだろうか、試す機会はなかった。

高市君によると離水したときのブローは４m/sに達していなかったという。そして彼が乗っている470級（全長470cmのディンギー）では滑走に入らない風でこちらは翼走に入るともいう。またウインドサーフィンに大型のセールを付けた場合よりも低い風速で翼走するようだから、この船の狙いである軽風での翼走が成功して嬉しかった。

だが、改めて３〜４m/sの風の力を計算してみると、とても翼走できる力ではないはずだ。もしかしたら風速計の誤差か、測るタイミングのずれだったかと愕然とした。でも、しばらくしてウインドシアー（※３）というものがあることを思い出した。モーターボートの上で我々が測る水面上80cmの風速に比べて、水面上３mのセールの圧力中心に働く風速は20％から40％も大きいのである。20％アップの4.8m/sなら当然翼走には入れるし、3.6m/sで翼走を続けることは計算上も可能だ。だから３m/s、４m/sで走れると言っても決して間違いではない。これで一安心した。

翌15日は新島さんが乗ってくれた。新島さんの体重は80kg、高市君に比べて15kg重い。風が強ければ問題のないはずだったが、走り出したのを見て心配になった。体重の差でハードデッキがねじれて、風上側の船体のデッキに当たってしまうのである。これが早期に当たるとトランポリンと同様、スキッパーの体重は風上側の船体に掛かり、風下側のバウが突っ込むのである。

そのことがあるからか、前日に比べて風速はあっても離水しにくい。風を求めて逗子沖まで走ってみると、翼走中にも時折風下側の船首が沈む。体重があって風が強いと、どうしてもトランポリンのときと同じような傾向になる。高市君のときのように気持ちよく翼走ができなくて気の毒であった。そのうちに新島さんは立って操縦を始めた。ウインドサーフィン乗りにはその方が体重移動が速くて安心なのだろう。ところが彼は、波のあるところでよろけて落水してしまった（図-23）。写真を見ると、よろけて右足がハードデッキからハルの上に移って、そちらに体重が移った瞬間、風下側のバウが突っ込んだ経過がよく分かる。

新島さんが落水して重りを失った船は転覆した。一度乗り手が船を離れたから、主翼のストラットに乗ったときにはもうセールの頭が２mほど水中に沈んでいて起こし切れず、そのまま完沈となった。ロープを向こうの船体に回してモーターボートでゆっくり引くと船は簡単に起き上がった。起きたときにティラーの根元が壊れたので曳航して帰港した。

船を揚げて見ると、ストラットストッパーがぐんにゃりと曲がっていた（図-24）。船が起き

図-23 落水
よろけて船体に右足を乗せた瞬間、風下のバウが落ちた

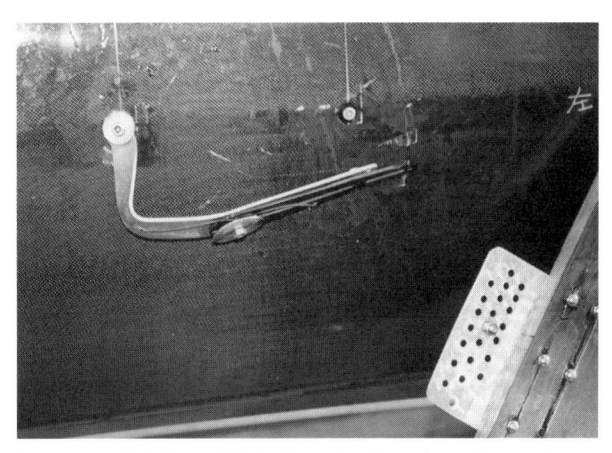

図-24 曲がって切れたストラットストッパー

※３ 水面から高い位置ほど風速が大きい現象

るときにロープでストラットに強い力が掛かったのだろう。そのことで図らずも良い実験ができた。走航中、主翼が何かに当たったときにストッパーがヒューズとしての役割を果たし、船体には傷を付けないことが明らかになった。板厚の選定はほぼ正しかったことになる。

これでテストは全部終了した。立派なビデオが残り、また写真も沢山残って、あとは加納君の論文がうまく仕上がることが最優先、船の方は当分そのままになる。

11) 犬飼、加納君へ

嬉しいことに今年から木下研に入る新人、須藤康弘君は上智大のヨット部に所属していた人で、11月のテストの折には応援に来てくれていた。もし彼が後を継いでくれれば「ツインダックス」はまた走る機会を迎えることだろう。

そのときは重いわりに捩れやすいハードデッキをやめて、うんと幅の広い49er（オリンピック種目のディンギー）のようなアルミパイプのフレームに布を張った剛性が高くて軽いデッキに替えよう。船体との間に十分な間隔を取れば、15日のようなことは起こらないから、新島さんが快適に乗れる船になるだろう。

それが3m/sから10m/sまでの風で楽々と翼走し続けるならば、材木座〜江ノ島間6kmなどアッという間だ。8m/sの風が吹けば時速40kmで10分足らずということになる。

「ツインダックスの構想」の時点で描いた夢、ディンギーの間を20ノットでスイスイと縫って行く姿がもう目の前にあるような気がする。それも嬉しいが、犬飼君、加納君がそれぞれ見事に目的を達して卒業していくのはもっともっと嬉しい。

彼らは、今までこの世に存在しなかった乗り物を実際に造るという希有な経験を持った。自分で計画を立て、設計し、材料を揃え、造り、多くのことを人に頼み、応援をしてもらい、教わり、協力の尊さを知った。幾多の困難に遭遇しては、それを突破して前進し続けた。その結果として非常に困難な目標を達成した実績は実に貴重な経験である。そのことは、どんな難しいことにも挑戦して突破する自信として、彼らのこれからを支えていくに違いない。おめでとう。

12) 新聞記者発表と東京ボートショー

年末になって、木下教授から2001年1月17日に新聞記者発表をするという話がきた。生研では研究の成果をこうして発表するのが慣例ということだった。

その日になって見ると、3〜4社と聞いていたマスコミが20社も集まったから資料が足りなくなった。新聞社の科学部の記者にとって、「ツインダックス」の船体がねじれて、ヒールモーメントを支えるメカは面白かったようだ。木下教授の刺激的な表現と12月14日の感動的なビデオには皆大きな興味をそそられたようで、会場は熱気に満ちていた。

明けて18日の朝、6時というのに家のファクスがカタカタと鳴った。何事かと思って見ると、朝日新聞に載った「ツインダックス」の記事が送られて来ていた。以前ヤマハ発動機にいて、現在舟艇工業会に勤めている村越義明君からのもので、次の年2001年のボートショーには展示して欲しいと書いてあった。

追っかけて、8時半くらいだったろうか、村越君から今度は電話が入り、何と2月9日から始まる今年のボートショーにツインダックスを展示してくれないかという話である。最近不景気でヨットの売り上げが伸び悩み、いろいろと対策を考えているところへ、パンチの効いた良い出し物が現れたという見方である。加納君の論文提出の直前になるのでどうかと思ったが、木下教授は研究室全員でサポートするから、とオーケーを出したので、話はその日のうちにとんとん拍子に進んだ。

ボートショーでは展示した場所が入り口に近い良い場所だったこともあって、「ツインダックス」には終日、人だかりができた。新聞ですでに知っている人が多く、中にはこれを見るためだけにボートショーに来たという人も少なくなかった。

興味を持った人たちとの会話は面白かっ

し、興味を持ってくれた人の多さは嬉しかった。私は自分の興味でこの船を考えたのだが、商品化をすればかなりの売れ行きになりそうな手応えを感じた。

13) パイプデッキ

加納君の論文の見通しがほぼついたころ、木下教授から3月に入って加納君の卒業が決まったら、もう一度海上のテストをしようという提案があって2つ返事で賛成した。

振り返ってみると、12月のテストは成功したけれども、応急に作ったハードデッキは剛性不足でそのうえ重く、新島さんの体重が乗ると狙い通りには機能してくれなかった。また風に向かって切り上がりながら翼走に移るためには、デッキ幅をもっと広く取ってバランスモーメントを大きくすることが望ましかった。よし、3月のテストまでに性能の良いデッキを作り上げよう（図-25）。

米国のエアクラフトスプルース＆スペシャリティーという会社では、自作飛行機のための機材を通信販売している。そこでは薄肉で径の大きな耐蝕軽合金パイプが手軽に入手できる。実は左右の船体をつなぐ「連結パイプ」や「後ビーム」もそこで手に入れたパイプだったのである。

剛性が高くて、軽いデッキを作るのに、私は3インチの薄肉パイプ（径76㎜ 厚さ0.9㎜ 6061T6）を選んでデッキのフレームを設計してみた。径が大きいのでゴツく見えるが実は7.5kgと軽い。このフレームに張る布地の重さ2kgを加えても、ハードデッキの重量15kgに比べてはるかに軽い。

ただ、どういう訳かこの薄肉パイプは一隻分が約500ドルと異常に高価である。よくよく作るのに苦労があるのだろう。一方2.5インチで少し厚いパイプ（径63.5㎜ 厚さ1.245㎜ 6061T6）にすると1.2kg重くはなるが僅か150ドルで買える。今は試作だからよいとして、この価格差は商品にまとめる段階で少なからず重荷になるに

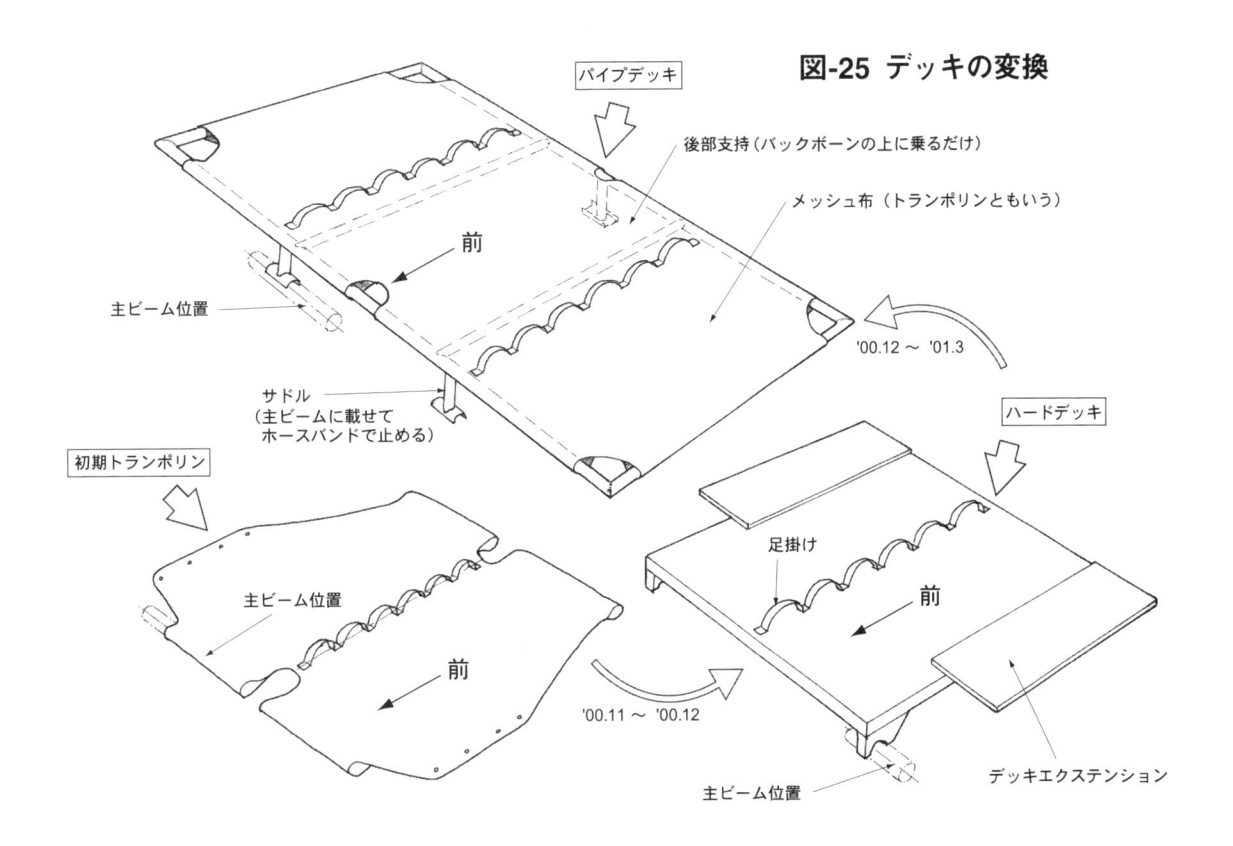

図-25 デッキの変換

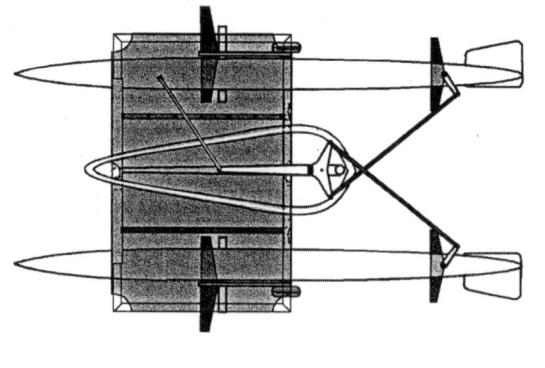

図-26 一般配置図

全　長：4.500m
船体幅：1.900m
重　量：70kg
セールエリア：6.4㎡（10.5㎡）

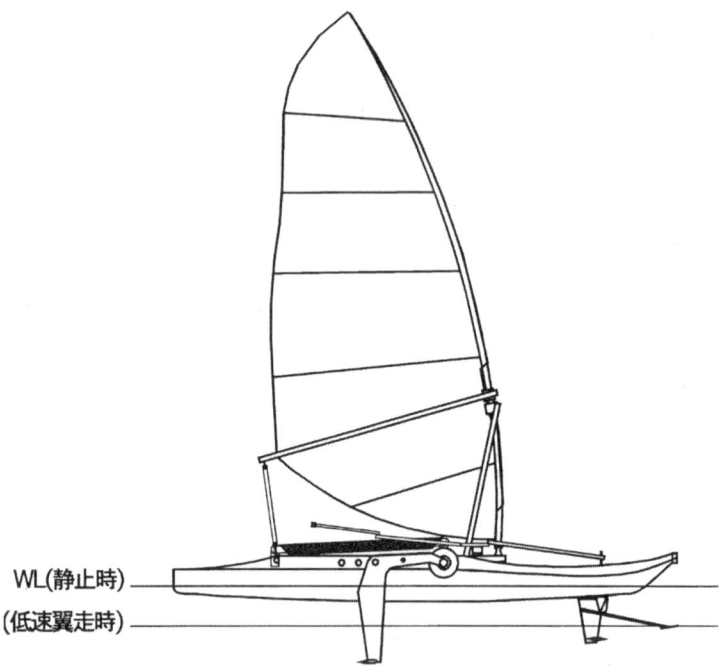

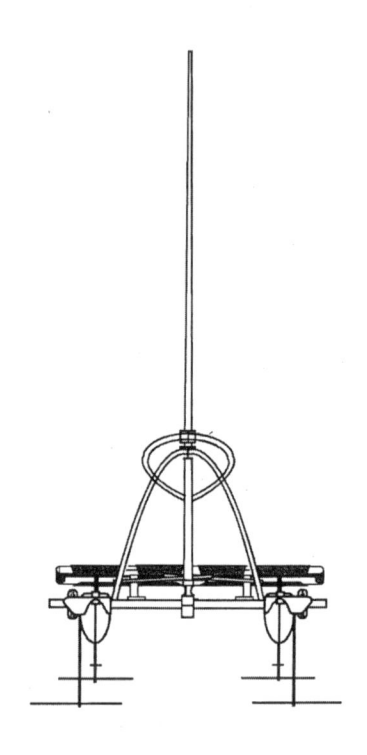

WL（静止時）
（低速翼走時）

違いないと考えて、やむなく2.5インチを使うことにした。

T6という高度の熱処理をした材料を溶接すると、その近辺の強度がいっぺんに落ち込んでしまう。従って溶接は四角い枠の四隅だけにして、あとは接着やホースバンドで組み立てる構造とした。このフレームに張るトランポリンは、再びノースセールの菊池社長にお願いして、3月のテストの数日前にすべてが整った（図-26）。

14) スピードポーラーカーブ

「ツインダックス」の模型試験をやった犬飼君は、この船の安定の証明と性能の解析を行って卒業した。跡を継いだ加納君は、そのモデルを引き継いで、実船の条件を入れながらスピードポーラーカーブ（※4）を作った。これは彼の卒業研究の結論とも言える部分である。それを見て頂こう（図-27）。

図の右側は6.4㎡のセールを付けた場合、左側は10.5㎡のセールを付けた場合を示しており、風は上方向から吹いているものとする。

読み方は、例えば6.4㎡のセールを付けて、8m/sの風が吹いたとすると、105度方向に走る艇速は11m/s（21.4ノット）に達する。そして切り上がり角度は約55度で、その場合スピードは7m/s（13.6ノット）まで落ち込む。また150

※4 一定の風速に対して、船の走る方向と速度の関係を極座標で示したもの

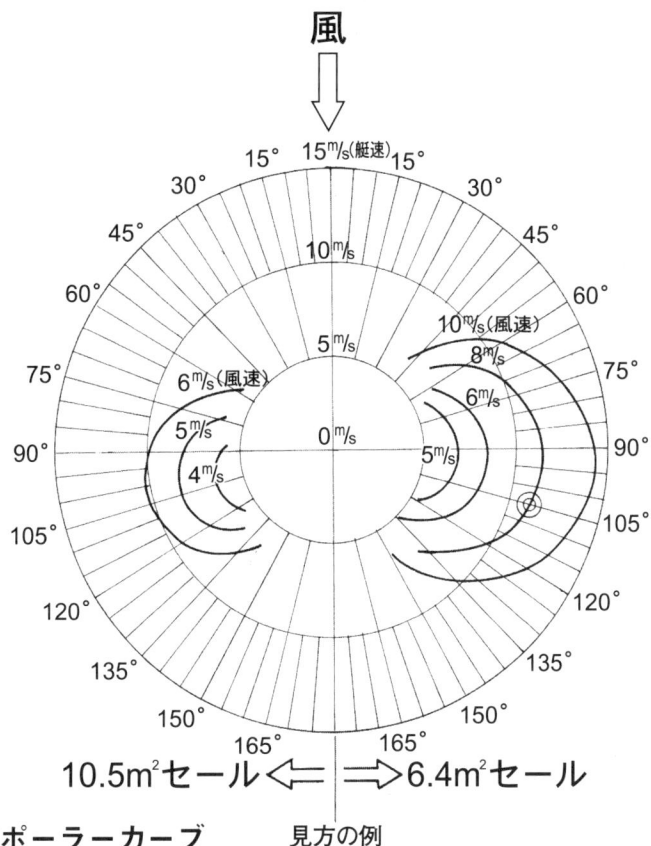

図-27　スピードポーラーカーブ

見方の例
6.4m²のセールをつけた場合、（右半分）、風速8m/sのときに105度の方向に走ると（◎印）艇速は11m/s（21.4ノット）。
m/sをノットに換算するには1.94を乗ずれば良い

度の下りでもスピードは7m/sに落ちる。風を追い越す訳にはいかないから当然である。

また10.5m²のセールを付けて4m/sの風で走ると、105度の方向には6m/s出るが、89度から121度の方向にしか翼走できないということになる。総じてアビームで風速の1.4～1.5倍の速度しか出ていないのは少々不満である。切り上がりの角度も十分とは言えない。実測ができていないので対比はできないが、軽風で翼走することを重点に考えてきた、その結果とも言える。しかし、軽風翼走の目標はほぼ達成したと考えている。

15）3月のテスト

2001年3月19日、前年と同じようなメンバーで「ツインダックス」を材木座のセブンシーズへ搬入した。NHKが「おはようニッポン」の放映のために19、21日には走る状態を取材、22日には早朝陸上の姿を生放映するという。

一方、今までのテストパイロットは新島さんと高市君だったが、今度は「ツインダックス」の今後を継いでくれる須藤康弘君が乗るので、まずその慣熟帆走をしなければならない。

この日は5～7m/sと良い風だった。まず新島さんが乗り、須藤君はモーターボートの上から見学した。ものすごく藻の多い日ですぐ引っ掛かり、切れ切れの翼走だった。交代して須藤君が乗ったら、いきなり100mほど翼走、止まってモーターボートを待つうちに動けなくなった。ストラットストッパーが曲がって、主翼の迎え角が狂った。春は藻の一番ひどい時期だ

そうで、これには困った。しかし、一方で新しいパイプデッキは具合が良かった（図-28）。

翌20日は須藤君の練習日、21日はその成果でNHKが良い映像を撮ることができて、22日の朝の生放映ですべては終了した（図-29）。

次の週も3日ほど走ったがあまり風がなく、その間に須藤君が十分乗り慣れたのが大きな収穫だった。また、この間に前翼の下にスケグを伸ばして（図-30）、これで舵の効きが格段に良くなったのがハードの方の収穫だった。一方、数値的な性能計測は次の機会に持ち越された。

16）終わりに

以上で2000年度の活動は終了した。次年度は、前翼、主翼を単独で水槽に入れて曳航し、各姿勢での性能を測ってみたいと思っている。そうやって単独性能を十分上げたうえで船体に組み込むと、性能はかなり上げられるだろう。

特に横方向の性能向上が大切だと考えている。ストラットの横方向への揚力と抵抗の比率が、切り上がりの性能を左右するからである。

この改良した水中翼、ストラットの性能を再び組み入れて性能を求めてみたい。また、仕様のいろいろな組み合わせに対するスピードポーラーカーブを描くと、このレイアウトの最上の性能を引き出すことができると考えている。その意味でツインダックスの性能開発はまだ入り口に立ったところである。

例えば、ほかは現状のままでも主翼の面積を半分にすると、風速10m/sの時の最高速度は35ノットを超えることを、計算の結果は示している。この場合、最高速度と風速の比は1.8倍である。現状の1.4から1.5と比べてかなり向上する。しかし、その分軽風で翼走に移るのが不得手になる。

私は軽風で翼走するという、この船の長所を今後とも大事にしたいと思う。この船は速度記録艇ではなく、軽風を主体とした広い風速範囲で高速翼走を楽しむのが狙いだからである。それは乗り手がバランスできるというこの船の特徴を最大限発揮できる性能であり、一方では乗り手の姿勢からして、30ノットを超えるような高速では危険が伴うと考えるからでもある

（図-31）。

3m/sから8m/sの風で10〜25ノットを楽しむ船として、1年経ったら性能にどんな展望が開けるだろうか、その中で水中翼ヨットの軽風性能の上限を極めたいと思うのである。

図-28 パイプデッキ
直径63.5mm、厚さ1.25mmの耐食アルミのパイプでねじれ剛性の高いフレームを作り、トランポリンを張った（写真の人物は須藤君）

図-29 2001年の3月の翼走
パイプデッキの剛性が高くて頼もしい。4m/s未満の風で翼走に入れた

図-30 大型スケグ　黒く大きなスケグを付けた

図-31　2001年3月の翼走
陽光の美しい日にNHKの取材があった

19章

快速シーカヤックK-60

　高速の排水量型艇は細長いほど抵抗が少ない。その頂点はスカルで幅が長さの26分の1しかない。シーカヤックを造り、レースに出る金井さんも同じ考えで、腰のやっと入る細い船にサイドフロートを付けて良い成績を残している。
　ある時、腰を船体の幅に納めようと努力していることが不思議に思えた。そしてスカル並みに狭い船を造ってはと思いついた。抵抗計算は明らかにその優位を示している。
　金井さんに絵を見せると造りたいと言う。そうして出来たのがK-60、それに回転シートを付けたのも成功、今後はスライディングシート、ウイングセールを付けて、遊べる船に育てることを考えている。

1）「パスポート5」

　私は1989年からソーラーボートと人力ボートのレースに関わってきた。いずれも自作のボートで出場するのが建前である。だからレースに出場したいと思った人がボート造りの知識や技術不足で悩むケースは多く、気になっていた。
　1994年には、ソーラーボートレースと人力ボートのレースが合体して浜名湖で行われることになり、私はそのために会報を編集することになった。会報の記事を集めるのに頭を痛めていた1997年、初心者が気楽に造れるボートの設計をしてみようと思い立った。会報にその記事を載せれば、喜んでくれる人はいるはずだ。
　ボートを簡単に造れる方法というと、まず思い浮かぶのはステッチ＆グルーと呼ばれるものである。残念ながら自分で試したことはないが、合板で角形の船型を造るなら一番簡単そうだ。
　ステッチ＆グルーという名は、合板を針金で綴じ合わせて、接着剤で固めるという工法そのままの名前である。型板によって正確に切り抜いた合板の縁に10cm毎の小さな孔をあけ、隣り合う合板を銅の針金で縛り合わせると、もう船の形ができあがる。継ぎ目の内外をエポキシパテで埋めて、FRPを両面から積層すると、船が完成するという自作向きの造り方である。
　しかし、合板の輪郭だけで船の形が決まってしまうので、その輪郭を決めるのが難しそうだ。何しろそれで立体としての船の形のすべてが決まるのだから、実際に造ってみないことには船首尾の収まりなどうまくいかないだろう。その分、一度輪郭が決まってしまえば造るのは楽だ。
　私は設計図に合板の展開図を載せた。確認のためにその型紙を使って、小さな模型（図-1）

図-1　パスポート5の紙模型

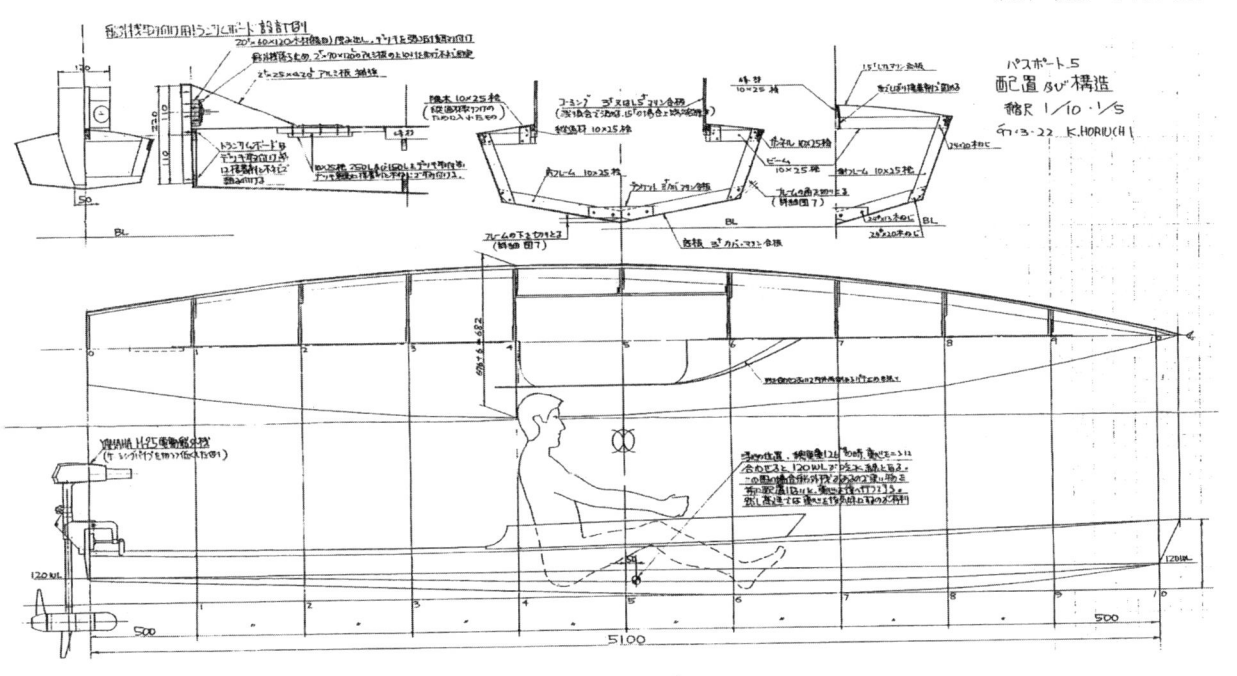

図-2 「パスポート5」の構造図

を作った。そこで、立体的な形状が考え通りに仕上がっていることを確認した。

船体は造れるとして動力はどうするか。もしソーラーボートを造るなら、市販の電動船外機をそのまま使えば面倒がない。一方、人力ボートの動力系統は既製品が見当たらず、設計から始めなければならない。

こうしてソーラー＆人力ボート協会の会報12号に発表したのが「パスポート5」（図-2）である。この名前は初心者向き（パスポート）に計画した5mのボートという意味である。

ヤマハ発動機には、電動船外機「M25」というモデルをソーラーボート製作者に限り、安く手に入るように頼み込んだ。人力ボートのペダルからプロペラまでのメカ部分については、人力ボートの設計で実績を残している柳原 序君に設計を頼んだ。柳原君には、次の会報13号にドライブユニットとプロペラの製作法の記事を載せてもらった。

2) カナイ設計

パスポート5を会報に発表したあと、私は次の楽しみの種にとカヌー雑誌を見ていた。そして、たまたま鎌倉・七里ヶ浜のカナイ設計というカヌー工房の広告を見つけた。そこは、私の家からほど近い、面白い行ってみよう。

1997年の4月、私は電話をした上でカナイ設計を訪問した。金井さんは55歳で勤めを辞めて、第二の人生にカヌー造りを始められた方であった。米国のチェサピーク・ライトクラフト社のステッチ＆グルーのボートの設計図やキット、それに完成艇の販売をするほか、自設計のボートの販売もしている。

私が訪ねたとき、金井さんは、自宅の離れを改造した工房で仕事中だった。細い船なら8mくらいまで造れる広さがある。手狭ではあるが、金井さんが1人で楽しみながら船を造る、温かみのある、楽しげな工房である。

長い間、私は木造の船を見ていなかったから、美しい木目の合板の味をそのまま生かしたワニス塗り、そしてシンプルな形のシーカヤックには目を奪われた。ステッチ＆グルーという言葉は何度となく聞いた言葉だが、初めて見る工作法はいかにも簡単そうだった（図-3）。数枚の合板の縁をお互いに綴じ合わせると、もう船の形が現れるという簡単さは本当だった。そして、その造りゆえに通りの良いシアーやチャイン、穏やかな曲面が気持ちよい。工程の細部を図-3

図-3 ステッチ＆グルーの工程（番号の順番に見てください）

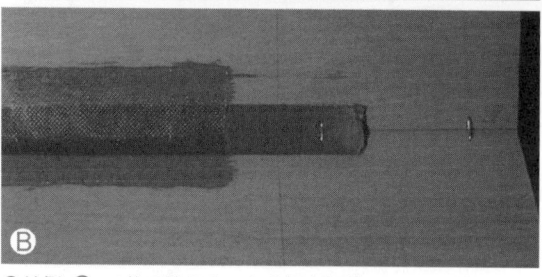

Ⓐ外側 ①：2枚の隣り合った合板を銅線でつなぐ（右）
　　　 ⑤：銅線を切り取ったあとで継ぎ目を木粉入りエポキシパテで埋める（中）
　　　 ⑥：幅75mmのガラスクロスを積層する（左）

Ⓑ内側 ②：継ぎ目の内側の銅線を平らにつぶす（右）
　　　 ③：エポキシパテで埋める（中）
　　　 ④：幅75mmのガラスクロスを積層する（左）

Ⓒ銅線で合板をつなぎ合わせて船の形になった状態。この例では6枚の合板を合わせているが、図-1は、4枚を合わせている。金井さんは僅か2枚で造った小船をサイドフロートに使っている。当然、枚数が多いほど丸型船型に近づく

で見ていただきたい。

　金井さんの使っているアメリカ製の合板が優れものだった。木目が美しいアフリカマホガニーの4 8（4ft×8ft＝1220mm×2440mm）で、厚さ3mmの合板がマリングレード（船用）で手に入る。重さが1枚5kgだから、比重は0.55と檜材並みに軽い。この合板と工法の組み合わせがまことに良い。金井さんのボートの美しさと工法は、ともに私の頭に刻み込まれた。そして、私は「パスポート5」の設計を反省した。ステッチ＆グルーと言いながら、フレームを入れ、樺の重い合板を使った設計だった。自分で経験のない工法ゆえに、フレームをなくす度胸がなかったのである。

3)「パスポート4」

　会報12号が出てから1カ月が経ったころであろうか。九州の大牟田高等学校の宮脇純一先生から手紙が来た。会報に載っている「パスポート5」を造って、8月に柳川で行われるソーラーボート大会に参加したいという。しかし、パスポート5は全長が5mで柳川のレースルール（4m以下）には合わない。全長4m以下に設計し直してくれないかということだった。

　大会まで、あまり日がない。私は急いで全長を4mに縮めた「パスポート4」の図面を描いて6月3日には先生に送った。大牟田高校では興味の

図-4a 〈大蛇山〉　　　図-4b 〈ビッグドラゴン〉

ある生徒10名のチームを2つ編成した。7月末までに〈大蛇山〉と〈ビッグドラゴン〉(図-4a、b)の2隻を造り上げて、8月1〜3日のレースに出場した。

結果は学生の部3位、フリースタイルの部3位と健闘して、宮脇先生から「初出場にしてはできすぎ。生徒たちが物を造る楽しさと苦労の体験をしたことが最大の収穫」との報告をもらった。

4) 名栗村のカヌー工房

1997年8月、浜名湖で行われたソーラー＆人力ボートレースには、チーム・ウォーターゴスペルスから〈名栗テュケ〉(図-5)という名のカタマラン型人力ボートが出場した。

図-5 〈名栗テュケ〉

この船は埼玉県入間郡の名栗村カヌー工房で生まれたカタマランボートである。

このチームは1995年から人力ボートレースに参加している。製作期間の大部分をFRPの船体を造るのに費やすので、駆動系統をまとめる時間がなくなり、毎年悪戦苦闘していた。ところが、この年は様子が違った。

チームメンバーが名栗村に出かけて、カヌー工房で工房長の山田直行さんの手ほどきを受けて造った木船が〈名栗テュケ〉で、メンバーは船体だけなら3日間でできると豪語していた。

レース後の表彰式では、軽い船を手軽に造れる名栗村方式が、その工法の良さを認められて特別賞を受けた。山田さんは細長い船体の一端を片手で持って立てて、その軽さをみせるパフォーマンスが受けていた。

図-6 名栗村カヌー工房
この他に屋外でFRPを仕上げている人たちが大勢いる

その後、山田さんから名栗村のカヌー工房をぜひ見に来て欲しいというお誘いがあって、大会役員の戸田孝昭さんともども見学に行った。200坪もある立派な工房には、展示場や事務所、広い工場があり、20人ほどがカヌーの製作に熱中していた(図-6)。

その人たちは10万円ほどの材料代込みの指導料を払い、週末毎に工房で教わりながら手作りのカヌーを造っている。できあがって持って帰るのを楽しみに生き生きと作業しているカップルたちが目についた。

この地方特産の見事な杉の柾目材を5mm×

図-7 名栗村カヌーの工程

15mmのストリップに割いて、並べた型板に画鋲とタッカーで取り付け、木工用のボンドで固める(図-7)。作業は初めての人にも親しみやす

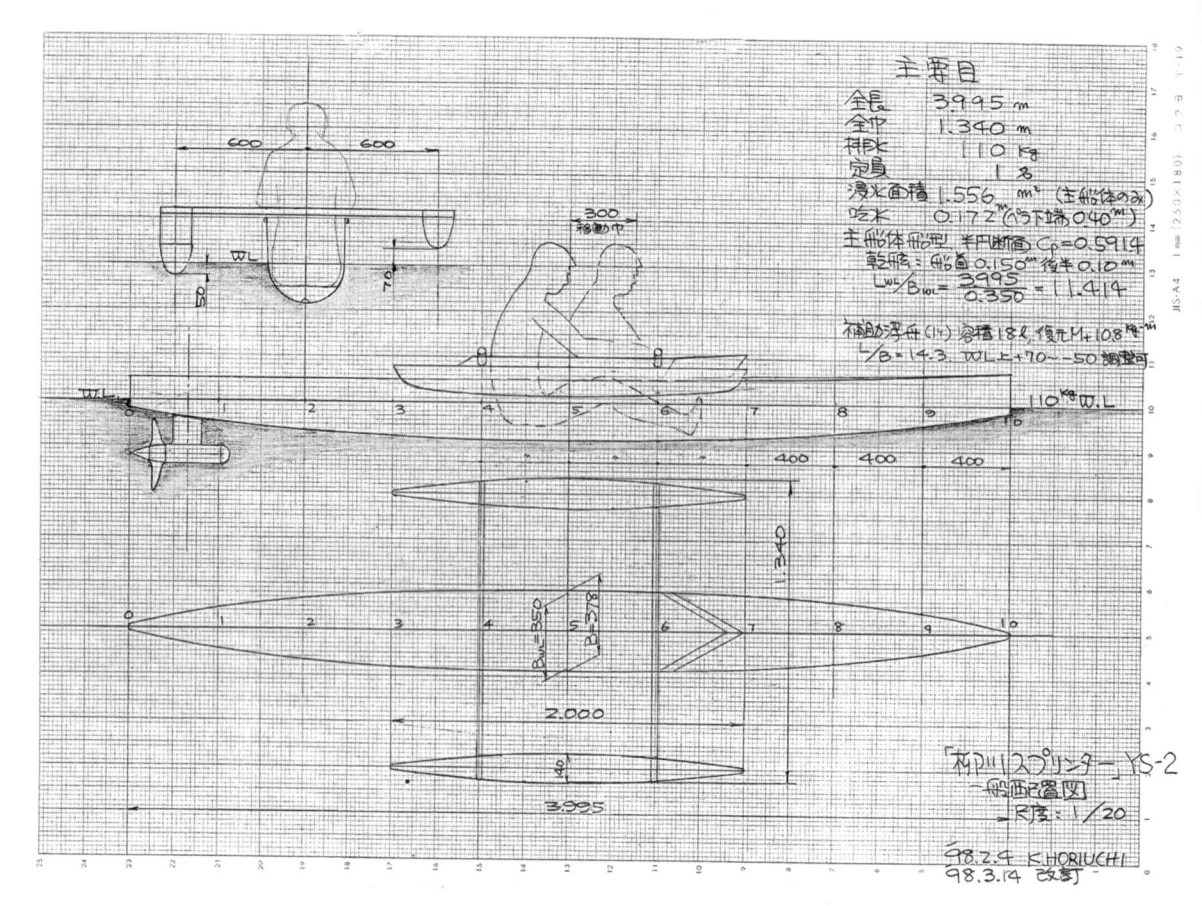

図-8 柳川スプリンターの原案

く、楽しげに見えた。そして、張り終えた表面をサンドペーパーで仕上げると見事な木目のカナディアンカヌーが姿を現す。いわゆる「ストリッププランキング」という工法である。

その後、木の両面にFRPを積層すると丈夫で長持ちする船体になるのだが、そのFRPを滑らかに仕上げるのは、なかなか大変そうだった。ただし、レース用など丁寧に扱う船なら、FRPの積層を省くと軽くて手間もかからないはずである。

この造り方は、丸型の船が造れるし、FRPの積層を省けば工事もシンプルである。軽量で木目と曲面の美しい船ができるから、レース用のソーラーボートや人力ボートを簡単に造るには格好の工法だ。丸型の細長い船体を造るのにお勧めできる工法だと思った。金井さんのステッチ&グルー工法と双璧である。

5)「YS-2」

年が明けて、1998年の1月だったと思う。大牟田高校の宮脇先生から、今年はもっとスマートで速いボートを設計して欲しいという電話が入った。

柳川のソーラーボートレース用のものは全長が4m以下に制限され、水中翼も使えない。4mという長さで動力が400W程度とすると、滑走艇は無理で排水量型の細い船に限る。

図面をいろいろ描いて検討してみた（図-8）。浸水面積を少なくするには吃水線から下の断面を半円形とするのが理想的だ（図-9）。それに長さが4m、排水量110kgとして形を整えてみると、ボートの幅はちょうど腰の入るぎりぎりの34cm付近になることが分かってきた。設計の

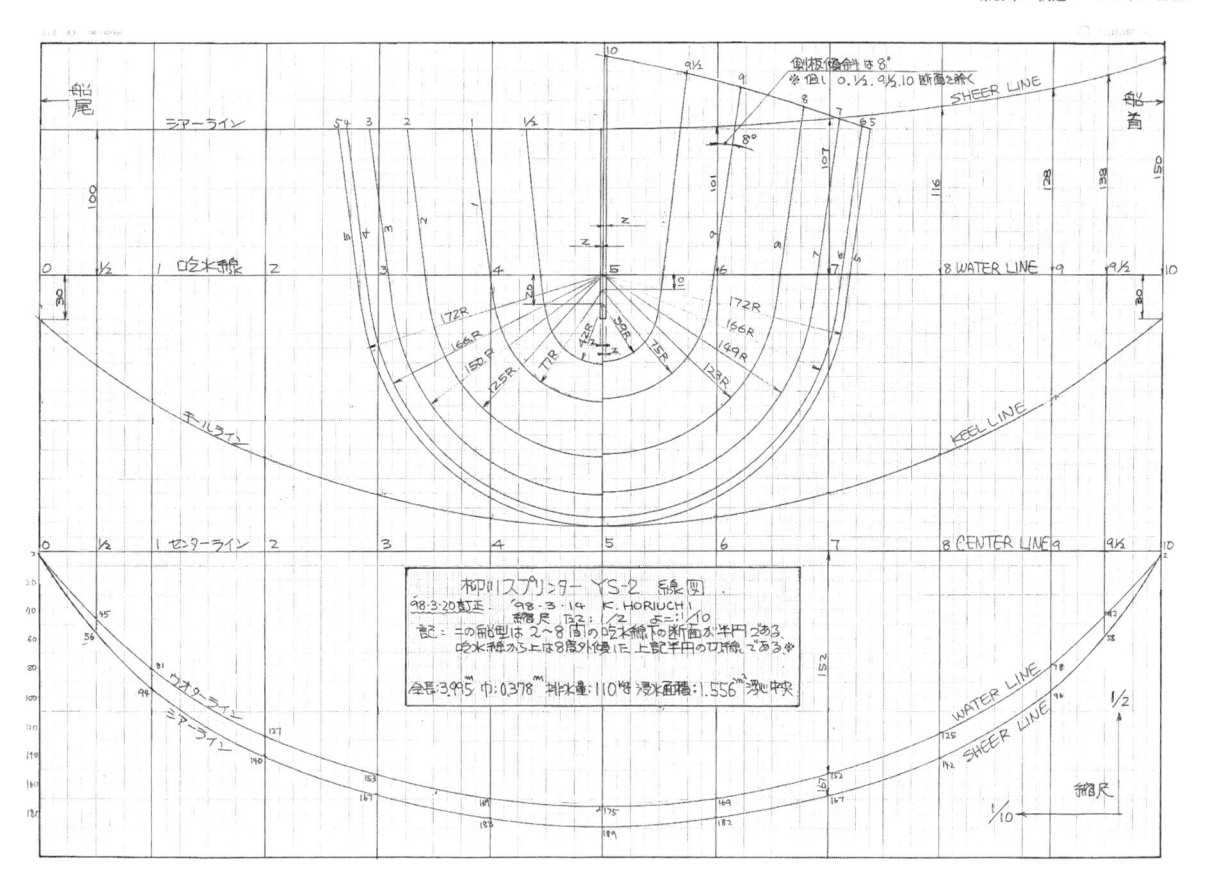

図-9 「YS-2」の線図

条件をぴたりと満たす解が見つかったのは気持ちが良かった。それで柳川スプリンターという意味を込めて、「YS-1」と名付けた。

この船は幅が狭くて、単体では間違いなく転覆するから両舷にサイドフロートを取り付ける。しかし、船体の幅が34cmあって、船底まで乗り手の腰を落とし込めば、直線を走る分にはサイドフロートを高い位置にセットして、水に浸けないで走れると考えていた。漕艇のシングルスカルは30cm程の幅で、座面が水面より10cmも高いのに、上手な人ならオールのブレードを水から上げて安定を保つことができる。それに比べるとはるかに条件は良い。

唯一の心配は、実際の乗り手の腰が34cmの船幅に収まるかどうかだった。乗り手は決まっていないし、もし腰が入り切らなくてシートの位置を高くすると、重心が上がって、横安定が悪くなり、最初の目論見が外れる。そうかといって、幅を狭くできるのに、幅に余裕を持たせて抵抗を増やすのは残念だ。

私は決心のつかぬまま、船の長さ方向の断面積分布を変えて、もう1つ船型を描き、抵抗計算を試みた（図-10）。最初の「YS-1」は最大幅が33.7cm。「YS-2」は34.4cm。2隻の抵抗がほとんど変わらなかったので、私は幅の広い「YS-2」を採用することにした（図-11）。

宮脇先生は1998年の春、名栗村の山田さんの工房に出向いて山田方式の手ほどきを受け、材料供給の手配も済ませた。前の年に2隻造った実績があるから、今度のボートは、さらに順調に工事が進んだようだった。

大牟田高校の新艇は、〈大蛇山Ⅱ〉、〈ビッグドラゴンⅡ〉と命名された。木部の工事が順調に進んだせいだろう。購入した材料があまった

図-10 「YS-1」と「YS-2」の抵抗

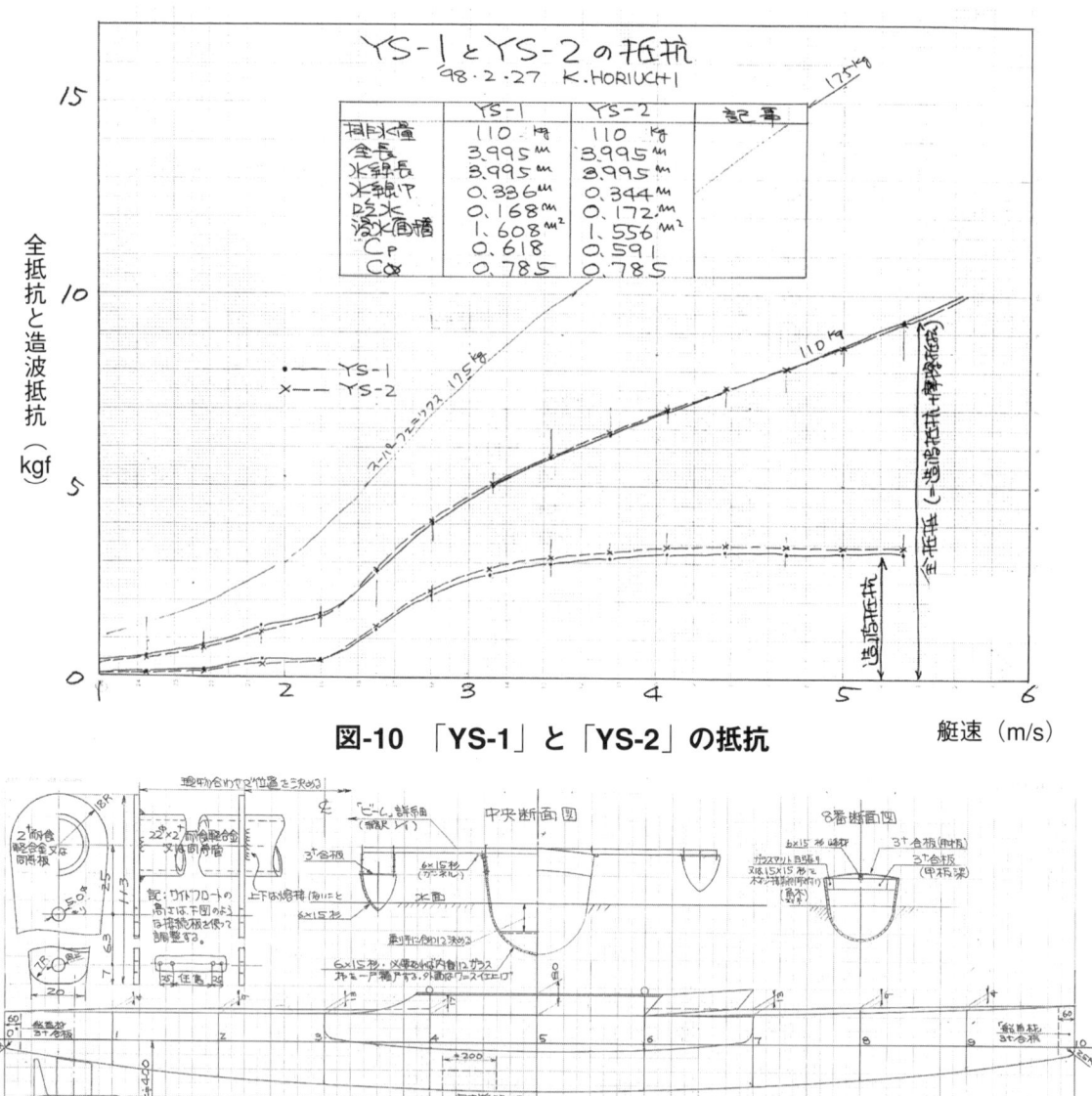

図-11 「YS-2」の構造図

図-12 〈ビッグドラゴンⅡ〉

こともあって、先生方で、もう一隻〈ピンクドラゴン〉を造って、大牟田高校から3隻が1998年の柳川ソーラーボートレースに出場した。

60隻ほどが出場した中で、大牟田高校の3隻は、みな決勝に出場して、高校部門では〈ビッグドラゴンⅡ〉が1位(全体で8位)、〈大蛇山Ⅱ〉は3位(全体で11位)、〈ピンクドラゴン〉も全体で17位に入った。校長先生も終日応援されて、大いに盛りあがった様子だった。

3.1kmの運河を3周するレースで、〈ビッグドラゴンⅡ〉のタイムは67分。計画の40分に比べると大分かかったことになる。その原因は、船体の木部にFRPを積層したために重くなったこと、表面を滑らかに仕上げ切れなかったこと、船外機の支持パイプの抵抗が大きいこと、それにサイドフロートを水から上げて走ることができなかったことなどによると思う。小生がフレームのある図面を描いたのも、船を重くすることにつながった。しかし、この船は、それだけポテンシャルを残している。夏には浜名湖のソーラーボートレースにも出場して活躍した(図-12)。

6)「KANAI-690」と「KANAI-500」

金井さんとは仲良くなって、カヌーの話をするのが楽しかった。金井さんは毎年、自設計のボートで鹿児島県・奄美の加計呂麻島で行われる「奄美シーカヤックマラソン」に出場して良い成績を残している。その話を聞くのは特に面白かった。

1998年には長さ6.9m、幅0.36mの細長い船の左側だけにサイドフロートを付けた「KANAI-690」(図-13)で114隻中25位で、大幅に前年のタイムを短縮した。ただし「KANAI-690」は、幅のわりに長すぎて、浸水面積の大きい傾向があった。

1999年には長さを5.0mにつめ、幅も0.35mとぎりぎり腰の入る幅にして「YS-2」と同じく断面を半円にした浸水面積最小の艇「KANAI-500」(図-14)を新造された。同じく左側サイドフロートの船で125隻中27位、タイムは4時間11分29秒だった。

図-13 「KANAI-690」
98年の「奄美シーカヤックマラソン」に出場し、114隻中25位という好成績を残した。左舷だけにあるサイドフロートが特徴

図-14 「KANAI-500」
「KANAI-690」よりも長さが短くなって濡れ面積が減り、フロート位置が後退してサーフィンしやすくなった。99年の同レースで125隻中27位、2000年には129隻中20位と健闘した

この成績は体重53kgで60歳を超える金井さんの成績としては素晴らしく、細長い船型が功を奏したことは明らかであった。

　その上、よほど大きな波に巻かれない限り転覆の危険はないし、もし転覆したとしても再乗船は容易である。ということは、これこそ速くて安全な船といえる。私はこのコンセプトに惚れ込んでしまった。ただ、片側のサイドフロートをどっぷり水に浸けているのでせっかくの抵抗の少ない細い船に馬鹿にならない抵抗を付け加えている。

7）「K-55」と「K-60」

　今までのカヤックは船体に腰を入れて、横安定を確保することを前提にして考えていた。しかし、漕艇のスカルは前述の通り座面を水面から10cmも上げることで細い船体を実現する。しかも、30cmほどの幅でも上手になれば横安定を保っていられるのである。

　シーカヤックの場合、サイドフロートを付けるのだから事態はずっと緩和されて転覆の心配はない。となれば腰の入る幅にこだわらずに思い切って細い船を造ってみたらどうか。そのうえでサイドフロートの抵抗を減らして、空気抵抗も減らすことで全体の抵抗が劇的に減る可能性があるのではないか。スカルの場合、一漕ぎしてブレードを戻す間、約1秒間。漕手はブレードを水から上げたままで横安定を保たねばならない。ところが、カヤックは右のブレードが水から出て、左のブレードが水に入るまでの時間がごく短い。恐らくその時間は0.1秒か0.2秒、これはバランスの崩れる時間には足りないのではないか。すなわち、ロールを起こさないように上手に漕いでいる限り、サイドフロートを頼りにする必要がないのではないか。

　直線を走っているときにサイドフロートを水

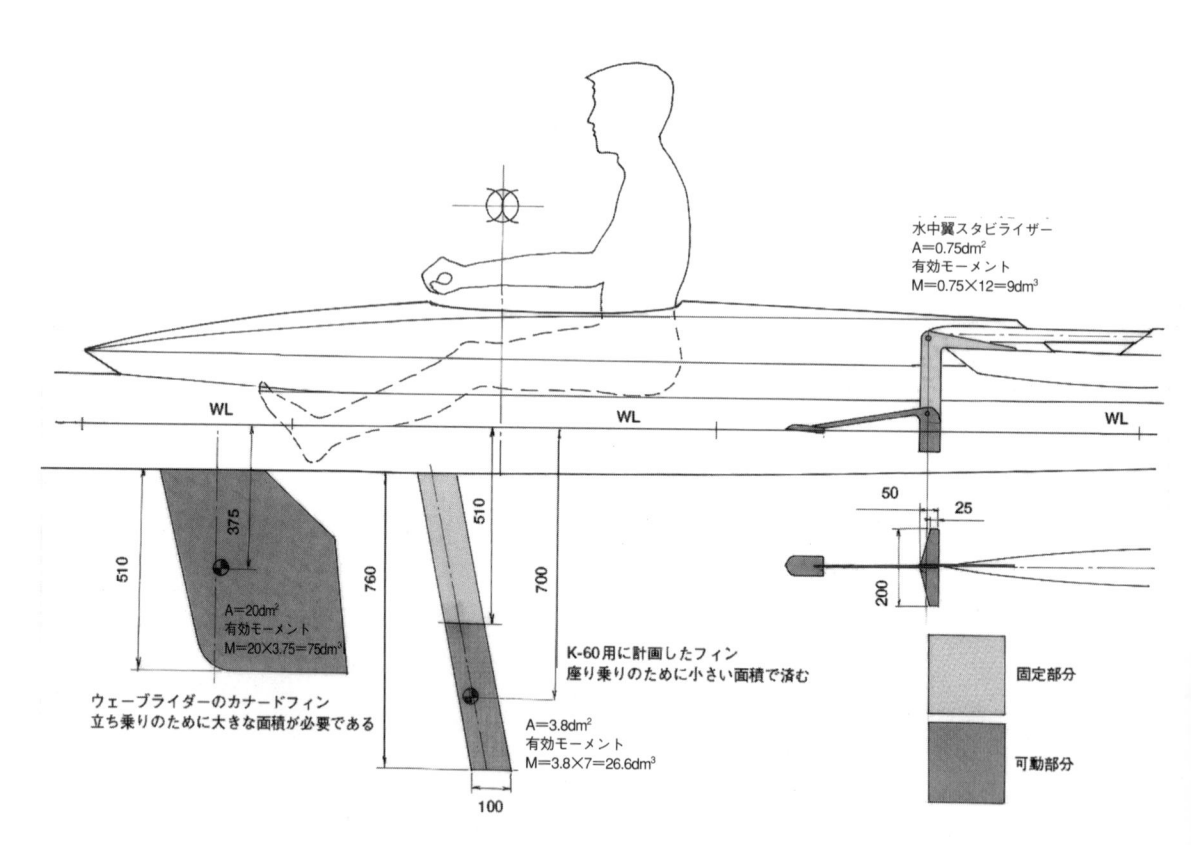

図-15　各スタビライザーの検討

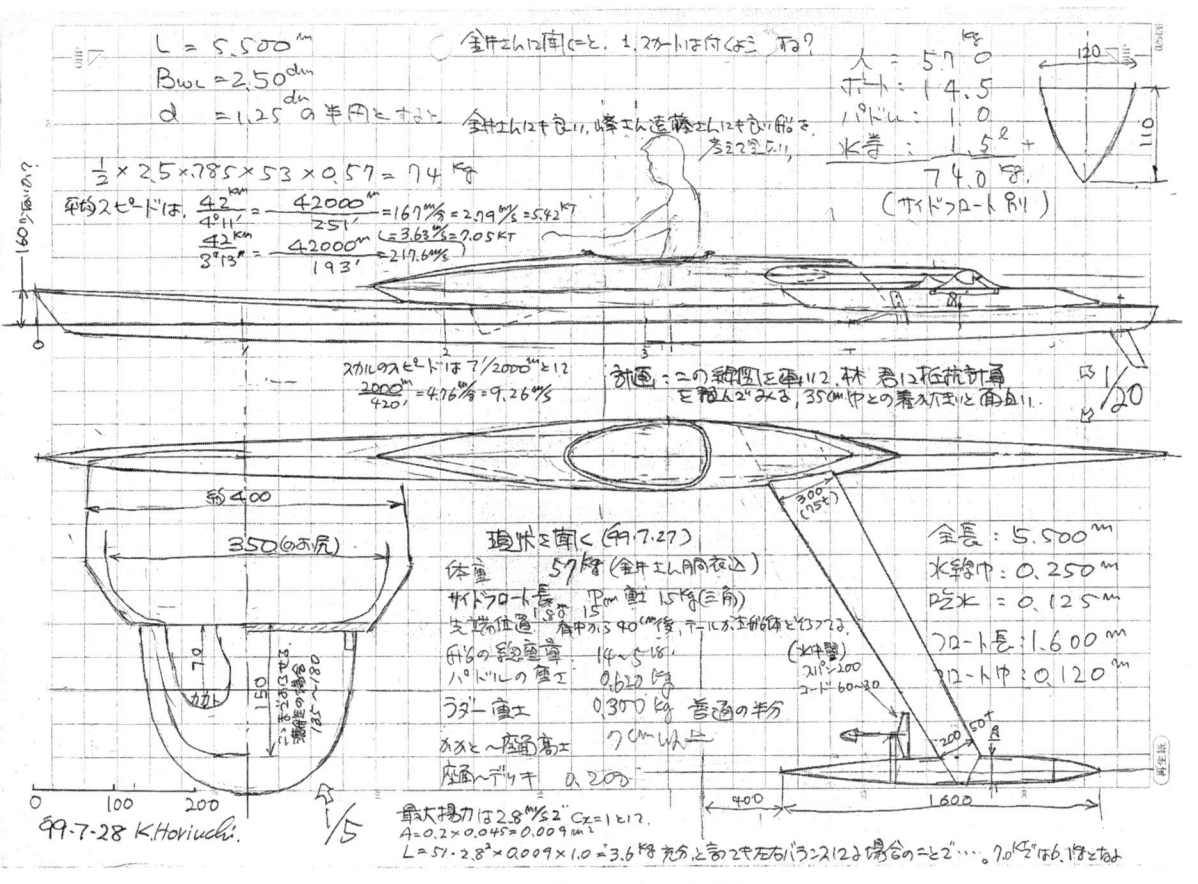

図-16 「K-55」の原案

から上げっぱなしで漕げるとしたら、これは理想だ。500mのスプリントなら多分可能だろう。しかし、4時間も漕ぐ間それを保つのは無理だ。気のゆるむときもあるから、サイドフロートを頼りにすることを前提に考える必要がある。あの短いサイドフロートをどっぷり浸けたときの抵抗の増加は何とか避けたい。サイドフロートを水中翼によって持ち上げて走ることも考えてみた。もし片側だけのサイドフロートだと、その重さを持ち上げるには相当浮力が必要で、そのために少なからず抵抗増加が伴う。それを避けるには両サイドにサイドフロートを出してバランスを取れば良い。左右の重さが釣り合って、水中翼に要求される揚力も抵抗も知れたものだ。水中翼のほかに、米国のウェーブライダーに使われているセンターボードタイプのカナードフィンや、その性能を上げたものも考えてみた（図-15）。

札幌に行っていたときだと思う。船の絵を描いてみた（図-16）。長さ5.5m、幅0.242mの主船体の吃水線における長さと幅の比率は22.5、スカルの場合26～27だからそれにはおよばないが、かなり近い数字である。後退角の付いた流線形断面の翼を両側に張り出し、その先になるべく小さなサイドフロートを付けた。

サイドフロートを支える翼（ウイング）は幅と高さのあるコクピット（※1）に取り付けたい。そのウイングにパドルが当たらないために後退角を付けるのは避けられない選択である。描き上げたスケッチは直ちに気に入った。これを金井さんに見せると、ジェット機みたいで格好が良い、さっそく造りたいと言われてそれは嬉しかった。念のため長さを6.0mにして幅を計算すると吃水線で23cm、長さと幅の比率は26.09。これはスカルと同等である。それぞれ「K-55」、「K-60」と名前を決めて、抵抗計算を

※1 主船体の幅が狭いから漕手の腰は入らない、従って漕手の腰を納める幅の広い部分をデッキ上に設け、この部分をコクピットと呼んだ。コクピットは前デッキに上がった波を防ぎ、漕手のスカートを取り付け、またウイングを取り付ける機能を持っている

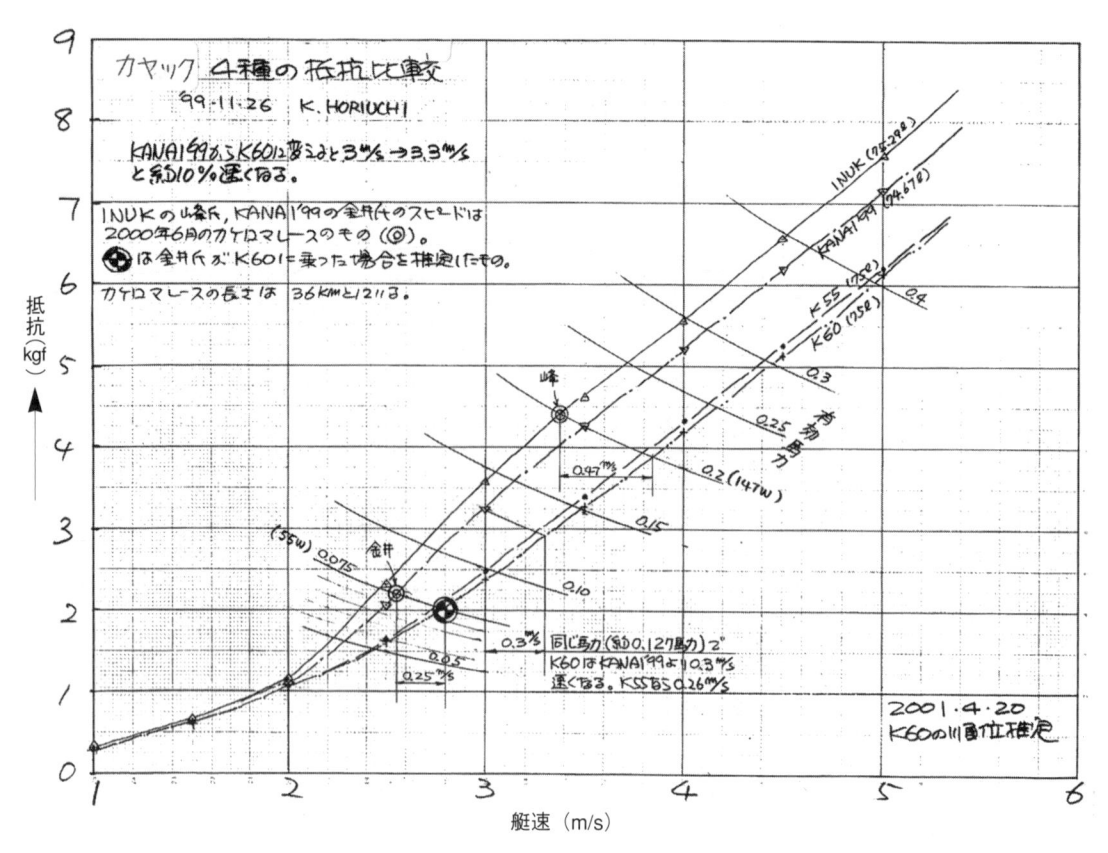

図-17 「カヤック」4種の抵抗比較

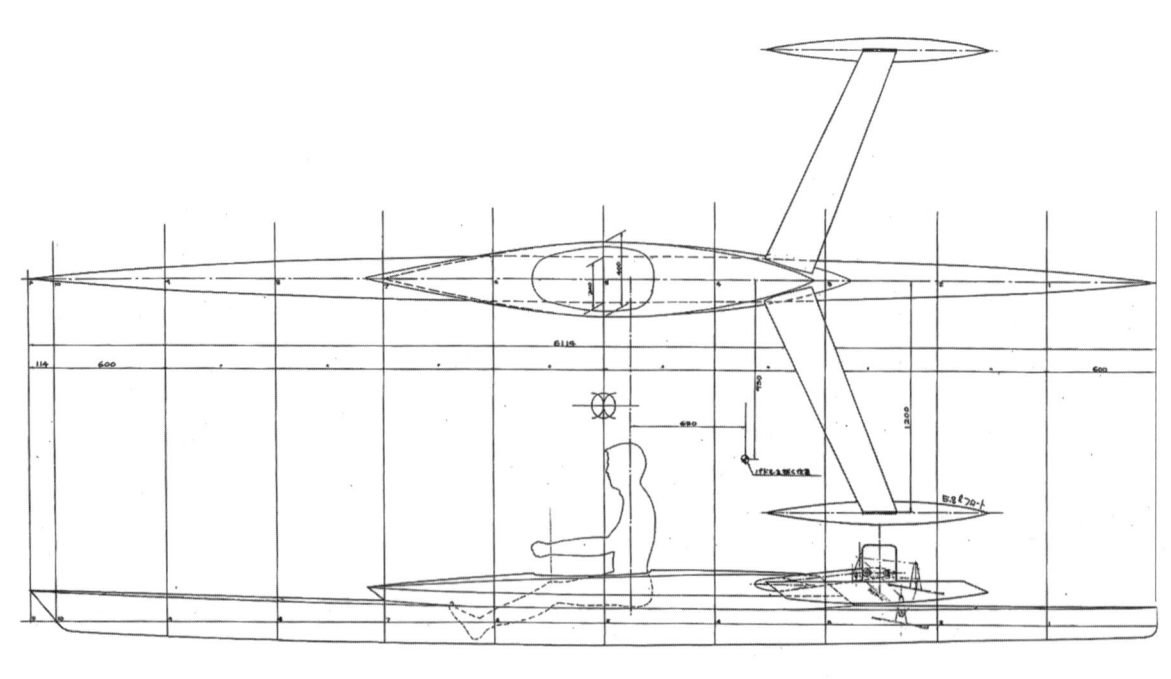

図-18 「K-60」の一般配置図

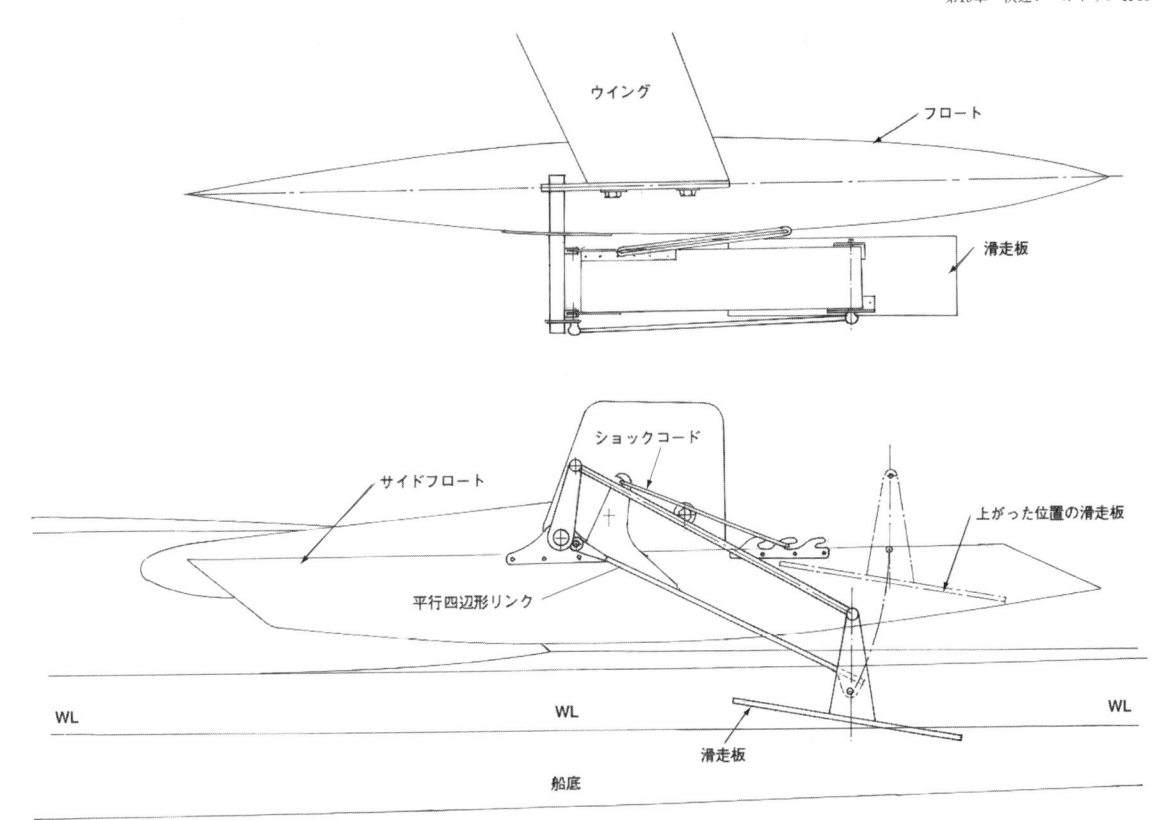

図-19　滑走板スタビライザー

進めた。その結果が図-17にある。

わずかだが明らかに速度の全域にわたって「K-60」の抵抗が少ない。「K-60」はちょっと長いためにA2やA4の製図用紙に収まりにくく、図面を描く身には不便なサイズだったが、金井さんに見せたら、やはり「K-60」が良いと、たちどころに造る船が決まった。

「K-60」の図面ができ上がったのは2000年の1月末だったが（図-18）、水中翼によってサイドフロートを水面に浸けないようにする案は、もし海藻などが引っかかったらという心配が残っていた。海藻も外さなくてはならないし、壊れるかも知れない。そうなったらパドルの先を使って跳ね上げられる構造にしようと考えた。ただそれなら予備として両舷に付けて置きたい。だが長丁場で、もし両舷とも壊れたらと心配になる。

代案として考えたのは滑走板を付けることである。固定式の滑走板だと波の中で反力が固いし、低速で強く水中に押し込んだときの抵抗は大きい。滑走板はバネで押し下げていて、ごく柔らかく横安定を立て直してくれるように、そして大きな力に対しては上に逃げる構造とした（図-19）。そうすると滑走板は初期の横安定を保ち、大きなバランスの崩れはサイドフロートの浮力も協力して支える。滑走板が水に触れていないときには抵抗がゼロになる。その点は常時抵抗を受ける水中翼よりも優れている。水中翼か滑走板か、この結論を急ぐ必要はない。ともに後日取り付けられる。もともとはそれがないのが理想であり、追加の必要性をよく理解してから造る方が正しい選択ができる。案がまとまった2000年2月初旬、私は図面と計算書を金井さんに提出した。

8)「K-60」の建造

金井さんのところでは、ステッチ＆グルーの船をメインに造っていることを前に書いた。し

かし、金井さんの扱っておられるチェサピーク・ライトクラフトのシリーズには、20mm×5mmのマホガニーのストリップを並べて張るストリッププランキング のボートもあった。

特に金井さんご自身のレース艇はさらに軽い造り方だった。例の3mmのマリングレードの合板を幅10mmから15mmに割いてストリップを作る。それをちょうど名栗村のカヌーのように型板の上に並べて張るのである。厚さが3mmだから名栗村のカヌーのFRP積層をする前の船よりもさらに軽く、塗装をして表面を仕上げても1㎡の重さは1.6kgほど、「K-60」はデッキやコクピットを含めた表面積が5.2㎡だから、船体の重量は10kgほどである。それで丸型の船型ができるのが良い。

しかし、金井さんはCFRP（カーボン繊維強化プラスチック）の構造にも深い興味を持っておられた。ちょうど水中翼ヨット、「ツインダックス」の建造にかかる前で、外板の構造をCFRPにするか金井式の3mm合板による丸型構造を採るか迷っているときだったので、一緒にジーエイチクラフトに出かけて意見を聞き、その結果で金井さんがテストピースを作って下さった。そして3月半ば、金井さんの工房でテストピースを検討した結果、「ツインダックス」はCFRPのサンドイッチ構造を、「K-60」は金井さんの手慣れた合板のストリッププランキング構造を採ることが決まったのである。

それからあと、金井さんは建造にかかり、船体とサイドフロートの外板張りは終わったものの（図-20）、ほかに注文の船が多く入って、自分の船は思うように進まず、とうとうこの年は加計呂麻のレースに「K-60」を出すことを断念された。そして前年と同じ「KANAI-500」による出場となった。

この年、金井さんの成績は急上昇した。129人中20位で前年に比べて7位も上がっている。金井さんによれば「KANAI-500」に乗り慣れて

図-20　「K-60」の細い船体
側板は幅の広い合板で張り、底の半円断面部分は幅の狭い合板のストリップが張ってある

図-21　回転シート
45度右に回したところ。右舷のひもは後部ハッチを閉じるひも。左舷のひもは、はね上げ式の舵を引き降ろすためのものである

十分に性能が発揮できたということだった。タイムも遂に4時間を切って3時間54分44秒、この船に漕ぎ慣れ、またこの船特有のペース配分がうまくいったこともあるのだろう。

9) 回転シートとスライディングシート

私は2000年のシドニー五輪のカヌー競技をテレビで見ていて驚いた。一漕ぎごとに漕ぎ手の左右の膝が上下するのがはっきり見えるのである。こうした光景は今まで見た覚えがない。多分、シートが鉛直軸回りに回転しているからに違いない。早速レーシングカヤックに詳しい松代尚也さんにメールで聞いてみた。

答えは予想通り、お尻を濡らしてシート上で回転しやすいようにしている場合があり、回転シートを使っているのもあるらしいということである。カヤックは上体の回転で漕ぐのだが、もし腰が回転すると脚力が漕ぐ力に加わり、ストロークも長く取れるのだろう。

さっそく、オリンピックのカヌーを録画したテープを金井さんに見てもらった。金井さんはすぐにボールベアリングの入ったテレビか何かの回転台を手に入れて「KANAI-500」に取り付けて、2000年10月のレースに使ってみた結果、非常に楽になるということであった。やはり腰を回転させるのは自然な動きなのであろう。その後、金井さんは「K-60」に漕艇用のシートと回転台を組み合わせて取り付けた（図-21）。回転台は狭い船体の中に収まるので、こういう造作を入れてもそのためにシートは高くなる心配がない。

「K-60」は腰が船体に入らないので座面の位置はもともと高い。そして相対的に足の位置が低いから漕ぐ姿勢が楽になる。踵とシートの間の高さの差は約16cmあって、エイトなどの漕艇の楽な姿勢にかなり近い。

さらにスライディングシートにしたらもっと良いのではないかと考えている。オリンピックのカヌー競技の場合、ピッチが速すぎてシートを動かす時間が取れない。しかし、3〜4時間の長丁場では、ストロークを上体だけではなく、腰の回転、ボディーのスイング、足のストロークに分散してそれぞれの要素のスピードを下げることができれば、疲労を減少、または分散することができるはずだ。そのためのレールも車輪もすべて船体の中に収まるので、ありがたいことに、装置を取り付けたからといってシートの位置がこれ以上上がることはない。あとからの取り付けが容易だから、テストをしながら進歩させることができる。スピードメーターと心拍計を付けて、スピードを一定に保ちながら、シートの回転、シートのスライドが心拍計にどう影響するかを見れば、大方の効果は分かるはずだ。

おそらく、スライドのストロークはピッチの高いときにはほとんどゼロ。そして、ロングの後半の疲れたときには大きめに使うことになるだろう。腕や肩が疲れたら、脚とボディーのストロークだけで漕ぐ状態も考えられる。面白いことになりそうだ。

10) 新工房

金井さんはいつも忙しそうだった。注文が多い上に自分のレース艇を造りたい。さらには家族からの注文もあって自分の艇は後回しになる。2000年はそれで「K-60」をレースに出すことができなかった。さらに、工房が手狭になって、自宅から200m程のところに新しい工房を見付けて引っ越した。旧工房は住宅の造りに戻して人に貸し、新工房の家賃の足しにするそうで、そのため新旧工房を改造する手間もいる。

このころは金井さんにとって一番大変な時期だったと思う。しかし、新工房は素晴らしかった。50坪ほどもある瀟洒なクラブハウス用の部屋には10数隻のシーカヤックと用品が展示され、談話コーナーやカウンター付きの賄いもあって、小さなパーティーならできそうだ。奥には泊まれる部屋まである。

その下がそっくり工場になっていて、数隻のカヤックを同時に造ることのできる広さがある。2000年7月に新工房に引っ越してからは、行ってみるたびにこの工房のスペースを借りてカヤックを自作している人を見かけた。今後も大勢の人がここで自作し、カヤック乗りとして

巣立っていくことだろう。

「K-60」もこの工房でならゆとりを持って組み立てることができる。2001年2月のボートショーにツインダックスを展示したおり、金井さんは5日間ずっとツインダックスの説明を手伝って下さった。その間に2002年のボートショーには「K-60」を展示することが決まった。

金井さんは「K-60」がボートショーの展示に堪えるよう大変気を入れて造ったから、「K-60」の仕上がりは素晴らしかった。ワニス仕上げの美しい木目は工芸品の出来栄えだったし、黒く輝くウイングと木目のコントラストは凄みがあって、ジェット機みたい、と金井さんが言ったシャープな形をさらに引き立てていた。

金井さんはボートショーでの展示の仕方を思い描いていた。この船を立てて展示したいという。それによって船の平面形、特に細い船体やウイングの形を際だたせて、新しい魅力を伝えることができる。スペースを取らず、目立つこと請け合いである。新工房があってこそのイメージの拡がりであったろうと私は嬉しかった。

11) 進水

2001年4月26日、いよいよ「K-60」の進水の日がきた。場所は三崎の新居浜、油壺湾の西隣の小さな湾で美しい砂浜がある。金井夫妻と私は10時にここに集まって「K-60」を水に浮かべた（図-22, 23）。浮きは良かった、トリムも吃水線も予定通りで、金井さんは艇に乗り込むのがとても楽だと言っていた。横安定が良く、シート位置が高いので乗り込みやすいのだろう。

この船が走っているときの横安定を保つのに、フロートを使うか水中翼や滑走板を使うのか、そこのところは未定だった。カヤックを漕ぐ漕手の動きが船にどんなローリングをさせるのか、それが分からないうちは対策も決められない。ましてカヤックに素人の私にとってこの問題は初体験だった。

ゆくゆくの目標は、横安定を保つための抵抗増加を限りなくゼロに近づけることであった。そのために、サイドフロートは取り付け高さを15cmほど上下に変えられる構造としている。両舷のフロートを僅かに接水させる高さから、フロートを高く持ち上げて滑走板などで支える状態まで選べるようにした。そして理想の姿は、漕ぎでバランスを取って、フロートも滑走板も水中翼も水に浸けないで漕ぐことだった。前述のように復元性とブレードを水から上げる時間から推定して、それは可能な範囲にあると私は思っていた。進水時のフロートのセッティングは高くしてあった。漕ぎ出してみると、漕いでいるサイドのフロートがポチャンと水に着く、左右でそれを繰り返すのである。艇のロール角が10度ほどもあって、勢いよくフロートが水に入るから、フロートの7〜8割方が水に潜り込む。その時間は短いが、抵抗としては馬鹿になるまい。

だんだんフロートの取り付け位置を下げて、両側が水面からわずかに離れる高さにするとロール角も5〜6度に減って漕ぎやすいという。金井さんは気持ち良さそうに遙か沖まで漕いで、波に当てるテストまでしてきた。細い船体は滑らかに突き抜けて、ほとんど波を感じないということだった。

この船はサイドフロートの抵抗を無視すると、一般のレーシングシーカヤックに比べて抵抗が30％も少ないはずである。金井さんは漕いだ感じが軽いと言って、抵抗の少なさを実感しているようだった。しかし、この船の場合、乗り手が腰高でパドルのブレードが十分水に入りきっていないから、どのくらいスピードが出ているのか分からない。

スピードメーターでは目標平均速度2.8m/sに対して3.2m/sが出ているとのことだが、比較すべきほかの船の計測データもなく決め手にはならない。ただ2.8m/sで漕いだときに非常に楽だという感じは信頼するにたると思った。ショックだったのは、一漕ぎ一漕ぎ、漕いでいる方の舷が急に下がること、そうだとすると、漕ぎでバランスを取って、サイドフロートの抵抗を受けない理想の走り方などあり得ないことになる。

金井さんに漕ぎ方を直してもらうことは考えなかった。それによって漕ぎが弱まったら大変だし、私はまだカヤックの素人である。私は急きょ水中翼方式を考え直すことにした。

図-22 試漕1 右舷のフロートが高く上がっている

図-23 試漕2

図-24　ダンパー　　　　　　　　　　　　図-25　スタビライザー

12) スタビとダンパー

　水中翼方式には2つある。1つは迎角ゼロの水中翼を水に浸けるだけのもの、要するにロール（横揺れ）を水中翼が緩和するのでロールダンパーと呼ばれる装置である。これを略して「ダンパー」と呼ぶことにする（図-24）。
　これをフロートの先に付けると、急激なロールには水中翼の揚力がロールの角速度に比例した力で抵抗する。また面白いことに、オールフェアリング（3章-5）と同じ原理でロールが急激な場合には水中翼が推進力を発生することもある。ダンパーによってロールが緩やかになれば、漕手の体重移動で左右の傾斜を調節して、フロートを水から上げたままで漕ぐことができるようになるかもしれない。ただこの効果はスピードの2乗に比例するから、疲れて艇速の落ちたときに効果が薄くなるのは覚悟しなければならない。
　もう1つは、水面センサーによって水中翼の迎角を調整して、フロートの水面上の高さを一定に保つ装置である。センサー付き水中翼スタビライザーと呼ぶのが正しかろうが、長いので「スタビ」と呼ぶことにする（図-25）。
　これだと漕手はロールの調節に神経を使う心配がなくなる。ただスピードが落ちると効果も落ちるのはダンパーと同じである。

　ダンパーもスタビも藻に弱い。藻が引っ掛かったらパドルで外せること、大きな藻に当たって翼角が狂ったり壊れたりしたら、水面上に引き上げて抵抗をなくせることが必要だし、左右に付けて片方を予備として使うことも考えておかなくてはならない。ただいずれにせよ藻が多すぎたらお手上げで、水中翼方式は諦めざるを得ない。藻を恐れて滑走板を使うことも考えてあったのだが、この日進水直後のローリングの激しさを見て、これはスプリングで柔らかく水面を押さえる滑走板のシステムでは動きを止められないと直感したのである。私は帰るなりダンパーとスタビを設計し始めた。手持ちのCFRPの板の細工で、5月5日には金井さんに届けることができた。
　ダンパーもスタビも、ガムテープでサイドフロートの先端に取り付けられる構造にした。5月9日には葉山の久留和港でテストをすることになって、私も参加した。金井夫妻とともに砂浜から船を出した。
　風の強い日で効きが見にくいが、ダンパーは確かにロールを緩やかなものにしていた（図-26）。しかし、フロートを水から上げて走るわけにはいかない。もう少し面積を増やせば様子が変わるかも知れないが、ロールモーメントは予想外に大きかった。スタビライザーの方は残念ながら、センサーの支持棒が弱くて横に曲がってしまい、性能を測れなかった（図-27）。

図-26 ダンパーを付けた試漕　　　　　　　図-27 スタビライザーを付けた試漕

13) 葉山レース

　それから間もなく、葉山から佐島沖の灯台まで往復する15kmほどのレースがあって、金井さんは「K-60」で参加した。行きは毎秒3mほどの速度で調子が良かったが、帰りに疲れて2.6mを割り、あまり良い成績ではなかった。1つには当初天候が良かったので薄着をしたところへ水を浴びて、帰途身体が冷え切り、震えながら漕いで力が出なかったこともある。ダンパーは最初取り付けてみたものの、藻が多くて使いものにならず、結局スタート前に外してしまった。外すのに時間を喰ってスタートに遅れたことも、着る物の準備不足につながったらしい。

　もう1つ、従来のシーカヤックに比べて20cm近くシートの位置が高いことが、今までと違う漕ぎを要求して疲れにつながるらしい。金井さんはそれを予期して長いパドルを使ったが、十分ではないらしい。つい無理な姿勢になる。やはりこのジオメトリに対する慣れが必要なのだろう。水面に対して漕手の位置が高いことは初めから意識していた。水面が遠くなる分力が弱まる。しかしその分ストロークの長さを稼ぎ、手のスピードを落とすことができるから、トータルで不利ではないと考えていた。それが甘かったのかも知れない。

14) 奄美シーカヤックマラソン

　「K-60」の目標はこのレースにある。金井さんはこのレースを夏休みと考えて、家族で奄美行きを楽しむ。普段休みが取れないので、年に一度の息抜きでもある。レースのためにチャーターしたフェリーが名古屋から奄美大島まで往復するので楽しみに参加する人が多く、2001年は7月1日がレースで、実に300隻、参加人数562名の大レースとなった。「K-60」の参加する1人乗りシーカヤック部門は138隻で、奄美本島と加計呂麻島の間の36ｋmのマラソンコース（図-28）を一周する。

　レースを終えて2、3日経った頃だったと思う。金井さんが奄美から電話でレースの様子を話して下さった。下痢などで体調は良くなかったが、タイムを2000年より9分ほど短縮して大満足ということであった。2000年の3時間54分44秒が2001年は3時間46分11秒だから9分33秒で4％ほどの短縮である。

　また、1999年のKANAI-500の1回目のタイム、4時間11分29秒に比べると、ちょうど予測した10％のタイム短縮となっている。一方順位の方は10位以内を狙ったのに25位と後退している。これは昨年に比べて3時間30分台で漕ぐ人が10人も増えたからだそうで、やむを得ない結果だと思う。

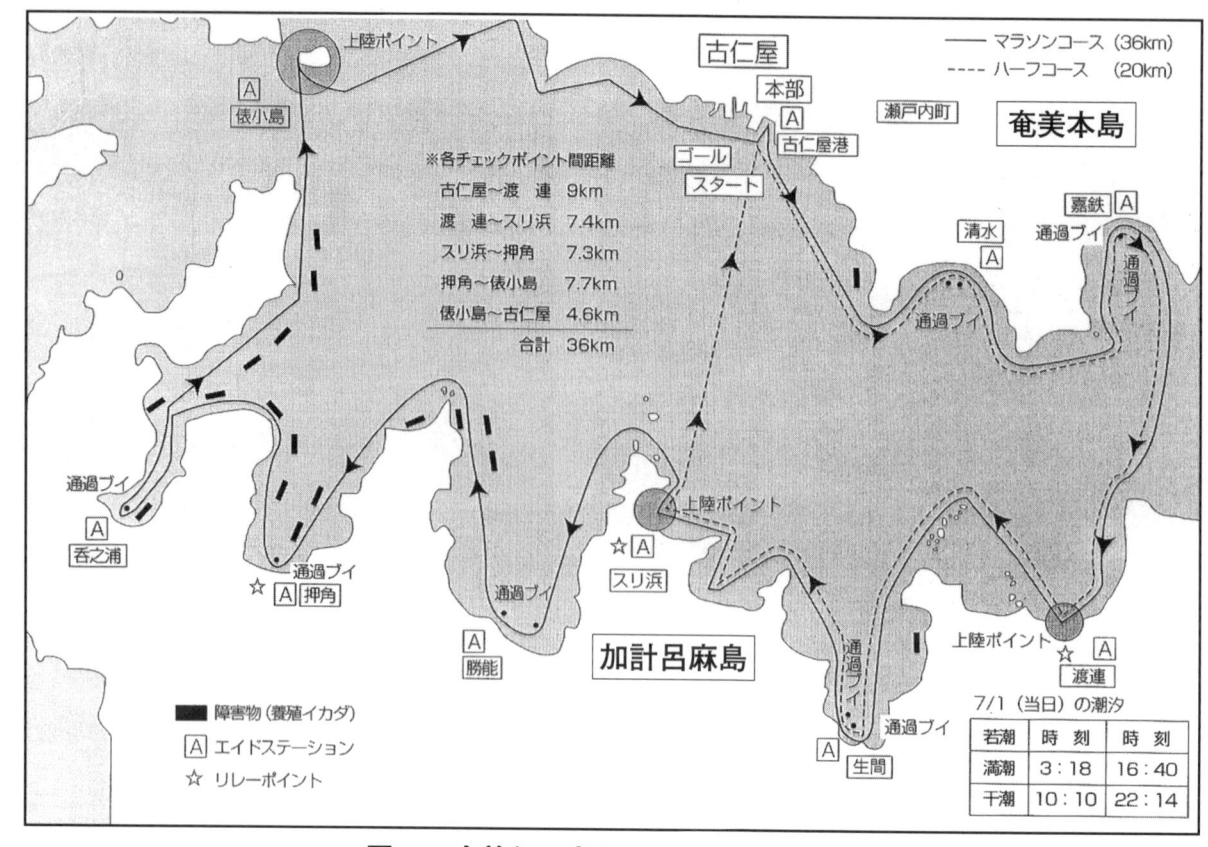

図-28 奄美シーカヤックマラソンコース

奄美シーカヤックマラソンは人気があって、毎年レベルが上がるようなので、今後とも順位の上昇は望めないかも知れない。しかし、1999年と2000年を比較すると、同じ船に乗り慣れて17分近いタイム短縮を実現しているので、2002年の「K-60」のタイムは楽しみだ。また、1998年から毎年タイムを短縮し、今年までに27分近く縮めている。これは、船の進歩とその船を乗りこなすことで加齢のマイナスを乗り越えて達成したのだから嬉しい。

15）ウイングセール

図-17を見ると「K-60」は3kgの推力で秒速3.35m（6.5ノット）、5kgの推力があると秒速4.43m（8.6ノット）も出ることになる。それほど速いと知れば、小さなセールで帆走することを夢みるのは自然の成り行きかも知れない。実際、金井さんもご自分のサイドフロート付きシーカヤックにわずか3m^{2}のセールを付けて帆走した経験をお持ちだが（図-29）、十分な速度が得られて、その上、かなりの強風でもセールが小さいので怖いと思ったことがないという。

そうと聞くと、なおやってみたくなる。ただ「K-60」は図-29の船よりサイドフロートが小さ

図-29 帆走する金井さんのシーカヤック

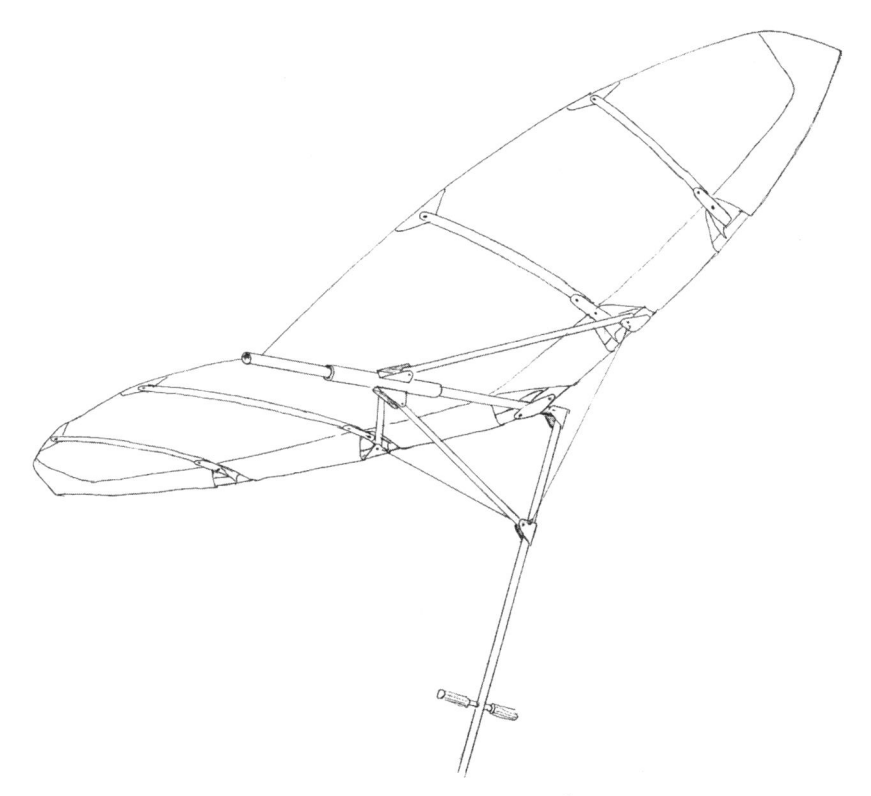

図-30 ウイングセール

い分ヒールモーメントに対して弱いので、パラソル型のウイングセールを取り付けることを思い立った（図-30）。これなら船体の中心線に力が掛かるのでヒールや転覆の心配はない。畳んだ状態のセールを立てて紐を引く、とセールはパラソルのように開いて、ハンググライダーや凧のように真上に飛んでいる。この状態では船体の重心付近に上向きに揚力が働くだけで、船を少し持ち上げる力しかない。根元のハンドルを持ってシャフトを捻ると、ウイングの上反角が効いてセールは前に傾き、推進力を発生して船は走り出す。そしてハンドルに手を添えて捻りを保つかぎり船は前進を続ける。

　帆走を止めるときにはハンドルを放してセールを真上に戻し、折り畳みのロープを引くとセールはこうもり傘のように1本の棒状に戻る。それを前デッキに横たえて、パドリングに移るというわけである。走りを空想するのは楽しいが、手を放した状態で頭上にセールを安定させるのが意外に難しく、また折り畳むことを考えると、フルバテンの構造にするのが結構やっかいなのである。でもそこを考えるのが楽しいのだし、小さな模型を作って試すのも模型飛行機を作る程度で大げさにはならないから、これからゆっくり楽しみながら造ってみたい。

16）終わりに

　今、このプロジェクトは奄美シーカヤックマラソンを終えて一休みの状態にある。今後ダンパーやスタビ、それに滑走板のテストが進むことだろう。それにも増して楽しみなのは、奄美で金井さんが漕ぎ慣れた様子で、今後水中翼も滑走板も無しでバランスが取れる可能性がありそうなことである。金井さん自身そう言っておられるし、最近金井さんにいただいた写真では、なんと両方のフロートが水から離れた状態で漕いでいるのが写っている。

　2002年のボートショーの展示も楽しみなら、スライディングシートもぜひ試してみたい。ウイングセールはさらに大きな楽しみだ。

20章

FRP自動車「OU68」

> FRPはボートに使われている。一方飛行機にも最先端のFRPが使われていて、これは強度、剛性とも格段に高い。この技術を使って超軽量の車を作ったらどうなるか、腐らないFRPの特性から一生ものの車になるのではないか。
> 苦境にあった会社の再起のためにこの車は作られた。軽量、コンパクト、長寿命、低公害といった利点は、今後、モータリゼーションが進んだ地球に最も望まれる車である。
> しかし航空機にしか使われない最先端の積層技術を車にまで採り入れ、その生産性まで引き上げるという大それた望みへの挑戦は容易ではなかった。

1）はじめに

同じ二輪のメーカー出身のホンダとスズキが、今やメインの売り上げを四輪で稼いでいるのに対し、ヤマハ発動機は四輪車の製造に踏み切らなかった。しかし、幾度か四輪車の開発に手を染めたことがある。その1つに私も関わりを持ったのでその話をご紹介しよう。

遡れば、ヤマハ発動機は1960年代、日産と組んでシルビアの前身を共同開発したことがある。また1966年にはトヨタと一緒に2000GTという手作りのスポーツカーを造った。私はそのころボートに専心していて直接の関わりはなかったが、ボディーの一部にFRP部品を採用するために、ボートの生産技術者が動員され、身近にその苦戦ぶりに接したものである。

その後もトヨタにスポーツエンジンを供給し続けているし、F1にも参加した。バブルのころには単座でF1に近いエンジンを載せた贅沢なスポーツ・スーパーカー「OX99」を発表したこともあって、四輪には少なからぬ関わりがあった。

今回は、HY戦争すなわち、ホンダとヤマハ発動機の二輪事業の死闘が行われた揚げ句、ヤマハ発動機が敗れてどん底を味わったころの話である。

ヤマハ発動機の再起のために、我々は小型の四輪事業に参入することを考えた。

当時私は会社の規模縮小のために何人かの仲間とともに役員を退任して、常務付きという立場でこの四輪の開発を担当したのである。

遠い昔のことになって私の記憶も薄れ、一方、手元に残った当時の記録も限られている。しかし、不正確な記述もまた許されることではない。従って、この章の場合、経緯、経過などの記述は資料のある範囲に止め、私の考え方や残っている写真などを見ていただくことに止めたいと思う。

当時、社内は会社を何とか再生させたい、との意気込みに燃えていた。その手段の1つとして、このプロジェクトはスタートしたのである。しかし、弱り切った会社にとって、まともに自動車産業に参入する力は残っていない。それよりもこの苦しい時期に小規模でも良いから新しい商品を立ち上げて、社内外を元気付けるとともに、ヤマハ発動機ここにありと再起の意気込みを示したかったのである（図-1）。

図-1 「OU68」の4分の1模型

2）FRPボディーの魅力

　小規模な投資と生産を考えたとき、FRPの車体は1つの良い選択である。鋼板のプレス成形の投資に比べてFRPの型投資ははるかに少ない。そして、すでにロータス・セブンやGMのコルベットなど成功したFRPボディーのスポーツカーの前例もある。さらに我々には年間2万隻におよぶFRPボート生産の実績があった。

　もう1つはFRPの強度の魅力である。普通皆さんが見るボートの外板のFRPは、曲げ強度が20kg/m㎡程度のものだ。それでも比重が1.6だから強度を比重で割った比強度が12.5。一方、強度35kg/m㎡の鋼板の比重は7.8だから比強度は4.5でFRPのほぼ3分の1に過ぎない。

　皆さんはスキーの表面に貼るFRPの板の強度が100kg/m㎡を超えているのをご存じだろうか？同じガラス繊維を使っても、その繊維を一方向に引き揃え、樹脂を十分絞り出して積層すると強度が5倍にもなる。比強度にして60ほどにもなる勘定である。

　これは、荷重の方向に向いた繊維の数が増えること、繊維がうねっていないこと、そして繊維を密に配置できるから樹脂の含量を極端に減らせること、などの要因が重なったその相乗効果である。このように繊維の配向（向きの配分）を工夫すれば、強度は驚くほど上げることができるのである。

　車には数多くの開口や凸凹があるために、その周囲にはそれぞれ応力集中が発生する。そういったところにこの強力で軽い材料をうまく配置すれば、構造重量を極端に軽く、かつ強く、しかも長い耐用年数を付与することができるだろう。

　それにFRPの成型性の良さを生かして、部品点数を一気に減らすことができるはずだ（図-2）。

　ただボートを手で成型する（ハンドレイアップ）場合の生産性は決して良いとはいえない。一方、金属の雄雌型を使ったSMC法と呼ばれる成型法は量産向きではあるが、繊維が短く配向も思うようにならないので、ハンドレイアップよりかなり強度が落ちることになる。

　そこで私は、繊維を思い通り配向することができて、しかも生産性の良い機械成型技術を完成させようという夢を描いた。しかし、これは未知の世界に踏み込む高い目標で、とても車の

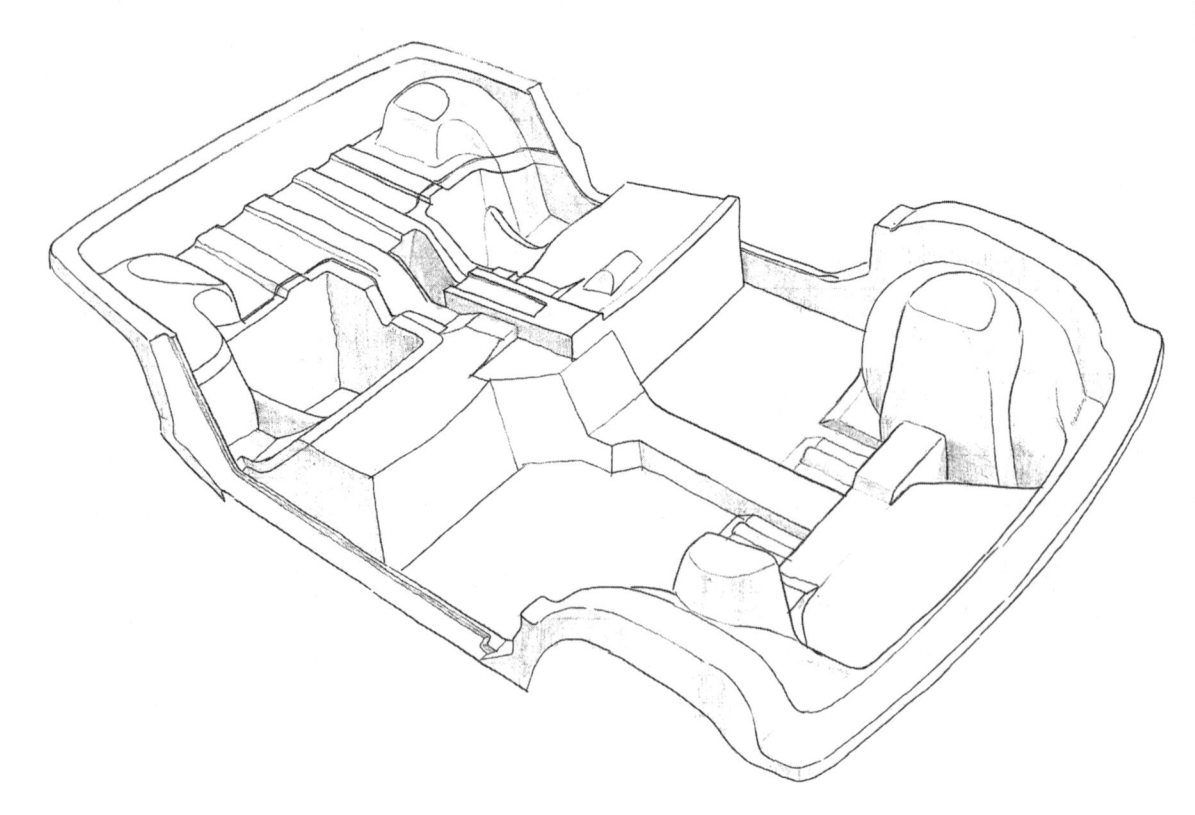

図-2 一体フレームによって部品数を大幅に減らすことができる

開発と並行して進め得ることではなかった。

3）FRPの耐久性

　FRPのもう1つの魅力は耐久性だった。ヤマハ発動機がFRPボートを造り始めてから当時ですでに20数年が経っていた。ところがそのころ、機会があって屋外に20年放置されてきたFRPボートの外板の強度を何隻か調査した結果、強度の退化が認められなかった。それどころか出荷直後の強度を上回った成績が多く見られたのである。

　表面の引っ掻き傷などは埋めない限り直らないが、全体に白っぽくなるいわゆるチョーキングは、バフを1回掛ければもう新品同様の表面に戻る。こうして新品と見分けが付かない中古の漁船を売ることに、セールスマンが戸惑いを感じている話を聞いたほどである。

　何しろ表面は、厚みが0.4～0.7ミリもあるゲルコートの分厚い着色層に覆われているから、耐候性は素晴らしく、バフ掛けによって削り取られる1/100ミリオーダーの厚みの減少は問題にならないのである。そのうえ、鋼板のように錆びることがないから、FRPの車体の耐用年数は、鋼板のそれを何倍にも伸ばすものであると考えていた。

4）「OU68」一次試作車

　再起のために、ヤマハ発動機では、二輪と四輪の間にあるはずの新しい乗り物を求めて、いろいろなプロジェクトを進めた。その中の1つ、「OU68」を私が担当することになった。

　この車は軽自動車より小さくて軽い。しかもFRP製で生産台数が少ないからコストを下げるのには限界がある。したがって、普通の神経でこの車を造ったら、魅力のないものに落ち着くことは自明である。小さいながらキラリと光る魅力があって、軽自動車の雑貨的な印象から脱出できなければ成功の見込みはない。難しい設計であった。設計員の諸君もその悩みを振り切りかねていた。普通に造れば売れない、それならどうしたらよいのか。

　私はその解をFRPボディーに求めた。圧倒的

図-3 パッケージレイアウト

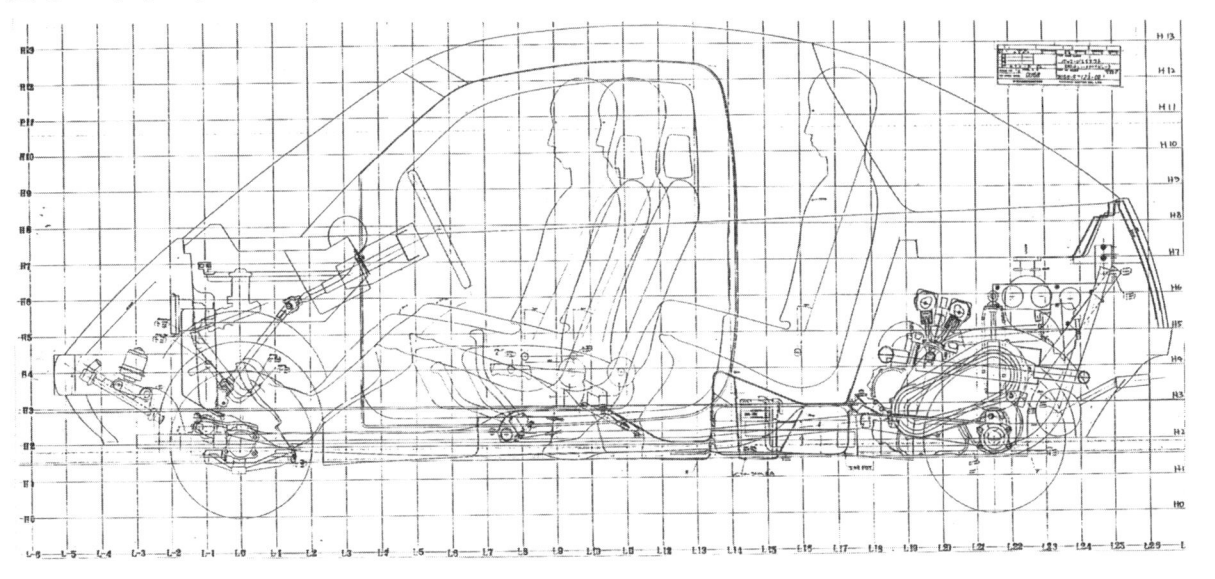

図-4 風洞実験

に軽い車重、空力的に洗練されたボディー形状、その組み合わせで、軽自動車の箱形と対極にある丸い愛らしい外観、それらを生かして、軽自動車をはるかに上回る運動性と乗り心地の魅力が欲しい。

スタートしたのは1983年5月、そして10月末からの東京モーターショーに出品しようという短期開発であった。その前の開発のときからのメンバー清水勝美、田中 廣、永井 浩の諸君に加えて新しくデザイナーとして相良頼人、今井康太郎、三徳健次の3君が加わり、島本 進部長の監督下、技術管理部、自動車エンジン事業部の協力を得て、約10名がフル回転した。

しかし実際には、9月30日の時点でモーターショー出品は中止することが決まった。だが、開発はそのまま商品化に向けて続行したのである（図-3）。

開発はほぼ予定通り第一次試作は完成して、10月22日には社内プレゼンテーションを済ませ、その後、車体の剛性試験や風洞実験（図-4）、走行テストなどに入ることができた。

でき上がった車は数々の問題点を内蔵していたが、大筋では成功であったと思う（図-5）。小動物をイメージした可愛らしい姿は意図した通りのものであったし、

	OU68 (PT280)	比較車両 スズキ アルト MS-QG
全長 (mm)	3190	3195
全幅 (mm)	1390	1395
全高 (mm)	1360	1335
ホイールベース (mm)	2150	2150
トレッド (前) (mm)	1220	1215
トレッド (後) (mm)	1200	1170
最低地上高 (mm)	165	175
車両重量 (kg)	300	555
乗車定員 (名)	4	4
登坂能力 (tan θ)	0.27	0.26
最小回転半径 (m)	4.3	4.4
60km/h定地走行燃費 (km/l)	45	24.1
エンジン種類	水冷4サイクル1気筒DOHC4バルブ	水冷4サイクル3気筒SOHC
総排気量 (cc)	276	543
ステアリング型式	ラック＆ピニオン	ラック＆ピニオン
サスペンション (前)	ストラット式	ストラット式
サスペンション (後)	セミトレーリング式	リジットアクスル・リーフスプリング
ブレーキ (前)	ツーリーディング式	ツーリーディング式
ブレーキ (後)	リーディングトレーリング式	リーディングトレーリング式
タイヤ (標準仕様)	160-8 (16×6.5-8)	5.00-10-4PR ULT
クラッチ型式	乾式多板	3要素1段2相形トルクコンバーター
変速機型式	Vベルト自動無段変速	2速フルオートマチック遊星歯車式

図-5 主要諸元表

車体の捩り剛性も予定通り確保できた。風洞実験の結果、抵抗係数の0.34という値は不本意だったが、車体下面の整形などで0.3に近づくめどは立った。

車両重量が大分重くなって、300kgを超えていたが、この短期の一次試作車としてはやむを得ない部分が多かった。その分、動力性能が悪くなって、軽自動車と似たレベルになった。

5）パワーユニット

パワーユニットの試作は自動車エンジン事業部にお願いして、渡瀬治朗課長の監督のもと、坂本 昇君が担当した。わずか4カ月しか開発期間がない。彼は費用の節約も兼ねて、オートバイXZ550のエンジンの片側半分を使い、Vベルト無段変速機には125ccスクーター「トレーシー」のものを流用する計画を立てた。そして、リバースと差動装置を仕込んだコンパクトな一体型で低重心のユニットを間に合わせたのは見事だった。だが、このエンジンはモーターショーとその後の走行テストに焦点を合わせたものだ。車の商品化に当たっては、もう一度車の魅力を見直す折に車の性能に合わせて基本設計からやり直すつもりだった。

6）外部プレゼンテーション

モーターショーの1カ月ほど前になって、社外のコンサルタント会社に「OU68」（図-6）の市場性把握のための調査を依頼した。主として東京在住の、車に興味を持つ男女と、一般消費者の男女合わせて35名の方に集まってもらい、車の写真とVTRを見せたうえでグループディスカッションをお願いした。

その結果、時代の先端を行くユニークなデザインで可愛いという意見が強く、デザインに対する評価は全般的に高かった。それも車に対する習熟度が高く、成熟した価値観を持つと思われる参加者の間でこの車を受け入れる傾向が強かった。

一方、20歳代前半の男女少数からは、デザインが押しつけがましいとか、クオリティー・イメージに欠けるといった厳しい意見も出た。またインテリアをプアーだと感じる人は少なくなかった。若い女性の一部は衝突時の安全性、タイヤの小さいことなどが引っ掛かったようだった。

しかし、ありがたいことにFRPボディーに対する抵抗感はなく、総じてデザインは好評で、

図-6　一次試作車

図-7 二次試作車ボディー　後方視界のためにドアの後の窓を追加した

車のよく分かる人に支持を受けたのは幸いだった。またそれと同時に問題点もよく分かった。

この車の外形は、もともと超軽量車体のための理想的なシェル構造を狙っていた。そのため全体に丸みを付け、開口部の角のRを大きくして応力集中を減じ、FRPで成型しやすい形とするなど、機能に導かれてまとまった形であった。

その方向が流体力学的に洗練し、かつ小動物の可愛らしさを表現する過程とよく調和したから、角形の車が主流の1980年代に異彩を放っていたのは無理からぬことである。

7)「OU68」二次試作

モーターショー出品を取りやめて、「OU68」は再出発をすることになった。1983年11月には技術管理部の鈴木忠雄係長が直接このプロジェクトを見てくれることになり、さらにボートの設計の経験がありFRPに詳しい加茂琢資君が車体設計全般をみてくれることになって、私は少し距離を置いてこのプロジェクトが見られるようになった。二次試作では、一次の車で判明した問題点を解決し、外部プレゼンテーションの結果を織り込むことが主になったから、私の出番は少なくなっていた。

年が明けて1984年1月には、堀内研究室がスタートして、私はそちらに関わる時間が多くなった。一方、「OU68」は一次試作車を使って騒音、視界、剛性、制動、変速特性、空力特性のほか、動力特性や走行性能などの計測が続けられ、それと並行して必要な改良点を盛り込んだ二次試作車4台の設計、試作がこの年は続けられた（図-7）。

1985年3月にはそれらが完成して、衝突試験が行われた。

8) プロジェクトの終焉

1985年4月末、二次試作車の衝突試験が終わったところで、「OU68」プロジェクトは終了した。予定された作業がすべて終わり、新商品の候補として次の出発を待つ体制に入ったが、その後、遂にスタートすることがなかった。

残念ながら当時の状況を思い出すことができない。私の想像では、当時の江口社長、小宮常務の営業的な見方からすると、「OU68」のコン

セプトやFRPボディーの量産に危うさを感じられたのだろう。それがもう一歩踏み出せなかった理由と思う。

　事実ここまでの期間中に、私はFRPの生産システムの研究にはまったく手をつけることができなかった。そして、1年後に堀内研究室では、高速、高強度のFRP製造技術「SMS」の開発を開始し、化学屋の本山 孝君が数年間の努力を続けた。この技術は一時はマリンジェットの生産に使われたのだが、未解決なところもあって遂に完成することなく終わった。

　1分間で型温度を上げ、また下げる装置の開発には見事に成功したのだが、成型品の表面を十分良いものにすることができなかった。樹脂の改良までは手が回らなかったのである。化学に対する私の理解不足で、本山君に苦しい仕事をさせたことを何とも申し訳なく思っている。結果的に、社長、常務の眼力が確かだったということかも知れない。

　設計、試作に関わった優秀な技術者、デザイナー諸君、島本部長、鈴木係長そしてエンジン担当のお二人ほか関連部門の皆さんのご努力には心から感謝する次第である。そしてその努力にもかかわらず、このプロジェクトが実を結ばなかった私の力不足をお詫びしたい。

　また終始強力に後押しして下さった当時の長谷川武彦常務（その後社長）、田中俊二取締役（元）、林徳彦さんには深く感謝申し上げたい。

あとがき

　半世紀にわたって新しい乗り物を開発する楽しみを堪能しました。

　その間、多くの困難と闘い、知力と体力の限りを尽くして努力をしました。そして成功するたびに、ボートレースに勝ったような、あるいは高い山の頂上を制したような、さわやかな達成感を味わったものです。

　その努力は血となり肉となり、また成功体験によって自信を深め、意欲がみなぎって、次なる開発に挑む、その繰り返しに私は育てられました。以来、こういった環境こそ、若い創造的な技術者を生みだし、その実力と勇気を育む近道だと信じています。

　この本には事実に基づいてすべてを書くよう努力しました。成功の感動も失敗の教訓も数多く読みとって頂けると思います。この書を通じて、若い技術者諸兄に「開発を楽しむ」心の動きを少しでも伝えられるとするならば、これに勝る喜びはありません。

　あとがきを書くに当たって、改めて今回の20のテーマの開発時期を整理してみました（付表）。これを見ると、ヤマハ発動機の堀内研究室で、新しい乗り物に挑戦する機会を多く与えられたことがよくわかります。さらにほぼ同時期にR&Dセンターの担当として、日米の若い技術者諸君とともに商品を考え、視野を拡げました。まことに恵まれた環境だったと思います。

　堀内研究室という、自由な開発の組織をつくってくださったヤマハ発動機の当時の江口社長、難しい開発にも何かとご協力を頂いた当時の田中俊二取締役に、心から感謝申し上げます。さらに開発の努力をともにしたマリン関係者や本社の皆さん、そして堀内研究室の諸君の情熱と技術力を称え、その努力に深甚なる感謝を捧げる次第であります。

　終わりになりますが、本書の出版にあたりましては、何時も親身で考えて頂きました舵社の土肥会長、根岸参与、武田顧問のご高配に対して、厚く御礼申し上げます。

堀内　浩太郎

著者略歴

堀内　浩太郎

1926：東京に生まれる。
1950：東京大学工学部応用数学科卒業。
　　　（太平洋戦争終了で航空産業が禁止され、航空学科が応用数学科に変わった）
1950：横浜ヨット（株）に入社。
　　　巡視艇、観光船、水中翼船、プロペラ船、そり等の設計に従事。
　　　この間に約1年半、岡村製作所へ出向。
　　　太平洋戦争終了後、最初の飛行機およびソアラーの設計に参加する。
1960：日本楽器製造株式会社（現・ヤマハ株式会社）に入社、ボート事業の立ち上げに参加。
　　　ボート事業がヤマハ発動機株式会社に移行後は、17年間同社の役員を務める。
　　　この間に同社の新商品開発に尽力する。
　　　1993年にマリン事業本部長を経て退任。
　　　1984～1993年までの9年間、ヤマハ発動機内に堀内研究室を持ち、若手設計者の育成と共に広く開発活動を行う。
　　　この研究室出身者が今日、人力ボートレース、ソーラーボートレース、人力飛行機コンテスト等で活躍している。
　　　この間に東北大学エイトの監督を12年続ける他、ローマ（'60）、東京（'64）五輪の漕艇チーム監督を歴任する。
1993：ヤマハ発動機常任顧問。
　　　アトランタ造艇研究会会長として競漕艇の改良研究に従事。
1996：フリー。
　　　鎌倉に住み、日本ソーラー・人力ボート協会の会長としてボートの普及と性能の向上に尽力するかたわら、高速ディンギー「ツインダックス」、快速シーカヤック等の開発研究を進め、さらには広くそれらの執筆活動を展開する。

主な著書：「あるボートデザイナーの軌跡」、「あるボートデザイナーの軌跡2」
　　　　　いずれも（株）舵社。

あるボートデザイナーの軌跡 2

2002年4月21日　第1版第1刷発行

著　者　　堀内　浩太郎
発行者　　大田川　茂樹
発　行　　株式会社　舵社
　　　　　〒105　東京都港区浜松町1-2-17　ストークベル浜松町
　　　　　電話03-3434-5181　FAX03-3434-2640

定価はカバーに表示してあります。
不許可無断複写複製

Ⓒ 2002 by Kotaro Horiuchi, Printed in japan
ISBN4-8072-4202-4 C3056